醋酸菌

研究与应用

张秀艳　主编
陈福生　主审

化学工业出版社
·北京·

内容简介

本书以醋酸菌研究与应用为主线，在系统介绍醋酸菌的发现、分类及其各属特征基础上，全面阐述了醋酸菌的氧化发酵、碳代谢、耐酸和耐热等生理特性及其分子生物学研究，并系统总结了醋酸菌在食醋、可可豆、康普茶、椰果、开菲尔、酸啤酒、细菌纤维素、植物生长促进剂和维生素C等发酵产品生产，以及在生物传感和生物燃料电池制备中的应用。

本书可供从事醋酸菌及其应用相关的研究、技术开发和管理人员等参考，也可供大专院校食品科学与工程、生物工程与技术、农业科学等相关专业师生使用。

图书在版编目（CIP）数据

醋酸菌研究与应用/张秀艳主编．—北京：化学工业出版社，2021.9

ISBN 978-7-122-39443-9

Ⅰ.①醋…　Ⅱ.①张…　Ⅲ.①醋酸细菌-研究　Ⅳ.①Q939.1

中国版本图书馆CIP数据核字（2021）第130754号

责任编辑：冉海滢　刘　军　　文字编辑：白华霞
责任校对：宋　玮　　装帧设计：王晓宇

出版发行：化学工业出版社（北京市东城区青年湖南街13号　邮政编码100011）
印　　装：北京七彩京通数码快印有限公司
710mm×1000mm　1/16　印张16¾　字数338千字　2022年4月北京第1版第1次印刷

购书咨询：010-64518888　　售后服务：010-64518899
网　　址：http://www.cip.com.cn
凡购买本书，如有缺损质量问题，本社销售中心负责调换。

定　　价：98.00元

PREFACE
前言

醋酸菌（acetic acid bacteria，AAB）是指能氧化糖类（主要是葡萄糖，也可是果糖、阿拉伯糖、核糖、山梨糖、木糖、半乳糖和甘露糖等）、糖醇和其他醇类化合物，生成醇、酮或有机酸，革兰氏染色阴性（G^-），严格好氧的一类细菌的总称。第一个 AAB 属——醋杆菌属（*Acetobacter*）是 1898 年提出的。随后，葡糖杆菌属（*Gluconobacter*）和酸单胞菌属（*Acidomonas*）分别于 1935 年和 1989 年相继提出。从第一个 AAB 属提出至 1989 年的 90 多年中，仅报道了上述 3 个属、不到 10 个种的 AAB，而从 1989 年至今的 30 多年中，AAB 的分类研究发展迅速，目前已报道了 19 个属 101 个种。

随着 AAB 种类的增加及其相关研究的深入，AAB 的应用越来越广泛。虽然 AAB 最初可能因其具有产醋酸的能力而得名，但研究表明有的 AAB 并不产醋酸，而具有产纤维素、吲哚乙酸、抗坏血酸、苯乳酸和固氮等能力；此外，有些 AAB 还能共生于植物、动物或人类病原体的传播昆虫（如蚊子）体内。

然而，我国无论在 AAB 的分类、生理、分子生物学等基础研究方面，还是在 AAB 的应用研究方面都不够系统和深入，目前主要集中在应用 AAB 生产食醋和纤维素等基础和应用研究方面，而 AAB 其他方面的研究报道很少。

本书对 AAB 的国内外研究进展，包括编写人员所在团队近 10 多年来的研究成果，进行了归纳和总结。全书共包括 8 章，其中第 1 章醋酸菌的分类、第 2 章醋酸菌的生理和第 3 章醋酸菌的分子生物学由华中农业大学张秀艳和石河子大学王斌执笔；第 4 章醋酸菌在食醋酿造中的应用由华中农业大学张秀艳和中国计量大学吴佳佳执笔；第 5 章醋酸菌在其他发酵食品和饮料中的应用、第 6 章醋酸菌在细菌纤维素生产中的应用、第 7 章醋酸菌在植物生长促进中的作用和第 8 章醋酸菌在其他方面的应用由中南民族大学陈亨业和华中农业大学张秀艳执笔。全书由华中农业大学的张秀艳和陈福生负责统稿与审定，杨皓然、李爽爽参与部分编写工作。

本书是国内第一本关于 AAB 研究进展的专著，希望本书的出版能为推动我国在 AAB 及其相关领域的研究贡献绵薄之力。由于水平所限，书中不妥和疏漏之处在所难免，敬请读者批评指正。

编者

2021 年 12 月

目录 CONTENTS

第 1 章

醋酸菌的分类

醋酸菌（acetic acid bacteria，AAB）最初可能因能氧化酒精产生醋酸而得名，是酿造食醋的主要微生物之一。实际上，AAB是指能氧化糖类（主要是葡萄糖，也可是果糖、阿拉伯糖、核糖、山梨糖、木糖、半乳糖和甘露糖）、糖醇类和醇类等化合物生成醇、酮和有机酸，革兰氏染色阴性（G^-），严格好氧的一类细菌的总称。自第一个AAB属——醋杆菌属（*Acetobacter*）被提出以来，AAB的分类经历了一个漫长的发展和演变过程。随着AAB分离鉴定方法的不断发展，截至2019年底，已确定分类地位的AAB包括19个属，101个种，分别保存于世界各国的菌种保藏中心。本章将主要介绍AAB的发现与分类变迁、AAB分离常用培养基和分类鉴定方法，以及AAB各属的特征。

1.1 醋酸菌的发现与分类变迁

1.1.1 醋酸菌的发现

最初，人们认为食醋酿造是纯粹的化学变化过程，并没有意识到AAB等微生物的存在。直到1822年，南非植物学家Persoon把静置液态酿造食醋时液面上形成的绉膜（crepe pellicle）命名为“醭”，并发现将这种绉膜转移接种到酒液或果汁中，可以加速食醋的酿造。此时，人们才意识到食醋的酿造应该是一种生物转化过程。这种方法现在在意大利传统香醋等的生产中仍有使用，绉膜的转移接种过程如图1-1所示（Solieri & Giudici，2009；Gullo，et al，2006）。然而，当时人

图1-1 绉膜的转移接种过程（引自Solieri &Giudici，2009）

(a)～(c)用筛网撇取绉膜；(d) 将绉膜接入新醪液

们对 AAB 的认识还是个模糊概念，直到 1864 年法国著名的微生物学家和化学家 Pasteur 通过实验证实了 AAB 的存在，并认为食醋是由醋生膜菌（*Mycoderma aceti*）酿造产生的（Pasteur，1864）。至此，人们对 AAB 参与食醋酿造才有比较清晰的认识。

随后，丹麦真菌学家和发酵生理学家 Hansen（1894）发现啤酒变酸是因为酒精氧化为醋酸所致，还将分离到的微生物分为 3 个种：醋杆菌（*Bacterium aceti*）、巴氏醋杆菌（*B. pasteurianum*）和库氏醋杆菌（*B. kützingianum*）。1898 年，荷兰植物生理学家 Beijerinck 系统分析研究了当时报道的各 AAB 种，并建议将在液态培养基表面不形成菌膜的 AAB 定义为醋杆菌属（*Acetobacter*），这是第一个正式确认的 AAB 属，并沿用至今（高年发，1980）。

我国 AAB 的系统研究起步较晚，相关研究应该可追溯至 1947 年，郝履成在《酿造工业概论》中提到食醋酿造是由 AAB 参与完成的，这可能是我国最早提及 AAB 参与食醋酿造的文献，但没有提及到底是哪个 AAB 属和种（郝履成，1947）。随后，在《兰州科学试验所 1950 年研究调查工作述要》中报道分离到几株 AAB 菌株，但仍未明确这些菌株的具体属和种（佚名，1951）。1950 年，中国科学院北京微生物研究所（现中国科学院微生物研究所）选育出恶臭醋杆菌（*Acetobacter rancens*）AS1.41，现命名为巴氏醋杆菌（*Acetobacter pasteurianus*）AS 1.41，并保存于中国普通微生物菌种保藏中心。1972 年，上海酿造科学研究所从辽宁丹东酿造厂速酿醋塔的榉木刨花中分离到巴氏醋杆菌沪酿 1.01，也保存于中国普通微生物菌种保藏中心。AS1.41 和沪酿 1.01 可能是我国最早分离鉴定的 AAB 菌株，且目前仍被广泛应用于我国食醋酿造中。

1.1.2 醋酸菌的分类变迁

目前，已知 AAB 属于细菌界（Bacteria），变形杆菌门（Proteobacteria），α-变形杆菌纲（alpha-Proteobacteria），红螺菌目（Rhodospirillales），醋杆菌科（Acetobacteraceae）。与其他微生物一样，AAB 分类经历了一个漫长的发展和演变过程。1898 年，荷兰植物生理学家 Beijerinck 定义了第一个 AAB 属——醋杆菌属后，关于第二个 AAB 属一直存在争议。1935 年，日本学者根据 AAB 氧化葡萄糖和乙醇的偏好性，以及是否能将醋酸氧化成 CO_2 和水（即醋酸过氧化），将 AAB 分为醋杆菌属和葡糖杆菌属（*Gluconobacter*）。其中的醋杆菌属有强的氧化乙醇为乙酸能力，且能过氧化醋酸为 CO_2 和水，但很少氧化糖或糖醇；而葡糖杆菌属则具有高的糖和醇（如 D-葡萄糖、D-葡糖酸、D-山梨糖醇和甘油）氧化能力，但不能氧化乙醇产酸，且不能过氧化乙酸（Asai，et al，1935）。然而，1954 年美国学者 Leifson 否定了 Asai 的分类结果，并根据 AAB 的鞭毛及其氧化乙醇的能力，将醋杆菌属分为醋杆菌属和醋单胞菌属（*Acetomonas*）。其中新定义的醋杆菌属具有周生鞭毛，且可氧化乙醇；而醋单胞菌属则具有极生鞭毛，且不能氧化乙醇（Leifson，1954）。1961 年，英国的 Carr 和 Shimwell 建议用葡糖杆菌属代替醋单胞菌属。至此，AAB 的第二个属——葡糖杆菌属才被确立（Carr & Shimwell，1961）。

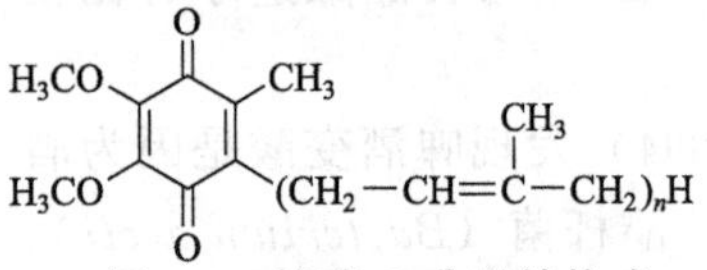

由于菌落和菌体等形态特征不稳定，形态分类法易受到培养基组成和培养条件的影响，因此 AAB 的化学特性逐渐用于其分类鉴定。除醋酸的过氧化特性外，广泛存在于 AAB 等微生物细胞膜中的脂溶性醌类化合物——辅酶 Q（由对苯醌母核和多个异戊二烯单元组成，图 1-2）的种类被用作 AAB 属和种的分类依据。例如，醋杆菌属和葡糖醋杆菌属的 AAB 菌株中辅酶 Q 的侧链分别含 9 个和 10 个异戊二烯单元，称之为辅酶 Q-9 和辅酶 Q-10（Yamada，et al，1969a）。随着分子生物学技术的发展，各种分子生物学方法也被广泛用于 AAB 分类研究中。关于辅酶 Q 和分子生物学方法及在 AAB 分类中的应用将在本章“1.2　醋酸菌分离常用培养基及其分类鉴定方法”中进行详细阐述。

图 1-2　辅酶 Q 分子结构式
当 $n=9$ 时，称为辅酶 Q-9；
当 $n=10$ 时，称为辅酶 Q-10

随着 AAB 分类方法的不断发展，越来越多的细菌被鉴定为 AAB，AAB 的属和种也越来越多，截至 2019 年底 AAB 包括 19 个属，101 个种（表 1-1）。

表 1-1　AAB 的属种名称与典型菌株

属名	种名	典型菌株
醋杆菌属（*Acetobacter*，*A.*）	醋化醋杆菌	*A. aceti* IFO 14818
	啤酒醋杆菌	*A. cerevisiae* LMG 1625
	芝庇侬醋杆菌	*A. cibinongensis* IFO 16605
	埃斯顿醋杆菌	*A. estunensis* IFO 13751
	豆类醋杆菌	*A. fabarum* LMG 24244
	谷粉醋杆菌	*A. farinalis* NBRC 107750
	加纳醋杆菌	*A. ghanensis* LMG 23848
	印尼醋杆菌	*A. indonesiensis* IFO 16471
	罗旺醋杆菌	*A. lovaniensis* IFO 13753
	兰比克醋杆菌	*A. lambici* LMG 27439
	腐烂苹果醋杆菌	*A. malorum* LMG 1746
	葡萄汁醋杆菌	*A. musti* DSM 23824
	固氮醋杆菌	*A. nitrogenifigens* LMG 23498
	葡萄酒醋杆菌	*A. oeni* LMG 21952
	冲绳醋杆菌	*A. okinawensis* LMG 26457
	东方醋杆菌	*A. orientalis* IFO 16606
	奥尔良醋杆菌	*A. orleanensis* IFO 13752

续表

属名	种名	典型菌株
醋杆菌属(*Acetobacter*,*A.*)	木瓜醋杆菌	*A. papayae* LMG 26456
	巴氏醋杆菌	*A. pasteurianus* IFO 13755
	过氧化醋杆菌	*A. peroxydans* JCM 25077
	桃子醋杆菌	*A. persicus* LMG 26458
	苹果醋杆菌	*A. pomorum* DSM 11825
	塞内加尔醋杆菌	*A. senegalensis* LMG 23690
	素叻他尼醋杆菌	*A. suratthanensis* NBRC 111399
	蒲桃醋杆菌	*A. syzygii* IFO 16604
	热带醋杆菌	*A. tropicalis* IFO 16470
	上升醋杆菌	*A. ascendens* LMD 51.1T
	奥里佐尼醋杆菌	*A. oryzoeni* B6T
	米发酵醋杆菌	*A. oryzifermentans*
	饮料醋杆菌	*A. sicerae* LMG 1531
	泰国醋杆菌	*A. thailandicus*
小计		31个种
酸单胞菌属(*Acidomonas*,*Ac.*)	甲醇酸单胞菌	*Ac. methanolica* IMET 10945
雨山杆菌属(*Ameyamaea*,*Am.*)	清迈雨山杆菌	*Am. chiangmaiensis* NBRC 103196
朝井杆菌属(*Asaia*,*As.*)	落新妇朝井杆菌	*As. astilbes* DSM 23030
	茂物朝井杆菌	*As. bogorensis* JCM 10569
	曼谷朝井杆菌	*As. krungthepensis* NBRC 100057
	兰那朝井杆菌	*As. lannaensis* NBRC 102526
	桔梗朝井杆菌	*As. platycodi* DSM 23029
	夏枯草朝井杆菌	*As. prunellae* JCM 25354
	暹罗朝井杆菌	*As. siamensis* IFO 16457
	火焰木朝井杆菌	*As. spathodeae* NBRC 105894
小计		8个种
熊蜂杆菌属(*Bombella*,*B.*)	肠道熊蜂杆菌	*B. intestini* DSM 28636
	蜜蜂熊蜂杆菌	*B. apis* JCM 31623
小计		2个种
共生杆菌属(*Commensalibacter*,*C.*)	肠道共生杆菌	*C. intestini* A911(T)
	papalotli共生杆菌	*C. papalotli* MX01
小计		2个种
内杆菌属(*Endobacter*,*E.*)	苜蓿内杆菌	*E. medicaginis* LMG 26838
葡糖醋杆菌属(*Gluconacetobacter*,*Ga.*)	阿苏卡葡糖醋杆菌	*Ga. asukensis* JCM 17772
	古坟葡糖醋杆菌	*Ga. aggeris* JCM 19092

续表

属名	种名	典型菌株
葡糖醋杆菌属(*Gluconacetobacter*,*Ga.*)	固氮葡糖醋杆菌	*Ga. azotocaptans* ATCC 700988
	固重氮葡糖醋杆菌	*Ga. diazotrophicus* LMG 7603
	圆谷葡糖醋杆菌	*Ga. entanii* DSM 13536
	约翰娜葡糖醋杆菌	*Ga. johannae* ATCC 700987
	液化葡糖醋杆菌	*Ga. liquefaciens* IFO 12388
	柿子葡糖醋杆菌	*Ga. persimmonis* KCTC 10175BP
	甘蔗葡糖醋杆菌	*Ga. sacchari* DSM 12717
	高松冢葡糖醋杆菌	*Ga. takamatsuzukensis* JCM 19094
	古墓葡糖醋杆菌	*Ga. tumulicola* JCM 17774
	古墓土壤葡糖醋杆菌	*Ga. tumulisoli* JCM 19097
小计		12个种
葡糖杆菌属(*Gluconobacter*,*G.*)	白葡糖杆菌	*G. albidus* NBRC 3250
	蜡状葡糖杆菌	*G. cerinus* IFO 3267
	啤酒葡糖杆菌	*G. cerevisiae* LMG 27748
	弗拉托葡糖杆菌	*G. frateurii* IFO 3264
	日本葡糖杆菌	*G. japonicus* NBRC 3271
	北碧葡糖杆菌	*G. kanchanaburiensis* NBRC 103587
	近藤葡糖杆菌	*G. kondonii* IFO 3266
	红毛丹葡糖杆菌	*G. nephelii* NBRC 106061
	氧化葡糖杆菌	*G. oxydans* NBRC 14819
	玫瑰葡糖杆菌	*G. roseus* NBRC 3990
	球形葡糖杆菌	*G. sphaericus* NBRC 2467
	泰国葡糖杆菌	*G. thailandicus* NBRC 100600
	内村葡糖杆菌	*G. uchimurae* NBRC 100627
	婉贞葡糖杆菌	*G. wancherniae* NBRC 103581
	莫尔比弗葡糖杆菌	*G. morbifer* G707
小计		15个种
颗粒杆菌属(*Granulibacter*,*Gr.*)	贝塞斯达颗粒杆菌	*Gr. bethesdensis* DSM 17861
驹形杆菌属(*Komagataeibacter*,*K.*)	欧洲驹形杆菌	*K. europaeus* DSM 6160
	汉森驹形杆菌	*K. hansenii* NBRC 14820
	中间驹形杆菌	*K. intermedius* DSM 11804
	红茶驹形杆菌	*K. kombuchae* LMG 23726
	椰冻驹形杆菌	*K. nataicola* LMG 1536
	温驯驹形杆菌	*K. oboediens* DSM 11826
	莱蒂亚驹形杆菌	*K. rhaeticus* LMG 22126
	食糖驹形杆菌	*K. saccharivorans* LMG 1582

续表

属名	种名	典型菌株
驹形杆菌属(*Komagataeibacter*, *K.*)	斯温驹形杆菌 蔗糖驹形杆菌 木驹形杆菌 柿醋驹形杆菌 麦德林驹形杆菌 麦芽醋驹形杆菌 可可驹形杆菌 聚乙酸驹形杆菌 柿驹形杆菌	*K. swingsii* LMG 22125 *K. sucrofermentans* LMG 18788 *K. xylinus* NBRC 15237 *K. kakiaceti* JCM 25156 *K. medellinensis* LMG 1693 *K. maltaceti* NBRC 14815 *K. cocois* WE7T *K. pomaceti* LMG 30150(T) *K. diospyri* MSKU 9(T)
小计	17个种	
公崎杆菌属(*Kozakia*, *Ka.*)	巴厘岛公崎杆菌	*Ka. baliensis* JCM 11301
新朝井杆菌属(*Neoasaia*, *N.*)	清迈新朝井杆菌	*N. chiangmaiensis* NBRC 101099
新驹形杆菌属(*Neokomagataea*, *Ne.*)	泰国新驹形杆菌 谭岛新驹形杆菌	*Ne. thailandica* NBRC 106555 *Ne. tanensis* NBRC 106556
小计	2个种	
阮杆菌属(*Nguyenibacter*, *Ng.*)	安南阮杆菌	*Ng. vanlangensis* NBRC 109046
糖杆菌属(*Saccharibacter*, *S.*)	花糖杆菌	*S. floricola* JCM 12116
斯瓦米纳坦杆菌属(*Swaminathania*, *Sa.*)	耐盐斯瓦米纳坦杆菌	*Sa. salitolerans* LMG 21291
斯温斯杆菌属(*Swingsia*, *Si.*)	苏梅斯温斯杆菌	*Si. samuiensis* NBRC 107927
塔堤查仁杆菌属(*Tanticharoenia*, *T.*)	萨克塔堤查仁杆菌 相田塔堤查仁杆菌	*T. sakaeratensis* NBRC 103193 *T. aidae* NBRC 110637
小计	2个种	
共计	101种	

由表1-1可知，到目前为止只有醋杆菌属、葡糖杆菌属、葡糖醋杆菌属、朝井杆菌属和驹形杆菌属包含了较多的AAB种，而其他AAB属都只报道了1个或2个种。这些AAB菌株主要保藏于中国普通微生物菌种保藏管理中心（China General Microbiological Culture Collection Center，CGMCC）、中国工业微生物菌种保藏管理中心（China Center of Industrial Culture Collection，CICC）、日本微生物保藏中心（Japan Collection of Microorganisms，JCM）、日本技术评价研究所生物资源中心（NITE Biological Resource Center，NBRC，又名IFO）、德国菌种保藏中心（Deutsche Sammlung von Mikroorganismen und Zellkulturen，DSMZ）、比利时微生物综合保藏中心（Belgian Co-ordinated Collections of Microorganisms，

BCCM）和美国典型菌种保藏中心（American Type Culture Collection，ATCC）等菌种保藏机构。

为方便查询或/和购买相关AAB，笔者统计了截至2019年12月底世界各菌种保藏机构保藏的AAB属、种及菌株数量（表1-2）。由表1-2中结果可知，我国菌种保藏中心保藏的AAB属、种及菌株均较少，这在很大程度上阻碍了我国对AAB及相关产品的研究。为了丰富我国AAB的菌种资源，笔者所在实验室在科技部国际合作项目支持下，引进了除熊蜂杆菌属、斯温斯杆菌属、新驹形杆菌属和内杆菌属外，其他15个属76个种，共计104株AAB。这既弥补了我国AAB菌种资源不足，也为我国开展相关研究提供了菌种保障。

表1-2 世界主要微生物菌种保藏中心的AAB统计

菌种保藏机构	属名	种名	株数
CGMCC[①]	醋杆菌属（*Acetobacter*，*A.*）	*A. pasteurianus*	6
		A. aceti	3
	葡糖醋杆菌属（*Gluconacetobacter*，*Ga.*）	*Ga. xylinus*	3
		Ga. hansenii	1
	葡糖杆菌属（*Gluconobacter*，*G.*）	*G. japonicus*	2
		G. oxydans	2
		G. cerinus	2
		G. thailandicus	3
	公崎杆菌属（*Kozakia*，*Ka.*）	*Ka. baliensis*	1
小计	4	9	23
CICC[②]	醋杆菌属（*Acetobacter*，*A.*）	*A. pasteurianus*	54
		A. orientalis	2
		A. fabarum	1
		Acetobacter spp.	9
		A. pasteurianus subsp. *ascendens*	1
		A. pomorum	1
		A. cibinongensis	1
		A. aceti subsp. *orleanensis*	1
		A. pasteurianus subsp. *lovaniensis*	7
		A. pasteurianus subsp. *pasteurianus*	7
	葡糖醋杆菌属（*Gluconacetobacter*，*Ga.*）	*Gluconacetobacter* spp.	1
	朝井杆菌属（*Asaia*，*As.*）	*As. siamensis*	1
		Asaia spp.	12
	驹形杆菌属（*Komagataeibacter*，*K.*）	*K. saccharivorans*	1
	葡糖杆菌属（*Gluconobacter*，*G.*）	*Gluconobacter* spp.	1
小计	5	15	100

续表

菌种保藏机构	属名	种名	株数
NBRC③	醋杆菌属(*Acetobacter*,*A.*)	*A. aceti*	4
		A. cibinongensis	1
		A. estunensis	1
		A. farinalis	3
		A. indonesiensis	1
		A. carbinolicum	3
		Acetobacterium spp.	10
		A. lovaniensis	3
		A. malorum	1
		A. nitrogenifigens	1
		A. oeni	1
		A. okinawensis	1
		A. orientalis	4
		A. orleanensis	4
		A. papayae	1
		A. pasteurianus	20
		A. peroxydans	1
		A. persici	1
		A. pomorum	1
		A. suratthanensis	1
		A. syzygii	1
		A. thailandicus	1
		A. tropicalis	1
	葡糖醋杆菌属(*Gluconacetobacter*,*Ga.*)	*Ga. diazotrophicus*	1
		Ga. liquefaciens	6
	朝井杆菌属(*Asaia*,*As.*)	*As. bogorensis*	62
		As. krungthepensis	9
		As. lannensis	2
		As. siamensis	6
		Asaia spp.	5
		As. spathodeae	2
	驹形杆菌属(*Komagataeibacter*,*K.*)	*K. europaeus*	1
		K. hansenii	4
		K. maltaceti	1
		K. medellinensis	1
		K. oboediens	2
		K. xylinus	9

续表

菌种保藏机构	属名	种名	株数
NBRC[③]	葡糖杆菌属(*Gluconobacter*,*G.*)	*G. albidus*	8
		G. cerinus	4
		G. frateurii	64
		G. japonicus	5
		G. kanchanaburiensis	2
		G. kondonii	1
		G. nephelii	3
		G. oxydans	10
		G. roseus	1
		Gluconobacter spp.	2
		G. sphaericus	1
		G. thailandicus	10
		G. uchimurae	4
		G. wancherniae	2
	酸单胞菌属(*Acidomonas*,*Ac.*)	*Ac. methanolica*	1
	公崎杆菌属(*Kozakia*,*Ka.*)	*Ka. baliensis*	6
	斯瓦米纳坦杆菌属(*Swaminathania*,*Sa.*)	*Sa. salitolerans*	3
	新朝井杆菌属(*Neoasaia*,*N.*)	*N. chiangmaiensis*	1
	塔堤查仁杆菌属(*Tanticharoenia*,*T.*)	*T. aidae*	2
		T. sakaeratensis	3
	雨山杆菌属(*Ameyamaea*,*Am.*)	*Am. chiangmaiensis*	2
	新驹形杆菌属(*Neokomagataea*,*Ne.*)	*Ne. tanensis*	1
		Ne. thailandica	1
	阮杆菌属(*Nguyenibacter*,*Ng.*)	*Ng. vanlangensis*	2
	斯温斯杆菌属(*Swingsia*,*Si.*)	*Si. samuiensis*	1
小计	14	63	317
JCM[④]	醋杆菌属(*Acetobacter*,*A.*)	*A. aceti*	5
		A. aceti subsp. *aceti*	1
		A. aceti subsp. *liquefaciens*	1
		A. aceti subsp. *orleanensis*	1
		A. aceti subsp. *xylinum*	1
		A. albidus	1
		A. cerevisiae	1
		A. cibinongensis	1
		A. estunensis	1
		A. europaeus	1

续表

菌种保藏机构	属名	种名	株数
JCM[④]	醋杆菌属(*Acetobacter*,A.)	*A. hansenii*	1
		A. indonesiensis	1
		A. intermedius	1
		A. liquefaciens	1
		A. lovaniensis	1
		A. malorum	1
		A. methanolicus	1
		A. oboediens	1
		A. okinawensis	7
		A. orientalis	1
		A. orleanensis	2
		A. oryzifermentans	1
		A. papayae	2
		A. pasteurianus	22
		A. pasteurianus subsp. *estunensis*	1
		A. pasteurianus subsp. *lovaniensis*	1
		A. peroxydans	1
		A. persici	2
		A. sicerae	1
		Acetobacter spp.	3
		A. syzygii	1
		A. tropicalis	1
		A. xylinum subsp. *nonacetoxidans*	1
		A. xylinum subsp. *sucrofermentans*	1
		A. xylinum subsp. *xylinum*	1
		A. xylinus subsp. *sucrofermentans*	1
		A. xylinus subsp. *xylinus*	1
		A. hydrogenigenes	1
	葡糖醋杆菌属(*Gluconacetobacter*,Ga.)	*Ga. aggeris*	2
		Ga. asukensis	4
		Ga. europaeus	1
		Ga. hansenii	1
		Ga. intermedius	1
		Ga. kakiaceti	1
		Ga. liquefaciens	3
		Ga. nataicola	1

续表

菌种保藏机构	属名	种名	株数
JCM[4]	葡糖醋杆菌属(*Gluconacetobacter*,*Ga.*)	*Ga. oboediens*	1
		Ga. rhaeticus	1
		Ga. saccharivorans	1
		Ga. sucrofermentans	1
		Ga. swingsii	1
		Ga. takamatsuzukensis	3
		Ga. tumulicola	5
		Ga. tumulisoli	1
		Ga. xylinus	1
	朝井杆菌属(*Asaia*,*As.*)	*As. astilbes*	1
		As. astilbis	3
		As. bogorensis	1
		As. krungthepensis	1
		As. platycodi	2
		As. prunellae	3
		As. siamensis	2
		Asaia spp.	3
	驹形杆菌属(*Komagataeibacter*,*K.*)	*K. cocois*	1
		K. europaeus	1
		K. hansenii	1
		K. intermedius	1
		K. kakiaceti	2
		K. nataicola	1
		K. oboediens	1
		K. rhaeticus	1
		K. saccharivorans	1
		K. sucrofermentans	1
		K. swingsii	1
		K. xylinus	4
	葡糖杆菌属(*Gluconobacter*,*G.*)	*G. albidus*	1
		G. asaii	1
		G. cerinus	7
		G. frateurii	3
		G. thailandicus	4
		G. morbifer	1
		G. oxydans	18
		G. roseus	1
		Gluconobacter spp.	3
		G. uchimurae	2

续表

菌种保藏机构	属名	种名	株数
JCM[④]	酸单胞菌属(*Acidomonas*,*Ac.*)	*Ac. methanolica*	1
	公崎杆菌属(*Kozakia*,*Ka.*)	*Ka. baliensis*	1
	糖杆菌属(*Saccharibacter*,*S.*)	*S. floricola*	1
	熊蜂杆菌属(*Bombella*,*B.*)	*B. apis*	1
小计	9	89	180
BCCM[⑤]	醋杆菌属(*Acetobacter*,*A.*)	*A. ascendens*	3
		A. suratthanensis	1
		A. aceti	11
		A. cerevisiae	21
		A. cibinongensis	2
		A. estunensis	3
		A. fabarum	7
		A. farinalis	3
		A. ghanensis	2
		A. indonesiensis	7
		A. lambici	2
		A. lovaniensis	4
		A. malorum	8
		A. musti	1
		A. nitrogenifigens	1
		A. oeni	2
		A. okinawensis lino	3
		A. orientalis	10
		A. orleanensis	1
		A. oryzifermentans	1
		A. papayae	1
		A. pasteurianus	54
		A. peroxydans	5
		A. persici Iino	1
		A. pomorum	1
		A. senegalensis	5
		A. sicerae	7
		Acetobacter spp.	5
		A. syzygii	2
		A. thailandicus	1
		A. tropicalis	4
	葡糖醋杆菌属(*Gluconacetobacter*,*Ga.*)	*Ga. aggeris*	1
		Ga. asukensis	1
		Ga. azotocaptans	4

续表

菌种保藏机构	属名	种名	株数
BCCM[⑤]	葡糖醋杆菌属(*Gluconacetobacter*,*Ga.*)	*Ga. diazotrophicus*	25
		Ga. johannae	3
		Ga. liquefaciens	10
		Ga. sacchari	4
		Gluconacetobacter spp.	2
		Ga. takamatsuzukensis	1
		Ga. tumulicola	1
		Ga. tumulisoli	1
	朝井杆菌属(*Asaia*,*As.*)	*As. astilbis*	5
		As. bogorensis	6
		As. krungthepensis	6
		As. lannensis	1
		As. platycodi	2
		As. prunellae	3
		As. siamensis	6
		As. spathodeae	2
	驹形杆菌属(*Komagataeibacter*,*K.*)	*K. europaeus*	13
		K. hansenii	7
		K. intermedius	1
		K. kakiaceti	2
		K. maltaceti	1
		K. medellinensis	2
		K. nataicola	2
		K. oboediens	8
		K. pomaceti	1
		K. rhaeticus	4
		K. saccharivorans	3
		Komagataeibacter spp.	1
		K. sucrofermentans	1
		K. swingsii	2
		K. xylinus	2
	葡糖杆菌属(*Gluconobacter*,*G.*)	*G. albidus*	9
		G. cerevisiae	7
		G. cerinus	34
		G. frateurii	17
		G. japonicus	11
		G. kanchanaburiensis	1
		G. kondonii	1
		G. morbifer	1
		G. nephelii	2

续表

菌种保藏机构	属名	种名	株数
BCCM[⑤]	葡糖杆菌属(*Gluconobacter*,*G.*)	*G. oxydans*	41
		G. roseus	2
		Gluconobacter spp.	7
		G. sphaericus	1
		G. thailandicus	15
		G. uchimurae	4
		G. wancherniae	2
	酸单胞菌属(*Acidomonas*,*Ac.*)	*Ac. methanolica*	4
	公崎杆菌属(*Kozakia*,*Ka.*)	*Ka. baliensis*	4
	斯瓦米纳坦杆菌属(*Swaminathania*,*Sa.*)	*Sa. salitolerans*	1
	糖杆菌属(*Saccharibacter*,*S.*)	*S. floricola*	1
	新朝井杆菌属(*Neoasaia*,*N.*)	*N. chiangmaiensis*	1
	颗粒杆菌属(*Granulibacter*,*Gr.*)	*Gr. bethesdensis*	1
	塔堤查仁杆菌属(*Tanticharoenia*,*T.*)	*T. sakaeratensis*	1
	雨山杆菌属(*Ameyamaea*,*Am.*)	*Am. chiangmaiensis*	1
	新驹形杆菌属(*Neokomagataea*,*Ne.*)	*Ne. tanensis*	1
		Ne. thailandica	1
	阮杆菌属(*Nguyenibacter*,*Ng.*)	*Ng. vanlangensis*	2
	斯温斯杆菌属(*Swingsia*,*Si.*)	*Si. samuiensis*	1
	熊蜂杆菌属(*Bombella*,*B.*)	*B. apis*	1
		B. intestini	2
	内杆菌属(*Endobacter*,*E.*)	*E. medicaginis*	1
小计	18	99	491
CCUG[⑥]	醋杆菌属(*Acetobacter*,*A.*)	*A. diazotrophicus*	1
		A. orleanensis	1
		A. hansenii	1
		A. aceti	1
		A. pasteurianus	1
	葡糖醋杆菌属(*Gluconacetobacter*,*Ga.*)	*Ga. sacchari*	3
	朝井杆菌属(*Asaia*,*As.*)	*As.* spp.	1
	驹形杆菌属(*Komagataeibacter*,*K.*)	*Komagataeibacter* spp.	2
	葡糖杆菌属(*Gluconobacter*,*G.*)	*G. oxydans* subsp. *oxydans*	2
		G. oxydans	5
		G. spp.	2
	酸单胞菌属(*Acidomonas*,*Ac.*)	*Ac. methanolica*	1
	公崎杆菌属(*Kozakia*,*Ka.*)	*Ka. baliensis*	1
小计	7	13	22

续表

菌种保藏机构	属名	种名	株数
ATCC⑦	醋杆菌属(*Acetobacter*,*A.*)	*A. aceti*	4
		A. pasteurianus	25
		Acetobacter spp.	5
		A. orleanensis	3
		A. lovaniensis	1
		A. cerevisiae	1
		A. estunensis	1
		A. peroxydans	1
		A. acetosus	1
	葡糖醋杆菌属(*Gluconacetobacter*,*Ga.*)	*Ga. diazotrophicus*	4
		Ga. johannae.	1
		Ga. xylinus	13
		Ga. hansenii	4
		Ga. liquefaciens	4
		Ga. azotocaptans	1
		Ga. europaeus	1
	朝井杆菌属(*Asaia*,*As.*)	*As. bogorensis*	2
	驹形杆菌属(*Komagataeibacter*,*K.*)	*K. rhaeticus*	1
		K. xylinus	1
	葡糖杆菌属(*Gluconobacter*,*G.*)	*G. oxydans*	23
		G. japonicus	1
		Gluconobacter spp.	3
		G. cerinus	9
		G. frateurii	1
	酸单胞菌属(*Acidomonas*,*Ac.*)	*Ac. methanolica*	2
	颗粒杆菌属(*Granulibacter*,*Gr.*)	*Gr. bethesdensis*	2
小计	7	26	73
DSMZ⑧	醋杆菌属(*Acetobacter*,*A.*)	*A. pomorum*	1
		A. malorum	1
		A. cerevisiae	2
		A. syzygii	1
		A. cibinongensis	1
		A. orientalis	1
		A. tropicalis	1
		A. indonesiensis	2
		A. oeni	2
		A. senegalensis	1
		A. ghanensis	1
		A. fabarum	1
		A. aceti	2
		A. pasteurianus	7
		Acetobacter spp.	1
		A. musti	1
		A. nitrogenifigens	1
		A. lambici	1

续表

菌种保藏机构	属名	种名	株数
DSMZ[⑧]	醋杆菌属(*Acetobacter*,*A.*)	*A. lovaniensis*	1
		A. orleanensis	1
		A. estunensis	1
	葡糖醋杆菌属(*Gluconacetobacter*,*Ga.*)	*Ga. sacchari*	1
		Ga. azotocaptans	1
		Ga. johannae	1
		Ga. diazotrophicus	1
		Ga. liquefaciens	1
	朝井杆菌属(*Asaia*,*As.*)	*As. siamensis*	1
		As. prunellae	1
		As. platycodi	1
		As. astilbis	1
	驹形杆菌属(*Komagataeibacter*,*K.*)	*K. intermedius*	2
		K. oboediens	1
		K. europaeus	5
		K. sucrofermentans	1
		K. swingsii	1
		K. rhaeticus	1
		K. xylinus	9
		K. kakiaceti	1
		K. hansenii	1
	葡糖杆菌属(*Gluconobacter*,*G.*)	*G. oxydans*	8
		G. cerevisiae	1
		Gluconobacter spp.	1
		G. frateurii	1
		G. cerinus	3
	酸单胞菌属(*Acidomonas*,*Ac.*)	*Ac. methanolica*	1
	公崎杆菌属(*Kozakia*,*Ka.*)	*Ka. baliensis*	1
	糖杆菌属(*Saccharibacter*,*S.*)	*S. floricola*	1
	颗粒杆菌属(*Granulibacter*,*Gr.*)	*Gr. bethesdensis*	1
	熊蜂杆菌属(*Bombella*,*B.*)	*B. intestini*	1
小计	10	49	81

① CGMCC：中国普通微生物菌种保藏管理中心（China General Microbiological Culture Collection Center），http：//www. cgmcc. net/index. html。

② CICC：中国工业微生物菌种保藏管理中心（China Center of Industrial Culture Collection），http：//m. china-cicc. org/。

③ NBRC/IFO：日本技术评价研究所生物资源中心（NITE Biological Resource Center），https：//www. nite. go. jp/nbrc/catalogue/NBRCDisp earchServlet? lang =jp。

④ JCM：日本微生物保藏中心（Japan Collection of Microorganisms），http：//jcm. brc. riken. jp/en/。

⑤ BCCM：比利时微生物综合保藏中心（Belgian Co-ordinated Collections of Microorganisms），https：//bccm. belspo. be/。

⑥ CCUG：瑞典微生物保藏中心（Culture Collection University of Gothenburg），https：//www. ccug. se/。

⑦ ATCC：美国典型菌种保藏中心（American Type Culture Collection），https：//www. atcc. org/。

⑧ DSMZ：德国菌种保藏中心（Deutsche Sammlung von Mikroorganismen und Zellkulturen），https：//www. dsmz. de。

由于AAB分类方法的不断发展，很多AAB的名称也不断发生变化，表1-3统计了部分AAB的分类地位变化。

表1-3 部分AAB的分类地位变化

现在的名称	曾经的名称
A. pasteurianus	*A. aceti*
Ac. methanolicus	*A. methanolicus*
Frateuria aurantia（非AAB）	*A. aurantius*
Ga. liquefaciens	*A. liquefaciens*
G. japonicus	*G. industrius*
G. oxydans	*G. suboxydans*, *G. melanogenus*
G. sphaericus	*G. oxydans* subsp. *sphaericus*
G. thailandicus	*G. suboxydans*, *G. oxydans*
Ketogulonicigenium vulgare（非AAB）	*G. oxydans*
K. europaeus	*A. europaeus*, *Ga. europaeus*
K. hansenii	*A. hansenii*, *Ga. hansenii*
K. intermedius	*Ga. intermedius*
K. kakiaceti	*Ga. kakiaceti*
K. kombuchae	*Ga. Kombuchae*, *Ga. hanseniib*
K. maltaceti	*Ga. maltaceti*
K. medellinensis	*Ga. xylinus*, *Ga. medellinensis*
K. nataicola	*Ga. nataicola*
K. oboediens	*Ga. oboediens*
K. polyoxogenes	*A. polyoxogenes*
K. rhaeticus	*Ga. rhaeticus*
K. saccharivorans	*Ga. saccharivorans*
K. sucrofermentans	*A. xylinum* subsp. *sucrofermentans*, *Ga. sucrofermentans*
K. swingsii	*A. xylinum* subsp. *nonacetooxidans*, *Ga. swingsii*
K. xylinus	*A. xylinum*, *A. aceti* subsp. *xylinum*, *Ga. xylinus*

1.2 醋酸菌分离常用培养基及其分类鉴定方法

1.2.1 醋酸菌分离常用培养基

AAB广泛分布于酿造调味品、酒类、发酵可可豆和发酵茶（Dutta & Gachhui，2007；Lino，et al，2012；Illeghems，et al，2013；Silva，et al，2006），植物根、茎、叶、花和果实（Lino，et al，2012；Lisdiyanti，et al，2001），动物肠道和淋巴结

(Greenberg，et al，2006)，以及土壤，特别是酿造食品厂周边土壤和古墓墙壁等环境中（Nishijima，et al，2013；Tazato，et al，2012）。分离不同特性 AAB 菌株的培养基不尽相同，常规分离 AAB 的培养基为含葡萄糖、酵母膏、蛋白胨和乙醇的培养基（glucose yeast peptone ethanol，GYPE），以及含葡萄糖和酵母膏的培养基（glucose yeast，GY），且常在 GYPE 和 GY 培养基中加入 100μg/kg 环己酰亚胺等真菌抑制剂，以抑制真菌污染。为了更高效分离 AAB，常需用含葡萄糖、酵母膏、蛋白胨、醋酸和乙醇的培养基（glucose yeast peptone acetic acid ethanol，GYPAE）富集 AAB。分离具有固氮能力的 AAB 时，一般使用不添加任何有机或无机氮源的多布雷纳（Dobereiner）无氮培养基（又称 LGI 培养基）。分离耐酸或醇的 AAB 时，常使用添加 Na_2HPO_4 的常规醋酸、乙醇培养基（regular acetic acid ethanol，RAE）或不含 Na_2HPO_4 的醋酸、乙醇培养基（acetic acid ethanol，AE）。各种 AAB 分离培养基的营养组成见表 1-4。

表 1-4　分离 AAB 的主要培养基及其适用范围（王斌，陈福生，2014）

培养基名称	培养基组成	适用范围
GY	5%葡萄糖、1%酵母膏	常规 AAB 分离
GYPE	2.0%葡萄糖、0.8%酵母膏、0.5%蛋白胨、0.5%乙醇	常规 AAB 分离
RAE	4%葡萄糖、1%酵母膏、1%蛋白胨、0.33% $Na_2HPO_4 \cdot 2H_2O$、0.15%柠檬酸，添加一定浓度的醋酸和/或乙醇	耐酸/醇 AAB 分离
AE	1.5%葡萄糖、0.2%酵母膏、0.3%蛋白胨、6.5%醋酸、2%乙醇	耐酸/醇 AAB 分离
LGI	0.06% KH_2PO_4、0.02% K_2HPO_4、0.02% $MgSO_4$、0.002% $CaCl_2$、0.001% $FeCl_3$、0.0002% Na_2MoO_4、10%蔗糖，pH4.5	固氮 AAB 分离
GYPAE	1.0%葡萄糖、0.8%酵母膏、1.5%蛋白胨、0.3%醋酸、0.5%乙醇	AAB 富集

日本专家 Entani 等（1985）采用“夹层法”AE 培养基分离 AAB，即以含 0.5%琼脂的 AE 培养基作为底层培养基，以含 1%琼脂的 AE 培养基作为上层培养基，并将分离平板置于 95%～100%相对湿度的密闭容器中培养，成功高效地分离得到了产酸高达 10%～15%的 AAB。

1.2.2 醋酸菌分类鉴定方法

自 1898 年第一个 AAB 属——醋杆菌属被认定以来，AAB 分类方法最初以形态特征为唯一分类依据，目前则以形态学和生理特征为主要分类依据，并结合化学和分子生物学的分类方法。以下将对 AAB 的各种分类方法及其发展进行简要介绍。

1.2.2.1 形态学分类方法

AAB 等细菌的菌落和细胞形态特征一直是描述其种属特性的重要依据。菌落特征主要包括菌落形态、大小和颜色等，而细胞形态特征则主要包括细胞的形状、大小、鞭毛着生方式（周生或极生）、革兰氏染色与是否存在芽孢等。在化学和分子生物学分类方法出现前，形态学特征是AAB分类的唯一依据。然而，形态特征受培养基种类、培养温度等的影响较大，且AAB等细菌的细胞形态比较简单，不同属种的形态特征区别一般不显著。同时，形态学分类结果常受到分类学者经验和知识等因素的影响。鉴于此，尽管AAB的形态特征是重要的分类依据，但存在一定的局限性。

1.2.2.2 生理生化分类方法

生理生化分类法主要通过比较AAB等微生物菌株在不同培养温度、pH值、氧气和培养基组成等条件下的生长情况，进而对其进行分类的方法。实际上，在AAB等微生物的分类中，常将其形态特征与生理生化特征相结合。例如，人们将周生鞭毛且能氧化乙醇的AAB归于醋杆菌属中；而将极生鞭毛，不能氧化乙醇的AAB归于葡糖杆菌属中（Leifson，1954）。

1.2.2.3 化学分类方法

细胞肽聚糖结构、磷脂和脂肪酸等化学成分的种类都可用于微生物的分类。其中，辅酶Q类型与脂肪酸组成是AAB最常用的化学分类依据（Yamada，et al，1969a，1969b，1981）。化学分类方法的引入改变了很多AAB的分类地位，例如Yamada等（1983）根据辅酶Q类型，将含辅酶Q-10的醋化醋杆菌木醋杆菌亚种（*A. aceti* subsp. *xylinum*）提升为木醋杆菌（*A. xylinum*）。Yamada（1969a，1969b）根据辅酶Q类型，将金黄醋杆菌（*A. aurantia*）更名为金黄弗拉德氏菌（*Frateuria aurantia*），因为金黄醋杆菌含辅酶Q-8，而醋杆菌属AAB含辅酶Q-9，其他AAB种属含辅酶Q-10。另外，金黄弗拉德氏菌属于γ-变形杆菌门，而AAB则属于α-变形杆菌门（Swings，et al，1980）。

随着AAB菌株数量的不断增加和研究的不断深入，依据醋杆菌属和葡糖醋杆菌属的AAB菌株的辅酶Q种类、鞭毛着生形式和醋酸过氧化能力进行分类时，存在交叉情况，很难将这两个属的不同AAB菌株分开。例如，液化葡糖醋杆菌因具有周生鞭毛曾被归类为醋杆菌属，但其含辅酶Q-10，所以又应当属于葡糖醋杆菌属（Asai，1935；Asai&Shoda，1958；Asai，1968）。鉴于此，在1980年的《核准细菌名录》（Approved Lists of Bacterial Names）中，引入了亚种命名方式，将含辅酶Q-10、周生鞭毛的AAB菌株归为醋化醋杆菌液化亚种（*Acetobacter aceti* subsp. *liquefaciens*），而具有辅酶Q-10的木醋杆菌菌株则归为醋化醋杆菌木醋亚种（*Acetobacter aceti* subsp. *xylinus*）（Skerman，et al，1980）。日本的两位学者Yamada和Konodo（1984）还建议将具有辅酶Q-10的醋化醋杆菌菌株归为葡糖醋杆菌亚属。

然而，亚属的概念并不被日本学者 Urakami 所接受，因为 Urakami 等（1989）研究发现，曾命名为甲醇醋杆菌（*A. methanolicus*）B58 的菌株与醋杆菌属的其他种差异很大，通过比较分析醋杆菌属和嗜酸菌属（*Acidiphilium*）菌株的辅酶 Q 类型、脂肪酸、菌落和细胞形态、生理生化特性，建议将能氧化甲醇的醋杆菌属中一类 AAB 提升为 AAB 的第三个属——酸单胞菌属（*Acidomonas*），并确认甲醇酸单胞菌（*Ac. methanolicus*）为此属的典型菌种。所以截至 1989 年，AAB 属包括醋杆菌属、葡糖醋杆菌属和酸单胞菌属 3 个属。然而，酸单胞菌属并未得到普遍认可，直至日本学者 Yamada 等（1997）将 16S rRNA 序列特征应用于 AAB 的分类研究中，酸单胞菌属作为第三个 AAB 属的分类地位才得到确认。

1.2.2.4 分子生物学分类方法

随着分子生物学技术发展，DNA 变性梯度凝胶电泳特性（denaturing gradient gel electrophoresis，DGGE）、重复序列 PCR（repetitive-element PCR，rep-PCR）和 16S rRNA 序列分析等常用于 AAB 的分类鉴定研究中。

（1）DNA 变性梯度凝胶电泳　DNA 变性梯度凝胶电泳在普通聚丙烯酰胺凝胶电泳中加入了变性剂（尿素和甲酰胺）梯度，因 DNA 中腺嘌呤（A）和胸腺嘧啶（T）碱基对对变性剂的耐受能力比胞嘧啶（C）和鸟嘌呤（G）碱基对的差，从而可将大小相同但碱基组成不同的 DNA 片段区分。而不加变性剂的普通聚丙烯酰胺凝胶电泳仅能区分序列大小，但不能区分大小相同但序列不同的 DNA 片段。Haruta 等（2006）采用 DGGE 结合常规分离培养法对日本米醋发酵过程中的微生物多样性进行研究，发现 AAB、酿酒酵母（*Saccharomyces cerevisiae*）、米曲霉（*Aspergillus oryzae*）和乳酸菌（Lactic acid bacteria）为主要微生物。De Vero 等（2006）采用 DGGE 对传统意大利香醋醋酸发酵阶段的微生物群落进行了分析，发现巴氏醋杆菌和醋化醋杆菌是醋酸发酵过程的优势微生物，而采用常规分离培养法获得的 AAB 主要为苹果醋杆菌和欧洲驹形杆菌。朱扬玲（2009）采用 DGGE 技术分析了浙江玫瑰醋发酵过程中的微生物群落演变规律，结果显示浙江玫瑰醋发酵过程中微生物群落结构由复杂变简单，且发花阶段（传统浙江玫瑰醋特有的生产工艺，是培养各种有益微生物的阶段）和发酵阶段的微生物群落结构有显著差异。发花阶段鉴定到巴氏醋杆菌、肠膜明串珠菌肠膜亚种（*Leuconostoc mesenteroides* subsp. *mesenteroides*）、罗伊氏乳杆菌（*Lactobacillus reuteri*）和干酪乳杆菌（*Lactobacillus casei*）。但在发酵阶段则主要鉴定到了巴氏醋杆菌、氧化葡糖杆菌、罗伊氏乳杆菌、保加利亚乳杆菌（*L. bulgaricus*）和嗜酸乳杆菌（*L. acidophilus*）。其中嗜酸乳杆菌在发酵 18～33d 为优势种，随后逐渐减弱直至消失；氧化葡糖杆菌在发酵 129 d 后成为优势菌种；保加利亚乳杆菌和巴氏醋杆菌在整个发酵过程中始终保持优势地位。当浙江玫瑰醋发酵成熟时，主要鉴定到保加利亚乳杆菌、巴氏醋杆菌和葡糖醋杆菌等。

(2) 重复序列 PCR　重复序列（repetitive sequences）几乎存在于所有细菌基因组的不同位点并以不同的距离分隔，多数存在于非编码序列中，少量存在于编码序列中。重复序列在细菌基因组中的分布位置和拷贝数具有菌株、种和属水平上的差异，而重复序列信息在进化过程中很保守，因此非常适合用于设计 PCR 引物（Bloch & Rode，1996）。重复序列 PCR 是利用细菌基因组中分布的重复序列设计引物，以基因组为模版进行 PCR，根据 PCR 扩增片段的多少和大小差异分析基因组 DNA 的差异，从而对菌株进行分型（Tautz & Renz，1984；Katti，et al，2001；Hancock，1995）。在众多重复序列中，基因外重复回文序列（repetitive extragenic palindrome，REP）和肠杆菌基因间重复共有序列（enterobaeterial repetitive intergenic consensus sequences，ERIC sequences）应用得较多（Bloch & Rode，1996）。后又发现 BOX 插入因子和（GTG)$_5$ 重复序列等（Versalovic，et al，1991；González，et al，2004；Nanda，et al，2001）也可用于细菌分类。

REP 家族为长度为 38 bp 的回文结构，不同微生物基因组上 REP 数量和分布位置不同。如果以基因组为模板，以 REP 序列设计引物进行 PCR 扩增，两个 REP 间的扩增片段的多少和大小差异可反映基因组 DNA 的差异，从而可对菌株进行分型，这就是 rep-PCR-REP 技术（Stern，et al，1984）。González 等（2004）利用 rep-PCR-REP 技术对不同种 AAB 的参考菌株进行分析，发现不同种 AAB 的参考菌株间的 rep-PCR-REP 图谱相互有部分交叉，这说明 rep-PCR-REP 不能很好地从种水平上区分所有种的 AAB。

ERIC 序列包含几个反向重复的 126 bp 序列，在不同微生物基因组中的分布位置不同，因此以基因组为模板，以 ERIC 序列设计引物，扩增的两个 ERIC 序列间的片段大小和多少也可用于细菌的鉴定，这就是 rep-PCR-ERIC 技术（Hulton，et al，1991）。Nanda 等（2001）根据 rep-PCR-ERIC 谱带差异将日本传统米醋发酵过程中的 AAB 分成两个群。Wu 等（2010）采用 rep-PCR-ERIC 技术对来自山西老陈醋、镇江香醋和天津独流醋中的巴氏醋杆菌进行了菌株分型，较好地揭示了种内不同菌株间的基因型差异。González 等（2004）利用 rep-PCR-ERIC 技术对不同种 AAB 的参考菌株进行分析，发现不同种 AAB 参考菌株间的 rep-PCR-ERIC 图谱无交叉，这说明 rep-PCR-ERIC 可从种水平上区分 AAB。

BOX 插入因子是分散在基因组中，不呈串联重复的 154 bp 的 DNA 片段（Versalovic，et al，1991)，由保守性不同的亚序列 boxA、boxB 和 boxC 组成，而只有 boxA 亚序列在不同细菌中表现出多拷贝和高保守性，因此可按照 boxA 亚单位设计的寡核苷酸引物进行 PCR。BOX-rep-PCR 是根据 BOX 插入因子设计引物，以细菌基因组为模板，用 PCR 扩增 BOX 间的片段，扩增产物的大小和数量差异反映了基因组 DNA 的差异，从而可对菌株进行分型和同源性分析（张建丽，刘志恒，2004）。然而，有关利用 BOX-rep-PCR 技术对醋酸菌进行分类的研究目前未见报道。

$(GTG)_5$ 序列是含 5 个重复 GTG 的序列（5′-GTGGTGGTGGTGGTG-3′），分散在基因组中。$(GTG)_5$-rep-PCR 以 $(GTG)_5$ 序列为引物。PCR 扩增产物的数量和片段长度的不同也可反映基因组 DNA 的差异，从而可对菌株进行分型和同源性分析（Gevers，et al，2001）。De Vuyst 等（2008）采用 $(GTG)_5$-rep-PCR 对来自可可豆发酵中的 132 株 AAB 和 64 株 AAB 标准菌株进行分析，结果显示除所有印度尼西亚醋杆菌菌株和液化葡糖醋杆菌 LMG 1509 外，其他菌株都具有 $(GTG)_5$ 重复序列特征指纹图谱，根据这些特征图谱可将 AAB 准确鉴定至种水平。

(3) 16S rRNA 序列分析　16S rRNA 是编码原核生物核糖体小亚基长约 1500 bp 的序列，包含序列高度保守的多个恒定区和介于恒定区之间的多个可变区。保守区序列在同一属和种的细菌间非常恒定，其序列差异是区分不同细菌属和种的重要依据，16S rRNA 序列特征也被称为细菌分类学的“分子钟”（Janda & Abbott，2007）。目前，当对菌株的分类地位一无所知时，常用的最有效和简便的方法就是对其 16S rRNA 进行序列分析，并与数据库中已知 16S rRNA 的部分或全长序列进行比对和聚类分析，从而初步鉴定菌株。

Kersers 等（2006）分析了 10 个 AAB 属的 16S rRNA 序列后发现，不同属的 AAB 菌株的 16S rRNA 序列同源性为 92.1%～99.0%；同一属不同种 AAB 间的同源性分别为醋杆菌属 95.4%～99.9%，朝井杆菌属 99.6%～99.8%，葡糖醋杆菌属 96.4%～100%，葡糖杆菌属 98.3%～99.6%等。然而，仅根据 16S rRNA 序列同源性，朝井杆菌属、公崎杆菌属、斯瓦米纳坦杆菌属和新朝井杆菌属的 AAB 应为同一属，但它们的表型特征差异很大。例如，朝井杆菌属菌株不能在 0.35% 醋酸中生长，不能氧化乙醇产酸等，这些特征不同于其他 AAB 属（Kersers，et al，2006），具体区别见本章“1.3　醋酸菌各属特征”中的阐述。由此看出，仅根据 AAB 菌株 16S rRNA 序列同源性进行分类是不够的，还应结合 AAB 的表型特征进行分类。

与 16S rRNA 序列相比，16S-23S rRNA 的 ITS 序列具有更高的变异性，更适合于 AAB 的分类和鉴定。例如，根据 16S-23S rRNA 的 ITS 序列，构建 AAB 的系统发育树，从植物花朵中分离鉴定到葡糖杆菌属的一个新种——泰国葡糖杆菌（Tanasupawat，et al，2004；Greenberg，et al，2006）。另外，因木醋杆菌和欧洲驹形杆菌的 16S rRNA 序列相似度很高，因此通过 16S rRNA 序列分析很难将其分开，而根据 16S-23S rRNA 的 ITS 序列分析则可将它们有效区分开（Sievers，et al，1996）。

此外，16S rRNA 和/或 23S rRNA 的限制性片段长度多态性 PCR（restriction fragment length polymorphisms PCR，RFLP-PCR）也可用于 AAB 的分类鉴定。Ruiz 等（2000）通过对来自醋杆菌属、葡糖杆菌属和葡糖醋杆菌属中 22 株 AAB 的 16S rRNA 序列进行 RFLP-PCR 分析，结果显示 16S rRNA 的 RFLP-PCR 分析

是AAB属种鉴定的可靠方法。Gullo等（2006）采用16S-23S-5S rRNA间隔序列的RFLP-PCR对来自传统意大利香醋的35株AAB进行鉴定，并与13株AAB标准菌株比较，结果将32株AAB鉴定为木葡糖醋杆菌，2株鉴定为巴氏醋杆菌，1株鉴定为醋化醋杆菌。González等（2006）对33株AAB的16S rRNA及16S-23S rRNA间隔序列进行RFLP-PCR分析，发现AAB的16S rRNA序列的RFLP-PCR分析更适于属及以上水平的鉴定，而16S-23S rRNA间隔序列的RFLP-PCR分析则更能展示种间的差异。

根据16S rRNA序列特征进行分类存在一些不足，但由于其操作快捷简便等特点，AAB菌株16S rRNA的序列特征仍广泛被用于AAB的分类鉴定。AAB菌株16S rRNA序列特征与AAB的形态学和生理特征结合使用大大加快了AAB的分类研究，在不断鉴定到新AAB属和种的同时，也不断更新着原有AAB属和种的分类地位。例如，根据16S rRNA序列特征，可将葡糖醋杆菌属中的AAB分为两个组（Franke，et al，1999；Yamada，et al，2000），进一步分析这两组中菌株的形态、生理生化特征，可将它们分别归为液化葡糖醋杆菌和木葡糖醋杆菌（Yamada & Yukphan，2008）。随后，又从葡糖醋杆菌属中分化出一个AAB新属——驹形杆菌属，而木葡糖醋杆菌也被更名为木驹形杆菌，并被确定为驹形杆菌属的典型种（Franke，et al，1999；Yamada，et al，2000；Yamada & Yukphan，2008；Yamada，et al，2012a）。

截止到2019年底，从NCBI数据库获得已公布的19个属，97个种的AAB的16S rRNA全长或部分序列，根据此序列构建的AAB的系统进化树如图1-3所示。

（4）其他分子生物学分类方法　除了以上分子生物学的分类方法外，AAB菌株的DNA-DNA同源性（Lisdiyanti，et al，2001）、DNA随机扩增多态性（random amplified polymorphisms of DNA）（Bartowsky，et al，2003）、DNA扩增片段长度多态性（amplified length fragments polymorphism）（Cleenwerck，et al，2009）等分子生物学方法也可用于AAB的分类鉴定，在此不做详细描述。

另外，AAB中一些特殊蛋白质的编码基因也可用于其分类鉴定。例如，AAB中吡咯喹啉醌（pyrroloquinoline quinone，PQQ）辅酶依赖的乙醇脱氢酶第一个亚基的编码基因*adhA*可用于醋杆菌属、葡糖杆菌属和葡糖醋杆菌属等的鉴定（Trček，2005）。依据醋杆菌、葡糖杆菌和葡糖醋杆菌等AAB属的DNA修复蛋白RecA的编码基因*recA*，结合16S rRNA、ITS等的序列分析，可将α-变形杆菌门的细菌鉴定到这些AAB属（Eisen，1995；Greenberg，et al，2006）。AAB中固氮相关蛋白质编码基因*nifH*和*nifD*可用于耐盐斯瓦米纳坦杆菌、固氮醋杆菌和红茶葡糖醋杆菌等的分类鉴定（Loganathan & Nair，2004；Dutta & Gachhui，2006，2007）。延伸因子Tu编码基因*tuf*在用于醋杆菌鉴定时，其区分度与16S-23S rRNA的ITS序列类似，比16S rRNA的高（Huang，et al，2014；Yetiman & Kesmen，2015）。看家基因*dnaK*，*groEL*和*rpoB*的多位点分析也可用于

AAB 分类，且与 16S rRNA 序列分析结果具有很好的一致性（Cleenwerck，et al，2010；Li，et al，2014；Andrés-Barrao，et al，2016）。

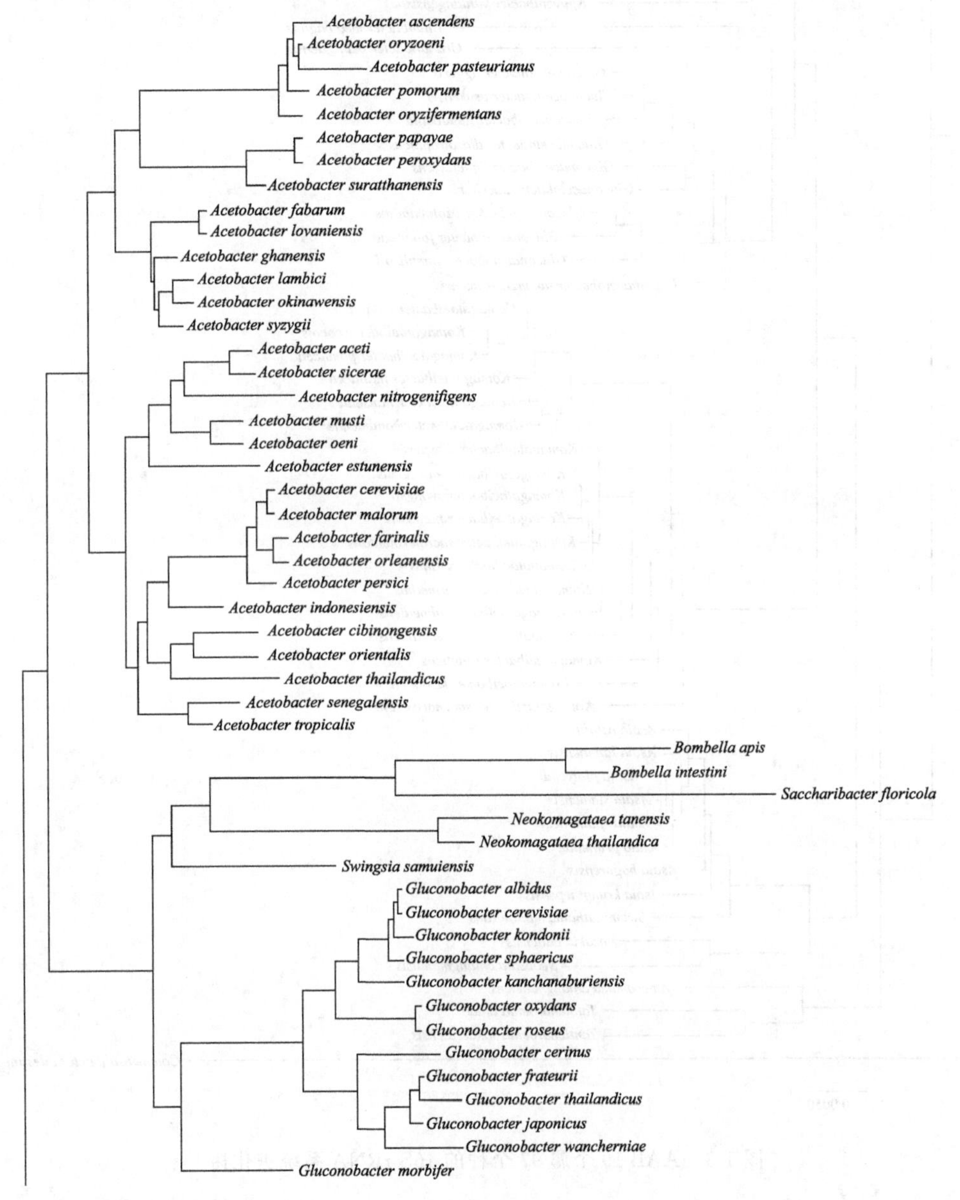

图 1-3

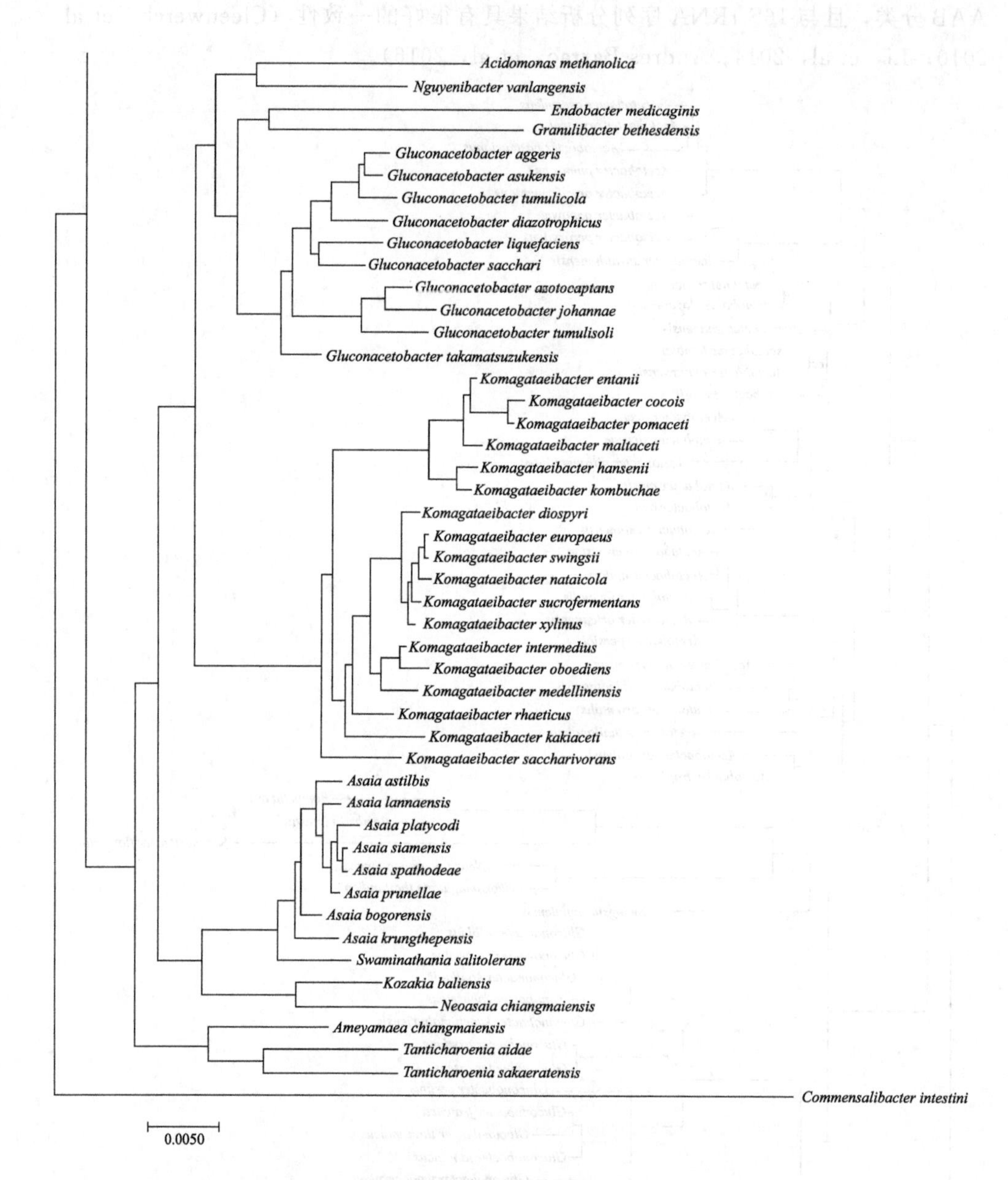

图 1-3　AAB 19 个属 97 个种的 16S rRNA 系统进化树

1.2.2.5　基质辅助激光解吸电离飞行时间质谱

基质辅助激光解吸电离飞行时间质谱（matrixassisted laser desorption/ionization time of flight mass spectrometry，MALDI-TOF MS）是质谱技术的一

种，能提供各具特征的微生物蛋白质质量指纹图谱，通过检索特征性质谱峰数据库或与已知微生物的质谱峰比较来实现对微生物的快速鉴定（Tonolla，et al，2009)。基质辅助激光解吸电离是一种直接气化并离子化非挥发性生物样品的质谱离子化方式，被分析物的溶液和某种基质溶液混合，蒸发溶剂，使被分析物与基质成为晶体或半晶体，再用一定波长的脉冲式激光进行照射，基质吸收激光能量后，均匀地传递给待分析物，使待分析物瞬间气化并离子化。基质是一些含高纯度芳香化合物的有机溶剂（如 2,5-二羟基苯甲酸、α-氰基-4-羟基苯丙烯酸、芥子酸和阿魏酸等)，可保护待分析物不被过强的激光能量破坏。飞行时间分析器(time of flight，TOF）的离子飞行距离固定，不同质量的离子因飞行速度不同而导致飞行时间不同，质量小的离子因飞行速度快而先到达检测器，因此飞行时间分析器可将相同动能、不同质量的离子分离，然后通过软件特异性分析，确定指纹图谱。

MALDI-TOF MS 是微生物表征和鉴定的有效工具，可应用于临床和动物医学微生物、环境和食品等相关微生物的鉴定。该方法对微生物（尤其是病原微生物）的检测和鉴定具有快速、简便、精确和高效等优点，但仍存在一定的局限性。例如，无法检测不可培养微生物；在分析和定量混合发酵菌株时，如果菌种细胞量相似，则一次可准确区分 2～3 个种，但如果一个种占优势时会降低检测准确性；种类很近微生物的区分度较差；检测和鉴定结果受微生物培养基组成的影响较大等。Andrés-Barrao 等（2013）采用 MALDI-TOF MS 方法对来自食醋的 AAB 进行分类和鉴定，建立了鉴定 AAB 的 MALDI-TOF MS 方法，根据质谱图构建的系统进化树与通过 16S rRNA 构建的较为一致。

尽管 AAB 的分类鉴定方法多种多样，各种方法都有其各自的优缺点，而且随着科学技术的发展，一定会有更多的 AAB 分类鉴定方法出现，但目前主要采用形态学、生理生化、化学和分子生物学等相结合的方法对 AAB 进行分类鉴定，当不同 AAB 分类方法的鉴定结果出现不一致时，一般以形态学和生理生化特征为准。

1.3 醋酸菌各属特征

自 1898 年第一个 AAB 属——醋杆菌属确立以来，共鉴定有 19 个属，101 个种（表 1-1)。已确立的 AAB 属的主要理化特征包括鞭毛及其着生位置；辅酶 Q 类型；氧化乙酸和乳酸情况；在 30% 葡萄糖、1% 葡萄糖、谷氨酸琼脂、山梨醇琼脂、棉子糖、0.35%醋酸（体积分数）和 1% KNO_3 中的生长情况；产水溶性棕色素，氧化甘油为二羟基丙酮，产类似果聚糖的多糖情况；在 D-葡萄糖、D-甘露糖醇和乙醇中同化氨基态氮的情况；利用葡萄糖产生 2-酮-D-葡萄糖酸盐，5-酮-D-

葡萄糖酸盐和2,5-二酮-D-葡萄糖酸盐的情况；氧化D-甘露糖醇、D-山梨糖醇、半乳糖醇、甘油、棉子糖和乙醇而产酸的情况；DNA的G+C含量（摩尔分数,%）等（表1-5）。从表1-5可以看出，一些特性属于AAB各属共有特性，例如除醋杆菌属含辅酶Q-9外，其余AAB属均含辅酶Q-10；除耐高糖浓度的糖杆菌属外，其余AAB属均可在1% D-葡萄糖中生长；所有AAB属在含乙醇的培养基中都不能或较弱地同化氨基态氮。另外，除酸单胞菌属外，其余AAB属都可产生2-酮-D-葡萄糖酸盐。然而，多数的理化特征则在不同AAB属间存在不同。以下将对不同AAB属的生理特性及其主要应用进行描述。

1.3.1 醋杆菌属及特征

醋杆菌属（*Acetobacter*，A.）是第一个被研究的AAB属，因其能产醋酸(acetic acid) 且为杆菌（bacter=*baktron*=rod）而得名，由Beijerinck（1898）命名，但该属无正式命名的文件记录，其典型的种为醋化醋杆菌（Pasteur，1864）。该属与葡糖杆菌属、新驹形杆菌属、斯温斯杆菌属和糖杆菌属的亲缘关系较近，包含31个种（表1-1）。

除固氮醋杆菌为极生鞭毛外，其他为周生鞭毛，能运动；可氧化醋酸盐和乳酸盐为CO_2和水；大多数种不耐高糖，故不能在30%葡萄糖中生长；在谷氨酸琼脂、棉子糖和1% KNO_3中不生长，在甘露糖醇琼脂上生长较弱，但在0.35%醋酸中生长；不产水溶性棕色素和多糖；仅有少数种可氧化甘油为二羟基丙酮；氨态氮一般很少被利用；多数种可转化葡萄糖而生成2-酮-D-葡萄糖酸，少数种可转化葡萄糖而生成5-酮-D-葡萄糖酸，一般不产生2,5-二酮-D-葡萄糖酸；不能氧化D-甘露糖醇、D-山梨糖醇、半乳糖醇、甘油和棉子糖而产酸，但可氧化乙醇而产酸（主要为醋酸）；G+C含量为53.5%～60.7%。

醋杆菌属的醋酸菌在食醋液态酿造（Awad，et al，2012）、食醋固定化细胞生产（Lotong，et al，1989）和两步法生产细菌纤维素（Okiyama，et al，1992）等方面得到了很好的研究和应用。

1.3.2 酸单胞菌属及特征

酸单胞菌属（*Acidomonas*，*Ac.*）因其嗜酸（acid）且为单细胞（*monas*=monad）而得名。酸单胞菌属曾属于醋杆菌属中的甲醇醋杆菌种，但Urakami等(1989) 研究发现，甲醇醋杆菌B58与醋杆菌属的其他种的形态、生理和生化、辅酶Q类型和脂肪酸组成差异极大，因此将能氧化甲醇的一类醋酸菌命名为酸单胞菌属，并将甲醇酸单胞菌（*Ac. methanolicus*）定为该属的典型菌种，该菌也是目前报道的该属的唯一一个种。甲醇酸单胞菌的典型菌株TK 0705（=IMET 10945^T）分离自酵母酿造淤泥。

甲醇酸单胞菌的多数细胞无鞭毛，不能运动，但也有一些菌株为极生鞭毛，能运动；能氧化醋酸盐，但不能氧化乳酸盐；能在30%葡萄糖中生长；在谷氨酸琼脂和甘露糖醇琼脂中的生长情况目前未知；在棉子糖中不生长，但在含0.35%醋酸或含1% KNO_3 时生长；不产水溶性棕色素和多糖，不氧化甘油为二羟基丙酮；在D-葡萄糖、D-甘露糖醇或乙醇中可微弱同化氨基态氮；不能氧化葡萄糖生成2-酮-D-葡萄糖酸、5-酮-D-葡萄糖酸和2,5-二酮-D-葡萄糖酸；能氧化甘油或乙醇而产酸，微弱氧化D-甘露糖醇产酸，但不能氧化D-山梨糖醇、半乳糖醇和棉子糖产酸；G+C含量为63%～65%。

关于酸单胞菌属的研究报道很少。Sato等（2017）报道甲醇酸单胞菌具有甲醇氧化呼吸链，可利用甲醇生长，也可用于甘油酸的生产，在含1%（体积分数）甲醇的3%甘油培养基中培养4d，甘油酸产量可达12.8g/L。

1.3.3 雨山杆菌属及特征

雨山杆菌属（*Ameyamaea*，*Am.*）以日本山口大学Minoru Ameyama的姓氏命名，典型种是清迈雨山杆菌，为该属的唯一种（表1-1），典型菌株AC04^T（=BCC 15744^T=NBRC 103196^T）分离自泰国清迈（Chiang Mai）红姜的花朵中（Yukphan，et al，2009）。雨山杆菌属与塔堤查仁杆菌属（*Tanticharoenia*）的亲缘关系较近。

雨山杆菌属的细胞呈极生鞭毛，能运动；氧化醋酸盐能力强，而氧化乳酸盐能力较弱；不能在30%葡萄糖中生长；能在谷氨酸和甘露糖醇琼脂培养基上生长，但在谷氨酸琼脂培养基上生长较弱，不能在棉子糖中生长；能在0.35%醋酸（体积分数）中生长，但不能在1% KNO_3 中生长；不产水溶性棕色素和多糖，氧化甘油产生二羟基丙酮的能力较弱；以葡萄糖、甘露糖醇或乙醇为碳源时，能微弱地同化氨基态氮；能氧化葡萄糖生成2-酮-D-葡萄糖酸和5-酮-D-葡萄糖酸，但不能产生2,5-二酮-D-葡萄糖酸；不能氧化D-甘露糖醇、D-山梨糖醇、半乳糖醇和棉子糖产酸，可微弱氧化甘油产酸，能氧化乙醇产酸；DNA的G+C含量为66.0%～66.1%。

关于雨山杆菌属的深入研究未见报道。

1.3.4 朝井杆菌属及特征

朝井杆菌属（*Asaia*，*As.*）以日本细菌学家Toshinobu Asai的姓氏命名，最早是从印度尼西亚的植物花朵中分离到的（Yamada & Yukphan，2008）。茂物朝井杆菌（*As. bogorensis*）是其典型种，其典型菌株71^T（=JCM 10569^T=NRIC 9311^T）分离自印度尼西亚茂物（Bogor，地名）的紫荆花朵中。截至目前，朝井杆菌属共包括8个种（表1-1）。

朝井杆菌属的细胞呈周生鞭毛，能运动；能微弱地氧化醋酸盐和乳酸盐为 CO_2 和水；能在30%葡萄糖中生长；可在谷氨酸、甘露糖醇、棉子糖中生长，但不能在0.35%醋酸或1% KNO_3 中生长；不产水溶性棕色素和多糖，但能微弱氧化甘油为二羟基丙酮；在D-葡萄糖或D-甘露糖醇中可同化氨基态氮，但在乙醇中不能同化氨基态氮；能氧化葡萄糖生成2-酮-D-葡萄糖酸和5-酮-D-葡萄糖酸，但不能产生2,5-二酮-D-葡萄糖酸；能氧化D-甘露糖醇、D-山梨糖醇、半乳糖醇、甘油和棉子糖产酸，但不能氧化乙醇为乙酸；G+C含量为58.6%～61.0%。

朝井杆菌属的菌株主要分离于植物花朵，普遍耐渗透压，但不产酸；还有一些菌株为昆虫共生菌，也是引起饮料腐败的主要微生物；茂物朝井杆菌和兰那朝井杆菌也可能是人类的条件致病菌（Tamara，et al，2006；Abdel-Haq，et al，2009）。朝井杆菌在疟疾控制（Favia，et al，2008）、生物固氮（Samaddar，et al，2011）和产超细纤维素（Kumagai，et al，2011）等方面具有潜在应用价值。

1.3.5 熊蜂杆菌属及特征

熊蜂杆菌属（*Bombella*，*B.*）以其典型种分离自熊蜂而得名，其典型菌种——肠道熊蜂杆菌（*B. intestini*）因其典型菌株LMG 28161^T（=DSM 28636^T=R-52487^T）分离自红尾大黄蜂（*Bombus lapidarius*）的肠道（*intestini*）而得名（Li，et al，2015）。该属的另一个种——蜜蜂熊蜂杆菌（*B. apis*）分离自意大利蜜蜂（*Apis mellifera*）的肠道（Yun，et al，2017）。

熊蜂杆菌属的细胞无鞭毛，不运动；不能氧化醋酸盐和乳酸盐产生 CO_2 和水；可在30%葡萄糖中生长；在谷氨酸盐、甘露糖醇、棉子糖、0.35%醋酸、1.0% KNO_3 中的生长情况都未知；不产水溶性棕色素，但氧化甘油产二羟基丙酮和产多糖能力未知；在D-甘露糖醇、D-葡萄糖或乙醇中不能同化氨基态氮；能氧化D-葡萄糖产生2-酮-D-葡萄糖酸，但不产生5-酮-D-葡萄糖酸，产2,5-二酮-D-葡萄糖酸的能力目前未知；能氧化D-甘露糖醇和半乳糖醇产酸，不能氧化山梨糖醇、甘油、棉子糖和乙醇产酸；DNA的G+C含量为54.9%。

目前，熊蜂杆菌属的两个种均已完成全基因组测序和分析（Li，et al，2016；Smith，et al，2019），但有关熊蜂杆菌属的其他研究则未见报道。

1.3.6 共生杆菌属及特征

共生杆菌属（*Commensalibacter*，*C.*）因其典型种是肠道共生菌（commensal bacteria）且为杆菌（bacter）而得名，其典型的种为肠道共生杆菌，典型菌株A911^T（=KCTC 22117^T=JCM 15511^T）分离自黑腹果蝇肠道。该属与蒲桃醋杆菌、罗旺醋杆菌、苹果醋杆菌和甘蔗葡糖醋杆菌的亲缘关系较近（Roh，et al，2008），共包括2个种（表1-1）。

共生杆菌属细胞无鞭毛，不能运动；氧化醋酸盐和乳酸盐产生 CO_2 和水的能力，以及在30%葡萄糖、棉子糖、0.35%醋酸和1.0% KNO_3 中的生长能力均未知；能在谷氨酸盐和甘露糖醇琼脂培养基中生长；不产水溶性棕色素；能氧化甘油产生二羟基丙酮；产类似果聚糖的多糖能力，在D-葡萄糖、D-甘露糖醇和乙醇中同化氨基态氮能力，以及氧化葡萄糖、D-甘露糖醇和乙醇而产酸的能力都未知；不能氧化D-山梨糖醇、半乳糖醇和棉子糖产酸，但能氧化甘油产酸；DNA的G+C含量为37.0%。

关于共生杆菌属的基础和应用研究均未见报道。

1.3.7 内杆菌属及特征

内杆菌属（*Endobacter*，*E.*）因其典型种分离于苜蓿（*Medicago sativa*）的根瘤内部（endo）且为杆菌（bacter）而得名。典型种为苜蓿内杆菌，也是该属目前唯一的种（表1-1），典型菌株M1MS02^T（=LMG 26838^T=CECT 8088^T）分离自紫苜蓿的根瘤。该属AAB与其他属AAB的亲缘关系较远（Ramirez-Bahena，et al，2013）。

内杆菌属的细胞呈近极生鞭毛；不能氧化醋酸盐和乳酸盐产生CO_2和水；能在谷氨酸盐和甘露糖醇琼脂培养基中生长；但在30%葡萄糖、棉子糖、0.35%醋酸、1.0% KNO_3中的生长情况，以及产水溶性棕色素和多糖的情况目前未知；能氧化甘油产生二羟基丙酮；在D-葡萄糖中可同化氨基态氮，但在D-甘露糖醇和乙醇中同化氨基态氮情况目前未知；氧化葡萄糖产生2-酮-D-葡萄糖酸、5-酮-D-葡萄糖酸和2,5-二酮-D-葡萄糖酸的情况目前未知；不能氧化D-甘露糖醇、D-山梨糖醇和半乳糖醇产酸，能氧化甘油和乙醇产酸，但氧化棉子糖产酸的能力目前未知；G+C含量为60.3%。

与内杆菌属相关的基础和应用研究均未见报道。

1.3.8 葡糖杆菌属及特征

葡糖杆菌属（*Gluconobacter*，*G.*）因能氧化葡萄糖（glucose）且为杆菌（bacter）而得名。Asai（1935）根据AAB对乙醇、葡萄糖和乙酸氧化能力的差异，将AAB分为两类。一类氧化乙醇生成醋酸能力强，且可过氧化醋酸生成CO_2和水，但氧化葡萄糖的能力弱；另一类则氧化乙醇生成醋酸能力弱，不能过氧化醋酸，但氧化葡萄糖的能力强。前者被命名为醋杆菌属，后者则被定义为葡糖杆菌属。葡糖杆菌属共包括15个种（表1-1），氧化葡糖杆菌是此属的典型种。

葡糖杆菌属AAB为极生鞭毛，能运动，也有一些菌株不能运动；不能氧化醋酸盐和乳酸盐成为CO_2和水；一般在30%葡萄糖中不生长；在甘露糖醇琼脂上生长，但在谷氨酸琼脂上和棉子糖中不生长；在0.35%醋酸中生长，在1% KNO_3中不生长；一些种的少数菌株可产水溶性棕色素；可氧化甘油为二羟基丙酮；不产多糖；在D-葡萄糖或D-甘露糖醇中可同化氨基态氮，但在乙醇中不能同化氨基态氮；可氧化葡萄糖成2-酮-D-葡萄糖酸和5-酮-D-葡萄糖酸，仅少数菌株产2,5-二酮-D-葡萄糖酸盐；可氧化D-甘露糖醇、D-山梨糖醇、甘油和乙醇而产酸，微弱氧化半乳糖醇产酸，不能氧化棉子糖产酸；DNA 的 G+C 含量为 54.0%～61.5%。

氧化葡糖杆菌在氧化葡萄糖生成 2,5-二酮-D-葡萄糖酸、2-酮-L-葡萄糖酸、抗坏血酸、D-葡萄糖酸、山梨酮糖和半乳糖酸等方面得到了很好的研究和应用（Gupta，et al，2001）。另外，该属的葡萄糖脱氢酶、葡萄糖酸脱氢酶、2-酮葡萄糖酸脱氢酶、山梨酮糖脱氢酶和乙醛脱氢酶等也得到了很好的研究和应用，并被开发成传感器用于酒精、糖、乳糖和木糖的快速检测（Gupta，et al，2001）。同时，葡糖杆菌属 AAB 也可用于甘油酸的生产（Sato，et al，2013）。然而，葡糖杆菌属 AAB 生长和发酵易被甘油中的甲醇所抑制。例如，与无甲醇的甘油酸转化率相比，葡糖杆菌属 AAB 在含 1%（体积分数）甲醇的甘油中发酵，甘油酸的转化率下降近 50%（Sato，et al，2013）。

1.3.9 葡糖醋杆菌属及特征

葡糖醋杆菌属（*Gluconacetobacter*，*Ga.*）因能氧化葡糖酸盐（gluconate）和醋酸盐（acetate）且为杆菌（bacter）而得名，曾属醋杆菌属，也曾属于葡糖醋杆菌亚属（subgenus *Gluconacetobacter*）（Yamada & Kondo，1984）。进一步研究发现，葡萄醋杆菌属包括液化葡糖醋杆菌组（*Ga. liquefaciens* group）和木葡糖醋杆菌组（*Ga. xylinus* group）两个组（Yamada，et al，2000），而木葡糖醋杆菌组又被命名为驹形杆菌属（Yamada，et al，2013）。葡糖醋杆菌属包含 12 个种（表 1-1），液化葡糖醋杆菌为其典型种。该种曾被归属于醋化醋杆菌液化亚种（*A. aceti* subsp. *liquefaciens*），1983 年 Yamada 将其提升为种，命名为液化醋杆菌（Yamada，1983）；1997 年，Yamada 等基于 16S rDNA 序列分析，将液化醋杆菌更名为液化葡糖醋杆菌（Yamada，et al，1997）。

葡糖醋杆菌属 AAB 为周生鞭毛，能运动；能氧化醋酸盐和乳酸盐为 CO_2 和水；不能在 30%葡萄糖中生长；可在谷氨酸和甘露糖醇琼脂上生长；在棉子糖中不生长；能在 0.35%醋酸中生长，不能在 1% KNO_3 中生长；产水溶性棕色素；能氧化甘油为二羟基丙酮；不产多糖；在 D-葡萄糖或 D-甘露糖醇中可同化氨基态氮，但在乙醇中不能同化氨基态氮；能氧化葡萄糖成 2-酮-D-葡萄糖酸、5-酮-D-葡萄糖酸和 2,5-二酮-D-葡萄糖酸；不能氧化 D-甘露糖醇、D-山梨糖醇、半乳糖醇、甘油和棉子糖产酸，但可氧化乙醇产酸；G+C 含量为 58.0%～65.0%。

葡糖醋杆菌属的 AAB 在产醋酸、二羟基丙酮、2,5-二酮-D-葡萄糖酸盐、棕色素、赤霉酸，以及生物固氮等方面都有研究。其中，在细菌纤维素和生物固氮方面的研究最多（Vazquez，et al，2013；Jung，et al，2010；Muñoz-Rojas & Caballero-Mellado，2003）。

1.3.10 颗粒杆菌属及特征

颗粒杆菌属（*Granulibacter*，*Gr.*）因能引起粒斑或肉芽肿病而得名，属名由颗粒（granulum）和杆菌（bacter）组成。典型种是贝塞斯达颗粒杆菌，该菌是该属唯一种，典型菌株 CGDNIH1^{T}（=ATCC BAA-1260^{T}=DSM 17861^{T}）分离于美国贝塞斯达（Bethesda）患有慢性肉芽肿病病人的淋巴结。该菌是条件致病菌，与其他 AAB 的亲缘关系较远（David，et al，2006）。

颗粒杆菌属细胞无鞭毛，不能运动；能氧化醋酸盐和乳酸盐产生 CO_2 和水，但氧化醋酸盐的能力较弱；在 30%葡萄糖中的生长情况目前未知；能在谷氨酸琼脂上生长，但仅能在甘露糖醇琼脂上微弱生长；关于在 0.35%醋酸或 1% KNO_3 中生长，产水溶性棕色素以及产多糖情况目前均未知；不能氧化甘油为二羟基丙酮；能在 D-葡萄糖中同化氨基态氮，但在 D-甘露糖醇或乙醇中同化氨基态氮情况目前未知；利用葡萄糖产生 2-酮-D-葡萄糖酸、5-酮-D-葡萄糖酸和 2,5-二酮-D-葡萄糖酸情况目前未知；能氧化乙醇产酸，不能氧化 D-甘露糖醇、D-山梨糖醇和半乳糖醇产酸，不能或仅能微弱氧化甘油产酸，氧化棉子糖产酸的能力目前未知；G+C 含量（摩尔分数）为 59.1%。

颗粒杆菌属相关的基础和应用研究均未见报道。

1.3.11 驹形杆菌属及特征

驹形杆菌属（*Komagataeibacter*，*K.*）是以日本微生物学家 Kazuo Komagata 的姓氏命名的，属名由驹形（Komagata）和杆菌（bacter）组成。该属的大多数种是由葡糖醋杆菌属分化而来的。1999 年，澳大利亚学者 Franke 等发现葡糖醋杆菌属系统发育树中存在二相性。随后，Yamada 等（2000）发现葡糖醋杆菌属的典型种液化葡糖醋杆菌和木糖酸杆菌在表型、遗传学和生态学等特征上存在属水平差异，并将其分为两个子集，进而将该属中的 12 个种划归为一个新属——驹形杆菌属（Yamada，et al，2012a）。但根据《细菌学代码》第 27 条规则，该属典型菌株存在争议，于是同年 Yamada 等（2012b）再次提出此属，并将该属详细信息进行了总结和描述。该属目前包括 17 个种（表 1-2），其中木驹形杆菌为该属的典型种，典型菌株为 NCIMB 11664^{T}（NBRC 15237^{T}=JCM 7644^{T}=BCC 49175^{T}= DSM 6513^{T}=LMG 1515^{T}），该种因能产生纤维素得名。

驹形杆菌属细胞无鞭毛，不能运动；能氧化醋酸盐和乳酸盐生成 CO_2 和水；在 30%葡萄糖中生长能力未知；能在谷氨酸盐和甘露糖醇琼脂上和 0.35%醋酸中生长，但在棉子糖中和 1% KNO_3 中的生长情况目前未知；不产水溶性棕色素和多糖，但能氧化甘油生成二羟基丙酮；在 D-葡萄糖和 D 甘露糖醇中可同化氨基态氮，但在乙醇中同化氨基态氮的能力目前未知；可利用葡萄糖产 2-酮-D-葡萄糖酸和 5-酮-D-葡萄糖酸，但不产 2,5-二酮-D-葡萄糖酸；能氧化乙醇产酸，但不能氧化

D-甘露糖醇、D-山梨糖醇和甘油产酸，对氧化半乳糖醇和棉子糖产酸情况目前未知；G+C含量为58.0%～64.0%。

驹形杆菌属广泛地用于细菌纤维素研究、生产和应用中（Chen，et al，2018）。该属中高耐酸（醇）的欧洲驹形杆菌、中间驹形杆菌、温驯驹形杆菌和麦芽醋驹形杆菌，特别是欧洲驹形杆菌在AAB耐酸机理和食醋液态发酵生产中得到了很好的研究和应用（Gullo，et al，2014）。

1.3.12 公崎杆菌属及特征

公崎杆菌属（*Kozakia*，*Ka.*）是以日本细菌学家Michio Kozaki的姓氏命名的，其典型种为巴厘岛公崎杆菌，也是该属的唯一种（表1-1），典型菌株Yo-3^T（=IFO 16664^T=JCM 11301^T=DSM 14400^T）分离自印度尼西亚巴厘岛（Bali）的红糖中。公崎杆菌属和朝井杆菌属的亲缘关系较近，但与朝井杆菌属不同，公崎杆菌属可氧化乙醇为醋酸，且可利用蔗糖产生大量的多糖（Lisdiyanti，et al，2002）。

公崎杆菌属的细胞无鞭毛，不能运动；可氧化醋酸盐和乳酸盐产生CO_2和水，但氧化能力较弱；不能在30%的葡萄糖中生长；可在甘露糖醇琼脂培养基上生长，但不能在谷氨酸盐琼脂中生长；可在棉子糖中微弱生长；能在0.35%醋酸中生长，但不能在1% KNO_3中生长；不产生水溶性棕色素；能氧化甘油产生二羟基丙酮；能利用蔗糖或果糖产生类似果聚糖一样的黏液物质；不能在D-葡萄糖、D-甘露糖醇或乙醇中同化氨基态氮；能利用葡萄糖产生2-酮-D-葡萄糖酸和5-酮-D-葡萄糖酸，但不能产生2,5-二酮-D-葡萄糖酸；不能氧化D-甘露糖醇、D-山梨糖醇和半乳糖醇产酸，但能氧化甘油、棉子糖和乙醇产酸；G+C含量为56.8%～57.2%。

巴厘岛公崎杆菌可利用蔗糖产生果聚糖，改善面包的品质（Jakob，et al，2012，2013）。

1.3.13 新朝井杆菌属及特征

新朝井杆菌属（*Neoasaia*，*N.*）以日本微生物学家Toshinobu Asai的姓氏命名的（*Neoasaia*=New Asaia）。清迈新朝井杆菌是该属的典型种，也是该属的唯一一个种，典型菌株AC28^T（=BCC 15763^T=NBRC 101099^T）分离自泰国清迈（Chiang Mai）红姜的花朵（Yukphan，et al，2005）。新朝井杆菌属与公崎杆菌属、朝井杆菌属和斯瓦米纳坦杆菌属的亲缘关系较近，但它不能氧化乙酸和乳酸（Yukphan，et al，2006）。

新朝井杆菌属细胞无鞭毛，不能运动；不能氧化醋酸盐和乳酸盐；在30%葡萄糖中能生长；能在含甘露糖醇、谷氨酸盐和棉子糖的培养基中生长；能在0.35%醋酸中生长，但不能在1% KNO_3中生长；不产水溶性棕色素和多糖，但能微弱氧化甘油为二羟基丙酮；不能在D-葡萄糖或乙醇中同化氨基态氮，但可在D-甘露糖醇中微弱同化氨基态氮；能氧化葡萄糖为2-酮-D-葡萄糖酸和5-酮-D-葡萄糖酸，但不能产生2,5-二酮-D-葡萄糖酸；能微弱氧化D-甘露糖醇和半乳糖醇产酸，能氧化D-山梨糖醇、甘油、棉子糖和乙醇产酸，但氧化D-山梨糖醇的速度较慢；G+C含量为63.1%。

Patil & Shinde (2014) 首次从香蕉果实中分离到了清迈新朝井杆菌，该菌株具有促进植物生长的作用。

1.3.14 新驹形杆菌属及特征

与驹形杆菌属相同，新驹形杆菌属（*Neokomagataea*，*Ne.*）也是以日本微生物学家Kazuo Komagata的姓氏命名的，包括泰国新驹形杆菌和谭岛新驹形杆菌2个种（表1-1），其典型菌株分别为AH11^T（=BCC 25710^T=NBRC 106555^T）和AH13^T（=BCC 25711^T=NBRC 106556^T）。泰国新驹形杆菌和谭岛新驹形杆菌分别分离自马缨丹（*Lantana camera*）和翅荚决明（*Senna Alata*）的花朵，且泰国新驹形杆菌是该属的典型种（Yukphan，et al，2011）。

新驹形杆菌属的细胞无鞭毛，不能运动；不能氧化醋酸盐和乳酸盐；能在30%葡萄糖中生长；能在含有甘露糖醇和谷氨酸盐琼脂培养基上生长，但不能在棉子糖、0.35%醋酸或1.0% KNO_3 中生长；不能产水溶性棕色素和多糖；不能转化甘油为二羟基丙酮；不能在D-甘露糖醇中同化氨基态氮，仅能微弱在D-葡萄糖或乙醇中同化氨基态氮；能利用葡萄糖产生2-酮-D-葡萄糖酸、5-酮-D-葡萄糖酸和2,5-二酮-D-葡萄糖酸；不能氧化D-甘露糖醇、D-山梨糖醇、半乳糖醇、丙三醇、棉子糖和乙醇产酸；G+C含量为51.2%~56.8%。

关于新驹形杆菌属的研究和应用目前未见报道。

1.3.15 阮杆菌属及特征

阮杆菌属（*Nguyenibacter*，*Ng.*）以越南微生物学家Dung Lan Nguyen的姓氏命名，典型种安南阮杆菌是该属唯一种（表1-1），典型菌株TN01LGI^T（=BCC 54744^T=NBRC 109046^T）分离自越南的水稻根部（Vu，et al，2013）。

阮杆菌属细胞周生鞭毛，能运动；能氧化醋酸盐生成 CO_2 和水，但不能氧化乳酸盐；能在30%葡萄糖中微弱生长；能在谷氨酸盐、甘露糖醇和棉子糖琼脂培养基上生长；在0.35%醋酸中生长较弱，但不能在1.0%KNO_3 中生长；可产水溶性棕色素和多糖；不能氧化甘油产生二羟基丙酮；在D-甘露糖醇培养基中可微弱地利用氨基态氮，但在D-葡萄糖或乙醇培养基中不能利用氨基态氮；能氧化葡萄糖产生2-酮-D-葡萄糖酸和2,5-二酮-D-葡萄糖酸，但不能产生5-酮-D-葡萄糖酸；不能氧化D-甘露糖醇、D-山梨糖醇、半乳糖醇、甘油和乙醇产酸，仅能微弱地氧化棉子糖产酸；具有固氮作用，能在不含氮源的培养基上生长。G+C含量为

68.1%～69.4%。

关于新驹形杆菌属的基础研究和应用目前未见报道。

1.3.16 糖杆菌属及特征

糖杆菌属（*Saccharibacter*，*S.*）因其耐高浓度蔗糖（saccharum）而得名，其典型种为花糖杆菌，也是该属唯一的种（见表1-1），典型菌株S-877^T（=AJ 13480^T=JCM 12116^T=DSM 15669^T）分离自日本神奈川县的樱花花粉（Jojima，et al，2004）。

糖杆菌属的细胞无鞭毛，不能运动；不能氧化醋酸盐，但可微弱地氧化乳酸盐产生CO_2和水；可在2%～40%葡萄糖中生长，最佳生长葡萄糖浓度为10%，因此能在30%的葡萄糖中生长；能在含有甘露糖醇和7%谷氨酸盐的琼脂培养基上生长，但不能在含甘露糖醇和1%谷氨酸盐的琼脂培养基上生长；在棉子糖中生长情况目前未知；不能在0.35%醋酸（体积分数）中生长，在1% KNO_3中的生长情况目前未知；不产水溶性棕色素和多糖，不能氧化甘油产生二羟基丙酮；不能在D-葡萄糖、D-甘露糖醇或乙醇中同化氨基态氮；能利用葡萄糖产生2-酮-D-葡萄糖酸和5-酮-D-葡萄糖酸，但不能产生2,5-二酮-D-葡萄糖酸；能氧化D-甘露糖醇产酸，但不能氧化D-山梨糖醇、半乳糖醇、甘油、棉子糖和乙醇产酸；G+C含量为52%～53%。

关于该属菌株的安全性分析和应用研究均未见报道。

1.3.17 斯温斯杆菌属及特征

斯温斯杆菌属（*Swingsia*，*Si.*）是以比利时根特大学的微生物学家Jean Swings的姓氏命名的，典型种为苏梅斯温斯杆菌，也是该属唯一种（表1-1），典型菌株AH83^T（=BCC 25779^T=NBRC 107927^T）分离自泰国他尼府苏梅岛（Samui island）的金喇叭花（Malimas，et al，2013）。

斯温斯杆菌属的细胞无鞭毛，不能运动；不能氧化醋酸盐或乳酸盐；能在30%葡萄糖中正常生长；能在谷氨酸盐和甘露糖醇琼脂培养基上生长，但在棉子糖中不能生长；不能在0.35%醋酸中生长，但能在1.0% KNO_3中生长；能产生水溶性棕色素；能氧化甘油产生二羟基丙酮；不能产生多糖；在D-甘露糖醇中能同化氨基态氮，但在D-葡萄糖或乙醇中不能同化氨基态氮；能氧化D-葡萄糖产生2-酮-D-葡萄糖酸、5-酮-D-葡萄糖酸和2,5-二酮-D-葡萄糖酸；能氧化D-甘露糖醇产酸，微弱氧化棉子糖产酸，不能氧化D-山梨糖醇、半乳糖醇、甘油和乙醇产酸；G+C含量为46.9%～47.3%。

关于斯温斯杆菌属的基础研究和应用目前未见报道。

1.3.18 斯瓦米纳坦杆菌属及特征

斯瓦米纳坦杆菌属（*Swaminathania*，*Sw.*）以印度生物学家 Swaminathan 的姓名命名，典型种耐盐斯瓦米纳坦杆菌是该属唯一的种（表 1-1），典型菌株 $PA51^T$（$=LMG\ 21291^T=MTCC\ 3853^T$）分离自印度野生水稻根系。该属与朝井杆菌属的亲缘关系较近（Loganathan & Nair，2004）。

斯瓦米纳坦杆菌属的细胞呈周生鞭毛，能运动；能微弱氧化醋酸盐和乳酸盐为 CO_2 和水；能在 30%的葡萄糖中生长；能在含有甘露糖醇和谷氨酸盐琼脂培养基上生长，但在棉子糖中的生长情况目前未知；在 0.35%醋酸和 1% KNO_3 中均能生长；可产生水溶性棕色素；能氧化甘油产生二羟基丙酮；产生多糖的能力目前未知；在 D-葡萄糖、D-甘露糖醇或乙醇中同化氨基态氮的能力，以及利用葡萄糖产生 2-酮-D-葡萄糖酸盐、5-酮-D-葡萄糖酸盐和 2,5-二酮-D-葡萄糖酸的能力目前未知；不能氧化 D-甘露糖醇产酸，氧化半乳糖醇产酸不稳定，氧化棉子糖产酸情况目前未知，但能氧化 D-山梨糖醇、甘油和乙醇产酸；G+C 含量为 57.6%～59.9%。

斯瓦米纳坦杆菌属分离自印度野生水稻根系，具有固氮作用（Loganathan & Nair，2004）。

1.3.19 塔堤查仁杆菌属及特征

塔堤查仁杆菌属（*Tanticharoenia*，*T.*）以泰国微生物学家 Morakot Tanticharoen 的姓氏命名，典型种为萨克塔堤查仁杆菌，因分离自泰国呵叻府萨克塔（Sakaerat）而得名，典型菌株 NBRC 103193^T（$=BCC\ 15772^T=NBRC\ 103193^T$）分离于泰国土壤（Yukphan，et al，2008）。此属共报道了两个种（表 1-1），另一个种相田塔堤查仁杆菌分离自越南甘蔗茎中（Vu，et al，2016）。

塔堤查仁杆菌属的细胞无鞭毛，不能运动；不能氧化醋酸盐和乳酸盐；能在 30%葡萄糖中生长；能在甘露糖醇琼脂培养基上生长，在谷氨酸盐琼脂培养基中微弱生长，但在棉子糖中不生长；能在 0.35%醋酸中生长，但不能在 1% KNO_3 中生长；可产水溶性棕色素；能氧化甘油产生二羟基丙酮；不产多糖；在以 D-葡萄糖、D-甘露糖醇或乙醇为碳源的培养基中不能同化氨基态氮；能氧化葡萄糖产生 2-酮-D-葡萄糖酸、5-酮-D-葡萄糖酸和 2,5-二酮-D-葡萄糖酸；不能氧化 D-甘露糖醇、D-山梨糖醇和半乳糖醇产酸，能微弱地氧化棉子糖产酸，能氧化甘油和乙醇产酸；G+C 含量为 64.5%～65.6%。

关于塔堤查仁杆菌属 AAB 的基础和应用研究目前未见报道。

表 1-5 醋酸菌各属的理化特征

特征	*A.*	*Ac.*	*Am.*	*As.*	*B.*	*C.*	*E.*	*G.*	*Ga.*	*Gr.*	*K.*	*Ka.*	*N.*	*Ne.*	*Ng.*	*S.*	*Si.*	*Sw.*	*T.*
鞭毛	per[1]	n[3]	pol	per	n	n	spol	pol[1]	per	n	n	n	n	n	per	n	n	per	n
辅酶 Q	Q-9	Q-10	Q-10	Q-10	Q-10	Q-10	Q-10	Q-10	Q-10	Q-10	Q-10	Q-10	Q-10	Q-10	Q-10	Q-10	Q-10	Q-10	Q-10
氧化																			
醋酸盐	+	+	+	w	—	nd	—	—	+	w	+	w	—	—	+	—	—	w	—
乳酸盐	+	—	w	w	—	nd	—	—	+	+	+	w	—	—	—	w	—	w	—
生长情况																			
30% D-葡萄糖	—	+	—	+	+	nd	nd	—[2]	—	nd	nd	—	+	+	w	+	+	+	+
1% D-葡萄糖	+	+	+	+	nd	nd	+	+	+	nd	+	+	nd	+	+	—	+	nd	nd
谷氨酸琼脂	—	nd	w	+	nd	+	+	—	+	+	+	—	+	+	+	—[5]	+	+	w
甘露糖醇琼脂	vw	nd	+	+	nd	+	+	+	+	w	+	+	+	+	+	—[5]	+	+	+
棉子糖	—	—	—	+	nd	nd	nd	—	—	nd	nd	w	+	—	+	nd	—	nd	—
含 0.35% 醋酸时	+	+	+	—	nd	nd	nd	+	+	nd	+	+	+	—	w	—	—	+	+
含 1% KNO_3 时	—	+	—	—	nd	nd	nd	—	—	nd	nd	—	—	—	—	nd	+	+	—
产水溶性棕色素情况	—	—	—	—	—	—	nd	—[2]	+	nd	—	—	—	—	+	—	+	+	+
氧化甘油产二羟基丙酮	+	—	w	w	nd	+	+	+	+	—	+	+	w	—	—	—	+	+	+
生产类似果聚糖的多糖	—	—	—	—	nd	nd	nd	—	—	nd	—	+	—	—	+	—	—	nd	—
同化氨基态氮情况																			
在 D-葡萄糖中	—	w	vw	+	—	nd	+	+	+	+	+	—	—	vw	—	—	—	nd	—
在 D-甘露糖醇中	—	w	vw	+	—	nd	nd	+	+	nd	+	—	w	—	w	—	+	nd	—
在乙醇中	w	w	vw	—	—	nd	nd	—	—	nd	nd	—	—	vw	—	—	—	nd	—
产 D-葡萄糖酸情况																			

续表

特征	*A.*	*Ac.*	*Am.*	*As.*	*B.*	*C.*	*E.*	*G.*	*Ga.*	*Gr.*	*K.*	*Ka.*	*N.*	*Ne.*	*Ng.*	*S.*	*Si.*	*Sw.*	*T.*
2-酮-D-葡萄糖酸	+	−	+	+	+	nd	nd	+	+	nd	+	+	+	+	+	+	+	nd	+
5-酮-D-葡萄糖酸	+	−	+	+	−	nd	nd	+	+	nd	+	+	+	+	−	+	+	nd	+
2,5-二酮-D-葡萄糖酸	−	−	−	−	nd	nd	nd	−②	+	nd	−	−	−	+	+	−	+	nd	+
氧化糖醇产酸情况																			
D-甘露糖醇	−	w	−	+	+	nd	−	+	−	−	−	−	w	−	−	+	+	−	−
D-山梨糖醇	−	−	−	+(d)	−	−	−	+	−	−	−	−	+(d)	−	−	−	−	+	−
半乳糖醇	−	−	−	+(d)	+	−	−	w	−	−	nd	−	w	−	−	−	−	v	−
甘油	−	+	w	+	−	+	+	+	−	w/−	−	+	+	−	−	−	−	+	+
棉子糖	−	−	−	+	−	−	nd	−	−	nd	nd	+	+	−	w	−	w	nd	w
乙醇	+	+	+	−	−	nd	+	+	+	+	+	+	+	−	−	−	−	+	+
G+C(摩尔分数)/%	57.2	62	66.0	60.2	54.9	37.0	60.3	60.3	64.9	59.1	62.5	57.2	63.1	56.8	69.4	52.3	46.9	57.6～59.9④	65.6

注：1. 这些特征主要基于各属典型种的典型株：醋化醋杆菌 NBRC 14818T；甲醇酸单胞菌 NRIC 0498T；清迈雨山杆菌 AC04T；清迈新朝井杆菌 AC28T；肠道熊蜂杆菌 DSM 28636T；肠道共生杆菌 A911T；苜蓿内杆菌 M1MS02T；氧化葡糖杆菌 NBRC 14819T；液化葡糖醋杆菌 NBRC 12388T；贝塞斯达颗粒杆菌 CGDNIH1T；木驹形杆菌 JCM 7644T；巴厘岛公崎杆菌 NBRC 16664T；茂物朝井杆菌 NBRC 16594T；泰国新驹形杆菌 AH11T；安南阮杆菌 TN01LGIT；花糖杆菌 S-877T；苏梅斯温斯杆菌 AH83T；耐盐斯瓦米纳坦杆菌 PA51T；萨克塔堤查仁杆菌 AC37T。

2. *A.* 醋杆菌属（*Acetobacter*），*Ac.* 酸单胞菌属（*Acidomonas*），*Am.* 雨山杆菌属（*Ameyamaea*），*As.* 朝井杆菌属（*Asaia*），*B.* 熊蜂杆菌属（*Bombella*），*C.* 共生杆菌属（*Commensalibacter*），*E.* 内杆菌属（*Endobacter*），*G.* 葡糖杆菌属（*Gluconobacter*），*Ga.* 葡糖醋杆菌属（*Gluconacetobacter*），*Gr.* 颗粒杆菌属（*Granulibacter*），*K.* 驹形杆菌属（*Komagataeibacter*），*Ka.* 公崎杆菌属（*Kozakia*），*N.* 新朝井杆菌属（*Neoasaia*），*Ne.* 新驹形杆菌属（*Neokomagataea*），*Ng.* 阮杆菌属（*Nguyenibacter*），*S.* 糖杆菌属（*Saccharibacter*），*Si.* 斯温斯杆菌属（*Swingsia*，*Si.*），*Sw.* 斯瓦米纳坦杆菌属（*Swaminathania*），*T.* 塔堤查仁杆菌属（*Tanticharoenia*）。

3. pol—极生鞭毛的；per—周生鞭毛的；spol—近极生鞭毛的；n—无鞭毛的；+—阳性；−—阴性；w—弱阳性；vw—非常弱的阳性；(d)—延时的；v—可变的；nd—未分析或检测。

①该属中一些菌株是不运动的。

②该属中一些菌株是阳性的。

③该属中一些菌株是极生鞭毛的。

④典型菌株的 G+C 含量无记录。

⑤根据 Jojima 等（2004）的报道，该菌株可在 7%谷氨酸中生长，但不能在 1%的谷氨酸中生长。

参考文献

Abdel-Haq N，Savasan S，Davis M，et al. 2009. *Asaia lannaensis* bloodstream infection in a child with cancer and bone marrow transplantation [J]. Journal of Medical Microbiology，58 (7)：974-976.

Andrés-Barrao C，Benagli C，Chappuis M，et al. 2013. Rapid identification of acetic acid bacteria using MALDI-TOF mass spectrometry fingerprinting [J]. Systematic and Applied Microbiology，36 (2)：75-81.

Andrés-Barrao C，Saad M M，Cabello Ferrete E，et al. 2016. Metaproteomics and ultrastructure characterization of *Komagataeibacter* spp. involved in high-acid spirit vinegar production [J]. Food Microbiology，55：112-122.

Asai T. 1968. Acetic acid bacteria：classification and biochemical activities [M]. Tokyo：University of Tokyo Press.

Asai T，Shoda K. 1958. The taxonomy of *Acetobacter* and allied oxidative bacteria [J]. Journal of General and Applied Microbiology，4 (4)：289-311.

Asai T. 1935. Taxonomic studies on acetic acid bacteria and allied oxidative bacteria isolated from fruits：a new classification of the oxidative bacteria [J]. Journal of Agricultural Chemical Sociaety of Japan，11：674-708.

Awad H，Diaz R，Malek R，et al. 2012. Efficient production process for food grade acetic acid by *Acetobacter aceti* in shake flask and in bioreactor cultures [J]. E-Journal of Chemistry，9 (4)：2275-2286.

Bartowsky E J，Xia D，Gibson R L，et al. 2003. Spoilage of bottled red wine by acetic acid bacteria [J]. Letters in Applied Microbiology，36 (5)：307-314.

Bloch C A，Rode C K. 1996. Pathogenicity island evaluation in *Escherichia coli* K1 by crossing with laboratory strain K-12 [J]. Infection and Immunity，64 (8)：3218-3223.

Carr J G，Shimwell J L. 1961. The acetic acid bacteria 1941-1961 [J]. Antoine van Leeuwenhoek，27 (1)：386-400.

Chen S Q，Lopez-Sanchez P，Wang D，et al. 2018. Mechanical properties of bacterial cellulose synthesised by diverse strains of the genus *Komagataeibacter* [J]. Food Hydrocolloids，81 (8)：87-95.

Cleenwerck I，De Vos P，De Vuyst L. 2010. Phylogeny and differentiation of species of the genus *Gluconacetobacter* and related taxa based on multilocus sequence analyses of housekeeping genes and reclassifcation of *Acetobacter xylinus* subsp. sucrofermentans as *Gluconacetobacter sucrofermentans* (Toyosaki，et al. 1996) sp. nov.，comb. nov [J]. International Journal of Systematic and Evolutionary Microbiology，60：2277-2283.

Cleenwerck I，De Wachter M，González A，et al. 2009. Differentiation of species of the family Acetobacteraceae by AFLP DNA fingerprinting：*Gluconacetobacter kombuchae* is a later heterotypic synonym of *Gluconacetobacter hansenii* [J]. International Journal of Systematic and Evolutionary Microbiology，59：1771-1786.

David E G，Stephen F P，Frida S，et al. 2006. *Granulibacter bethesdensis* gen. nov.，sp. nov.，a distinctive pathogenic acetic acid bacterium in the family Acetobacteraceae [J]. International Journal of Systematic and Evolutionary Microbiology，56 (11)：2609-2616.

De Vero L，Gala E，Gullo M，et al. 2006. Application of denaturing gradient gel electrophoresis (DGGE) analysis to evaluate acetic acid bacteria in traditional balsamic vinegar [J]. Food Microbiology，23 (8)：809-813.

De Vuyst L，Camu N，De Winter T，et al. 2008. Validation of the (GTG) (5) -rep-PCR fingerprinting technique for rapid classification and identification of acetic acid bacteria, with a focus on isolates from Ghanaian fermented cocoa beans [J]. International Journal of Food Microbiology, 125 (1): 79-90.

Dutta D, Gachhui R. 2006. Novel nitrogen-fixing *Acetobacter nitrogenifigens* sp. nov., isolated from Kombucha tea [J]. International Journal of Systematic and Evolutionary Microbiology, 56 (8): 1899-1903.

Dutta D, Gachhui R. 2007. Nitrogen-fixing and cellulose-producing *Gluconacetobacter kombuchae* sp. nov., isolated from Kombucha tea [J]. International Journal of Systematic and Evolutionary Microbiology, 57 (2): 353-357.

Eisen J A. 1995. The RecA protein as a model molecule for molecular systematic studies of bacteria: Comparison of trees of RecAs and 16S rRNAs from the same species [J]. Journal of Molecular Evolution, 41: 1105-1123.

Entani E, Ohmori S, Masai H, et al. 1985. *Acetobacter polyoxogenes* sp. nov., a new species of an acetic acid bacterium useful for producing vinegar with high acidity [J]. The Journal of General and Applied Microbiology, 31 (5): 475-490.

Favia G, Ricci I, Marzorati M, et al. 2008. Bacteria of the genus *Asaia*: a potential paratransgenic weapon against malaria [J]. Advances in Experimental Medicine & Biology, 627 (1): 49-59.

Franke I H, Fegan M, Hayward C, et al. 1999. Description of *Gluconacetobacter sacchari* sp. nov., a new species of acetic acid bacterium isolated from the leaf sheath of sugar cane and from the pink sugar-cane mealy bug [J]. International Journal of Systematic and Evolutionary Mcirobioligy, 49 (4): 1681-1693.

Gevers D, Huys G, Swings J. 2001 Applicability of rep-PCR fingerprinting for differentiation of *Lactobacillus* species [J]. Fems Microbiology Letters, 205 (1): 31-36.

González A, Guillamón J M, Mas A, et al. 2006. Application of molecular methods for routine identification of acetic acid bacteria [J]. International Journal of Food Microbiology, 108 (1): 141-146.

González Á, Hierro N, Poblet M, et al. 2004. Application of molecular methods for the differentiation of acetic acid bacteria in a red wine fermentation [J]. Journal of Applied Microbiology, 96 (4): 853-860.

Greenberg D E, Porcella S F, Stock F, et al. 2006. *Granulibacter bethesdensis* gen. nov., sp. nov., a distinctive pathogenic acetic acid bacterium in the family Acetobacteraceae [J]. International Journal of Systematic and Evolutionary Microbiology, 56 (11): 2609-2616.

Gullo M, Caggia C, De Vero L, et al. 2006. Characterization of acetic acid bacteria in "traditional balsamic vinegar" [J]. International Journal of Food Microbiology, 106 (2): 209-212.

Gullo M, Verzelloni E, Canonico M. 2014 Aerobic submerged fermentation by acetic acid bacteria for vinegar production: Process and biotechnological aspects [J]. Process Biochemistry, 49 (10): 1571-1579.

Gupta A, Singh V K, Qazi G N, et al. 2001. *Gluconobacter oxydans*: Its biotechnological applications [J]. Journal of Molecular Microbiology and Biotechnology, 3 (3): 445-456.

Hancock J M. 1995. The contribution of slippage-like processes to genome evolution [J]. Journal of Molecular Evolution, 41 (6): 1038-1047.

Haruta S, Ueno S, Egawa I, et al. 2006. Succession of bacterial and fungal communities during a traditional pot fermentation of rice vinegar assessed by PCR-mediated denaturing gradient gel electrophoresis [J]. International Journal of Food Microbiology, 109 (1-2): 79-87.

Huang Y, Zhu C, Yang J, et al. 2014. Recent advances in bacterial cellulose [J]. Cellulose, 21 (1): 1-30.

Hulton C S J, Higgins C F, Sharp P M. 1991. ERIC sequences: a novel family of repetitive elements in the genomes of *Escherichia coli*, *Salmonella typhimurium* and other Enterobacteria [J]. Molecular Microbiology, 5 (4): 825-834.

Illeghems K, De Vuyst L, Weckx S. 2013. Complete genome sequence and comparative analysis of *Acetobacter pasteurianus* 386B, a strain well-adapted to the cocoa bean fermentation ecosystem [J]. BMC Genomics, 14 (1): 526.

Jakob F, Meißner D, Vogel R F. 2012. Comparison of novel GH 68 levansucrases of levan-overproducing *Gluconobacter* species [J]. Acetic Acid Bacteria, 1 (1): 2.

Jakob F, Pfaff A, Novoa-Carballal R, et al. 2013. Structural analysis of fructans produced by acetic acid bacteria reveals a relation to hydrocolloid function [J]. Carbohydrate Polymers, 92: 1234-42.

Janda J M, Abbott S L. 2007. 16S rRNA gene sequencing for bacterial identification in the diagnostic laboratory: Pluses, perils and pitfalls [J]. Journal of Clinical Microbiology, 45 (9): 2761-2764.

Jojima Y, Mihara Y, Suzuki S, et al. 2004. *Saccharibacter floricola* gen. nov., sp. nov., a novel osmophilic acetic acid bacterium isolated from pollen [J]. International Journal of Systematic and Evolutionary Microbiology, 54 (6): 2263-2267.

Jung H I, Lee O M, Jeong J H, et al. 2010. Production and characterization of cellulose by *Acetobacter* sp. V6 using a cost-effective molasses-corn steep liquor medium [J]. Applied Biochemistry Biotechnology, 162 (2): 486-497.

Katti M V, Ranjekar P K, Gupta V S. 2001. Differential distribution of simple sequence repeats in eukaryotic genome sequences [J]. Molecular Biology and Evolution, 18 (7): 1161-1167.

Kersters K, Lisdiyanti P, Komagata K, et al. 2006. The family Acetobacteraceae: The genera *Acetobacter*, *Acidomonas*, *Asaia*, *Gluconacetobacter*, *Gluconobacter*, and *Kozakia*. Dworkin M, Falkow S, Rosenberg E, et al. The prokaryotes [M]. New York: Springer, 163-200.

Kumagai A, Mizuno M, Kato N, et al. 2011. Ultrafine cellulose fibers produced by *Asaia bogorensis*, an acetic acid bacterium [J]. Biomacromolecules, 12 (7): 2815-2821.

Leifson E. 1954. The flagellation and taxonomy of species of *Acetobacter* [J]. Antonie Van Leeuwenhoek, 20 (1): 102-110.

Li L, Praet J, Borremans W, et al. 2015. *Bombella intestini* gen. nov., sp. nov., an acetic acid bacterium isolated from bumble bee crop [J]. International Journal of Systematic and Evolutionary Microbiology, 65 (1): 267-273.

Li L, Wieme A, Spitaels F, et al. 2014. *Acetobacter sicerae* sp. nov., isolated from cider and kefir and identifcation of species of the genus *Acetobacter* by *dnaK*, *groEL* and *rpoB* sequence analysis [J]. International Journal of Systematic and Evolutionary Microbiology, 64: 2407-2415.

Li L, Illeghems K, Kerrebroeck S V, et al. 2016. Whole-genome sequence analysis of *Bombella intestini* LMG 28161T, a novel acetic acid bacterium isolated from the crop of a red-tailed bumble bee, *Bombus lapidarius* [J]. Plos One, 11 (11): e0165611.

Lino T, Suzuki R, Kosako Y, et al. 2012. *Acetobacter okinawensis* sp. nov., *Acetobacter papayae* sp. nov., and *Acetobacter persicus* sp. nov.; novel acetic acid bacteria isolated from stems of sugarcane, fruits, and a flower in Japan [J]. The Journal of General and Applied Microbiology, 58 (3): 235-243.

Lisdiyanti P, Kawasaki H, Seki T, et al. 2001. Identification of *Acetobacter* strains isolated from Indonesian sources, and proposals of *Acetobacter syzygii* sp. nov., *Acetobacter cibinongensis* sp. nov., and *Acetobacter orientalis* sp. nov [J]. The Journal of General and Applied Microbiology, 47 (3): 119-131.

Lisdiyanti P, Kawasaki H, Widyastuti Y, et al. 2002. *Kozakia baliensis* gen. nov., sp. nov., a novel acetic acid bacterium in the alpha-proteobacteria [J]. International Journal of Systematic and Evolutionary Microbiology, 52 (3): 813-818.

Loganathan P, Nair S. 2004. *Swaminathania salitolerans* gen. nov., sp. nov., a salt-tolerant, nitrogen-fixing and phosphate-solubilizing bacterium from wild rice (*Porteresia coarctata* Tateoka) [J]. International Journal of Systematic and Evolutionary Microbiology, 54 (4): 1185-1190.

Lotong N, Malapan W, Boongorsrang A, et al. 1989. Production of vinegar by *Acetobacter* cells fixed on a rotating disc reactor [J]. Applied Microbiology and Biotechnology, 32 (1): 27-31.

Malimas T, Chaipitakchonlatarn W, Vu H T L, et al. 2013. *Swingsia samuiensis* gen. nov., sp nov., an osmotolerant acetic acid bacterium in the alpha-Proteobacteria [J]. Journal of General and Applied Microbiology, 59 (5): 375-384

Muñoz-Rojas J, Caballero-Mellado J. 2003. Population dynamics of *Gluconacetobacter diazotrophicus* in sugarcane cultivars and its effect on plant growth [J]. Microbial Ecology, 46 (4): 454-464.

Nanda K, Taniguchi M, Ujike S, et al. 2001. Characterization of acetic acid bacteria in traditional acetic acid fermentation of rice vinegar (komesu) and unpolished rice vinegar (kurosu) produced in Japan [J]. Applied and Environmental Microbiology, 67 (2): 986-990.

Nishijima M, Tazato N, Handa Y, et al. 2013. *Gluconacetobacter tumulisoli* sp. nov., *Gluconacetobacter takamatsuzukensis* sp. nov. and *Gluconacetobacter aggeris* sp. nov., isolated from Takamatsuzuka Tumulus samples before and during the dismantling work in 2007 [J]. International Journal of Systematic and Evolutionary Microbiology, 63 (11): 3981-3988.

Okiyama A, Shirae H, Kano H, et al. 1992. Bacterial cellulose I. Two-stage fermentation process for cellulose production by *Acetobacter aceti* [J]. Food Hydrocolloids, 6 (5): 471-477.

Pasteur L. 1864. Mémoire sur la fermentation acétique [J]. Annales Scientifiques De L Ecole Normale Superieure: 113-158.

Patil N B, Shinde S R. 2014. Isolation, molecular characterization and plant growth promoting traits of *Neoasaia chiangmaiensis* (KD) from banana [J]. International Journal of Environmental Science, 5 (2): 309-319.

Ramirez-Bahena M H, Tejedor C, Martin I, et al. 2013. *Endobacter medicaginis* gen. nov, sp. nov., isolated from alfalfa nodules in an acidic soil [J]. International Journal of Systematic and Evolutionary Microbiology, 63 (Pt 5): 1760-1765.

Roh S W, Nam Y D, Chang H W, et al. 2008. Phylogenetic characterization of two novel commensal bacteria involved with innate immune homeostasis in *Drosophila melanogaster* [J]. Applied and Enviromental Microbioligy, 74 (20): 6171-6177.

Ruiz A, Poblet M, Mas A, et al. 2000. Identification of acetic acid bacteria by RFLP of PCR-amplified 16S rDNA and 16S-23S rDNA intergenic spacer [J]. International Journal of Systematic and Evolutionary Microbiology, 50 (6): 1981-1987.

Samaddar N, Paul A, Chakravorty S, et al. 2011. Nitrogen fixation in *Asaia* sp [J]. Current Microbiology, 63 (2): 226-231.

Sato S, Kitamoto D, Habe H. 2017. Preliminary evaluation of glyceric acid-producing ability of *Acidomonas methanolica* NBRC104435 from glycerol containing methanol [J]. Journal of Oleo Science, 66 (6): 653-658.

Sato S, Morita N, Kitamoto D, et al. 2013. Change in product selectivity during the production of glyceric acid from glycerol by *Gluconobacter* strains in the presence of methanol [J]. AMB Express, 3 (1): 1-7.

Sievers M, Lanini C, Weber A, et al. 1996. Microbiology and fermentation balance in a kombucha beverage obtained from a tea fungus fermentation [J]. Systematic and Applied Microbiology, 18 (4): 590-594.

Silva LR, Cleenwerck I, Rivas R, et al. 2006. *Acetobacter oeni* sp. nov., isolated from spoiled red wine

[J]. International Journal of Systematic and Evolutionary Microbiology, 56 (1): 21-24.

Skerman V B D, McGowan V, Sneath P H A. 1980. Approved lists of bacterial names [J]. International Journal of Systematic Bacteriology, 30 (1): 225-420.

Smith E A, Martin-Eberhardt S A, Miller D L, et al. 2019. Draft genome sequence of a *Bombella apis* strain isolated from honey bees [J]. Microbiology Resource Announcements, 8 (47): e01329-19.

Solieri L, Giudici P. 2009. Vinegars of the world [M]. Milan: Springer-Verlag Italia.

Stern M J, Ames G F L, Smith N H, et al. 1984. Repetitive extragenic palindromic sequence-a major component of the bacterial genome [J]. Cell, 37 (3): 1015-1026.

Swings J, Gillis M, Kersters K, et al. 1980. *Frateuria*, a new genus for "*Acetobacter aurantius*" [J]. International Journal of Systematic Bacteriology, 30 (3): 547-556.

Tamara T, Terhi H, Tuija K. 2006. First report of bacteria by *Asaia bogorensis*, in a patient with a history of intravenous-drug abuse [J]. Journal of Clinical Microbiology, 44 (8): 3048-3050.

Tanasupawat S, Thawai C, Yukphan P, et al. 2004. *Gluconobacter thailandicus* sp. nov., an acetic acid bacterium in the α-Proteobacteria [J]. Journal of General Appllied Microbiology, 50: 159-167.

Tautz D, Renz M. 1984. Simple sequence repeats are ubiquitous repetitive components of eukaryotic genomes [J]. Nucleic Acids Research, 12 (10): 4127-4138.

Tazato N, Nishijima M, Handa Y, et al. 2012. *Gluconacetobacter tumulicola* sp. nov. and *Gluconacetobacter asukensis* sp. nov., isolated from the stone chamber interior of the Kitora Tumulus [J]. International Journal of Systematic and Evolutionary Microbiology, 62 (8): 2032-2038.

Tonolla M, Benagli C, De Respinis S, et al. 2009. Mass spectrometry in the diagnostic laboratory [J]. Pipette, (3): 20-25.

Trček J. 2005. Quick identification of acetic acid bacteria based on nucleotide sequences of the 16S-23S rDNA internal transcribed spacer region and of the PQQ-dependent alcohol dehydrogenase gene [J]. Systematic Applied Microbiology, 28 (8): 735-745.

Urakami T, Tamaoka J, Suzuki K I, et al. 1989. *Acidomonas* gen. nov., incorporating *Acetobacter methanolicus* as *Acidomonas methanolica* comb. nov [J]. International Journal of Systematic and Evolutionary Microbiology, 39 (1): 50-55.

Vazquez A, Foresti M L, Cerrutti P, et al. 2013. Bacterial cellulose from simple and low cost production media by *Gluconacetobacter xylinus* [J]. Journal of Polymers and the Environment, 21 (2): 545-554.

Versalovic J, Koeuth T, Lupski J R, et al. 1991. Distribution of repetitive DNA sequences in eubacteria and application to fingerprinting of bacterial genomes [J]. Nucleic Acids Research, 19 (24): 6823-6831.

Vu H T L, Malimas T, Chaipitakchonlatarn W, et al. 2016. *Tanticharoenia aidae* sp. nov., for acetic acid bacteria isolated in Vietnam [J]. Annals of Microbiology, 66 (1): 417-423.

Vu H T L, Yukphan P, Chaipitakchonlatarn W, et al. 2013. *Nguyenibacter vanlangensis* gen. nov., sp nov., an unusual acetic acid bacterium in the alpha-Proteobacteria [J]. Journal of General and Applied Microbiology, 59 (2): 153-166.

Wu J J, Gullo M, Chen F S, et al. 2010. Diversity of *Acetobacter pasteurianus* stains isolated from solid-state fermentation of cereal vinegars [J]. Current Microbiology, 60 (4): 280-286.

Yamada Y. 1983. *Acetobacter xylinus* sp. nov., nom. rev., for the cellulose-forming and cellulose less, acetate-oxidizing acetic acid bacteria with the Q-10 system [J]. Journal of General and Applied Microbiology, 29 (5): 417-420.

Yamada Y, Aida K, Uemura T. 1969a. Enzymatic studies on the oxidation of sugar and sugar alcohol.

V. Ubiquinone of acetic acid bacteria and its relation to classification of genera *Gluconobacter* and *Acetobacter*, especially of the so-called intermediate strains [J]. Journal of General Microbiology, 15 (2): 181-196.

Yamada Y, Hoshino K, Ishikawa T. 1997. The phylogeny of acetic acid bacteria based on the partial sequences of 16S ribosomal RNA: The elevation of the subgenus *Gluconoacetobacter* to the generic level [J]. Bioscience, Biotechnology and Biochemistry, 61 (8): 1244-1251.

Yamada Y, Katsura K, Kawasaki H, et al. 2000. *Asaia bogorensis* gen. nov., sp. nov., an unusual acetic acid bacterium in the alpha-Proteobacteria [J]. International Journal of Systematic and Evolutionary Microbiology, 50 (2): 823-829.

Yamada Y, Kondo K. 1984. *Gluconoacetobacter*, a new subgenus comprising the acetate oxidizing acetic acid bacteria with ubiquinone-10 in the genus *Acetobacter* [J]. Journal of General and Applied Microbiology, 30 (4): 297-303.

Yamada Y, Nakazawa E, Nozaki A, et al. 1969b. Characterization of *Acetobacter xylinum* by ubiquinone system [J]. Agricultural and Biological Chemistry, 33 (11): 1659-1661.

Yamada Y, Nunoda M, Ishikawa T, et al. 1981. The cellular fatty acid composition in acetic acid bacteria [J]. Journal of General and Applied Microbiology, 27 (5): 405-417.

Yamada Y, Yukphan P. 2008. Genera and species in acetic acid bacteria [J]. International Journal of Food Microbiology, 125 (1): 15-24.

Yamada Y, Yukphan P, Vu H T L, et al. 2012a. Subdivision of the genus *Gluconacetobacter*. Yamada, Hoshino and Ishikawa 1998: the proposal of *Komagatabacter* gen. nov., for strains accommodated to the *Gluconacetobacter xylinus* group in the α-Proteobacteria [J]. Annual Microbiology, 62 (2): 849-859.

Yamada Y, Yukphan P, Vu H T L, et al. 2012b. Description of *Komagataeibacter* gen. nov., with proposals of new combinations (Acetobacteraceae) [J]. Journal of General Applied Microbiology, 58 (5): 397-404.

Yetiman A E and Kesmen Z. 2015. Identifcation of acetic acid bacteria in traditionally produced vinegar and mother of vinegar by using different molecular techniques [J]. International Journal of Food Microbiology, 204: 9-16.

Yukphan P, Malimas T, Muramatsu Y, et al. 2008. *Tanticharoeniasakaeratensis* gen. nov., sp. nov., a new osmotolerant acetic acid bacterium in the α-Proteobacteria [J]. Bioscience, Biotechnology, and Biochemistry, 72: 3, 672-676.

Yukphan P, Malimas T, Muramatsu Y, et al. 2011. *Neokomagataea* gen. nov., with descriptions of *Neokomagataea thailandica* sp. nov. and *Neokomagataea tanensis* sp. nov., osmotolerant acetic acid bacteria of the α-Proteobacteria [J]. Bioscience, Biotechnology, and Biochemistry, 75 (3): 419-426.

Yukphan P, Malimas T, Muramatsu Y, et al. 2009. *Ameyamaea chiangmaiensis* gen. nov., sp. nov., an acetic acid bacterium in the α-Proteobacteria [J]. Bioscience, Biotechnology, and Biochemistry, 73 (10): 2156-2162.

Yukphan P, Malimas T, Potacharoen W, et al. 2005. *Neoasaia chiangmaiensis* gen. nov., sp. nov., a novel osmotolerant acetic acid bacterium in the alpha-Proteobacteria [J]. The Journal of General and Applied Microbiology, 51 (5): 301-311.

Yukphan P, Malimas T, Takahashi Mai, et al. 2006. Phylogenetic relationships between the genera *Swaminathania* and *Asaia*, with reference to the genera *Kozakia* and *Neoasaia*, based on 16S rDNA, 16S-23S rDNA ITS, and 23S rDNA sequences [J]. Journal General Appllied Microbiology, 52 (5): 289-294.

Yun J H, Lee J Y, Hyun D W, et al. 2017. *Bombella apis* sp. nov., an acetic acid bacterium isolated from the midgut of a honey bee [J]. International Journal of Systematic and Evolutionary Microbiology, 67

(7)：2184-2188.

高年发. 1980. 醋酸菌分类与食醋的香味 [J]. 调味副食品科技，(05)：9-15，51.

郝履成. 1947. 酿造工业概论（续）[J]. 化学世界，(04)：20-23.

王斌，陈福生. 2014. 醋酸菌的分类进展 [J]. 中国酿造，33 (12)：1-10.

佚名. 1951. 兰州科学试验所1950年研究调查工作述要 [J]. 科学通报，(02)：182-183.

张建丽，刘志恒. 2004. 链霉菌的 rep-PCR 基因指纹分析 [J]. 微生物学报，44 (3)：281-285.

朱扬玲. 2009. 采用 PCR-DGGE 方法研究浙江玫瑰醋酿造过程中的微生物多样性 [D]. 杭州：浙江工商大学.

第 2 章

醋酸菌的生理

很多醋酸菌由于长期存在于水果和花朵等含糖量高的环境中，所以进化出一些特别的生理特性。例如，AAB 细胞可通过细胞膜结合脱氢酶（membrane-binding dehydrogenase，MDH）快速不完全氧化（incomplete oxidation）糖类、糖醇（sugar alcohol）或/和醇等底物，产生相应的醛、酮和酸等产物，同时将产生的电子和质子（H^+）传递给泛醌（ubiquinone，UQ，也称辅酶 Q）生成泛醇（ubiquinol，UQH_2），UQH_2 再经末端氧化酶（terminal oxidase，TO）产生质子动力势（proton potential），并驱动 ATP 合酶产生 ATP（图 2-1）（Saichana，et al，2015；Matsushita，et al，1994，2002）。AAB 不完全氧化糖类、糖醇或/和醇等物质产生相应产物的过程被称为氧化发酵（oxidative fermentation），具有氧化发酵能力的 AAB 被称为氧化细菌（oxidative bacteria）。除氧化发酵外，AAB 也可通过糖酵解途径（Embden-Meyerhof-Parnas pathway，EMP）、三羧酸循环（tricarboxylic acid cycle，TCA）、戊糖磷酸途径（pentose phosphate pathway，PPP）、ED 途径（Entner-Doudoroff pathway，EDP）和乙醛酸途径（glyoxylate pathway，GP）等将糖类、糖醇、醇和有机酸等物质完全氧化成 CO_2 和 H_2O，并通过氧化呼吸链（oxidative respiratory chain）产生 ATP，这一过程被称为完全氧化（complete oxidation）。尽管 AAB 细胞中同时存在完全氧化和不完全氧化系统，但通常这两种系统很少同时表现相同的活性，在高浓度糖和酸等的环境中，AAB 细胞生长前期一般以不完全氧化为主，而生长后期则常以完全氧化为主。在自然环境中，AAB 通过氧化发酵产生的醛、酮或酸等产物可抑制其他微生物的生长，而当糖和醇等底物耗尽时，AAB 可利用这些产物继续生长，从而提高其生长和生存的竞争力，这应该是 AAB 为适应环境而长期进化出来的生理特性。所以 AAB 对碳源的利用（简称为碳代谢）非常复杂，特别是当培养基中同时存在糖和醇等多种碳源时。

另外，为应对氧化发酵产生的醛、酮和酸等导致的不利环境，AAB 还进化获得了可耐受高浓度糖、醇和酸等的生理特性（Adachi，et al，2003；Deppenmeier，et al，2002；Gupta，et al，2001；Mamlouk & Gullo，2013；Nishikura-Imamura，et al，2014；Raspor & Goranovič，2008；Saichana，et al，2015）。某些 AAB 还具有很好的耐热性（Matsushita，et al，2016）。

本章将就 AAB 的氧化发酵与碳代谢，以及 AAB 的耐醋酸和耐热等生理特性进行叙述。

2.1 醋酸菌的氧化发酵

AAB 通过氧化发酵产生 ATP 的呼吸链位于细胞膜中（图 2-1），它与位于真核细胞线粒体中的氧化呼吸链不同，为便于区别将这种与氧化发酵耦合的呼吸链称为特殊氧化呼吸链（Saichana，et al，2015；Matsushita，et al，1994，2002）。另外，由于参与氧化发酵的脱氢酶位于细胞膜上，因此被称为细胞膜结合 DH（MDH），如 PQQ 依赖的乙醇脱氢酶（PQQ-ADH）和 PQQ 或钼-钼蝶呤胞嘧啶二核苷酸（molybdenum molybdopterin cytosine dinucleotide，MCD）依赖的乙醛脱氢酶（PQQ-ALDH 或 MCD-ALDH）等。而位于细胞质的 DH 则被称为细胞质 DH（cytoplasmic DH，CDH），如 NAD 依赖的乙醇脱氢酶（NAD-ADH）、NADP 或 NAD 依赖的乙醛脱氢酶（NADP-ALDH 或 NAD-ALDH）等。MDH 和 CDH 虽然都能氧化底物，但当 AAB 处于高浓度糖等环境中时，主要是 MDH 起作用，CDH 无活性或活性很低；随着环境中糖等底物的减少，CDH 的活性上升，而 MDH 的活性降低或不起作用（Baldrian，2006；Hölscher & Görisch，2006）。MDH 和 CDH 的辅酶存在很大差别。MDH 的辅酶比较多样，如 PQQ、黄素腺嘌呤二核苷酸（Flavin adenine dinucleotide，FAD）、MCD、NAD 或 NADP 等；CDH 的辅酶比较简单，主要为 NAD 或 NADP（图 2-1）（Matsushita，et al，1994）。细胞膜或细胞内的 ADH 和 ALDH 产生的电子和质子（H^+）经呼吸链传递给泛醌而生成泛醇，泛醇经末端氧化酶氧化而产生质子动力势，从而驱动 ATP 合酶产生 ATP。

值得一提的是氧化发酵及其呼吸链不仅存在于 AAB 细胞中，也存在于假单胞菌（*Pseudomonas* spp.）和肠杆菌（*Enterobacter* spp.）等好氧细菌中（Matsushita，et al，2016）。本节将重点介绍 AAB 的氧化发酵关键酶，以及各种糖、糖醇、醇和有机酸等碳源的氧化发酵过程。图 2-1 所示为乙醇在 AAB 胞内和胞外的氧化及其呼吸链示意图。

2.1.1 参与醋酸菌氧化发酵的关键酶

参与 AAB 氧化发酵的关键酶主要包括 MDH 和 TO（末端氧化酶），它们的种类和特性因 AAB 属、种或菌株的不同而不同。例如，葡糖杆菌属（*Gluconobacter*）AAB 细胞中的 MDH，除氧化乙醇外，还可氧化 D-葡萄糖、D-葡萄糖酸、D-山梨糖醇和甘油等，底物特异性较低；而醋杆菌属（*Acetobacter*）和驹形杆菌属（*Komagataeibacter*）AAB 细胞中的 MDH 主要氧化乙醇，对糖或糖醇的氧化能力很低，底物特异性较高。下面将首先对 AAB 氧化发酵中常见的 MDH 和 TO 种类及特性进行叙述。

2.1.1.1 参与醋酸菌氧化发酵的 MDH

参与 AAB 氧化发酵的 MDH 位于细胞膜的周质侧，根据辅酶种类和对底物特异性等的不同，AAB 的 MDH 大致可分为醌蛋白-细胞色素复合物（quinoprotein-cytochrome complex）、钼蛋白-细胞色素复合物（molybdoprotein-cytochrome complex）、黄素蛋白-细胞色素复合物（flavoprotein-cytochrome complex）、醌蛋白（quinoprotein）和其他，共 5 类（表 2-1），下面分别进行介绍。

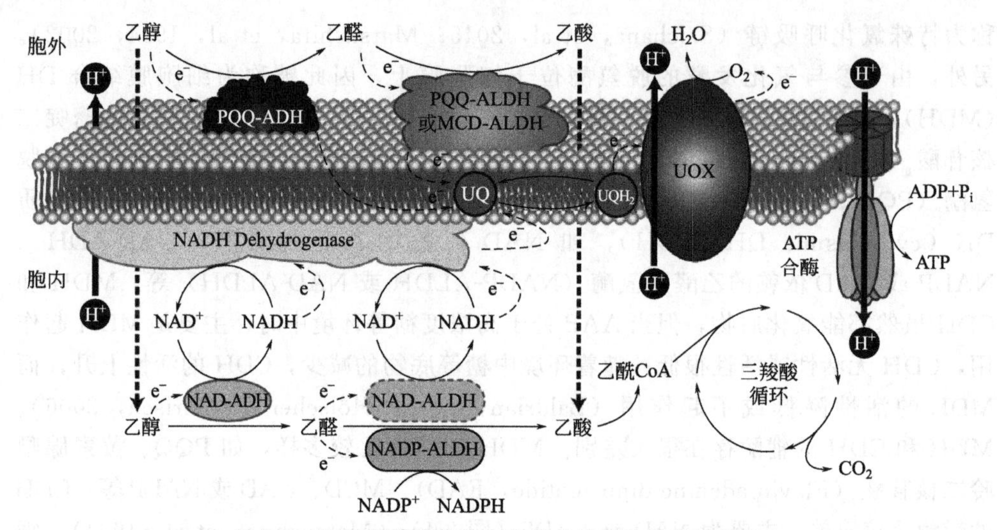

图 2-1　乙醇在醋酸菌胞内和胞外的氧化及其呼吸链

PQQ-ADH：PQQ 依赖的乙醇脱氢酶；PQQ-ALDH：PQQ 依赖的乙醛脱氢酶；MCD-ALDH：钼-钼蝶呤胞嘧啶二核苷酸依赖的乙醛脱氢酶；UQ：泛醌；UQH_2：还原型泛醌（泛醇）；UOX：泛醇氧化酶；NADH：还原型烟酰胺腺嘌呤二核苷酸；NAD：烟酰胺腺嘌呤二核苷酸；NADPH：还原型烟酰胺腺嘌呤二核苷酸磷酸；NADP：烟酰胺腺嘌呤二核苷酸磷酸；NADH Dehydrogenase：NADH 脱氢酶；NAD-ADH：NAD 依赖的乙醇脱氢酶；NAD-ALDH：NAD 依赖的乙醛脱氢酶；NADP-ALDH：NADP 依赖的乙醛脱氢酶。在细胞质中，均存在 NAD-ALDH 和 NADP-ALDH，但后者更为主要，故图中以虚线表示前者，以实线表示后者

表 2-1　AAB 的几类膜结合脱氢酶的组成和性质

类型	脱氢酶名称	底物	产物	亚基[①]	配基 1[②]	配基 2[②]	电子受体[③]
醌蛋白-细胞色素复合物	乙醇脱氢酶	乙醇	乙醛	Ⅰ-Ⅱ-Ⅲ或Ⅰ-Ⅱ	PQQ	4 个血红素 c	UQ
钼蛋白-细胞色素复合物	乙醛脱氢酶	乙醛	乙酸	Ⅱ-Ⅲ 或Ⅰ-Ⅱ	MCD 或 PQQ	2 个[2Fe-2S]簇和 3 个血红素 c；或血红素 b 和[2Fe-2S]；或血红素 b 和 c	—
黄素蛋白-细胞色素复合物	葡萄糖酸脱氢酶	D-葡萄糖酸	2-酮-D-葡萄糖酸	Ⅰ-Ⅱ-Ⅲ	FAD	3 个血红素 c	UQ
	2-酮-D-葡萄糖酸脱氢酶	2-酮-D-葡萄糖酸	2,5-二酮-D-葡萄糖酸	Ⅰ-Ⅱ-Ⅲ	FAD	3 个血红素 c	—
	D-果糖脱氢酶	D-果糖	5-酮-D-果糖	Ⅰ-Ⅱ-Ⅲ	FAD	3 个血红素 c	—
	D-山梨糖醇脱氢酶	D-山梨糖醇	L-山梨糖	Ⅰ-Ⅱ-Ⅲ	FAD	3 个血红素 c	—

续表

类型	脱氢酶名称	底物	产物	亚基①	配基1②	配基2②	电子受体③
醌蛋白	葡萄糖脱氢酶	D-葡萄糖酸	葡萄糖酸-δ-内酯	Ⅰ-Ⅱ	PQQ	—④	UQ
	甘油脱氢酶	多元醇	酮	Ⅰ-Ⅱ	PQQ	—	UQ
	奎宁酸脱氢酶	奎尼酸盐	3-脱氢奎宁酸	Ⅰ-Ⅱ	PQQ	—	UQ
	肌醇脱氢酶	肌醇	2-酮肌醇	Ⅰ-Ⅱ	PQQ	—	—
其他类型	山梨糖脱氢酶	L-山梨糖	L-山梨糖酮	—④	FAD	—	UQ
	山梨酮脱氢酶	L-山梨酮	2-酮-L-古洛糖酸	—	NAD 或 NADP	—	—

① Ⅰ-Ⅱ-Ⅲ：大中小三亚基复合物；Ⅰ-Ⅱ：大中双亚基复合物。

② 配基1和2参与底物氧化，并参与电子传递。

③ 理论上，UQ是所有MDH的电子受体，UQ是经实验验证的，“—”表示未经过实验验证。

④ 表示不存在该类配基或亚基复合物。

(1) 醌蛋白-细胞色素复合物　目前研究比较清楚的醌蛋白-细胞色素复合物MDH为ADH，它是一种组成型的乙醇-泛醌氧化还原酶，可催化乙醇氧化为乙醛，并将UQ还原成UQH_2（图2-1和表2-1）。从葡糖杆菌属AAB细胞膜中分离得到的ADH通常包括三个亚基，分别是：含1个PQQ结合位点和1个血红素(Heme) c结合位点，可氧化乙醇为乙醛的大亚基（Ⅰ）；含3个血红素c结合位点，可还原UQ为UQH_2的中亚基（Ⅱ）；以及无任何辅酶结合位点，可能参与细胞膜结合的小亚基（Ⅲ）（Adachi，et al，2007；Masud，et al，2010）。然而，来自欧洲驹形杆菌（*K. europaeus*）和过氧化醋杆菌（*A. peroxydans*）的ADH只包含亚基Ⅰ和Ⅱ，无亚基Ⅲ（Tayama，et al，1989；Trček，et al，2006）。当ADH中的亚基Ⅱ解离后，ADH酶活性则明显下降，而亚基Ⅱ与亚基Ⅰ重新结合后，酶活性恢复，表明亚基Ⅰ和Ⅱ形成的复合体是维持ADH活性的重要条件。ADH含有一个高亲和力的UQ结合位点，以及UQ氧化还原的酶活性催化位点，UQ可参与电子在血红素c、UQ和UQH_2之间的转移。基于目前的研究结果，AAB的ADH是由亚基Ⅰ、Ⅱ和Ⅲ或者亚基Ⅰ和Ⅱ组成的异源三聚体（Ⅰ-Ⅱ-Ⅲ）或二聚体（Ⅰ-Ⅱ）的膜结合醌蛋白-细胞色素复合物，包括PQQ和血红素c两种辅酶（表2-1和图2-2）。

AAB的ADH的底物专一性较差，除甲醇外，乙醇、1-丙醇、1-丁醇、1-戊醇和1-己醇等短链醇类均可作为其底物（Shinagawa，et al，2006）。另外，虽然ADH对甘油的亲和力较低，但也可催化甘油生成甘油醛，特别是当甘油浓度大于10%时，氧化甘油的能力显著（Habe，et al，2009）。还有，醛类也可作为ADH的底物，且其被ADH氧化的速率与对应醇类的几乎相当（Gómez-Manzo，et al，2008），所以仅采用ADH也可完成从乙醇→乙醛→醋酸的整个氧化过程而无需

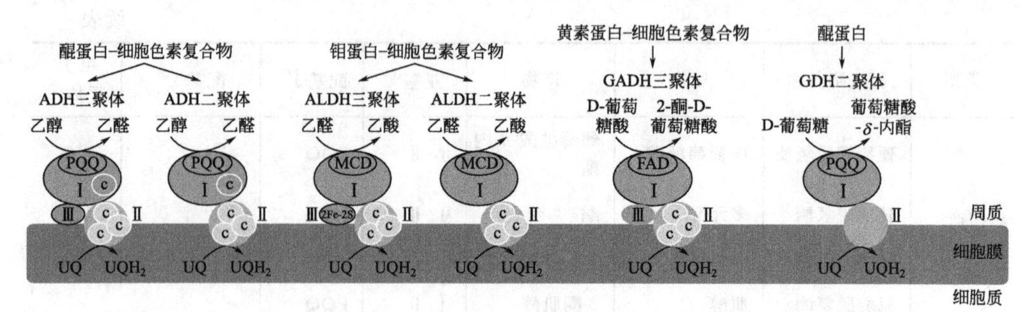

图 2-2 醋酸菌中乙醇、乙醛、葡萄糖酸和葡萄糖脱氢酶结构和功能示意图

ADH：乙醇脱氢酶；ALDH：乙醛脱氢酶；GADH：葡萄糖酸脱氢酶；GDH：葡萄糖脱氢酶；PQQ：吡咯喹啉醌；MCD：钼-钼蝶呤胞嘧啶二核苷酸；FAD：黄素腺嘌呤二核苷酸；c：血红素 c；Cyt. c：细胞色素 c；UQ：泛醌；UQH_2：还原型泛醌；Ⅰ：大亚基；Ⅱ：中亚基；Ⅲ：小亚基

ALDH 参与（Gómez-Manzo，et al，2015），而且 ADH 虽然不能氧化甲醇，但是可氧化甲醛，所以 ADH 可开发为除甲醛制剂（Shinagawa，et al，2006）。

（2）钼蛋白-细胞色素复合物　目前研究比较清楚的钼蛋白-细胞色素复合物 MDH 为 ALDH，它是一种乙醛-泛醌氧化还原酶，一般认为它是由以 MCD 为辅酶的大亚基（Ⅰ）、以 3 个血红素 c 为辅酶的中亚基（Ⅱ）和以 2 个铁硫簇［2Fe-2S］为辅酶的小亚基（Ⅲ）组成的异三聚体（Ⅰ-Ⅱ-Ⅲ）（表 2-1 和图 2-2）。然而，研究表明不同 AAB 的 ALDH 存在差异。例如，在亚基组成上，醋化醋杆菌和欧洲驹形杆菌的 ALDH 均为异源三聚体（Ⅰ-Ⅱ-Ⅲ），而过氧化醋杆菌的 ALDH 则为异源二聚体（Ⅰ-Ⅱ）（Gómez-Manzo，et al，2010）。在辅酶种类上，欧洲驹形杆菌的 ALDH 的辅酶为血红素 b、［2Fe-2S］簇和 MCD；而固重氮葡糖醋杆菌的 ALDH 的辅酶为 PQQ、血红素 b 和 c（Thurner，et al，1997；Gómez-Manzo，et al，2010）。

与 ADH 一样，ALDH 的底物专一性也较差，其可氧化除甲醛外的乙醛、1-丙醛、1-丁醛、1-戊醛和 1-己醛等主要的短链醛类，还可氧化异丁醛和戊二醛。

（3）黄素蛋白-细胞色素复合物　AAB 的黄素蛋白-细胞色素复合物 MDH 包括葡萄糖酸脱氢酶（gluconate dehydrogenase，GADH）、2-酮-D-葡萄糖酸脱氢酶（2-keto-D-gluconate dehydrogenase，2-KGDH）、D-果糖脱氢酶（D-fructose dehydrogenase，FDH）和 D-山梨糖醇脱氢酶（D-sorbitol dehydrogenase，SLDH）等（Toyama，et al，2005；Kawai，et al，2013；Kataoka，et al，2015）。这类 MDH 一般包括以 FAD 为辅酶的大亚基（Ⅰ）、含 3 个血红素 c 的中亚基（Ⅱ）和功能未知的小亚基（Ⅲ）（表 2-1 和图 2-2）（Toyama，et al，2007）。

GADH、2-KGDH、FDH 和 SLDH 均属于泛醌氧化还原酶，底物专一性都较高。GADH 可氧化 D-葡萄糖酸 C-2 位羟基产生 2-酮-D-葡萄糖酸（2-keto-D-gluconate，2-KG），所以也称为葡萄糖酸的 2-DH，它仅可氧化 D-葡萄糖酸，对糖、多元醇等不起作用；2-KGDH 一般仅可氧化 2-KG 产生 2,5-二酮-D-葡萄糖酸（2,5-diketo-D-gluconate，2,5-DKG）；FDH 仅可氧化果糖产生 5-酮-D-果糖（5-keto-D-fructose，5-KF），它可作为果糖生物传感器的生物识别分子；SLDH 可氧化 D-山梨糖醇（D-sorbitol）生成 L-山梨糖（L-sorbose），同时也可微弱氧化 D-甘露糖醇，但不氧化戊糖醇和赤藓糖醇等（Shinagawa，et al，1984，1982）。

以上所述的醌蛋白-细胞色素复合物 MDH、钼蛋白-细胞色素 MDH 和黄素蛋白-细胞色素 MDH 大都包括大、中和小三个亚基，虽然大亚基（Ⅰ）和小亚基（Ⅲ）不同，但是它们的中亚基（Ⅱ）相同，均含有 3 个血红素 c（图 2-2）。

（4）膜结合醌蛋白　AAB 的膜结合醌蛋白 MDH 包括葡萄糖脱氢酶（glucose dehydrogenase，GDH）、甘油脱氢酶（glycerol dehydrogenase，GLDH）、奎宁酸脱氢酶（quinic acid dehydrogenase，QDH）和肌醇脱氢酶（Inositol dehydrogenase，IDH）等。这些 MDH 均由一个 N 端跨膜区和 C 端催化区组成，包含一个大亚基（Ⅰ）和一个中亚基（Ⅱ），大亚基的辅酶均为 PQQ，主要起催化作用，而中亚基不含辅酶，主要负责与细胞膜相结合（表 2-1 和图 2-2）。

其中，GDH 是一种 D-葡萄糖-泛醌氧化还原酶，它可氧化 D-吡喃葡萄糖 C-1 位羟基生成葡萄糖酸-δ-内酯（gluconic acid -δ- lactone，GAL），即 D-葡萄糖酸-1，5-内酯（Ameyama，et al，1981），而 GAL 可自发或经位于细胞膜中的葡萄糖酸内酯酶转化成葡萄糖酸（gluconic acid，GA）。GDH 具有高度的底物特异性，仅能氧化葡萄糖，不能氧化其他已糖和戊糖，因此 GDH 已开发成检测葡萄糖的传感器。GLDH 是一种甘油-泛醌氧化还原酶，其底物特异性较差，可氧化甘油产生二羟基丙酮，也可氧化阿拉伯糖醇、山梨糖醇、甘露糖醇、赤藓糖醇和核糖醇等多元醇而生成相应的酮（Sugisawa & Hoshino，2002），也可氧化 D-葡萄糖酸产生 5-酮-D-葡萄糖酸（5-keto-D-gluconic acid，5-KGA）（Matsushita，et al，2003）。在工业上，葡糖杆菌属 AAB 的 GLDH 已用于生产 L-山梨糖、二羟基丙酮、赤藓糖和 5-KGA（Shinjoh，et al，2002；Sugisawa & Hoshino，2002；Hoshino，et al，2003）。QDH 是一种奎宁酸-泛醌氧化还原酶，它可氧化奎宁酸 C-3 位的羟基生成 3-脱氢奎宁酸（3-dehydroquinic acid，3-DQA），也可氧化莽草酸和原儿茶酸，但其活性仅为催化奎宁酸活性的四分之一（Vangnai，et al，2010）。IDH 是一种肌醇-泛醌氧化还原酶，它可氧化肌醇的 C-2 位羟基生成 2-酮肌醇（Hölscher，et al，2007）。

（5）其他类型的 MDH　AAB 其他类型的 MDH 包括山梨糖脱氢酶（sorbose dehydrogenase，SDH）和山梨酮脱氢酶（sorbone dehydrogenase，SNDH）等（表 2-1）。其中，SDH 是一种 L-山梨糖-泛醌氧化还原酶，以 FAD 为辅酶，可氧化山梨糖 C-1 位的羟基生成 L-山梨酮（Sugisawa，et al，1991）。SDH 的底物特异性高，仅能氧化 L-山梨糖，而不能氧化其他糖和醇（Pappenberger & Hohmann，2014）。SNDH 是一种 L-山梨酮-泛醌氧化还原酶，以 NAD 或 NADP 为辅酶，可氧化 L-山梨酮 C-1 位的羟基生成维生素 C 的中间产物 2-酮-L-古洛糖酸（2-keto-L-gulonic acid，2-KGLA）（Pappenberger & Hohmann，2014）。SNDH 最佳底物为 L-山梨酮，也可以乙二醛、乙醇醛和戊二醛等醛类为底物（Shinjoh，et al，1995；Sugisawa，et al，1991）。

2.1.1.2 参与醋酸菌氧化发酵的 TO

末端氧化酶（TO）是指处于呼吸链末端，可将来自底物的电子和质子提供给 O_2，并形成 H_2O_2 或 H_2O 的酶类。AAB 等好氧细菌的 TO 分为血红素-铜型氧化酶（heme-copper oxidase，HCO）和血红素 bd 型氧化酶（heme bd type oxidase，Hbd-O）两大类。其中，HCO 又包括从细胞色素 c 接受电子的细胞色素 c 氧化酶（cytochrome c oxidase，COX）和从泛醇接受电子的泛醇氧化酶（ubiquinol oxidase，UOX），它们均具有由血红素 a、o 或/和 b 与一个铜原子组成的双核氧还原位点（Binuclear O_2-reducing site）（Matsutani，et al，2014）。具有 COX 的细菌被称为“氧化酶阳性”细菌，例如副球菌属（*Paracoccus*）和假单胞菌属（*Pseudomonas*）等属细菌；而具有 UOX 的细菌则被称为“氧化酶阴性”细菌，例如大肠杆菌和 AAB 等。另外，AAB 的 Hbd-O 也是一种可接受来自泛醇电子的 UOX，但它的氧还原位点包含血红素 b 和 d，对氧的亲和力很强，在低氧条件下就可进行好氧呼吸，且 Hbd-O 无质子泵功能，但有一定的质子释放能力，可产生部分质子动力势。总之，AAB 的 TO 主要包括 UOX 和 Hbd-O 两种，下面将以氧化葡糖杆菌和醋化醋杆菌为例对它们的 TO 进行叙述。

（1）氧化葡糖杆菌的 TO　氧化葡糖杆菌的 TO 包括细胞色素 bo_3-UOX（bo_3-UOX）和 Hbd-O 两种（Prust，et al，2005；Richhardt，et al，2013；Miura，et al，2013）。其中，bo_3-UOX 包括血红素 b、o 和铜原子（Prust，et al，2005；Richhardt，et al，2013），可在细胞膜周质侧氧化泛醇，并将质子释放至周质空间形成质子动力势，而电子则被转移到该酶的血红素 o_3 和铜原子形成的双核氧还原位点并与 O_2 结合形成 H_2O，同时产生的质子动力势经 ATP 合酶形成 ATP（Prust，et al，2005；Richhardt，et al，2013）。Hbd-O 为异源二聚体，可使来自 G^- 细菌中泛醇的电子以及来自 G^+ 细菌中甲萘醇（menaquinol）的电子氧化，同时使 O_2 还原而生成 H_2O。

当 bo_3-UOX 缺失时，氧化葡糖杆菌的早期生长受到严重影响，而 Hbd-O 缺失时，对细胞的早期生长无影响。进一步研究表明，在氧化葡糖杆菌的生长早期，此时培养基 pH 值一般呈中性，bo_3-UOX 是其主要的 TO，而随着酸等产物的积累，培养基 pH 值下降至酸性时，Hbd-O 可代替 bo_3-UOX 成为主要的 TO，并与细胞质中的脱氢酶（CDH）协同作用，使氧化葡糖杆菌在酸性条件下继续利用酸等生长（Richhardt，et al，2013；Miura，et al，2013）。

（2）醋化醋杆菌的 TO　醋化醋杆菌的 TO 包括 ba_3/bo_3-UOX、Hbd-O，以及 Hbd-O 的两种同源物——氰化物不敏感型氧化酶（cyanide insensitive oxidase，

CIO）CIO1 和 CIO2，共四种。其中，ba_3/bo_3-UOX、CIO1 和 CIO2 与氧的亲和力较低，但周转率（效率）很高；而 Hbd-O 则与氧的亲和力较高，可在低氧条件下进行有氧呼吸（Cunningham，et al，1997）。相对于 Hbd-O、CIO1 和 CIO2，ba_3/bo_3-UOX 形成跨膜质子势的能力更强，可产生更多的 ATP，因此 ba_3/bo_3-UOX 是醋化醋杆菌的主要 TO，且在不同培养条件下，ba_3/bo_3-UOX 的血红素类型不同。例如，在静置培养时，醋化醋杆菌 TO 的血红素为 o；震荡培养时，TO 的血红素为 a（Matsutani，et al，2014）。

2.1.2 醋酸菌对不同底物的氧化发酵

AAB 以糖类、糖醇、醇、酸（如奎宁酸）为底物时，通过氧化发酵可生产高附加值的酮和/或有机酸（Raspor & Goranovič，2008；Deppenmeier & Ehrenreich，2009）。

2.1.2.1 糖类的氧化发酵

在氧化发酵条件下，AAB 通过不完全氧化葡萄糖、果糖、阿拉伯糖、核糖、木糖和山梨糖等糖类产生相应的产物。

AAB 对葡萄糖的氧化发酵研究得比较多，也比较清楚，其产物也表现出很好的应用前景。在 AAB 的葡萄糖氧化发酵过程中，葡糖糖首先在葡萄糖脱氢酶（GDH）的作用下生成葡萄糖酸-δ-内酯，然后葡萄糖酸-δ-内酯自发或经细胞膜上的葡糖酸-δ-内酯酶生成葡萄糖酸（GA）（Raspor & Goranovič，2008）。随后，GA 被葡萄糖酸脱氢酶（GADH）转化为 2-酮-D-葡萄糖酸（2-KGA）或被 PQQ 依赖的甘油脱氢酶（PQQ-glycerol dehydrogenase，PQQ-GLDH）转化成 5-酮-D-葡萄糖酸（5-KGA）。同时，一些 AAB 菌株可进一步通过 FAD 依赖的 2-酮-D-葡萄糖酸脱氢酶（FAD-2-KGADH）催化，将 2-KGA 进一步转化成 2,5-二酮-D-葡萄糖酸（2,5-DKGA）。一些葡糖杆菌菌株可通过 2,5-二酮-D-阿拉伯糖酸脱羧酶（2,5-diketo-D-gluconate decarboxylase，2,5-DKGA DC）催化转化 2,5-DKGA 为 4-酮-D-阿拉伯糖（4-keto-D-arabinose，4-KAR），4-KAR 随后被 4-酮-D-戊醛糖-1-脱氢酶（4-keto-D-aldopentose-1-dehydrogenase，4-KALP-1-DH）催化而成 4-酮-D-阿拉伯糖酸（4-keto-D-arabonate，4-KAB）（图 2-3）（Adachi，et al，2011）。

AAB 的葡萄糖氧化发酵不仅与葡萄糖浓度和反应体系 pH 值密切相关（Qazi，et al，1991），而且当培养基中的葡萄糖消耗殆尽时，分泌积累于培养基中的少量 2-KGA 和 5-KGA 可由转运蛋白转运到 AAB 细胞中，分别被细胞质中的 2-KGA 还原酶（2-KGA reductase，2-KGAR）或 5-KGA 还原酶（5-KGA reductase，5-KGAR）还原成 GA，并经戊糖磷酸途径被 AAB 利用，从而使 AAB 再次繁殖而呈现二次生长曲线（Saichana，et al，2015）。此外，不同的 AAB 菌株及其生长条件影响着 FDA- GADH 和 PQQ-GLDH 酶活性的比例，从而影响 2-KGA 和 5-KGA

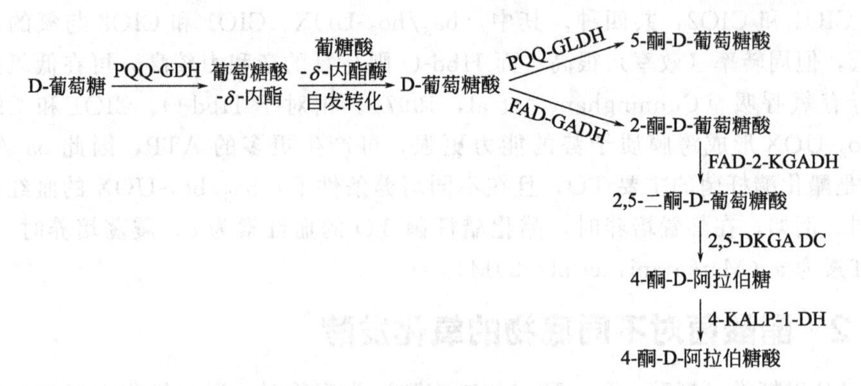

图 2-3　AAB 氧化发酵葡萄糖产生 GA、2-KGA、5-KGA、2,5-DKGA、4-KAR 和 4-KAB 的过程

的比例。例如，当培养基的 pH 值为 3.5～4.0 时，AAB 仅产生 5-KGA，因为在此条件下 PQQ-GLDH 的活性高，而 FDA-GADH 几乎无活性（Ano，et al，2011；Saichana，et al，2015）。因此在利用葡糖杆菌生产 GA、2-KGA 和 5-KGA 时，为防止它们进一步被 AAB 利用消耗，必须采用高葡萄糖浓度、低 pH 值和高 O_2 量的培养条件，并在二次生长曲线出现之前终止发酵（Mamlouk & Gullo，2013）。

AAB 产生的 GA 及其钙盐不仅是重要的食品添加剂之一，也可用于金属抛光（Adachi，et al，2007）。目前，GA 主要由葡糖杆菌属的 AAB 产生，醋杆菌属的 AAB 也能产生高浓度的 GA，但其浓度比葡糖杆菌属的低（Raspor & Goranovič，2008）。AAB 产生的 5-KGA 是生产木糖二酸（xylaric acid）、酒石酸（tartaric acid）和风味化合物 4-羟基-5-甲基脱氢呋喃酮-3（4-hydroxy-5-methyl-dehydrofuranone-3）的原料（Salusjärvi，et al，2004）；5-KGA 和 2,5-DKGA 也是维生素 C 的中间产物 2-酮-L-古洛糖酸的前体物。

有些 AAB 也可通过果糖脱氢酶（fructose dehydrogenase，FDH）氧化 D-果糖产生 5-酮-D-果糖（5-keto-D-fructose，5KF），且此过程不受 D-葡萄糖、D-果糖-6-磷酸、5-酮-D-果糖、D-果糖-1,6-二磷酸、D-甘露糖、葡萄糖酸、D-葡萄糖-1-磷酸、2-酮-D-葡萄糖酸和 5-酮-D-葡萄糖酸等物质的影响，即 FDH 的底物特异性很高（Adachi，et al，2007）。

此外，葡糖杆菌属的某些 AAB 菌株也可发酵 D-阿拉伯糖（D-arabinose）或 D-阿拉伯糖酸（D-arabonate）生成 4-酮-D-阿拉伯糖酸（4-keto-D-arabonate，4-KAB）。由阿拉伯糖生成 4-KAB 时，先由 D-醛戊糖-4-脱氢酶（D-aldopentose-4-dehydrogenase，A-4-DH）催化阿拉伯糖生成 4-酮-D-阿拉伯糖（4-keto-D-arabinose，4-KAR），然后经 4-酮-D-醛戊糖-1-脱氢酶（4-KALP-1-DH）转化为 4-KAB；而以阿拉伯糖酸生成 4-KAB 时，阿拉伯糖酸先经 D-戊糖酸-4-脱氢酶（D-pentonate-4-dehydrogenase，P-4-DH）转化成 4-KAR，再经 4-KALP-1-DH 生成 4-KAB（图 2-4）

(Adachi，et al，2011)。

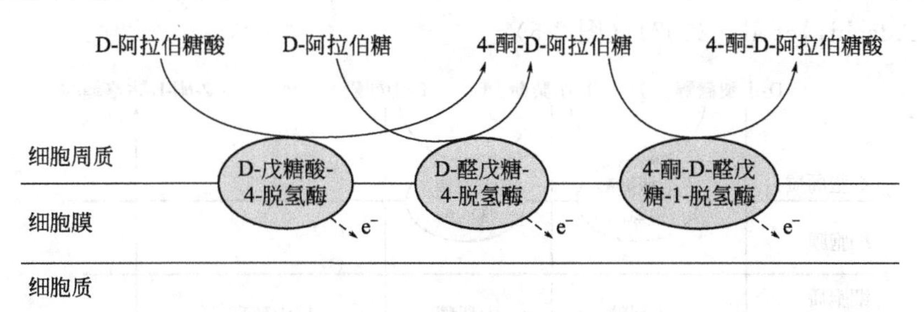

图 2-4　AAB 氧化发酵 D-阿拉伯糖和 D-阿拉伯糖酸生成 4-KAB 的过程

另外，有些 AAB 还可将核糖在 D-戊糖-4-脱氢酶（D-pentose-4-dehydrogenase）作用下生成 4-酮-D-核糖（4-keto-D-ribose），再在 4-KALP-1-DH 作用下生成 4-酮-D-核糖酸（4-keto-D-ribonate）；AAB 也可将木糖在 PQQ 依赖的葡萄糖脱氢酶（PQQ-GADH）的作用下生成木糖酸，但在 AAB 细胞内并没有发现木糖脱氢酶（Adachi，et al，2011）。而山梨糖则可在 AAB 的 L-山梨糖脱氢酶（L-sorbose dehydrogenase）作用下生成山梨酮，然后经 PQQ 依赖的 L-山梨酮脱氢酶（PQQ-L-sorbosone dehydrogenase）转化生成维生素 C 的中间产物 2-酮-L-古洛糖酸。山梨糖也可进入细胞内经山梨糖还原酶（sorbose reductase，SR）催化而生成 D-山梨糖醇，D-山梨糖醇可通过戊糖磷酸途径生成 D-果糖，D-果糖转化成乙酰 CoA 而被 AAB 利用（Kersters，et al，2006；Miyazaki，et al，2006；Adachi，et al，2007）。

2.1.2.2　糖醇的氧化发酵

AAB 通过氧化发酵可将 D-山梨糖醇、甘油、D-甘露糖醇、D-阿拉伯糖醇、D-赤藓糖醇和 D-核糖醇等糖醇分别转化为 L-山梨糖、二羟基丙酮、D-果糖、D-木酮糖、L-赤藓糖和 L-核酮糖（Prust，et al，2005；Adachi，et al，2007；Mamlouk & Gullo，2013）。

一些葡糖杆菌属（*Gluconobacter*）的 AAB 可通过山梨糖醇脱氢酶（sorbitol dehydrogenase，SLDH）和山梨糖脱氢酶将 D-山梨糖醇转化为 L-山梨糖，再转化为 L-山梨酮，L-山梨酮进入细胞内后，可经 L-山梨酮脱氢酶进一步转化成 2-酮-L-古洛糖酸并转运至细胞外（图 2-5）（Adachi，et al，2007；Matsushita，et al，2003），而 L-山梨糖和 2-酮-L-古洛糖酸是 L-抗坏血酸（维生素 C）合成的重要中间产物。

同时，山梨糖醇及其细胞外的氧化产物山梨糖和山梨酮都可进入细胞内，其中山梨酮可经细胞内的山梨酮还原酶（sorbosone reductase，SNR）和山梨糖还原酶（sorbose reductase，SR）催化而生成 D-山梨糖醇，山梨糖也可经山梨糖还原酶而生成 D-山梨糖醇，细胞内的 D-山梨糖醇可通过戊糖磷酸途径生成 D-果糖，D-

果糖转化成乙酰 CoA 而被 AAB 利用（Kersters，et al，2006；Miyazaki，et al，2006；Adachi，et al，2007）（图 2-5）。

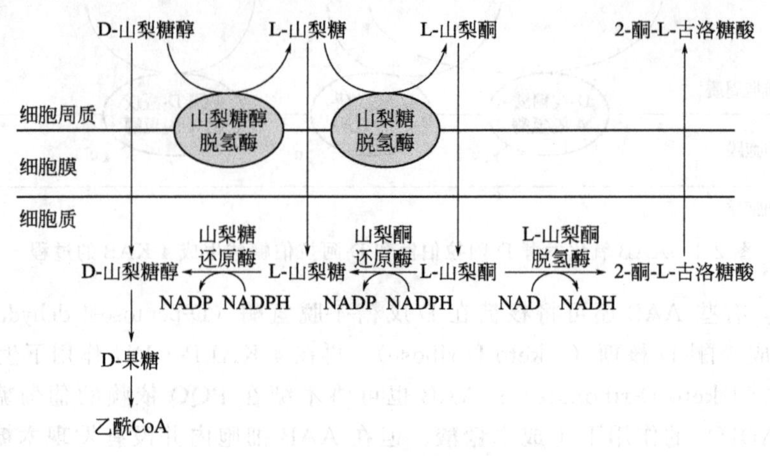

图 2-5 AAB 的山梨糖醇氧化系统

而从氧化葡糖杆菌菌株中的 PQQ 依赖的多元醇脱氢酶（PQQ-PLDH）因底物的特异性较差，所以可分别将 D-葡萄糖酸、甘油、D-甘露糖醇、D-山梨糖醇、D-阿拉伯糖醇、核糖醇和内消旋赤藓糖醇等氧化成 5-酮-D-葡萄糖酸（5-KGA）、二羟基丙酮（DHA）、D-果糖、L-山梨糖、D-木糖、L-核糖和 L-赤藓糖（图 2-6）（Sugisawa & Hoshino，2002）。

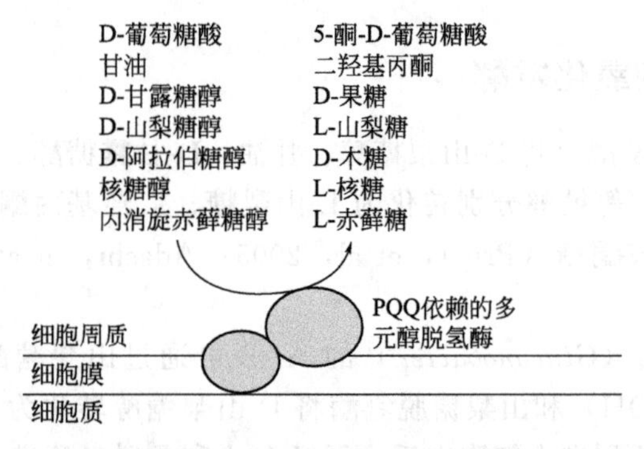

图 2-6 AAB 对糖醇和多元醇的氧化发酵

PQQ-PLDH 也存在于弗拉托葡糖杆菌（*G. frateurii*）中，它可以催化内消旋赤藓糖醇生成 L-赤藓糖（Adachi，et al，2007）；泰国葡糖杆菌（*G. thailandicus*）的 D-阿拉伯糖醇脱氢酶（D-arabitol dehydrogenase）与 PQQ-PLDH 一样可氧化多元醇（Saichana，et al，2015）。另外，环醇（cyclitols）、戊糖醇（pentitols）和己糖醇（hexitols）等也可通过 AAB 的氧化发酵生成不同的产物（Kersters，et al，2006；Miyazaki，et al，2006；Adachi，et al，2007）。

2.1.2.3 乙醇的氧化发酵

AAB的乙醇氧化发酵是由位于细胞膜上PQQ依赖的乙醇脱氢酶（PQQ-ADH）和乙醛脱氢酶（PQQ-ALDH或MCD-ALDH）催化完成的。在PQQ-ADH的作用下，首先将乙醇转化为乙醛，然后在PQQ-ALDH或MCD-ALDH的催化下，将乙醛转化为醋酸（图2-1）。醋杆菌属和驹形杆菌属的AAB均具有很强的氧化乙醇生成醋酸的能力，且对乙醇和乙酸具有较强的耐受性，因此常用于食醋的生产中。其中，前者主要用于固态食醋生产，而后者则常用于液态食醋生产（Kanchanarach，et al，2010）。

2.1.2.4 有机酸的氧化发酵

AAB也通过氧化发酵将奎尼酸（quinate）等有机酸不完全氧化。例如，氧化葡糖杆菌NBRC 3244、NBRC 3292和NBRC 3294的膜结合奎尼酸脱氢酶（quinate dehydrogenase，QDH）可催化奎尼酸脱氢产生3-脱氢奎尼酸（3-dehydroquinate，3-DQ），3-DQ在3-DQ脱水酶（3-dehydroquinate dehydratase，DQD）的作用下生成3-脱氢莽草酸（3-dehydroshikimate，3-DS），并积累在培养基中，而3-DS则可进一步经3-脱氢莽草酸脱水酶（3-dehydroshikimate dehydratase，DSD）催化而被转化成具有很好抗氧化和抗炎症能力的原儿茶酸（protocatechuic acid）（图2-7）（Adachi，et al，2008）。

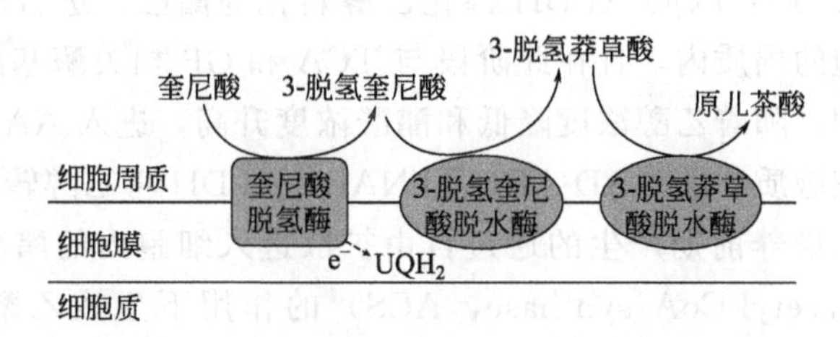

图2-7 氧化葡糖杆菌的奎尼酸氧化发酵过程

2.2 醋酸菌的碳代谢

如前所述，当培养基中糖、醇和有机酸等碳源同时存在时，AAB对它们的利用比较复杂，因为AAB除了可通过氧化发酵产生复杂的产物外，还可通过糖酵解途径（EMP）、三羧酸循环（TCA）、戊糖磷酸途径（PPP）、ED途径（EDP）和乙醛酸途径（GP）等将葡萄糖等物质（底物）完全氧化成CO_2和H_2O。然而，碳源的这些代谢途径并不同时存在于同一种AAB细胞中，不同AAB属、种和菌株之间存在很大差异。例如，氧化葡糖杆菌的AAB因缺乏6-磷酸果糖激酶（基因

pfkA）、琥珀酰 CoA 合成酶（基因 *sucCD*）和琥珀酸脱氢酶（基因 *sdhABCD*），所以无完整的 EMP 和 TCA，同时也不包括 GP 途径的异柠檬酸裂解酶（基因 *aceA*）和苹果酸合酶（基因 *glcB*），以及参与糖异生的磷酸烯醇式丙酮酸形成相关的酶，所有氧化葡糖杆菌除通过细胞周质的氧化发酵外，通过 PPP 和 EDP 在细胞内完全氧化葡萄糖为 CO_2 和 H_2O（Prust，et al，2005；Sievers & Swings，2005；Deppenmeier & Ehrenreich，2009）。而醋化醋杆菌因含有完整 PPP、TCA 和 GP 相关酶系，但无完整的 EMP 和 EDP 相关酶系，所以可通过 PPP、TCA 和 GP 将糖等完全氧化为 CO_2 和 H_2O。固重氮葡糖醋杆菌和贝塞斯达颗粒杆菌等 AAB 中均具有完整的 TCA 和 GP 相关酶系（Bertalan，et al，2009；Greenberg，et al，2007；Prust，et al，2005）。另外，巴氏醋杆菌 NBRC 3283 和醋化醋杆菌 1023 均缺乏琥珀酰辅酶 A 合成酶和 GP 相关酶的基因，但在醋化醋杆菌 NBRC 14818 的基因组中则存在这些基因（Hung，et al，2014；Azuma，et al，2009；Mullins，et al，2008）。在 NBRC 14818 的基因组中还存在编码丙酮酸激酶的基因，因此可利用葡萄糖生长，而醋化醋杆菌 NCIB 8554 因缺乏该基因，所以不能利用葡萄糖（Fluckiger & Ettlinger，1977）。

另外，由于氧化发酵的存在，AAB 对同一种碳源的利用在不同的生长阶段也表现出不同的特性。例如，在乙醇含量较高的培养基中，醋杆菌属和驹形杆菌属的 AAB 菌株在培养前期，AAB 细胞利用乙醇进行生长（对数生长期），且利用细胞膜上的 PQQ-ADH 和 PQQ-ALDH 催化乙醇转化为醋酸，进行醋酸发酵，此过程主要发生在细胞的周质内，且在此阶段与 TCA 和 GP 相关酶基因的转录水平很低；而在培养后期，随着乙醇浓度降低和醋酸浓度升高，进入 AAB 细胞内的少量乙醇则主要通过细胞质中的 NAD-ADH 和 NADP-ALDH 将乙醇转化为醋酸，此过程产生的醋酸和在培养前期产生的通过自由扩散进入细胞内的醋酸一起，在乙酰辅酶 A 合成酶（acetyl-CoA synthase，ACS）的作用下生成乙酰辅酶 A，进入 TCA 进一步氧化为 CO_2 和 H_2O，进入醋酸过氧化阶段，此过程发生在细胞质中，此时与 TCA 和 GP 相关酶基因的转录水平升高，AAB 细胞利用醋酸继续生长，呈现二次生长现象（图 2-8 和图 2-9）（Chinnawirotpisan，et al，2003）。醋酸的过氧化不利于食醋的生产，在食醋生产过程中应尽量避免。同时，随着醋酸积累，细胞数量暂时停止增长（过渡阶段），然后进入醋酸过氧化阶段（图 2-9）。

除氧化葡糖杆菌等少数 AAB 因无完整 TCA 而无法氧化有机酸外，多数 AAB 均可氧化醋酸、柠檬酸、富马酸、乳酸、苹果酸、丙酮酸和琥珀酸等而产生 CO_2 和 H_2O（Raspor & Goranovič，2008）。

为了更好地了解 AAB 对糖、醇和有机酸等碳源的利用，下面将以醋化醋杆菌和氧化葡糖杆菌为例，对 AAB 的碳代谢进行叙述。相关研究成果主要来自它们基因组和转录组的分析结果。

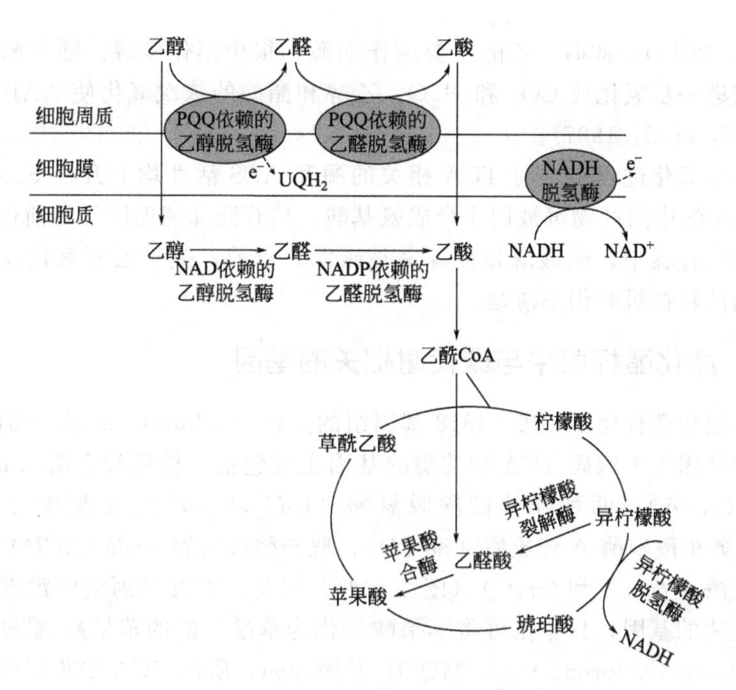

图 2-8　醋酸产生及其过氧化过程

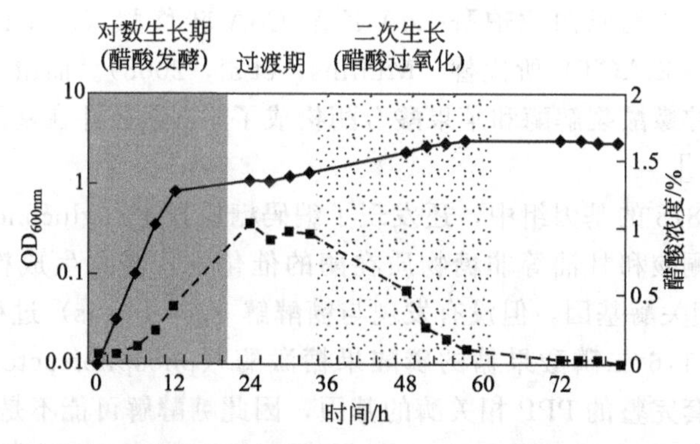

图 2-9　以乙醇为碳源时巴氏醋杆菌 NBRC 3283 的二次生长和醋酸产生过程

（改自 Chinnawirotpisan，et al，2003）

实线—OD_{600nm}；虚线—培养基中醋酸浓度

2.2.1　醋化醋杆菌的碳代谢

醋化醋杆菌是一种专性需氧细菌，广泛分布于花朵、水果、土壤等环境中。醋化醋杆菌曾被用于食醋生产，如今食醋生产主要采用巴氏醋杆菌和欧洲驹形杆菌。醋化醋杆菌是导致酒精饮料酸败的腐败菌（Asai，1968）。在食醋生产和酒精饮料酸败过程中，AAB 主要通过结合于细胞膜上的 PQQ-ADH 和 PQQ-ALDH 不完全氧化乙醇产生醋酸，同时通过氧化发酵呼吸链产生 ATP（Yakushi &

Matsushita，2010)。此时，乙醇主要用作能源，很少用作碳源。随着醋酸浓度的升高，醋酸进一步氧化成 CO_2 和 H_2O。乙醇和醋酸的依次氧化使 AAB 呈现二次生长（Saeki，et al，1997)。

在醋酸过氧化过程中，与 TCA 相关的酶和 ACS 活性均上升（Saeki，et al，1999)，TCA 的中间产物可被用作合成氨基酸、核苷酸和辅助因子的前体物。因此在醋酸过氧化过程中，醋酸既是能源又是碳源。目前，关于乙醇氧化发酵与醋酸过氧化之间的转换机制仍不清楚。

2.2.1.1 醋化醋杆菌中与碳代谢相关的基因

通过对醋化醋杆菌 NBRC 14818 基因组的分析（Sakurai，et al，2011）表明，在该菌株的基因组中编码 TCA 相关酶的基因主要包括：柠檬酸合酶（*aarA*)、顺乌头酸酶（*acnA*)、两种异柠檬酸脱氢酶（*icd1* 和 *icd2*)、α-酮戊二酸脱氢酶（*sucAB*)、琥珀酰辅酶 A 合成酶（*sucCD*)、琥珀酸脱氢酶（*sdhABCD*）和两种类型的富马酸酶（*fumA* 和 *fumC*)（图 2-10d)。但是，在其基因组中没有发现编码苹果酸脱氢酶的基因，只存在可将苹果酸氧化为草酰乙酸的苹果酸-醌氧化还原酶（malate-quinone oxidoreductase，MQO）基因 *mqo*，所以 TCA 中苹果酸脱氢酶的功能可能被 MQO 所代替（Mullins，et al，2008)。此外，琥珀酰-CoA 合成酶的功能也可能被 *aarC* 编码的琥珀酰-CoA-乙酰-CoA 转移酶（succinyl-CoA-acetate-CoA transferase，SCACT）所代替（Mullins，et al，2008)。而由 *aceA* 和 *glcB* 基因分别编码的异柠檬酸裂解酶和苹果酸合酶构成了 GP 途径并在基因组中聚集在一起［图 2-10（d）］。

在 NBRC 14818 的基因组中，还发现了编码糖原异生（gluconeogenesis，指氨基酸、乳糖、丙酮酸和甘油等非糖物质在酶的催化下，转化生成糖原或葡萄糖的过程）的 EMP 相关酶基因，但没有发现与糖酵解（glycolysis）过程相关的可催化果糖-6-磷酸生成 1,6-二磷酸果糖的磷酸果糖激酶（phosphofructokinase）编码基因，却发现了一套完整的 PPP 相关酶的基因，因此糖酵解可能不是通过 EMP 完成的，而是通过 PPP 完成的［图 2-10（a）］。在 NBRC 14818 基因组中也没有发现 EDP 的关键酶——2-酮-3-脱氧-6-磷酸葡萄糖酸醛缩酶（2-keto-3-deoxyglucose-phosphate aldolase）基因，所以 EDP 在 NBRC 14818 中也不起作用。在 NBRC 14818 基因组中还发现了编码丙酮酸激酶的基因，该基因可能与 NBRC 14818 利用葡萄糖相关，因为在另一株醋化醋杆菌 NCIB 8554 中因缺乏该基因而不能利用葡萄糖（Fluckiger & Ettlinger，1977)。

在 NBRC 14818 基因组中既发现了编码膜结合的 PQQ-ADH 和 PQQ-ALDH 的基因，也发现了编码细胞质内的 NAD-ADH 和 NADP-ALDH 的基因［图 2-10（b）］。这表明，NBRC 14818 既可通过位于细胞膜上的 PQQ-ADH 和 PQQ-ALDH，也可通过位于细胞质中的 NAD-ADH 和 NADP-ALDH 将乙醇氧化为醋酸。

细胞中的醋酸可通过 TCA 被完全氧化（过氧化），但醋酸首先需转化为乙酰辅酶 A。Saeki 等（1997）研究表明，醋酸转化为乙酰辅酶 A 包括两条途径：一条途径由 ACS 催化完成，另一条途径由磷酸转乙酰酶（phosphotransacetylase，Pta）和醋酸激酶（acetate kinase，Ack）催化完成。然而，在 NBRC 14818 基因组中仅存在编码 ACS 的基因 *acs1/acs2*，不存在编码 Pta 和 Ack 的基因。同时，NBRC 14818 中存在编码 SCACT 的基因 *aarC*，可将醋酸转化为乙酰辅酶 A［图 2-10（c）］，因此由 Pta 和 Ack 催化的醋酸过氧化途径在 NBRC 14818 中不存在，即 NBRC 14818 中主要通过 ACS 和 SCACT 的催化将醋酸转化为乙酰辅酶 A。

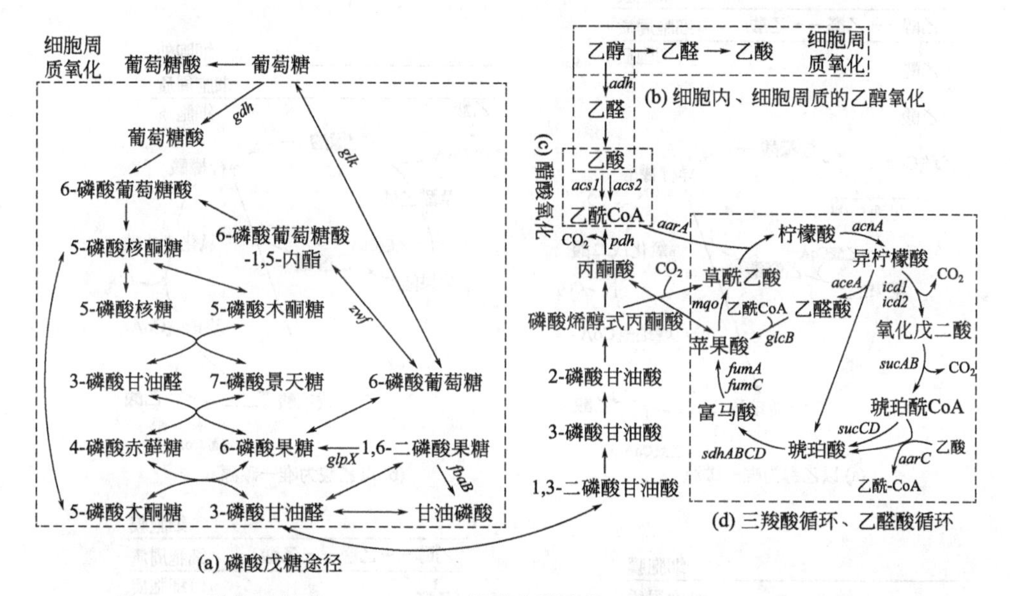

图 2-10　醋化醋杆菌 NBRC 14818 的碳代谢途径（改自 Sakurai，et al，2011）

综上所述，在醋化醋杆菌 NBRC 14818 中，参与碳代谢的基因主要包括 PPP、PQQ-ADH 和 PQQ-ALDH 组成的乙醇氧化发酵途径、TCA、GP 和醋酸过氧化途径等的相关基因。

2.2.1.2　乙醇对醋化醋杆菌 TCA 相关基因转录的影响

如前所述，醋化醋杆菌 NBRC 14818 基因组中包括编码与 TCA 相关酶的基因 *aarA*、*acnA*、*icd1*/*icd2*、*sucAB*、*sucCD*、*sdhABCD*、*fumA*/*fumC*、*mqo* 和 *aarC* 等。当 NBRC 14818 以葡萄糖或醋酸为碳源时，这些基因表现出较高的转录水平。然而，无论葡萄糖水平如何，当乙醇存在于培养基中时，与 TCA 相关的基因的转录都显著下调，而与乙醇氧化发酵相关的基因的转录则显著上调，表现出优先利用乙醇特性［图 2-11（a）、图 2-11（d）］。另外，当以乙酸、乙醇或乙醇与葡萄糖为碳源时，NBRC 14818 中编码与 GP 相关的异柠檬酸裂解酶的基因（*aceA*）和苹果酸合酶的基因（*glcB*）高水平转录［图 2-11（a）、图 2-11（b）、图 2-11（d）］，而当 NBRC 14818 在葡萄糖中生长时，这些基因的转录显著下调［图 2-11（c）］。这表明 GP 作为 TCA 的分支途径，在醋酸过氧化中起着非常重要的作用。虽然在乙醇的氧化发酵中，乙醇几乎全部通过氧化转化为醋酸而积累在培养基中，但仍有少量乙醇进入细胞后通过胞质中的 NAD-ADH 和 NADP-ALDH 氧化为醋酸，继而通过 GP 进行合成代谢，以维持 AAB 细胞的生存［图 2-11（a）、图 2-11（d）］。

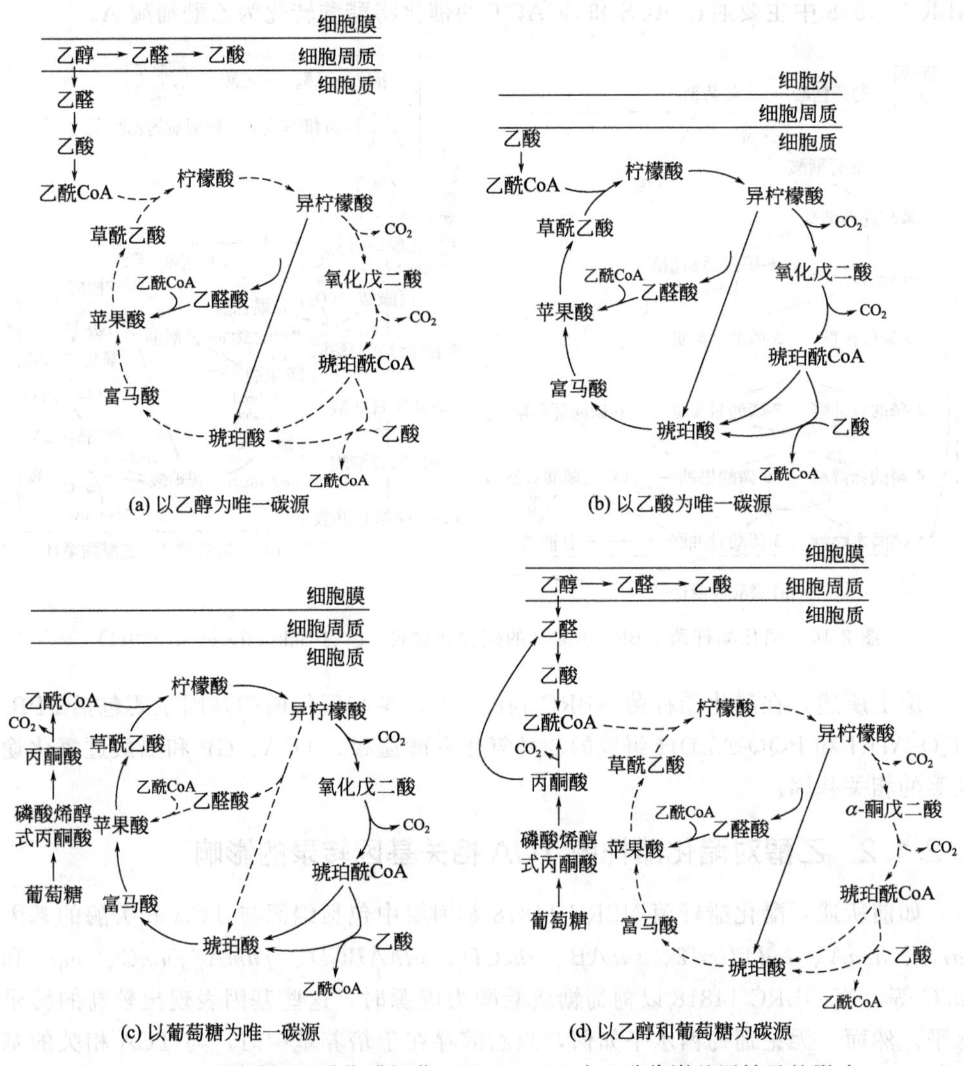

图 2-11　不同碳源对醋化醋杆菌 NBRC 14818 中心碳代谢基因转录的影响

箭头的粗细表示基因的相对表达水平；虚线表示相关基因的表达显著下调

总之，在乙醇氧化发酵中，TCA相关酶的活性较低，导致细胞质内醋酸和/或乙酰辅酶A积聚，从而抑制细胞内醋酸的产生和对胞外醋酸的吸收，而当乙醇消耗殆尽时，醋酸被过氧化，TCA相关酶的活性较高。

2.2.1.3 乙醇对醋化醋杆菌葡萄糖代谢的抑制作用

研究发现，无论是什么碳源，醋化醋杆菌NBRC 14818中大部分参与糖异生的基因都以较高的转录水平存在。当以乙酸为唯一碳源时，果糖-1,6-二磷酸醛缩酶（fructose-1,6-diphosphate aldolase）的基因*fbaB*和果糖-1,6-二磷酸酶（fructose-1,6-diphosphatase）的基因*glpX*转录上调，表明糖异生作用明显（图2-11）；而当以葡萄糖为唯一碳源时，葡萄糖-6-磷酸脱氢酶（glucose-6-phosphate dehydrogenase）的基因*zwf*和NAD-GDH的基因*gdh*的转录水平均轻微上调，因此这些基因可能参与细胞质中葡萄糖转化为葡萄糖酸（GA）（图2-11）。这些研究结果表明，NBRC 14818因不存在与糖酵解相关的磷酸果糖激酶基因，因此葡萄糖不能通过EMP进行利用，而是在细胞周质中被转化为GA并积累在培养基中，然后通过PPP将进入细胞内的GA转化为6-磷酸葡萄糖酸后再加以利用（图2-11）。当乙醇和葡萄糖同时存在于培养基中时，NBRC 14818生长速度比仅含葡萄糖时低，而与仅含乙醇时的相似。葡萄糖消耗速度和GA积累速度都显著减缓。同时，无论葡萄糖是否存在，乙醇均可使PPP中转酮酶和转醛醇酶基因的转录水平下调。当乙醇和葡萄糖共同存在时，NBRC 14818中与GP相关的基因*aceA*和*glcB*的转录水平大大提高［图2-11（d）］，磷酸烯醇式丙酮酸羧化酶的基因*ppc*（催化草酰乙酸脱羧而生成磷酸烯醇式丙酮酸）和苹果酸酶的基因*maeA*（催化苹果酸生成丙酮酸）的转录水平不受乙醇、乙酸和葡萄糖等碳源种类的影响。然而，在乙醇和葡萄糖同时存在时，丙酮酸脱羧酶基因（催化丙酮酸脱羧生成乙酰CoA）则显著上调［图2-11（d）］。这些结果说明，当乙醇和葡萄糖共同存在时，很少直接经PEP或丙酮酸进入TCA，而是先转化为乙酸后再进入TCA，而乙酸含量的提高可促进GP途径相关基因*aceA*和*glcB*的表达［图2-11（d）］。

研究也发现，在以葡萄糖为碳源时的有氧培养条件下，大肠杆菌（*Escherichia coli*）也可产生醋酸，这种现象被称为葡萄糖的溢出代谢（overflow metabolism）（El-Mansi & Holms，1989）。因为在好氧条件下，大肠杆菌中糖酵解的速度比TCA的快，所以可产生过量的丙酮酸和乙酰辅酶A，这些过量的产物在大肠杆菌细胞被转化为醋酸，并从细胞中排出。在葡萄糖脱氢酶基因缺失的氧化葡糖杆菌中，也存在以葡萄糖为碳源时，在培养基积累醋酸的溢出代谢情况（Krajewski，et al，2010）。

2.2.1.4 乙醇对醋化醋杆菌应激反应基因的影响

当醋化醋杆菌NBCR 14181生长在乙醇上时，一些应激反应（stress response）

基因和编码分子伴侣（molecular chaperone）的基因 *recA*、*recN*、*uvrABC*、*dinB*、*dnaJ*、*dnaK*、*clpB*、*hslVU* 和 *htpg* 等显著上调（Sakurai，et al，2011）。然而，这些应激反应基因的转录水平在乙醇氧化发酵阶段均较低，而在醋酸过氧化阶段均有所上调，说明这些基因的转录诱导因子不是乙醇，而可能是来自乙醇转化为醋酸过程的醋酸或其中间产物乙醛，因为醋酸和乙醛的积累会导致细胞损伤（Sakurai，et al，2011，2012）。

2.2.1.5 GP 在醋化醋杆菌醋酸过氧化中的作用

醋化醋杆菌 NBRC 14818 的 GP 由异柠檬酸裂解酶（基因 *aceA*）和苹果酸合酶（基因 *glcB*）组成（图 2-10），是 TCA 的分支途径。研究表明，当 NBRC 14818 中的 *aceA* 和 *glcB* 基因被敲除后，以葡萄糖为碳源时，敲除菌株的生长速率并没有明显影响；然而，当以乙醇为碳源时，虽然突变株与野生菌株在乙醇氧化发酵和醋酸积累方面无差异，但是突变株的醋酸过氧化速度明显低于野生菌株，这表明 GP 可促进醋酸过氧化（Sakurai，et al，2013）。总之，培养基中乙醇的存在可显著抑制醋化醋杆菌 NBRC 14818 中与 TCA 和葡萄糖代谢等相关基因的转录（Sakurai，et al，2011，2012），而 TCA 的低活性需要 NBRC 14818 不断将乙醇氧化成醋酸，从而通过氧化发酵呼吸链产生 ATP，以维持 NBRC 14818 的生成（Yakushi & Matsushita，2010）。由此看出，乙醇氧化发酵时，乙醇是唯一的能源，TCA 仅为细胞生长提供必要的合成材料。然而，有关乙醇抑制糖代谢和 TCA 的具体调控机制并不清楚。

以上相关研究结果主要是基于醋化醋杆菌 NBRC 14818 转录组的分析获得的，未来还需要通过生化和代谢组学分析进一步对分析结果进行确认。

2.2.2 氧化葡糖杆菌的碳代谢

氧化葡糖杆菌可氧化发酵糖、糖醇和醇类等化合物产生高附加值的维生素 C、二羟基丙酮、6-氨基-L-山梨糖［合成抗糖尿病药物米格列醇（Miglitol）的关键中间体］、莽草酸和 3-脱氢莽草酸等（Adachi，et al，2003；Deppenmeier，et al，2002；Gupta，et al，2001；Mamlouk & Gullo，2013；Nishikura-Imamura，et al，2014；Pappenberger & Hohmann，2014；Raspor & Goranovič，2008；Saichana，et al，2015）。如前所述，氧化葡糖杆菌因缺乏 EMP 的 6-磷酸果糖激酶（基因 *pfkA*），TCA 的琥珀酸脱氢酶（基因 *sdhABCD*）和琥珀酰 CoA 合成酶（基因 *sucCD*），GP 的异柠檬酸裂解酶（基因 *aceA*）和苹果酸合酶（基因 *glcB*），以及糖异生途径的磷酸烯醇式丙酮酸形成相关的酶基因，所以无完整的 EMP、TCA 和 GP（Deppenmeier & Ehrenreich，2009；Prust，et al，2005）。氧化葡糖杆菌除通过细胞周质进行氧化发酵外，可通过 PPP 和 EDP 在细胞内代谢小部分糖或糖醇。

下面将以氧化葡糖杆菌621H（ATCC 621H=DSM 2343）为例，就其甘露糖醇和葡萄糖等的代谢进行叙述，相关结论主要来自^{13}C碳通量和转录组的分析结果。

2.2.2.1 氧化葡糖杆菌的PPP与EDP

氧化葡糖杆菌中糖代谢的PPP和EDP一直被人们所关注（Asai，1968；Hauge，et al，1955；Olijve & Kok，1979a，1979b；Rauch，et al，2010；Tonouchi，et al，2003）。通过研究产2-酮-古洛糖酸（2-keto-gulonate）的UV10菌株（来自黑色素葡糖杆菌IFO 3293，现为氧化葡糖杆菌NBRC 3293）对L-[U-^{14}C]甘露糖醇的分解（dissimilation），表明约40%底物通过PPP和EDP转为$^{14}CO_2$。葡萄糖-6-磷酸脱氢酶（glucose-6-phosphate dehydrogenase）和6-磷酸葡萄糖酸脱氢酶（6-phosphogluconate dehydrogenase）是氧化葡糖杆菌PPP的关键酶（Adachi，et al，1982；Rauch，et al，2010；Tonouchi，et al，2003），而6-磷酸葡萄糖酸脱水酶（6-phosphogluconate dehydratase）和2-酮-3-脱氧-6-磷酸葡萄糖酸醛缩酶（2-keto-3-deoxy-6-phosphogluconate aldolase）是氧化葡糖杆菌EDP的关键酶（Richhardt，et al，2012）。

以氧化葡糖杆菌的优选碳源之一——甘露糖醇为碳源时，氧化葡糖杆菌621H呈现二次生长：在第一个对数生长期（阶段1），甘露糖醇在周质中被快速氧化发酵为果糖，并积累于培养基中；而在第二个对数生长期（阶段2），一部分果糖在周质中被氧化为2-酮果糖，并积累于培养基中，而另一部分果糖被细胞吸收进入细胞内，通过PPP和EDP等途径进一步被分解（图2-12）。研究表明，在以甘露糖醇为碳源时，PPP或EDP对氧化葡糖杆菌的存活都不是必需的，但PPP是细胞中果糖分解代谢的主要途径，而EDP则可有可无（Richhardt，et al，2012）。

以葡萄糖为碳源时，氧化葡糖杆菌621H也呈现二次生长：在阶段1，葡萄糖在周质内被快速氧化为葡萄糖酸，并在细胞质内产生5-酮葡萄糖酸；在阶段2，葡萄糖酸在周质中氧化为2-酮葡萄糖酸，同时细胞质中的5-酮葡萄糖酸被消耗[图2-13（a）]。同时，少量葡萄糖和葡萄糖酸被吸收到细胞质中[图2-13（b）]。进一步研究表明，在以葡萄糖为碳源时，尽管进入细胞质中的葡萄糖和葡萄糖酸主要经PPP降解，EDP可有可无，但它们都不是氧化葡糖杆菌存活所必需的途径（Richhardt，et al，2012）。

2.2.2.2 氧化葡糖杆菌的^{13}C代谢通量分析

以^{13}C标记的葡萄糖培养氧化葡糖杆菌621H[图2-13（a）]，并采用液相色谱-质谱法（LC-MS）分析^{13}C代谢产物在621H细胞周质和细胞质中的分布（Hanke，et al，2013），发现在621H细胞的生长阶段1，约90%的葡萄糖在周质中被氧化为葡萄糖酸，部分葡萄糖酸被进一步氧化为2-酮葡萄糖酸[图2-13（c）]，这些产物均积累于培养基中。进入细胞质的葡萄糖（占培养基中总葡萄糖

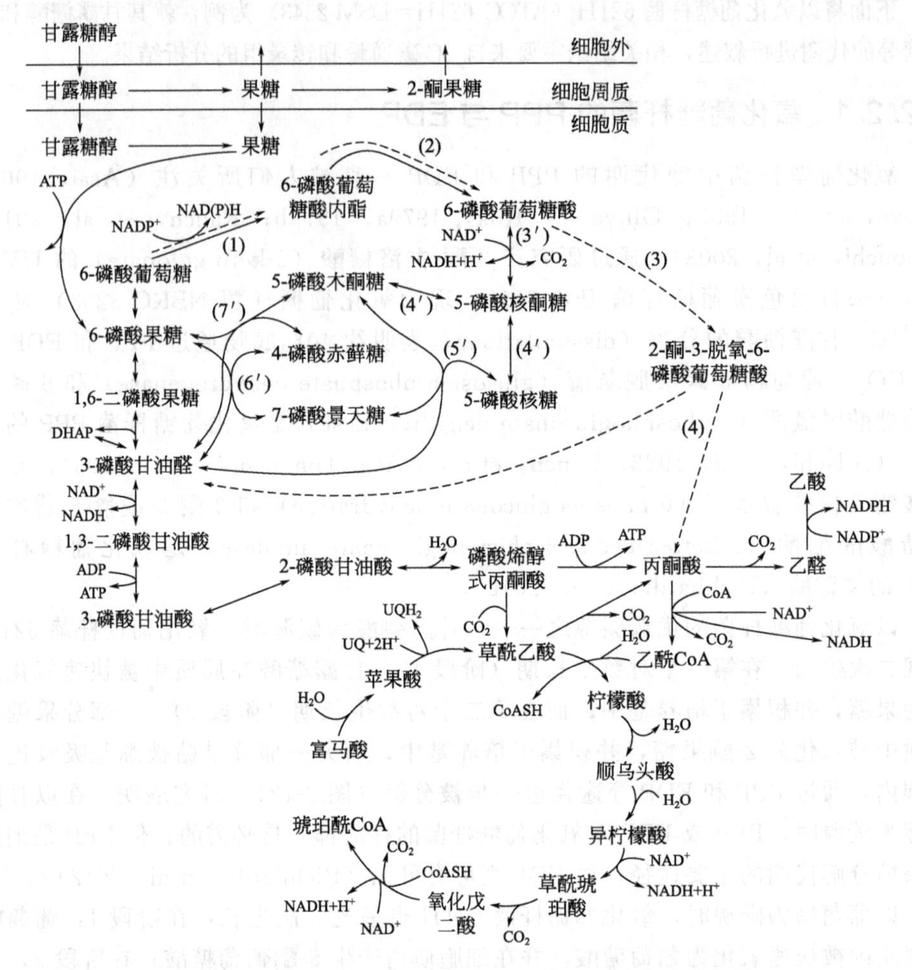

图 2-12　氧化葡糖杆菌 621H 以甘露糖醇为底物的碳代谢

DHAP：磷酸二羟丙酮；UQ：泛醌；PEP：磷酸烯醇式丙酮酸

步骤（1）、(2)、(3′)～7′是 PPP 途径；步骤（1）～(4）是 EDP 途径

的 9.79%）中，约 9%被磷酸化生成 6-磷酸葡萄糖，约 91%被胞质葡萄糖脱氢酶氧化为葡萄糖酸［图 2-13（b）、图 2-13（c）］，而进入细胞质的葡萄糖酸约 70%被氧化为 5-酮葡萄糖酸，细胞质中形成的 5-酮葡萄糖酸全部（100%）被释放到细胞外，30%被磷酸化为 6-磷酸葡萄糖酸。在 621H 的生长阶段 2，约 87%的葡萄糖酸被氧化为 2-酮葡萄糖酸，而约 13%的葡萄糖酸被细胞吸收并几乎完全转化为 6-磷酸葡萄糖酸［图 2-13（b）、图 2-13（c）］。^{13}C 代谢通量分析表明，6-磷酸葡萄糖酸主要在生长阶段 1 和阶段 2（分别为 62%和 93%）通过 PPP 分解，通过 PPP 循环碳流（Cyclic carbon flux）转化为 6-磷酸果糖后，再转化为 6-磷酸葡萄糖［图 2-13（b）］。

^{13}C 代谢通量分析也表明，类似于氧化葡糖杆菌 621H 中经 PPP 代谢葡萄糖的

方式也存在于温驯葡糖醋杆菌［*Ga. oboediens*，现更名为温驯驹形杆菌（*Komagataeibacter oboediens*）］、木葡糖醋杆菌［*Ga. xylinus*，现更名为木驹形杆菌（*K. xylinus*）］（Sarkar，et al，2010；Zhong，et al，2013）和巴氏醋杆菌（*A. pasteurianus*）中（Adler，et al，2014）。

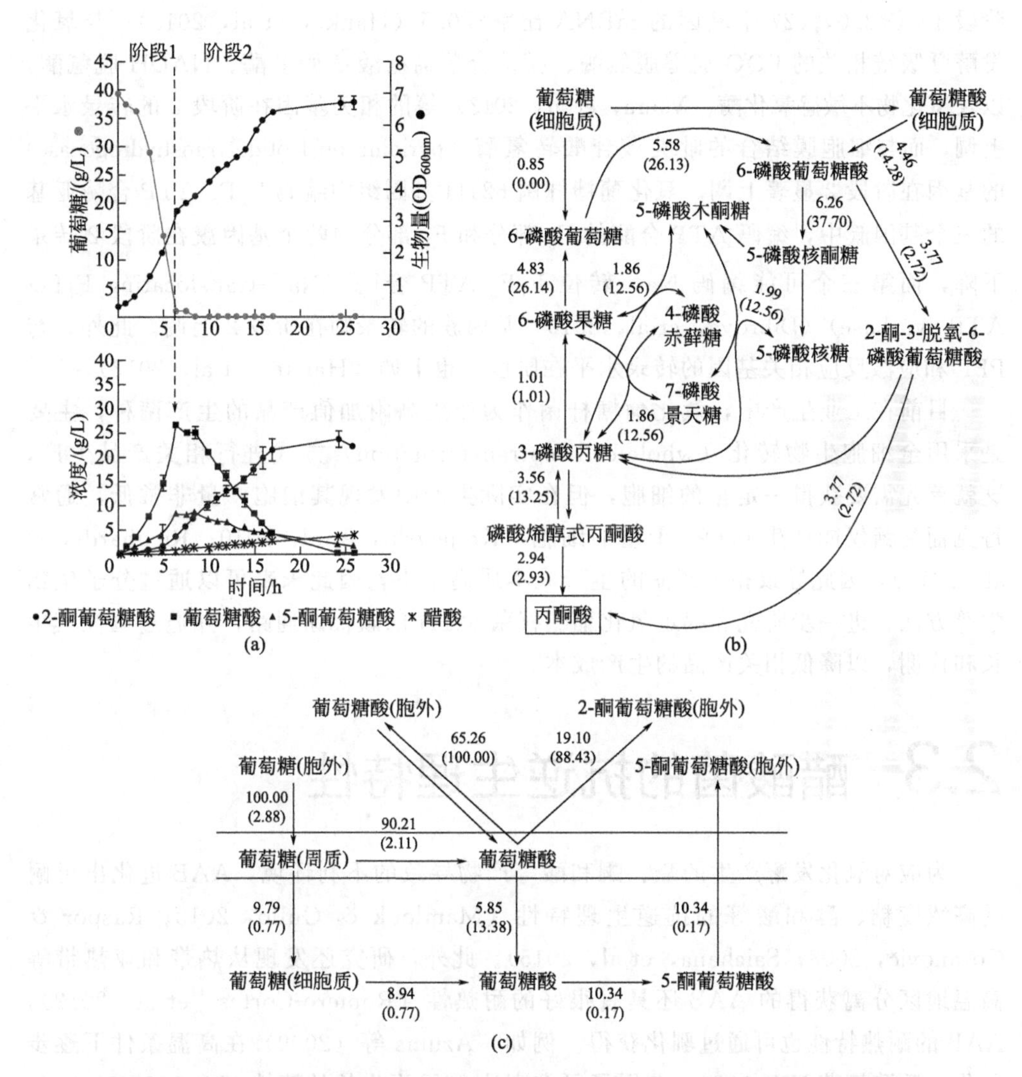

图 2-13 ^{13}C 标记葡萄糖在氧化葡糖杆菌 621H 中 ^{13}C 代谢通量分析（单位：%）

(a) 621H 的生长（OD_{600nm}）与葡萄糖消耗（上图），产物形成及其消耗（下图）；(b) 阶段 1 和阶段 2 中细胞质中的碳通量；(c) 非磷酸化中间产物在周质和细胞质中的碳通量（括号外数字为生长阶段 1 的碳通量值；括号内数字为生长阶段 2 的碳通量值）。(b) 和 (c) 中的通量值是摄入的葡萄糖为 100%（生长阶段 1）或摄入的葡萄糖酸为 100%（生长阶段 2）时的相对值

2.2.2.3 氧化葡糖杆菌碳代谢的转录组分析

以葡萄糖为碳源，通过对氧化葡糖杆菌 621H 在生长阶段 1 和阶段 2 转录组比较分析，发现 454 个基因存在差异表达，其中 227 个基因的 mRNA 比率（阶段 2/阶段 1）≥2.0，227 个基因的 mRNA 比率≤0.5（Hanke，et al，2013）。与氧化发酵呼吸链相关的 PQQ-肌醇脱氢酶、膜结合葡萄糖酸-2-脱氢酶、NADH 脱氢酶，以及氰化物不敏感氧化酶（Miura，et al，2013）等的相关基因在阶段 2 的转录水平上调，而与细胞膜结合的吡啶核苷酸转氢酶（pyridine nucleotide transhydrogenase）的基因在阶段 2 显著上调。氧化葡糖杆菌 621H 基因组中编码 F_1F_o-ATP 合酶亚基的三个基因簇中，编码 ATP 合酶的 F_o 部分和 F_1 部分的两个基因簇在阶段 2 转录下降，而第三个可能编码 Na^+-转位 F_1F_o-ATP 合酶（Na^+-translocating F_1Fo-ATP synthase）（Dibrova，et al，2010）基因簇的转录则在阶段 2 上调。此外，与 PPP 和应激反应相关基因的转录水平在阶段 2 也上调（Hanke，et al，2013）。

目前在工业生产中，氧化葡糖杆菌作为产生高附加值产品的生产菌种，主要是采用全细胞生物转化（whole-cell biotransformation）方式进行相关产品生产，这就首先需要获得一定量的细胞，但在实际生产中发现其细胞产量非常低，通常每克葡萄糖仅能产生 0.09g 干重的细胞（Krajewski，et al，2010；Richhardt，et al，2013），因此导致相关产品的生产成本居高不下，因此未来可以通过分子生物学等方法，进一步研究和揭示氧化葡糖杆菌 621H 的碳代谢通路，并通过调控其生长和代谢，以降低相关产品的生产成本。

2.3 醋酸菌的抗逆生理特性

为应对氧化发酵产生的醛、酮和酸等产物导致的不利环境，AAB 进化出可耐受高浓度糖、醇和酸等的抗逆生理特性（Mamlouk & Gullo，2013；Raspor & Goranovič，2008；Saichana，et al，2015）。此外，研究还发现从热带和亚热带等高温地区分离获得的 AAB 还具有很好的耐热性（Romero-Cortes，et al，2012），AAB 的耐热特性也可通过驯化获得。例如，Azuma 等（2009）在高温条件下逐步驯化巴氏醋杆菌 IFO 3283，获得了可在高达 42℃下生长的菌株 IFO 3283-01-42C；Matsumoto 等（2020）将中温巴氏醋杆菌 IFO 3283-32 在醋酸和高温（37～40℃）条件下驯化，获得了可在高温条件下高产醋酸的菌株；Hattori 等（2012）通过在 38℃下培养驯化，获得了能在 38.5～40℃生长并高产 L-山梨糖的弗拉托葡糖杆菌 CHM 43AD。

本节主要就 AAB 耐醋酸和耐热等生理特性及其相关机理进行叙述。

2.3.1 醋酸菌的耐醋酸机理

AAB在快速氧化乙醇产生醋酸的过程中，大量的醋酸积累于培养基中，从而使AAB不可避免地受到醋酸的胁迫，并进化出很强的耐醋酸能力。一般地，0.5%的醋酸就可强烈抑制甚至杀死多数微生物（Conner & Kotrola，1995），而有些AAB则可产生并耐受高达20%的醋酸（Sokollek，et al，1998）。为解析AAB产/耐醋酸的特性，人们对其相关机理进行了深入研究，结果显示很多AAB均具有很高的耐醋酸能力，其中巴氏醋杆菌和欧洲驹形杆菌耐醋酸能力最突出，它们也分别被用于谷物醋和果醋的生产。AAB通过膜结合PQQ-ADH和PQQ-ALDH快速氧化乙醇产生醋酸，并通过氧化发酵呼吸链为AAB细胞提供ATP（Wang，et al，2015）。

尽管关于细菌的耐酸机理在大肠杆菌（*Escherichia coli*）和乳酸菌（Lactic acid bacteria）等中已研究得比较多和比较清楚（Wang，et al，2017；Liu，et al，2015；Kanjee & Houry，2013；Foster，2004），但相关研究主要针对由盐酸等无机强酸产生的低pH值环境对细菌带来的不利影响，而AAB在绝大多数情况下面临的是来自醋酸等有机酸的不利环境。因为有机酸的解离常数K_a值很低，所以即使在浓度只有0.5%的醋酸水溶液中，也有约99%的醋酸以未解离形式存在，而未解离的醋酸分子更容易透过细胞膜进入到细胞中（Nakano & Fukaya，2008），这可能也是醋酸含量仅为0.5%时也能对大部分微生物产生强烈抑制和杀死作用的原因所在。因此，当面临来自醋酸等有机酸的不利环境时，微生物等细胞不仅要应对有机酸解离出的质子（H^+，低pH值），还要应对整个有机酸分子，所以AAB与大肠杆菌和乳酸菌的耐酸机理既有一定的相似性，也存在很大区别。

目前已知AAB耐醋酸的分子机理主要包括以下几个方面：①阻止醋酸渗入细胞内；②醋酸过氧化成CO_2和H_2O；③醋酸被外排出细胞；④细胞内分子伴侣的保护；⑤PQQ-ADH参与醋酸的耐受等（图2-14）（Nakano & Fukaya，2008；Wang，et al，2015）。下面将分别对它们进行介绍。

2.3.1.1 阻止醋酸进入AAB细胞

AAB细胞可通过改变膜多糖和膜脂质等组分以阻止醋酸进入AAB细胞，从而提高AAB的耐醋酸特性。

（1）多糖与AAB的耐醋酸特性　基因组分析表明，驹形杆菌属等AAB菌株中存在纤维素合成酶操纵子（operon）的所有编码基因，表明其具有产生纤维素或醋多糖（acetan，一种水溶性杂多糖）的能力（Ishida，et al，2002；Iyer，et al，2010）。在以葡萄酒为原料的食醋（葡萄酒醋）生产过程中，当发酵结束时（醋酸浓度约为8.2%，乙醇浓度约为1.1%），收集细胞，以电子显微镜观察发现，驹形杆菌属AAB细胞的确可产生纤维素［图2-15（a）］。在以酒精为原料的食醋（酒

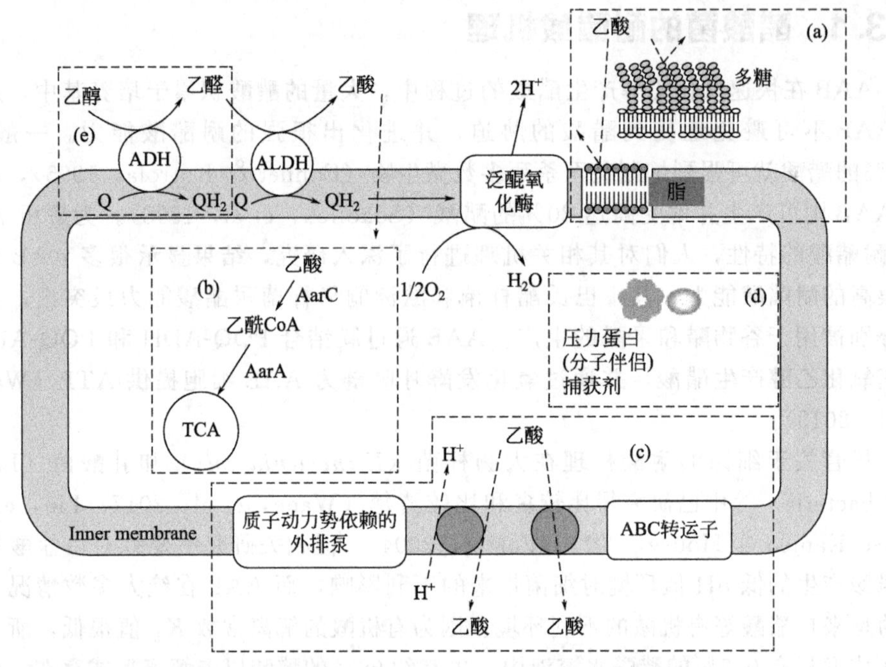

图 2-14　AAB 耐酸机理示意（修改自 Nakano & Fukaya，2008）

(a) AAB 的胞外多糖和细胞膜的脂质成分阻止醋酸进入细胞；(b) 细胞内醋酸转化为乙酰 CoA 并经三羧酸循环实现醋酸过氧化；(c) 醋酸排出细胞；(d) 分子伴侣的保护作用；(e) PQQ-ADH 参与醋酸的耐受。ADH：乙醇脱氢酶；ALDH：乙醛脱氢酶；AarC：琥珀酰辅酶 A-乙酰辅酶 A 转移酶；AarA：柠檬酸合酶；Q（UQ）：泛醌；QH_2（UQH_2）：二氢泛醌/泛醇

精醋）生产过程中，当醋酸浓度约为 14%时，收集细胞，以电子显微镜观察发现，驹形杆菌属的 AAB 细胞也可产生纤维素，但纤维素形态不同于葡萄酒醋中的［图 2-15（b）］，也不产生荚膜多糖（capsular polysaccharides，CPS)，而只产生胞外多糖（extracellular polysaccharide，EPS）［图 2-15（e）］。而在常规醋酸乙醇培养基（regular acetic acid ethanol，RAE，一种分离耐酸或耐醇 AAB 的培养基，其具体配方见第 1 章）的琼脂平板上，驹形杆菌既不产纤维素［图 2-15（c）］，也不产生 CPS，但可产生 EPS［图 2-15（f）］。然而，在 RAE 琼脂平板上培养巴氏醋杆菌 LMG 1262^T 时，则可同时形成 EPS 和 CPS［图 2-15（d）］。这表明，不同属种的 AAB 菌株及其培养基组成与培养条件均可影响 AAB 膜多糖的产生，并影响膜多糖的组成，从而影响 AAB 的耐醋酸特性。

从组成和结构上讲，AAB 的膜多糖属于脂多糖（lipopolysaccharide，LPS)，它是大多数革兰氏阴性（G^-）细菌细胞壁的主要成分，可提高质膜的负电性和稳定性，保护质膜免受攻击，在细菌生存及其与外界环境及宿主细胞的相互作用过程中发挥着重要作用。LPS 的结构（图 2-16）主要包括 3 部分：类脂 A（lipid A）、核心寡糖（core oligosaccharide）和 O-抗原或特异性多糖（O-antigen 或 O-specific

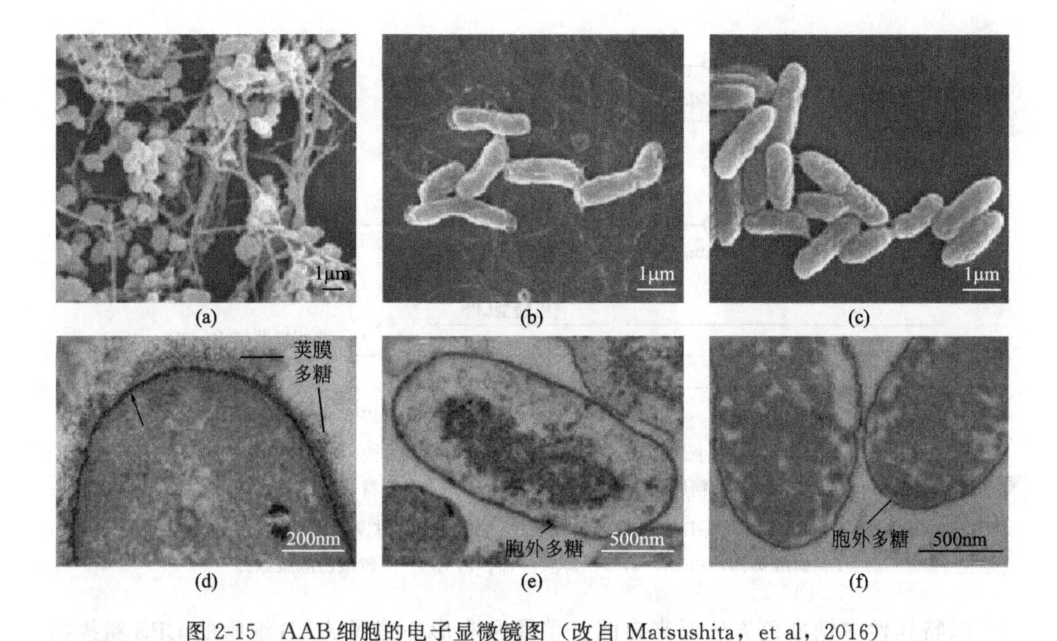

图 2-15 AAB 细胞的电子显微镜图（改自 Matsushita，et al，2016）

(a) 液态葡萄酒醋生产过程中，当发酵结束（醋酸约为 8.2%、乙醇约为 1.1%）时驹形杆菌属 AAB 菌株细胞的扫描电镜（scanning electron microscopy，SEM）图；(b) 液态酒精醋生产过程中，当醋酸浓度约为 14%时，驹形杆菌细胞的 SEM 图；(c) 分离自液态酒精醋 (b) 中的温驯驹形杆菌 174Bp2 生长在含 1%醋酸和 2%乙醇的 RAE 琼脂平板上细胞的 SEM 图；(d) 巴氏醋杆菌 LMG 1262^{T} 生长在 RAE 琼脂平板上细胞的透射电镜（transmission electron microscopy，TEM）图；(e)，(f) 分别是与 (b) 和 (c) 中相同 AAB 菌株细胞经高碘酸-硫代碳酰肼-银蛋白（Periodic acid-thiocarbohydrazide-Ag proteinate，一种多糖染色方法）染色后的细胞 TEM 图。

polysaccharide)。其中，类脂 A 是 LPS 中最保守的部分，同一菌种的 LPS 结构基本保持一致。类脂 A 是一种磷酸糖脂（phosphoglycolipid)，其骨架结构是被磷酸基团修饰和脂肪酸链取代的经 β-1,6-糖苷键连接的 D-氨基葡萄糖（D-glucosamine，GlcN）二糖。核心寡糖是由 9～10 个糖基组成的分枝寡糖链，包括内核心寡糖和外核心寡糖。内核心寡糖主要由 2 种不常见的七碳糖（L-甘油-D-甘露型庚糖，L-glycerol-D-mannan heptose，Hep）和八碳糖酸（3-脱氧-D-甘露型辛酮糖酸，3-Deoxy-D-mannan-octanulonic acid，Octa）组成；而外核心寡糖主要由葡萄糖(glucose，Glc)、半乳糖（galactose，Gal)、*N*-乙酰葡萄糖胺（*N*-acetylglucosamine，GlcNAc)、*N*-乙酰半乳糖胺（*N*-acetylgalactosamine，GalNAc）等组成。O-抗原一般含有多个重复单元，是 LPS 中最容易发生变化的部分，其糖基组成和结构在不同菌种或菌株之间可能存在差别。含有 O-抗原的 LPS 被称为光滑型 LPS (smooth form LPS，S-PLS)，不含 O-抗原的 LPS 被称为粗糙型 LPS（rough form LPS，R-LPS)；在 S-LPS 中，当 O-抗原的重复单元数 n 为 1 时，也称为半粗糙型 LPS（semi-rough LPS，SR-LPS)（图 2-16)。

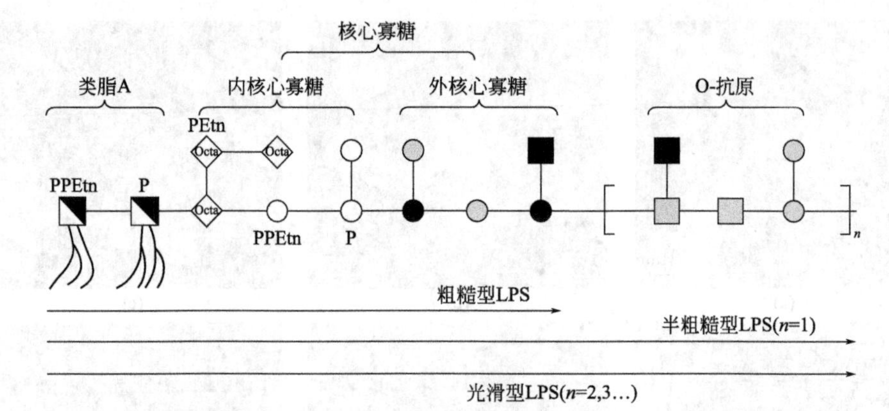

图 2-16　细菌脂多糖结构示意图

D-氨基葡萄糖；N-乙酰半乳糖胺；N-乙酰葡萄糖胺；半乳糖；葡萄糖；脂肪酸链；Octa 3-脱氧-D-甘露型辛酮糖酸；L-甘油-D-甘露型庚糖；P：磷酸修饰；PEtn：磷酸乙醇胺修饰；PPEtn：焦磷酸乙醇胺修饰

以特异性多糖染色方法对来自醋杆菌属和驹形杆菌属 AAB 细胞的 LPS 粗提物进行十二烷基硫酸钠-聚丙烯酰胺凝胶电泳（sodium dodecyl sulfate-polyacrylamide gel electrophoresis，SDS-PAGE），发现醋杆菌细胞的 LPS 为 S-PLS（图 2-17 中第 1～4 条带），而驹形杆菌细胞的 LPS 为 R-LPS（图 2-17 中第 5～8 条带），且在 RAE 培养基中，驹形杆菌细胞的 LPS 组成与乙醇和醋酸起始浓度无关。在酒精醋发酵过程中，驹形杆菌细胞的 R-LPS 组成（图 2-17 中第 9 条带）与其在 RAE 培养基中产生的 R-LPS 组成存在明显差异。

结合图 2-15 和图 2-17 可知，在高浓度醋酸条件下，驹形杆菌细胞可产生 R-LPS，但不能产生 CPS，所以 CPS 不参与驹形杆菌细胞对醋酸的耐受性（Andrés-Barrao，et al，2012）；醋杆菌细胞既可产生 S-LPS，也可产生 CPS，CPS 是醋杆菌细胞阻止醋酸进入细胞内的屏障之一，参与了其对醋酸的耐受性（Moonmangmee，et al，2002；Kanchanarach，et al，2010）。

总之，AAB 细胞产生的 LPS 可阻止醋酸进入驹形杆菌属和醋杆菌属 AAB 的细胞内，可提高它们对醋酸的耐受性，但不同属种的 AAB 菌株，其培养基组成与培养条件均可影响 LPS 的产生与组成，从而影响它们对醋酸的耐受性。关于 CPS 对 AAB 耐酸性的影响，研究表明 CPS 对静态培养中 AAB 的生长和菌膜形成至关重要，它可阻止 AAB 产生的醋酸通过细胞膜扩散进入细胞内，从而提高 AAB 对醋酸的耐受性（Deeraksa，et al，2005，2006；Kanchanarach，et al，2010），且随着 CPS 厚度增加，AAB 对醋酸的耐受能力也随之增加（Matsushita，et al，2005b）。然而，在振荡培养条件下，尤其在大规模工业化食醋生产的通风搅拌发酵罐中，由于培养物被不断搅拌，所以 AAB 细菌周围 CPS 减少，有利于培养基和

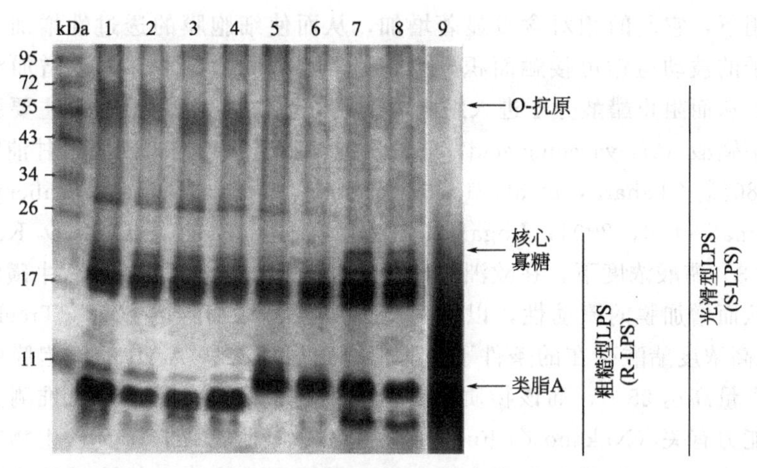

图 2-17　醋酸菌脂多糖的 SDS-PAGE（改自 Matsushita，et al，2016）

泳道 1：LPS 来自培养于含 1%乙醇但不含醋酸的液态 RAE 培养基（简称 RAE 0a/1e，下同）中的巴氏醋杆菌 LMG 1262^{T}；泳道 2：LPS 来自培养于含 1%醋酸但不含乙醇的液态 RAE 培养基（简称 RAE 1a/0e，下同）中的巴氏醋杆菌 LMG 1262^{T}；泳道 3：LPS 来自 RAE 0a/1e 中的巴氏醋杆菌 3P3；泳道 4：LPS 来自 RAE 1a/0e 中的巴氏醋杆菌 3P3；泳道 5：LPS 来自 RAE 0a/1e 中的欧洲驹形杆菌 5P3；泳道 6：LPS 来自 RAE 1a/0e 中的欧洲驹形杆菌 5P3；泳道 7：LPS 来自 RAE 0a/1e 中的汉森驹形杆菌（*K. hansenii*）LMG 1527^{T}；泳道 8：LPS 来自 RAE 1a/0e 中的汉森驹形杆菌 LMG 1527^{T}；泳道 9：LPS 来自高酸度（14%）酒精醋生产中的驹形杆菌属的 AAB

细胞间的物质交换，故在振荡培养条件下，CPS 对提高 AAB 细胞的耐醋酸能力是非常有限的。

（2）膜脂质组成与 AAB 的耐醋酸特性　细胞膜组成的变化通常被认为是微生物细胞对环境的适应性反应（Denich，et al，2003）。研究发现，当培养基的 pH 值变为酸性时，AAB 膜脂质组成也会发生变化，以增加 AAB 对醋酸的耐受性（Ogawa，et al，2010）。由于醋杆菌属和驹形杆菌属的某些 AAB 可分别产生和耐受高达 12%和 20%的醋酸，所以关于它们的细胞膜脂质组成与耐醋酸能力的关系研究得比较多。

在高醋酸条件下，AAB 的细胞膜脂质成分主要为磷脂酰胆碱（phosphatidylcholine）、磷脂酰甘油（phosphatidylglycerol）与磷脂酰乙醇胺（phosphatidyl-ethanolamine）等磷脂（phospholipid），神经酰胺（ceramide）与二氢神经酰胺（dihydroceramide）等鞘脂（sphingolipid），以及四羟基拟杆菌素（tetrahydoxybacteriohopane）和氨基脂质（amino lipid）等。这些成分通常在其他细菌细胞膜中是不常见的，但在高醋酸浓度下，驹形杆菌的四羟基拟杆菌素、磷脂酰胆碱、磷脂酰甘油、氨基脂质、磷脂酰乙醇胺和神经酰胺等脂质的含量分别可达 25%、25%、15%、15%、10%和 5%，而其他脂质只占约 5%，这表明它们与 AAB 的耐醋酸特性相关（Matsushita，et al，2016）。

Trček 等（2007）通过研究 3%醋酸（体积分数）对欧洲驹形杆菌 V3 菌株细胞膜磷脂和脂肪酸组成的影响发现，磷脂酰胆碱和磷脂酰甘油是主要的磷脂，在醋酸的作用下，它们的相对含量显著增加，从而使细胞膜的透过性增加，醋酸等亲脂性分子的被动运输可接触面积减少。另外，糖脂含量增加可以增加细胞膜的疏水屏障，从而阻止醋酸分子进入细胞内。此外，作为大多数 AAB 主要脂肪酸之一，顺式牛磺酸（*cis*-vaccenic acid，一种不饱和脂肪酸）约占磷脂酰甘油中脂肪酸的 31%～80%（Tahara，et al，1976；Franke，et al，1999；Greenberg，et al，2006；Jojima，et al，2004；Loganathan & Nair，2004；Urakami & Komagata，1987）。在 3%醋酸浓度下，在欧洲驹形杆菌 V3 菌株细胞膜中的顺式牛磺酸含量也会增加，从而增加膜的流动性，以应对醋酸对该菌株细胞的影响（Trček，et al，2007）。在高浓度醋酸存在的条件下，驹形杆菌属中某些 AAB 的细胞膜中四羟基拟杆菌素含量高达 25%，而该物质在其他微生物中并不常见，所以推测其可能也与耐醋酸能力有关（Nakano & Fukaya，2008）。鞘脂是存在于真核生物细胞膜中的主要成分之一，在细菌细胞膜中不常见，但神经酰胺和二氢神经酰胺等鞘脂也存在于醋杆菌属和驹形杆菌属 AAB 的细胞膜中，表明其可能也与醋酸的耐受性有关。研究发现，在腐烂苹果醋杆菌 S24 中神经酰胺的合成与高温和低 pH 相关（Ogawa，et al，2010）。在圆谷葡糖醋杆菌（*Ga. entanii*）中也证实了鞘脂参与 AAB 对醋酸的耐受（Goto & Nakano，2008）。神经酰胺可能与醋酸生产过程中 PQQ-ADH 的稳定性提高相关（Ogawa，et al，2010）。研究还表明，神经酰胺可能与控制 AAB 毒性化合物鞘氨醇（sphinganine，神经酰胺底物之一，神经酰胺由神经鞘氨醇与脂肪酸组成）的产生有关，因为在 AAB 中参与神经酰胺合成的几种酶都是由热激和低 pH 诱导产生的（Mao，et al，1999），这表明神经酰胺的产生可有效降低鞘氨醇的含量，以控制其毒性。研究也表明，鞘脂还可作为信号介导肠道细菌抵抗肠内的低 pH 等不利环境（An，et al，2011；Gerdes，2000）。类似地，在 AAB 中特别是在驹形杆菌属菌株的细胞中，鞘脂可能对它们应对生存环境中高浓度醋酸和其他有毒物质均起到重要作用。

总之，当 AAB 处于高浓度醋酸下时，细胞膜的某些特定脂质成分大量增加，而当 AAB 细胞处于产醋酸较弱的培养基中时，这些特定的脂质成分会丢失，这表明这些特定的脂质成分与 AAB 的耐醋酸能力相关。

2.3.1.2 醋酸过氧化与 AAB 的耐醋酸特性

AAB 通过氧化发酵乙醇产生醋酸时，当乙醇基本耗尽时，醋酸可以被 AAB 进一步完全氧化为 CO_2 和 H_2O，并释放能量 ATP 供 AAB 继续生长。在这个过程中，醋酸首先被转化为乙酰 CoA，随后进入三羧酸循环，并产生能量。Mullins 等（2008）在大肠杆菌中异源表达来自 AAB 的 *aarC* 基因，发现其编码的琥珀酰辅酶 A-乙酰辅酶 A 转移酶可以完成由醋酸至乙酰 CoA，琥珀酰 CoA 到琥珀酸的转变。Xia 等（2020）通过转录组分析发现，巴氏醋杆菌 Ab3 在高酸条件下，乙酰 CoA 形成的关键酶——琥珀酰 CoA-乙酰 CoA 转移酶（AarC）、乙酰 CoA 连接酶

(Acs)或乙酸激酶(AckA)和磷酸乙酰基转移酶(Pta)的编码基因都上调表达。由于醋酸过氧化可降低细胞内醋酸含量并产生能量，所以醋酸过氧化也被认为是AAB重要的耐酸机理之一。

Nakano等(2004)利用基于双向凝胶电泳的蛋白质组技术分析了醋化醋杆菌在含醋酸的培养基中的耐醋酸机理，发现顺乌头酸酶的表达量上调，随后的顺乌头酸酶的过表达实验研究也说明其在AAB耐醋酸机理中的作用。此外，使用插入元件破坏GP的关键酶异柠檬酸裂解酶和苹果酸合酶的基因后发现，GP与醋酸过氧化有关，故可能也与AAB耐酸性相关(Sakurai，et al，2013)。Xia等(2020)通过转录组分析发现，巴氏醋杆菌Ab3在高酸压力下，除了醋酸过氧化途径外，与乙醇氧化和氧化磷酸化过程相关的34个基因中的29个基因都上调表达，这说明这些能量产生途径可能与AAB耐酸有关。

然而，由于AAB在氧化乙醇的过程中可积累大量的醋酸，而此时仅有很少的进入细胞内的醋酸被AAB过氧化，所以有学者认为醋酸过氧化可能不是AAB的主要耐酸机理(Kanchanarach，et al，2010；Trček，et al，2007)。

2.3.1.3 AAB细胞中醋酸的外排与耐醋酸特性

将细胞内的醋酸排出细胞外也被认为是AAB的耐酸机理之一[图2-14(c)]。Matsushita等(2005a)通过一系列的实验，证明AAB中存在一个依靠质子动力势供能的醋酸外排系统。然而，至今人们还不清楚这个系统的组成成分，也不清楚该系统由哪些基因控制。Nakano等(2006)通过蛋白质双向凝胶电泳分析醋化醋杆菌蛋白组时发现，ABC(ATP-binding cassette)超家族转运蛋白AatA等几个蛋白可被醋酸诱导表达，*aatA*基因在醋杆菌属和葡萄醋杆菌属中普遍存在。醋化醋杆菌中*aatA*基因的插入突变，使菌株对乙酸、甲酸、丙酸和乳酸等的耐受性降低，若重新引入*aatA*基因则可使突变株的乙酸耐受性恢复。*aatA*基因过表达的醋化醋杆菌可在20.0g/L醋酸中生长，但含空质粒的醋化醋杆菌仅可在15.0g/L醋酸中生长。这些研究结果说明AatA与AAB耐醋酸特性有关。比较基因组学分析发现，耐醋酸的驹形杆菌比不耐醋酸的醋杆菌含有更多的ABC转运子(Wang，et al，2015)。然而，转录组学研究显示，基因*aatA*的表达量在醋酸发酵过程中并无显著变化(Yang，et al，2019；Sakurai，et al，2012)，这可能是因为：①AatA存在转录后调控；②在乙醇的氧化发酵过程中，进细胞内的醋酸较少，故不需要大量产生AatA将醋酸排出细胞；③醋酸进入细胞内后，被转化为乙酰CoA并进入三羧酸循环而过氧化，因此需要外排出细胞的醋酸很少。

目前，在AAB中仅报道了上述依靠质子动力势和依赖ABC转运蛋白这两个醋酸外排系统[图2-14(c)]，相关研究还不够深入，且存在争议。AAB是否存在其他的醋酸外排系统，醋酸外排对AAB耐醋酸能力究竟发挥多大作用，这些问题的解答都有待今后的深入探究。

2.3.1.4 分子伴侣与AAB的耐醋酸特性

分子伴侣（molecular chaperone）是首先由英国学者Laskey于1978年提出的概念。他在研究组蛋白与DNA于体外组装成核小体时发现，必须有核内酸性蛋白（nucleoplasmin，也称核质素）的存在才能正确完成组装，否则就会发生沉淀，他将帮助核小体组装的核内酸性蛋白称为分子伴侣（Laskey，et al，1978)。后来，Ellis在研究高等植物叶绿体中核酮糖-1,5-二磷酸羧化酶/加氧酶（ribulose-1,5-bisphosphate carboxylase/oxygenase）时也发现类似现象，即在叶绿体中合成的8个大亚基和细胞质中合成的8个小亚基都必须先与一种蛋白质结合后，才能在叶绿体内组装成活性酶分子（Ellis，1990)。1993年，Ellis对分子伴侣进行了确切的定义，即分子伴侣是一类可介导（帮助）其他蛋白质正确的折叠与装配，但并不构成被介导蛋白质组成部分的蛋白质。进一步研究发现，分子伴侣的功能主要包括：阻止变性蛋白聚集，并将其重新折叠成为正确构象；重新溶解聚集的蛋白质；促进严重变性蛋白质的降解（Okamoto-Kainuma & Ishikawa，2011)。

根据分子伴侣的功能，目前已鉴定出的分子伴侣主要为热激蛋白（heat shock protein，Hsp）家族，例如Hsp60家族（也称为伴侣素60家族，chaperonin-60 family)、Hsp70家族（也称为应激蛋白70家族，strees-70 protein family）和Hsp90家族（也称为应激蛋白90家族，strees-90 protein family）等。Hsp通常是由高温、乙醇和重金属等外部应激因素诱导产生的。除Hsp家族外，分子伴侣还包括核质素、T受体结合蛋白（T receptor binding protein)、触发因子（trigger factor）和噬菌体编码的支架蛋白（scaffolding proteins）等。尽管研究表明，分子伴侣一般是在外部应激因素的诱导下产生的，但研究也表明由于约20%～30%的新生蛋白质需要分子伴侣的帮助才能正确完成折叠，因此分子伴侣在没有受到外部因素刺激的正常细胞中也有一定量的组成型表达。

研究表明，分子伴侣也与AAB耐醋酸的特性相关，即可在高醋酸条件下对AAB细胞起到一定的保护作用[图2-14（d）]。下面将以巴氏醋杆菌NBRC 3283为例，简述分子伴侣GroEL、GroES、DnaK、DnaJ、GrpE、ClpB及其调节因子RpoH（也称为Sigma 32）与NBRC 3283醋酸发酵及对醋酸耐受性的关系。

(1) 以乙醇和甘油为碳源时，巴氏醋杆菌NBRC 3283生长与分子伴侣　在培养温度为30℃，转速为121r/min培养条件下，在1%酵母提取物和1%蛋白胨的培养基中，分别添加1%的乙醇和甘油。分析发现只有添加1%的乙醇时，巴氏醋杆菌NBRC 3283的生长才呈现典型的二次生长曲线（图2-9)，而添加1%的甘油则不呈现二次生长曲线（图2-18)。

双向凝胶电泳分析表明，在1%乙醇培养基的巴氏醋杆菌NBRC 3283细胞中，分子伴侣GroEL和DnaK的蛋白斑点在整个生长过程中均比在甘油培养基中的更大。在乙醇培养基中，尤其在过渡阶段和醋酸过氧化阶段，巴氏醋杆菌NBRC

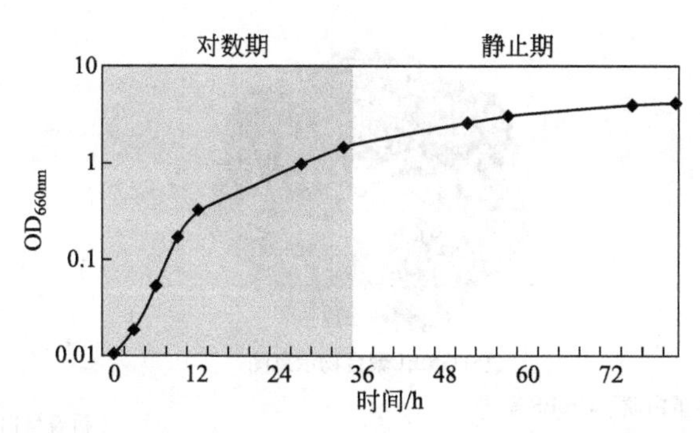

图 2-18　巴氏醋杆菌 NBRC 3283 以甘油为碳源时的生长和产醋酸情况
（改自 Chinnawirotpisan，et al，2003）

3283 细胞中 ClpB 蛋白斑点也比在甘油培养基中的更大。这表明，分子伴侣 GroEL、DnaK 和 ClpB 参与了 AAB 的醋酸发酵和耐酸。双向凝胶电泳分析还表明，分子伴侣 GroEL 和 GroES 也参与了醋化醋杆菌 DSMZ 2002 和巴氏醋杆菌 LMG 1262 的醋酸发酵和对醋酸的耐受（Andrés-Barrao，et al，2012；Steiner & Sauer，2001）。

（2）GroEL-GroES 参与巴氏醋杆菌 NBRC 3283 的醋酸发酵和对酸醋的耐受性　GroEL-GroES 普遍存在于真细菌，以及真核生物的线粒体和叶绿体中，它由 GroEL 蛋白及其辅助蛋白 GroES 组成。其中，GroEL 蛋白是一种同型聚合物，是由 14 个相对分子质量为 58×10^3 的亚基组成的 2 层垛叠形成的背靠背双环组成的双空腔的圆柱体结构。其中，每个背对背环由 7 个亚基组成，外径为 $125\times10^{-10}\sim130\times10^{-10}$m，高度为 $100\times10^{-10}\sim130\times10^{-10}$m 圆柱体（图 2-19），每个空腔内径为 45×10^{-10}m，可容纳 35×10^6 蛋白质的折叠，而当其与 GroES 结合后，空腔直径几乎扩展 2 倍，可容纳约 70×10^6 蛋白质的折叠。

GroEL-GroES 修复变性多肽的过程如下（Horwich，et al，2006）：a. 未折叠/变性蛋白质的疏水部分附着在 GroEL 环状结构的顶部（顶部区域）；b. ATP 附着于环状结构的赤道区，赤道区包含两个环的结合部分，此时 GroEL 环状结构从未结合 ATP 的紧张态（tense allosteric state，T）转为结合 ATP 后的松弛态（relaxed states，R），从而增加了 GroEL 环顶端区域对 GroES 盖的附着力；c. 未折叠/变性蛋白质被封闭在 GroEL 环和 GroES 盖的中央腔中；d. ATP 被水解并伴随着腔中蛋白质的正确折叠，约需要 10s；e. 另一种未折叠/变性蛋白质附着在另一侧的环顶部，从而降低 GroES 盖对 GroEL 的附着力；f. GroES 盖从 GroEL 环上脱离，并释放折叠的蛋白质［图 2-19（b）］。

在巴氏醋杆菌 NBRC 3283 中，*groEL* 和 *groES* 基因以单拷贝串联存在，形成受 RpoH 因子调控的操纵子，它们的大小分别为 1641bp 和 294bp。GroEL 和 GroES 的氨基酸序列都非常保守，与大肠杆菌中 GroEL 和 GroES 的氨基酸序列的

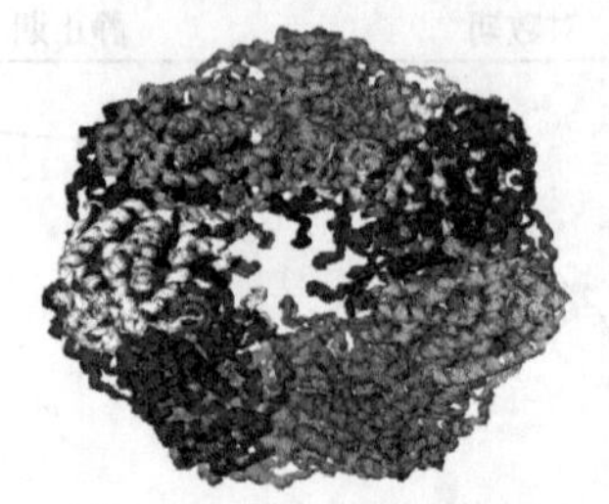

(a) GroEL聚合物示意图

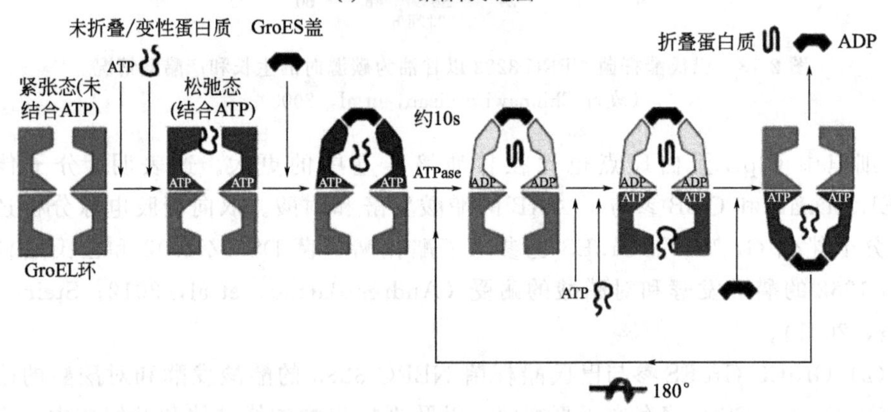

(b) GroE系统修复变性肽的过程

图 2-19 GroEL-GroES 及其对变性肽的修复过程（改自 Horwich，et al，2006）

同源性分别为 67％和 51％。

groEL 和 *groES* 基因在巴氏醋杆菌 NBRC 3283 中的转录受到热、乙醇和醋酸等的诱导。Northern 杂交分析发现，在 NBRC 3283 的对数生长期，添加终浓度为 4％乙醇或 3％醋酸时，可诱导这些基因快速表达，说明 GroEL 和 GroES 参与了该菌株的醋酸发酵和对醋酸的耐受性。

通过分析培养在 1％甘油或 1％乙醇条件下，NBRC 3283 细胞中 *groES* 与 *groEL* 基因的转录水平发现：在乙醇培养基中，整个培养过程 *groES* 与 *groEL* 基因的转录水平均较高；在醋酸发酵阶段（对数生长期）（图 2-9），*groES* 与 *groEL* mRNA 的量约为 3000 RPKM（reads per kilobase per million mapped reads）；在二次生长曲线的过渡阶段（图 2-9）*groES* 与 *groEL* mRNA 的量增加到约 7000 RPKM；在醋酸过氧化阶段（图 2-9），*groES* 与 *groEL* mRNA 的量下降到约 4500 RPKM［图 2-20（a）］。这表明 *groES* 与 *groEL* 参与了 NBRC 3283 的醋酸发酵和对醋酸的耐受。同样，在甘油培养基中也观察到 *groES* 与 *groEL* 的高水平转录，而且在对数生长期的转录水平高于稳定期［图 2-20（a）］，这表明 *groES* 与 *groEL* 对正常细胞也是必需的，因为研究表明约 20％～30％的新生蛋白质也需要分子伴侣的帮助才能正确完成折叠（Chinnawirotpisan，et al，2003）。

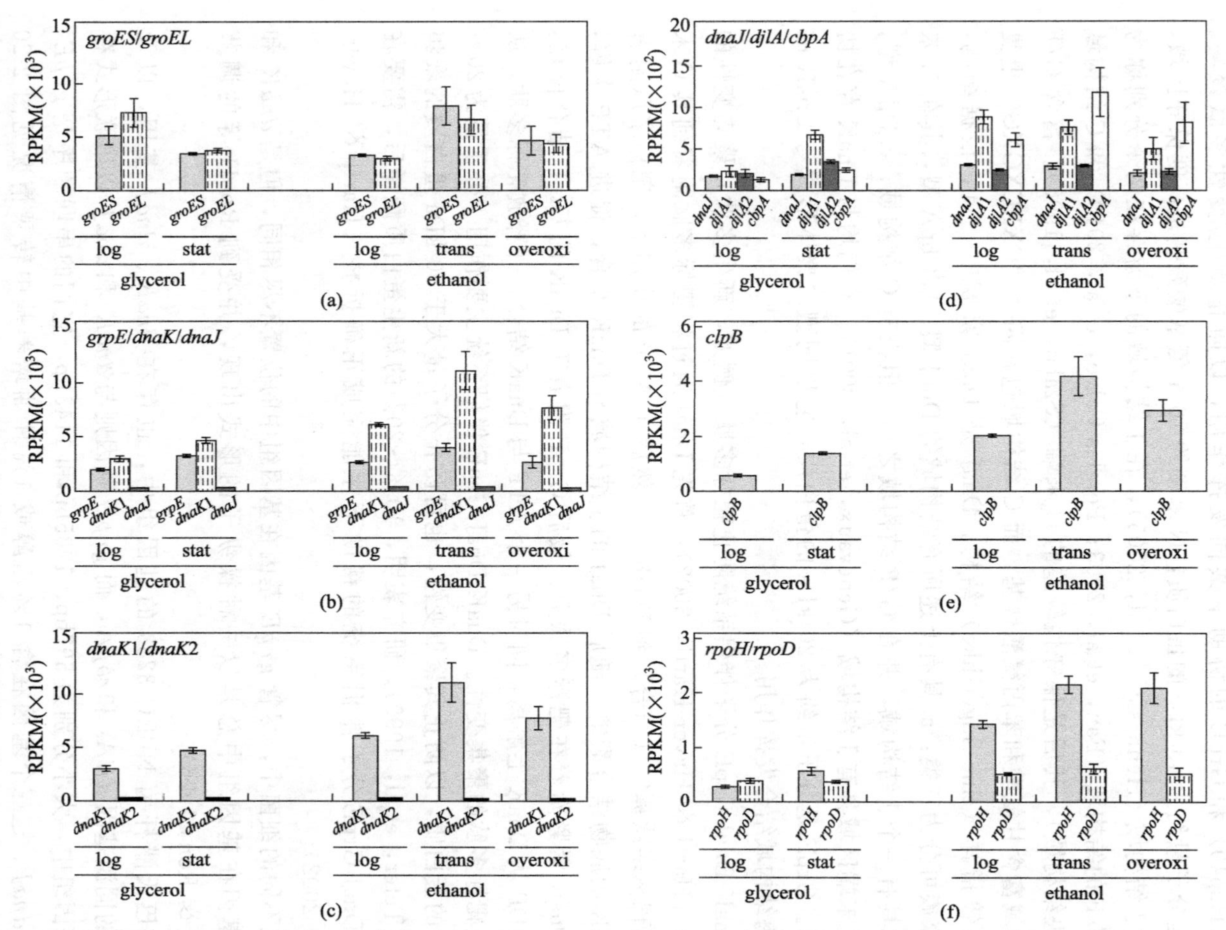

图 2-20 巴氏醋杆菌 NBRC 3283 在甘油或乙醇培养基中分子伴侣及其相关基因的转录（改自 Chinnawirotpisan，et al，2003）

glycerol：1%甘油条件；ethanol：1%乙醇条件；log：对数生长期；stat：生长稳定期；trans：二次生长的过渡期；overoxi：醋酸过氧化阶段

（a）*groES* 和 *groEL* 的转录分析；（b）*grpE*、*dnaK*1 和 *dnaJ* 的转录分析；（c）*dnaK*1 和 *dnaK*2 的转录分析；

（d）*dnaJ*、*djlA*1、*djlA*2 和 *cbpA* 的转录分析；（e）*clpB* 的转录分析；（f）*rpoH* 和 *rpoD* 的转录分析

(3) DnaK-DnaJ-GrpE 参与巴氏醋杆菌 NBRC 3283 的醋酸发酵和对酸醋的耐受性　DnaK 是一种典型的 Hsp，分子量约为 70 kDa，是 Hsp70 家族的一员，存在于包括细菌在内的所有生物体内。在许多情况下，DnaK 在其辅助分子伴侣 DnaJ（Hsp40）和 GrpE 的协助下共同发挥作用，以防止新生/变性多肽聚集。DnaJ 是分子量约为 40 kDa 的蛋白质，N 末端约 70 个氨基酸残基是高度保守区域，被称为 J 结构域（Hennessy，et al，2005），在 J 结构域的下游存在两个分别称为富含 G/F 的结构域（Fan，et al，2003；Perales-Calvo，et al，2010）和 C 结构域（或中央结构域），其后是保守性较差的 C 末端（Szabo，et al，1996）。富含 G/F 的结构域富含甘氨酸和苯丙氨酸残基，而 C 结构域包含四个"CXXCXGXG"重复序列的锌指样（zinc-finger-like）结构。DnaJ 是 DnaJ 家族中一员，根据结构，DnaJ 家族可分为三类：a. 具有上述所有结构域的 DnaJ 型；b. CbpA 型，其在 N 末端区域具有一个 J 结构域，并在 G/F 结构域之后，但没有 C 结构域；c. DjlA 型，其在 C 末端区域具有 J 结构域（Genevaux，et al，2001）。它们均与 DnaK 存在协同作用。GrpE 是分子量约为 20 kDa 的蛋白质，它以同型二聚体形式与 DnaK 的 ATP 酶结构域结合发挥作用。

DnaK-DnaJ-GrpE 分子伴侣系统防止靶标多肽（例如，新生多肽）聚集变性的机制是（Hartl & Hayer-Hartl，2002）：首先 DnaJ 通过将靶标多肽附着到其 C 末端而将靶标多肽募集（结合）到 DnaK 上，然后在 ATP 的作用下，靶标多肽附着于 DnaK 的底物结合裂缝，随后 DnaJ 的 J 结构域与 DnaK 结合，促进 ATP 水解，并使 DnaK 紧紧附着在靶标多肽上，最后 GrpE 附着于 DnaK 的 GrpE 结合位点，促进 ADP 从 DnaK 上解离，同时另一个 ATP 与 DnaK 结合，并释放靶标多肽，从而阻止靶标多肽的聚集变性。DnaK-DnaJ-GrpE 伴侣系统主要作用于分子量为 20～30kDa 的蛋白质，以防止其聚集变性，也可防止分子量大于 60 kDa 蛋白质的聚集变性（Teter，et al，1999）。研究表明，10%～20%的新生蛋白质翻译后，需要在 DnaK-DnaJ-GrpE 分子伴侣系统的帮助下才能完成正确折叠（Hartl & Heyer-Hartl，2002）。

在不同的细菌中，尽管 *grpE* 基因在基因组中的位置不尽相同，但是 *dnaK* 和 *dnaJ* 基因在基因组中总是以一种操纵子的形式出现，并受到 RpoH 等的调节（Segal & Ron，1996）。

在巴氏醋杆菌 NBRC 3283 的基因组中，也存在 *dnaK*、*dnaJ* 基因，以及 *dnaJ* 的同源基因 *djlAs* 和 *cbpA*，而 *grpE* 基因则与 *dnaK* 和 *dnaJ* 以串联形式存在于基因组中，大小分别为 597bp、1905bp 和 1143bp，它们的串联顺序是 *grpE-dnaK-dnaJ*。这三个基因在含 1% 乙醇或 1% 甘油培养基中转录情况见图 2-20（b）～（d）。由图 2-20 结果可知，在乙醇培养基中，在醋酸发酵阶段，*dnaK* 基因 *dnaK*1 的转录水平为 6000 RPKM，在过渡阶段则高达 11000 RPKM，而在醋酸的过氧化阶段其转录水平则下降至 7700 RPKM［图 2-20（b）］。在巴氏醋杆菌

NBRC 3283 被注释为是 *dnaK* 的另一个基因 *dnaK*2 在整个生长过程中转录水平很低［图 2-20（c）］，这表明 *dnaK*2 可能不是真正的 *dnaK* 基因。*grpE* 基因的转录情况与 *dnaK*（*dnaK*1）的相似，在过渡阶段其转录水平达到高峰，但也低于 4000 RPKM。而 *dnaJ* 基因的转录水平在整个生长过程中均较低，约为 200～300 RPKM。对 *dnaJ* 的同源基因 *djlAs* 和 *cbpA* 基因，*cbpA* 基因的转录水平与 *dnaK* 的相似［图 2-20（d）］，表明该基因参与了巴氏醋杆菌 NBRC 3283 中 DnaK-DnaJ-GrpE 分子伴侣系统的功能，但其转录水平不如 *dnaK* 基因的高。在甘油培养基中，*dnaK* mRNA 水平几乎只有在乙醇培养基中的 1/3～1/2，而 *grpE* 和 *dnaJ* 的 mRNA 水平在乙醇和甘油培养基中未观察到显著差异［图 2-20（b）～（d）］。这些结果表明，巴氏醋杆菌 NBRC 3283 中 DnaK-DnaJ-GrpE 分子伴侣系统参与了该菌株的醋酸发酵和对醋酸的耐受性。

（4）ClpB 参与巴氏醋杆菌 NBRC 3283 的醋酸发酵和对酸醋的耐受性　ClpB 也是分子量约为 100 kDa 的 Hsp。该分子伴侣是 Hsp100/Clp 家族（Schirmer，et al，1996）或 AAA+（ATPases associated with a variety of cellular activities）家族（Neuwald，et al，1999）的一员，它与分子伴侣 DnaK 协同作用，帮助变性蛋白从聚集状态恢复到非聚集状态，从而使蛋白质行使正常的功能（Goloubinoff，et al，1999）。ClpB 为同源六聚体（homo-hexamer）的环状结构（Lee，et al，2003），每一个亚基包括四个结构域，分别是 N 末端结构域、AAA-1 结构域（ATPase 结构域）、具有卷曲螺旋结构的 M 结构域和 AAA-2 结构域（ATPase 结构域）。聚集变性多肽通过 DnaK 募集到 ClpB，进入 ClpB 六聚体中心环孔，在 ATP 水解产生的能量作用下通过环孔，进而解聚集而恢复功能（Rosenzweig，et al，2013）。研究表明，ClpB 在细胞中主要以非活性的形态存在，此时其 M 结构域通过与 AAA-1 结构域的相互作用抑制 ClpB 的活性（DeSantis & Shorter，2012；Seyffer，et al，2012），而清除 M 结构域和 AAA-1 结构域之间的相互作用，可显著提高 AAA-1 的 ATPase 活性，促进聚集变性多肽进入环孔内，从而激活 ClpB 的功能。这种激活作用需要分子伴侣 DnaK 的协助。其过程如下：首先 DnaK 附着于聚集多肽上，并将其募集到 ClpB，然后 DnaK 与 ClpB 的 M 结构域关联，从而清除 M 结构域与 AAA-1 结构域之间的相互作用，使 ClpB 由非活性状态转变为活性状态，进而使变性多肽解聚集。ClpB 并不参与新生多肽的正确折叠，其主要功能是使聚集变性的多肽解聚集而恢复功能。*clpB* 基因的表达受到 RpoH 因子的控制（Kitagawa，et al，1991）。

在巴氏醋杆菌 NBRC 3283 的基因组中存在一个 *clpB* 基因，其大小为 2616 bp。在含 1%乙醇或 1%甘油的培养基中 NBRC 3283 中 *clpB* 基因的转录水平如图 2-20（e）所示。在含甘油的培养基中，*clpB* 的转录水平在对数生长期约为 600 RPKM，而在稳定期约为 1400 RPKM；在含乙醇的培养基中，在醋酸发酵阶段，*clpB* 的转录水平大约为 2000 RPKM，在过渡阶段增加到约 4200 RPKM，而在醋酸过氧化阶段减少到约 2900 RPKM。*clpB* 基因在乙醇培养基中的转录水平高于甘油培养基中的，表明 ClpB 参与了 NBRC 3283 菌株的醋酸发酵和对醋酸的耐受性。

(5) RpoH 参与巴氏醋杆菌 NBRC 3283 的醋酸发酵和对酸醋的耐受性 RpoH (Sigma 32) 是细菌的 Sigma 因子之一，它可与 RNA 聚合酶核心酶结合并将其募集到基因的启动子区域，它可识别热激蛋白的启动子 (heat-shock promoter) 以诱导位于该启动子下游热激蛋白基因的转录。许多热激蛋白，包括分子伴侣和蛋白酶，都受到 RpoH 的调控。虽然 RpoH 也存在于没有任何应激物的正常细胞中，但细胞在应激条件下，RpoH 的表达更为明显。*rpoH* 的转录受其他 Sigma 因子[例如 Sigma 70 (RpoD) (Erickson, et al, 1987) 或 Sigma 24 (RpoE) (Wang & Kaguni, 1989) 等] 的调节。此外，RpoH 的翻译也受 *rpoH* mRNA 二级结构的控制 (Morita, et al, 1999)，在正常细胞中 *rpoH* mRNA 的翻译起始点被 *rpoH* mRNA 的另一部分所隐藏，而外部应激 (例如热激) 可打破这种隐藏作用而启动翻译。

在巴氏醋杆菌 NBRC 3283 的基因组中，也存在一个大小为 891 bp 的 *rpoH* 基因。在含 1%乙醇或 1%甘油的培养基中 NBRC 3283 中 *rpoH* 基因与组成型 Sigma 因子的基因 *rpoD* 的转录水平如图 2-20 (f) 所示。在含甘油的培养基中，在整个生长过程，两种基因的转录水平均小于 600 RPKM。在含乙醇的培养基中，*rpoH* 基因的转录水平显著增加，在过渡期达到最大，约为 2100 RPKM；而 *rpoD* 的转录水平与在甘油培养基中的几乎相同。这表明 RpoH 及其调节因子 RpoD 也与 NBRC 3283 菌株的醋酸发酵及其对醋酸的耐受性相关。

总之，分子伴侣 GroEL、GroES、DnaK、DnaJ、GrpE、ClpB 及其调节因子 RpoH 均参与了巴氏醋杆菌 NBRC 3283 的醋酸发酵及其对醋酸的耐受性。尽管这些分子伴侣对许多其他微生物的应激抗性也至关重要，但是从醋酸发酵的角度讲，它们对巴氏醋杆菌 NBRC 3283 的重要性可能不同。因为在整个醋酸的发酵过程中，醋酸等压力因子一直存在，因此这些分子伴侣也一直存在，而在其他微生物中，它们的存在一般是暂时的。

2.3.1.5 AAB 耐酸的其他机理

如前所述，PQQ-ADH 在醋酸发酵过程中发挥重要作用。研究也发现，PQQ-ADH 也与 AAB 的耐酸性密切相关 [图 2-14 (e)]。欧洲驹形杆菌通常可耐受 15%～20%醋酸，而巴氏醋杆菌一般仅可耐受 6%～10%醋酸。Trček 等 (2006) 研究发现，欧洲驹形杆菌的膜结合 PQQ-ADH 的酶活性比巴氏醋杆菌的高 2 倍，同时在 10%醋酸中来自欧洲驹形杆菌的 PQQ-ADH 可保留 70%的酶活性，而来自巴氏醋杆菌的 PQQ-ADH 仅保留 2.3%的酶活性，说明高的 PQQ-ADH 活性及其酸稳定性是欧洲驹形杆菌的两个重要特性，使它可以在高酸浓度下能够生长并保持代谢活性。另外，基因组分析也发现，欧洲驹形杆菌基因组包含 6 个 PQQ-ADH

编码基因，而巴氏醋杆菌基因组中仅含2个PQQ-ADH编码基因，因此推测PQQ-ADH编码基因的个数多是欧洲驹形杆菌耐酸的主要因素（Wang，et al，2015）。同时，醋化醋杆菌和巴氏醋杆菌的PQQ-ADH编码基因缺失后，突变株耐醋酸能力显著降低（Okumura，1985；Chinnawirotpisan，et al，2003）。PQQ-ADH是AAB乙醇氧化发酵呼吸链的重要组成部分，此呼吸链也是AAB在乙醇氧化发酵时的主要产能方式（Matsushita，et al，2004）。因此，尽管尚无研究证实，但PQQ-ADH同AAB耐酸性的关系，可能是其可为细胞提供能量以维持生命活动，包括为其他抵抗醋酸逆境的机制供能。有关PQQ-ADH在AAB耐酸性中的具体作用还有待进一步探究。

Xia等（2020）通过转录组分析发现，巴氏醋杆菌Ab3在高酸压力下，与PQQ生物合成相关基因（形成操纵子 *pqqABCDE*）中的 *pqqE* 显著上调表达。Gao等（2021）在巴氏醋杆菌中过表达ADH、ALDH和ADH-ALDH都增加了醋酸的产量，其中共表达ADH-ALDH的菌株的产酸量最大，达38.86g/L。另外，ADH-ALDH过表达菌株的生长不受产酸量增加的影响，但ADH或ALDH过表达菌株的生物量则显著下降。同时，在巴氏醋杆菌中过表达 *pqqAB* 和 *pqqABCDE* 时，细胞内PQQ含量分别比野生型细胞提高了29%和8倍，醋酸产量都提高了12%。进一步的研究显示，与仅过表达ADH的巴氏醋杆菌相比，同时过表达ADH/*pqqAB* 或ADH/*pqqABCDE* 的巴氏醋杆菌生长率分别增加了49%和56%，产酸量从32.71g/L分别增加到35.44g/L和38.01g/L。同样地，同时过表达ALDH/*pqqAB* 或ALDH/*pqqABCDE* 的巴氏醋杆菌也可促进细胞生长，醋酸产量从34.20g/L增加到37.05g/L。进一步实验又发现，同时过表达ADH/ALDH/*pqqAB* 可提高醋酸产量和细胞生长量，但同时过表达ADH/ALDH/*pqqABCDE* 则导致细胞生长量下降38%，产酸量从38.86g/L下降到35.05g/L。以上研究结果说明协同提高细胞膜上ADH、ALDH和PQQ的量可减少醋酸产量与细胞生长量之间的矛盾，在提高醋酸产量的同时，提高细胞的适应性和生长率。

此外，Iida等（2008）首次证实了群体感应系统（quorum sensing system，QS）的 *ginl* 或 *ginR* 基因缺失显著提高了中间葡糖醋杆菌在含乙醇的培养基中的生长率，也提高了菌株的乙酸和葡萄糖酸产量，提高了消泡能力。Zheng等（2018）首先采用实时荧光定量PCR检测了AAB中一种核酸切除修复蛋白的编码基因 *uvrA* 的表达量，并通过敲除和过表达研究了该基因的功能。结果表明：巴氏醋杆菌中 *uvrA* 的过表达可保护其基因组不被降解，且产酸率比出发菌株高21.7%。此外，Xia等（2019）在大肠杆菌中通过异源表达巴氏醋杆菌中的3种毒素-抗毒素（toxin-antitoxin，TA）系统，结果显示TA系统的过表达显著提升了大肠杆菌在醋酸条件下的存活率，暗示TA系统同AAB的耐酸有关。同时，Xia等（2020）通过转录组分析发现，巴氏醋杆菌Ab3在高酸压力下，与肽聚糖合成相关的10个基因中，8个基因（*murB*，*murD*，*ddl*，*murF*，*mraY*，*murG*， *bacA* 和 *mrcA*）被诱导表达。

以上关于 AAB 的耐酸机理虽然还存在一定争议，但总体认可度较高。AAB 的耐酸特性很有可能是各种不同机理的协同结果，在醋酸的胁迫下 AAB 细胞应该会调动细胞内的各种系统来应对（Xia，et al，2016）。同时，AAB 中可能还存在尚未知的耐酸机理，因此可通过更多的分子生物学技术来探讨 AAB 的耐酸机理。

2.3.2 醋酸菌的耐热机理

大部分 AAB 菌株适宜生长在 30℃左右的环境中，当发酵温度超过 35℃时，不耐热 AAB 的生长和发酵受到严重影响。而耐热的 AAB 菌株可在高达 37℃的温度下正常生长，而有些甚至能在 42℃的温度下保持良好的生长能力（Soemphol，et al，2011）。醋酸发酵和其他氧化发酵过程一样均为放热过程，因此若能培育耐热 AAB 菌株，并将其运用于工业生产食醋和其他产品中，将大大节省因启用冷却系统以维持发酵温度在 30℃左右而增加的成本（Saichana，et al，2015）。

耐热菌株的耐热性可通过自然适应相对温暖或热的栖息地（如热带地区）获得，因此从这样的栖息地分离得到的 AAB（例如热带醋杆菌等）通常具有耐热性（Romero-Cortes，et al，2012）；耐热 AAB 菌株也可通过人为不断地驯化适应来获得（Matsushita，et al，2016）。Azuma 等（2009）在较高温度下培养驯化巴氏醋杆菌 IFO 3283，最后获得的耐热巴氏醋杆菌 IFO 3283-01-42C 菌株可在 42℃下生长；Matsumoto 等（2020）将中温的巴氏醋杆菌 IFO 3283-32 在醋酸发酵条件和高温下（37～40℃）下连续培养，获得了耐热菌株。目前，人们已分离和驯化得到了一些耐热的 AAB 菌株，并将其应用到了食醋、多元醇和糖的氧化发酵（Saichana，et al，2015）。

关于醋酸菌耐热机理有多种说法，但总体包括以下几方面。①某些基因的缺失和突变与醋酸菌耐热有关。驯化得到的耐热巴氏醋杆菌 IFO 3283-01-42C 菌株的基因组比出发菌株 IFO 3283-01 的基因组少了一个长约 92kb 的 DNA 片段，且三个单碱基突变（Azuma，et al，2009；Matsushita，et al，2016）；以巴氏醋杆菌 IFO 3283-32 驯化得到的耐热菌株与出发菌株相比，缺失了一个 64kb 的 DNA 片段以及一个质粒（Matsumoto，et al，2020）；在高温下具有较强发酵能力的突变株 TI 和 TH3 的基因组比出发菌株 SKU 1108 具有更多突变，突变基因包括一个氨基酸转运子、一个转录因子 MarR 和一个 C_4-双羧酸转运子的编码基因，这些突变的叠加效应可能使细胞获得耐热性（Matsutani，et al，2013；Matsushita，et al，2016）。虽然基因组中某些基因的缺失、突变或失活可以提高 AAB 的耐热特性，但是相关机理还有待进一步研究。②分子伴侣与 AAB 耐热特性相关。在醋酸菌耐酸机理中已对分子伴侣的定义和功能进行了描述，这里不再赘述。目前已鉴定的分子伴侣主要为热激蛋白家族。分子伴侣的基因，如 *groEL*、*groES*、*grpE*、 *dnaK*、*dnaJ* 和 *clpB* 等不仅能提高 AAB 的耐醋酸特性，也可提高其耐热特性（Okamoto-Kainuma，et al，2011）。③AAB 耐热的其他机理。研究表明，细胞中应激响应、细胞周期、细胞分裂、细胞壁和细胞膜生成、转运系统以及基因组稳定性也可能与醋酸菌耐热特性有关（Soemphol，et al，2011；Matsutani，et al，2012；Illeghems，et al，2013；Matsutani，et al，2016）。虽然关于醋酸菌耐热的分子机理已有研究，但目前依然不是很清楚，有待进一步深入研究。

参考文献

Adachi O，Ano Y，Toyama H，et al. 2008. A novel 3-dehydroquinate dehydratase catalyzing extracellular formation of 3-dehydroshikimate by oxidative fermentation of *Gluconobacter oxydans* IFO 3244 [J]. Bioscience，Biotechnology and Biochemistry，72 (6)：1475-1482.

Adachi O，Ano Y，Toyama H，et al. 2007. Biooxidation with PQQ-and FAD-dependent dehydrogenases//Schmid R D，Urlacher V B. Modern biooxidation：enzymes，reactions and applications [M]. Weinheim：Wiley.

Adachi O，Hours R A，Shinagawa E，et al. 2011. Formation of 4-keto-D-aldopentoses and 4-pentulosonates (4-keto-D-pentonates) with unidentifed membrane-bound enzymes from acetic acid bacteria [J]. Bioscience，Biotechnology and Biochemistry，75 (9)：1801-1806.

Adachi O，Moonmangmee D，Toyama H，et al. 2003. New developments in oxidative fermentation [J]. Applied Microbiology and Biotechnology，60 (6)：643-653.

Adachi O，Osada K，Matsushita K，et al. 1982. Purifification，crystallization and properties of 6-phospho-D-gluconate dehydrogenase from *Gluconobacter suboxydans* [J]. Agricultural and Biological Chemistry，46 (2)：391-398.

Adler P，Frey L J，Berger A，et al. 2014. The key to acetate：metabolic fluxes of acetic acid bacteria under cocoa pulp fermentation simulating conditions [J]. Applied and Environmental Microbiology，80：4702-4716.

Ameyama M，Shinagawa E，Matsushita K，et al. 1981. D-Glucose dehydrogenase of *Gluconobacter suboxydans*：solubilization，purifification and characterization [J]. Agricultural and Biological Chemistry，45 (4)：851-861.

An D，Na C，Bielawski J，et al. 2011. Membrane sphingolipids as essential molecular signals for *Bacteroides* survival in the intestine [J]. Proceedings of the National Academy of Sciences，108 (Supplement 1)：4666-4671.

Andrés-Barrao C，Saad M M，Chappuis M L，et al. 2012. Proteome analysis of *Acetobacter pasteurianus* during acetic acid fermentation [J]. Journal of Proteomics，75 (6)：1701-1717.

Ano Y，Shinagawa E，Adachi O，et al. 2011. Selective，high conversion of D-glucose to 5-keto-D-gluoconate by *Gluconobacter suboxydans* [J]. Bioscience，Biotechnology and Biochemistry，75 (3)：586-589.

Asai T. 1968. Acetic acid bacteria：classification and biochemical activities [M]. Tokyo：University of Tokyo Press.

Azuma Y，Hosoyama A，Matsutani M，et al. 2009. Whole-genome analyses reveal genetic instability of *Acetobacter pasteurianus* [J]. Nucleic Acids Research，37 (17)：5768-5783.

Baldrian P. 2006. Fungal laccases - occurrence and propertiess [J]. FEMS Microbiology Reviews，30

(2): 215-242.

Bertalan M, Albano R, de Pádua V, et al. 2009. Complete genome sequence of the sugarcane nitrogen-fixing endophyte *Gluconacetobacter diazotrophicus* Pal5 [J]. BMC Genomics, 10 (1): 1-17.

Chinnawirotpisan P, Hirohide K M, Osao T, et al. 2003. Purification and characterization of two NAD-dependent alcohol dehydrogenases (ADHs) induced in the quinoprotein ADH-deficient mutant of *Acetobacter pasteurianus* SKU1108 [J]. Bioscience, biotechnology, and biochemistry, 67 (5): 958-965.

Conner DE, Kotrola JS. 1995. Growth and survival of *Escherichia coli* O157: H7 under acidic conditions [J]. Applied and Environmental Microbiology, 61 (1): 382-385.

Cunningham L, Pitt M, Williams H D. 1997. The *cio*AB genes from *Pseudomonas aeruginosa* code for a novel cyanide-insensitive terminal oxidase related to the cytochrome bd quinol oxidases [J]. Molecular Microbiology, 24 (3): 579-591.

Deeraksa A, Moonmangmee S, Toyama H, et al. 2005. Characterization and spontaneous mutation of a novel gene, *polE*, involved in pellicle formation in *Acetobacter tropicalis* SKU1100 [J]. Microbiology, 151 (12): 4111-4120.

Deeraksa A, Moonmangmee S, Toyama H, et al. 2006. Conversion of capsular polysaccharide, involved in pellicle formation, to extracellular polysaccharide by *galE* deletion in *Acetobacter tropicalis* [J]. Bioscience, Biotechnology, and Biochemistry, 70 (10): 2536-2539.

Denich T J, Beaudette L A, Lee H, et al. 2003. Effect of selected environmental and physicochemical factors on bacterial cytoplasmic membranes [J]. Journal of Microbiological Methods, 52 (2): 149-182.

Deppenmeier U, Ehrenreich A. 2009. Physiology of acetic acid bacteria in light of the genome sequence of *Gluconobacter oxydans* [J]. Journal of Molecular Microbiology and Biotechnology, 16 (1-2): 69-80.

Deppenmeier U, Hoffmeister M, Prust C. 2002. Biochemistry and biotechnological applications of *Gluconobacter* strains [J]. Applied Microbiology and Biotechnology, 60 (3): 233-242.

DeSantis M E, Shorter J. 2012. The elusive middle domain of Hsp104 and clpB: location and function [J]. Biochimica et Biophysica Acta, 1823 (1): 29-39.

Dibrova D V, Galperin M, Mulkidjanian A. 2010. Characterization of the N-ATPase, a distinct, laterally transferred Na^+-translocating form of the bacterial F-type membrane ATPase [J]. Bioinformatics, 26 (12): 1473-1476.

Ellis R J. 1990. Molecular chaperones-the plant connection [J]. Science, 250 (4983): 954-959.

El-Mansi E M T, Holms W H. 1989. Control of carbon flux to acetate excretion during growth of *Escherichia coli* in batch and continuous cultures [J]. Microbiology, 135 (11): 2875-2883.

Erickson J W, Vaughn V, Salter W A, et al. 1987. Regulation of the promoter and transcripts of *rpoH*, the *Escherichia coli* heat shock regulatory gene [J]. Genes and Development, 1 (5): 419-432.

Fan C Y, Lee S, Cyr D M. 2003. Mechanisms for regulation of Hsp70 function by Hsp40 [J]. Cell Stress and Chaperones, 8 (4): 309-316.

Fluckiger J, Ettlinger L. 1977. Glucose metabolism in *Acetobacter aceti* [J]. Archives of Microbiology, 114 (2): 183-187.

Foster J W. 2004. *Escherichia coli* acid resistance: tales of an amateur acidophile [J]. Nature Reviews Microbiology, 2 (11): 898-907.

Franke I H, Fegan M, Hayward C, et al. 1999. Description of *Gluconacetobacter sacchari* sp. nov., a new species of acetic acid bacterium isolated from the leaf sheath of sugar cane and from the pink sugar-cane mealy bug [J]. International Journal of Systematic Bacteriology, 49 (4): 1681-1693.

Gao L, Wu X D, Xia X L et al. 2021. Fine-tuning ethanol oxidation pathway enzymes and cofactor PQQ coordinates the conflict between fitness and acetic acid production by *Acetobacter pasteurianus* [J]. Microbial Biotechnology, 14 (2): 643-655.

Genevaux P, Schwager F, Georgopouls D, et al. 2001. The *djlA* gene acts synergistically with dnaJ in promoting *Escherichia coli* growth [J]. Journal of Bacteriology, 183: 5747-5750.

Goloubinoff P, Mogk A, Zvi A P B, et al. 1999. Sequential mechanism of solubilization and refolding of stable protein aggregates by a bichaperone network [J]. Proceedings of the National Academy of Sciences, 96 (24): 13732-13737.

Gómez-Manzo S, Chavez-Pacheco J L, Contreras-Zentella M, et al. 2010. Molecular and catalytic properties of the aldehyde dehydrogenase of *Gluconacetobacter diazotrophicus*, a quinoheme protein containing pyrroloquinoline quinone, cytochrome b, and cytochrome c [J]. Journal of Bacteriology, 192 (21): 5718-5724.

Gómez-Manzo S, Contreras-Zentella M, Gonza′ lez-Valdez A, et al. 2008. The PQQ-alcohol dehydrogenase of *Gluconacetobacter diazotrophicus* [J]. International Journal of Food Microbiology, 125 (1): 71-78.

Gómez-Manzo S, Escamilla J E, Gonzalez-Valdez A, et al. 2015. The oxidative fermentation of ethanol in *Gluconacetobacter diazotrophicus* is a two-step pathway catalyzed by a single enzyme: alcohol-aldehyde dehydrogenase (ADHa) [J]. International Journal of Molecular Sciences, 16 (1): 1293-1311.

Goto H, Handa J P, Nakano S, et al. 2008. Gene participating in acetic acid tolerance, acetic acid bacteria bred using the gene, and process for producing vinegar with the use of the acetic acid bacteria [P]: US, 7446192. W/O03/078635.

Greenberg D E, Porcella S F, Stock F, et al. 2006. *Granulibacter bethesdensis* gen. nov., sp. nov., a distinctive pathogenic acetic acid bacterium in the family Acetobacteraceae [J]. International Journal of Systematic and Evolutionary Microbiology, 56 (11): 2609-2616.

Greenberg D E, Porcella S F, Zelazny A M, et al. 2007. Genome sequence analysis of the emerging human pathogenic acetic acid bacterium *Granulibacter bethesdensis* [J]. Journal of Bacteriology, 189: 8727-8736.

Gupta A, Singh V K, Qazi G N, et al. 2001. *Gluconobacter oxydans*: Its biotechnological applications [J]. Journal of Molecular Microbiology and Biotechnology, 3 (3): 445-456.

Habe H, Shimada Y, Yakushi T, et al. 2009. Microbial production of glyceric acid, an organic acid that can be mass produced from glycerol [J]. Applied and Environmental Microbiology, 75 (24): 7760-7766.

Hanke T, Nöh K, Noack S, et al. 2013. Combined fluxomics and transcriptomics analysis of glucose catabolism via a partially cyclic pentose phosphate pathway in *Gluconobacter oxydans* 621H [J]. Applied and Environmental Microbiology, 79 (7): 2336-2348.

Hartle F U, Hayer-Hartl M. 2002. Molecular chaperones in the cytosol: from nascent chain to folded protein [J]. Science, 295: 1852-1858.

Hattor H, Yakushi T, Matsutani M, et al. 2012. High-temperature sorbose fermentation with thermotolerant *Gluconobacter frateurii* CHM43 and its mutant strain adapted to higher temperature [J]. Applied Microbiology and Biotechnology, 95 (6): 1531-1540.

Hauge J G, King T E, Cheldelin V H. 1955. Oxidation of dihydroxyacetone via the pentose cycle in *Acetobacter suboxydans* [J]. Journal of Biological Chemistry, 214 (1): 11-26.

Hennessy F, Nicoll W S, Zimmermann R, et al. 2005. Not all J domains are created equal: implications for the specificity of Hsp40-Hsp70 interactions [J]. Protein Science, 14 (7): 1697-1709.

Hölscher T, Görisch H. 2006. Knockout and overexpression of pyrroloquinoline quinone biosynthetic genes in *Gluconobacter oxydans* 621H [J]. Journal of Bacteriology, 188 (21): 7668-7676.

Hölscher T, Weinert-Sepalage D, Görisch H, 2007. Identification of membrane-bound quinoprotein inositol dehydrogenase in *Gluconobacter oxydans* ATCC 621H [J]. Microbiology, 153 (Pt 2): 499-506.

Horwich A L, Farr G W, Fenton W A. 2006. GroEL-GroES-mediated protein folding [J]. Chemical Reviews, 106 (5): 1917-1930.

Hoshino T, Sugisawa T, Shinjoh M, et al. 2003. Membrane bound D-sorbitol dehydrogenase of *Gluconobacter suboxydans* IFO 3255-enzymatic and genetic characterization [J]. Biochimica et Biophysica Acta-Bioenergetics, 1647 (1-2): 278-288.

Hung J E, Mill C P, Clifton S W, et al. 2014. Draft genome sequence of *Acetobacter aceti* strain 1023, a vinegar factory isolate [J]. Genome Announcements, 2 (3): e00550-00514.

Iida A, Ohnishi Y, Horinouchi S. 2008. An OmpA family protein, a target of the GinI/GinR quorum-sensing system in *Gluconacetobacter intermedius*, controls acetic acid fermentation [J]. Journal of Bacteriology, 190 (14): 5009-5019.

Illeghems K, De Vuyst L, Weckx S. 2013. Complete genome sequence and comparative analysis of *Acetobacter pasteurianus* 386B, a strain well-adapted to the cocoa bean fermentation ecosystem [J]. BMC genomics, 14 (1): 526.

Ishida T, Sugano Y, Shoda M. 2002. Novel glycosyltransferase genes involved in the acetan biosynthesis of *Acetobacter xylinum* [J]. Biochemical and Biophysical Research Communications, 295 (2): 230-235.

Iyer P R, Geib S M, Catchmark J, et al. 2010. Genome sequence of cellulose producing bacterium *Gluconacetobacter hansenii* ATCC 23769 [J]. Journal of Bacteriology, 192 (16): 4256-4257.

Jojima Y, Mihara Y, Suzuki S, et al. 2004. *Saccharibacter floricola* gen. nov., sp. nov., a novel osmophilic acetic acid bacterium isolated from pollen [J]. International Journal of Systematic and Evolutionary Microbiology, 54 (6): 2263-2267.

Kanchanarach W, Theeragool G, Inoue T, et al. 2010. Acetic acid fermentation of *Acetobacter pasteurianus*: relationship between acetic acid resistance and pellicle polysaccharide formation [J]. Bioscience, biotechnology, and biochemistry, 74 (8): 1591-1597.

Kanjee U, Houry WA, 2013. Mechanisms of acid resistance in *Escherichia coli* [J]. Annual Review of Microbiology, 67: 65-81.

Kataoka N, Matsutani M, Yakushi T, et al., 2015. Efficient production of 2,5-diketo-D-gluconate via heterologous expression of 2-keto-gluconate dehydrogenase in *Gluconobacter japonicus* [J]. Applied and Environmental Microbiology, 81 (10): 3552-3560.

Kawai S, Goda-Tsutsumi M, Yakushi T, et al., 2013. Heterologous overexpression and characterization of a flavoprotein-cytochrome c complex fructose dehydrogenase of *Gluconobacter japonicus* NBRC3260 [J]. Applied and Environmental Microbiology, 79: 1654-1660.

Kersters K, Lisdiyanti P, Komagata K, et al. 2006. The Family *Acetobacteraceae*: The Genera *Acetobacter*, *Acidomonas*, *Asaia*, *Gluconacetobacter*, *Gluconobacter*, and *Kozakia*//Dworkin M, Falkow S, Rosenberg E, et al. The prokaryotes [M]. New York: Springer.

Kitagawa M, Wada C, Yoshioka S, et al. 1991. Expression of ClpB, an analog of the ATP-dependent protease regulatory subunit in *Escherichia coli*, is controlled by a heat shock sigma factor (sigma 32) [J]. Journal of Bacteriology, 173 (14): 4247-4253.

Krajewski V, Simic P, Mouncey N J, et al. 2010. Metabolic engineering of *Gluconobacter oxydans* for improved growth rate and growth yield on glucose by elimination of gluconate formation [J]. Applied and Environmental Microbiology, 76: 4369-4376.

Laskey R A, Honda B M, Mills A D, et al. 1978. Nucleosomes are assembled by an acidic protein which binds histones and transfers them to DNA [J]. Nature, Lond, 275 (5679): 416-420.

Lee S, Sowa M E, Watanabe Y, et al. 2003. The structure of ClpB: a molecular chaperone that rescues proteins from an aggregated state [J]. Cell, 115 (2): 229-240.

Liu Y, Tang H, Lin Z, et al. 2015. Mechanisms of acid tolerance in bacteria and prospects in biotechnology and bioremediation [J]. Biotechnology Advances, 33 (7): 1484-1492.

Loganathan P, Nair S. *Swaminathania salitolerans* gen. nov., sp. nov., a salt-tolerant, nitrogen-fixing and phosphate-solubilizing bacterium from wild rice (*Porteresia coarctata* Tateoka) [J]. International Journal of Systematic and Evolutionary Microbiology, 2004, 54 (4): 1185-1190.

Lou W, Tan X, Song K, et al. 2018. A specific single nucleotide polymorphism in the ATP synthase gene significantly improves environmental stress tolerance of *Synechococcus elongatus* PCC 7942 [J]. Applied and Environmental Microbiology, 84 (18): e01222-18.

Mamlouk D, Gullo M. 2013. Acetic acid bacteria: Physiology and carbon sources oxidation [J]. Indian Journal of Microbiology, 53 (4): 377-384.

Mao C, Saba J D, Obeid L M. 1999. The dihydrosphingosine-1-phosphate phosphatases of *Saccharomyces cerevisiae* are important regulators of cell proliferation and heat stress responses [J]. Biochemical Journal, 342 (3): 667-675.

Masud U, Matsushita K, Theeragool G. 2010. Cloning and functional analysis of *adhS* gene encoding quinoprotein alcohol dehydrogenase subunit III from *Acetobacter pasteurianus* SKU1108 [J]. Interntional Journal of Food Microbiology, 138 (1-2): 39-49.

Matsumoto N, Hattori H, Matsutani M, et al. 2018. A single-nucleotide insertion in a drug transporter gene induces a thermotolerance phenotype in *Gluconobacter frateurii* by increasing the NADPH/NADP$^+$ ratio via metabolic change [J]. Applied and Environmental Microbiology, 84 (10): e00354-18.

Matsumoto N, Matsutani M, Azuma Y, et al. 2020. In vitro thermal adaptation of mesophilic *Acetobacter pasteurianus* NBRC 3283 generates thermotolerant strains with evolutionary trade-offs [J]. Bioscience, Biotechnology, and Biochemistry, 84 (4): 832-841.

Matsushita K, Fujii Y, Ano Y, et al. 2003. 5-keto-D-gluconate production is catalyzed by a quinoprotein glycerol dehydrogenase, major polyol dehydrogenase, in *Gluconobacter* species [J]. Applied and Environmental Microbiology, 69 (4): 1959-1966.

Matsushita K, Inoue T, Adachi O, et al. 2005a. *Acetobacter aceti* possesses a proton motive force-dependent efflux system for acetic acid [J]. Journal of Bacteriology, 187 (13): 4346-4352.

Matsushita K, Inoue T, Theeragol G, et al. 2005b. Acetic acid production in acetic acid bacteria leading to their 'death' and survival//Yamada M. Survival and death in bacteria [M]. Trivandrum: Research signpost.

Matsushita K, Toyama H, Adachi O. 2002. Quinoproteins: Structure, function, and biotechnological applications [J]. Applied Microbiology and Biotechnology, 58 (1): 13-22.

Matsushita K, Toyama H, Adachi O. 2004. Respiratory chains in Acetic acid bacteria: membrane bound periplasmic sugar and alcohol respirations [J]. Respiration in Archaea and Bacteria, 16: 81-99.

Matsushita K, Toyama H, Adachi O. 1994. Respiratory chain and bioenergetics of acetic acid bacteria [J]. Advances in Microbial Physiology, 36: 247-301.

Matsushita K, Toyama H, Tonouchi N, et al. 2016. Acetic acid bacteria: ecology and physiology [M]. Tokyo: Springer Japan.

Matsutani M, Fukushima K, Kayama C, et al. 2014. Replacement of a terminal cytochrome c oxidase by ubiquinol oxidase during the evolution of acetic acid bacteria [J]. Biochim Biophys Acta Bioenerg, 1837 (10): 1810-1820

Matsutani M, Hirakawa H, Hiraoka E, et al. 2016. Complete genome sequencing and comparative genomic analysis of the thermotolerant acetic acid bacterium, *Acetobacter pasteurianus* SKU1108, provide a new insight into thermotolerance [J]. Microbes and environments, 31 (4): 395-400.

Matsutani M, Hirakawa H, Saichana N, et al. 2012. Genome wide phylogenetic analysis of differences in thermotolerance among closely related *Acetobacter pasteurianus* strains [J]. Microbiology, 158 (1): 229-239.

Matsutani M, Nishikura M, Saichana N, et al. 2013. Adaptive mutation of *Acetobacter pasteurianus* SKU1108 enhances acetic acid fermentation ability at high temperature [J]. Journal of Biotechnology, 165 (2): 109-119.

Miura H, Mogi T, Ano Y, et al. 2013. Cyanide-insensitive quinol oxidase (CIO) from *Gluconobacter oxydans* is a unique terminal oxidase subfamily of cytochrome bd [J]. Journal of Biochemistry, 153 (6): 535-545.

Miyazaki T, Sugisawa T, Hoshino T. 2006. Pyrroloquinoline quinone-dependent dehydrogenases from *Ketogulonicigenium vulgare* catalyze the direct conversion of L-sorbosone to L-ascorbic acid [J]. Applied Environmental Microbiology, 72 (2): 1487-1495.

Moonmangmee S, Kawabata K, Tanaka S, et al. 2002. A novel polysaccharide involved in the pellicle formation of *Acetobacter aceti* [J]. Journal of Bioscience and Bioengineering, 93 (2): 192-200.

Morita M, Kanemori M, Yanagi H, et al. 1999. Heat-induced synthesis of σ32 in *Escherichia coli*: structural and functional dissection of rpoH mRNA secondary structure [J]. Journal of Bacteriology, 181 (2): 401-410.

Mullins E S, Kombrinck K W, Talmage K E, et al. 2008. Genetic elimination of prothrombin in adult mice is not compatible with survival and results in spontaneous hemorrhagic events in both heart and brain [J]. Blood, 113 (3): 696-704.

Nakano S, Fukaya M. 2008. Analysis of proteins responsive to acetic acid in *Acetobacter*: molecular mechanisms conferring acetic acid resistance in acetic acid bacteria [J]. International Journal of Food Microbiology, 125 (1): 54-59.

Nakano S, Fukaya M, Horinouchi S. 2006. Putative ABC transporter responsible for acetic acid resistance in *Acetobacter aceti* [J]. Applied and Environmental Microbiology, 72 (1): 497-505.

Nakano S, Fukaya M, Horinouchi S. 2004. Enhanced expression of aconitase raises acetic acid resistance in *Acetobacter aceti* [J]. FEMS Microbiology Letters, 235 (2): 315-322.

Neuwald A F, Aravind L, Spouge J L, et al. 1999. AAA^+: a class of chaperone-like ATPases associated with the assembly, operation, and disassembly of protein complexes [J]. Genome Research, 9 (1): 27-43.

Nishikura-Imamura S, Matsutani M, Insomphun C, et al. 2014. Overexpression of a type Ⅱ 3-dehydroquinate dehydratase enhances the biotransformation of quinate to 3-dehydroshikimate in *Gluconobacter oxydans* [J]. Applied Microbiology and Biotechnology, 98 (7): 2955-2963.

Ogawa S, Tachimoto H, Kaga T. 2010. Elevation of ceramide in *Acetobacter malorum* S24 by low pH stress and high temperature stress [J]. Journal of Bioscience and Bioengineering, 109 (1): 32-36.

Okamoto-Kainuma A, Ishikawa M, Nakamura H, et al. 2011. Characterization of *rpoH* in *Acetobacter pasteurianus* NBRC 3283 [J]. Journal of bioscience and bioengineering, 111 (4): 429-432.

Okumura H, Uozumi T, Beppu T. 1985. Construction of plasmid vectors and a genetic transformation system for *Acetobacter aceti* [J]. Agricultural and Biological Chemistry, 49 (4): 1011-1017.

Olijve W, Kok J J. 1979a. Analysis of growth of *Gluconobacter oxydans* in glucose containing media. [J] Archives of Microbiology, 121 (3): 283-290.

Olijve W, Kok J J, 1979b. Analysis of the growth of *Gluconobacter oxydans* in chemostat cultures [J]. Archives of Microbiology, 121 (3): 291-297.

Pappenberger G, Hohmann H P. 2014. Industrial production of l-ascorbic acid (vitamin C) and D-isoascorbic acid [J]. Advances in Biochemical Engineering/Biotechnology, 143: 143-188.

Perales-Calvo J, Muga A, Moro F. 2010. Role of DnaJ G/F-rich domain in conformational recognition and binding of protein substrates [J]. Journal of Biological Chemistry, 285: 34231-34239.

Prust C, Hoffmeister M, Liesegang H, et al. 2005. Complete genome sequence of the acetic acid bacterium *Gluconobacter oxydans* [J]. Nature Biotechnology, 23 (2): 195.

Qazi G N, Parshad R, VermaV, et al. 1991. Diketo gluconate fermentation by *Gluconobacter oxydans* [J]. Enzyme and Microbial Technology, 13 (6): 504-507.

Raspor P, Goranovič D. 2008. Biotechnological applications of acetic acid bacteria [J]. Critical Reviews in Biotechnology, 28 (2): 101-124.

Rauch B, Pahlke J, Schweiger P, et al. 2010. Characterization of enzymes involved in the central metabolism of *Gluconobacter oxydans* [J]. Applied Microbiology and Biotechnology, 88 (3): 711-718.

Richhardt J, Bringer S, Bott M. 2012. Mutational analysis of the pentose phosphate and Entner-Doudoroff pathways in *Gluconobacter oxydans* reveals improved growth of a Δ*edd*Δ*eda* mutant on mannitol [J]. Applied and Environmental Microbiology, 78 (19): 6975-6986.

Richhardt J, Luchterhand B, Bringer S, et al. 2013. Evidence for a key role of cytochrome bo_3 oxidase in respiratory energy metabolism of *Gluconobacter oxydans* [J]. Journal of Bacteriology, 195 (18): 4210-4220.

Romero-Cortes T, Robles-Olvera V, Rodriguez-Jimenes G, et al, 2012. Isolation and characterization of acetic acid bacteria in cocoa fermentation [J]. African Journal of Microbiology Research, 6 (2): 339-347.

Rosenzweig R, Moradi S, Zarrine-Afsar A, et al. 2013. Unraveling the mechanism of protein disaggregation through a ClpB-DnaK interaction [J]. Science, 339 (6123): 1080-1083.

Saeki A, Matsushita K, Takeno S, et al. 1999. Enzymes responsible for acetate oxidation by acetic acid bacteria [J]. Bioscience, Biotechnology, and Biochemistry, 63 (12): 2102-2109.

Saeki A, Taniguchi M, Matsushita K, et al. 1997. Microbiological aspects of acetate oxidation by acetic acid bacteria, unfavorable phenomena in vinegar fermentation [J]. Bioscience, Biotechnology, and Biochemistry, 61 (2): 317-323.

Saichana N, Matsushita K, Adachi O, et al. 2015. Acetic acid bacteria: A group of bacteria with versatile biotechnological applications [J]. Biotechnology Advances, 33 (6): 1260-1271.

Sakurai K, Arai H, Ishii M, et al. 2011. Transcriptome response to different carbon sources in *Acetobacter aceti* [J]. Microbiology, 157 (3): 899-910.

Sakurai K, Arai H, Ishii M, et al. 2012. Changes in the gene expression profile of *Acetobacter aceti* during growth on ethanol [J]. Journal of Bioscience and Bioengineering, 113 (3): 343-348.

Sakurai K, Yamazaki S, Ishii M, et al. 2013. Role of the glyoxylate pathway in acetic acid production by *Acetobacter aceti* [J]. Journal of Bioscience and Bioengineering, 115 (1): 32-36.

Salusjärvi T, Povelainen M, Hvorsley N, et al. 2004. Cloning of a gluconate/polyol dehydrogenase gene from *Gluconobacter suboxydans* IFO 12528, characterization of the enzyme and its use for the production of 5-ketogluconate in a recombinant *Escherichia coli* strain [J]. Applied Microbiology and Biotechnology, 65 (3):

306-314.

Sarkar D, Yabusaki M, Hasebe Y, et al. 2010. Fermentation and metabolic characteristics of *Gluconacetobacter oboediens* for different carbon sources [J]. Applied Microbiology and Biotechnology, 87 (1): 127-136.

Schirmer E C, Glover J R, Singer M A, et al. 1996. HSP100/Clp proteins: a common mechanism explains diverse functions [J]. Trends in Biochemical Sciences, 21 (8): 289-296.

Segal G, Ron E Z, 1996. Regulation and organization of the groE and dnaK operons in Eubacteria [J]. FEMS Microbiology Letters, 138 (1): 1-10.

Seyffer F S, Kummer E, Oguchi Y, et al. 2012. Hsp70 proteins bind Hsp100 regulatory M domains to activate AAA^+ disaggregase at aggregate surfaces [J]. Nature Structural and Molecular Biology, 19 (12): 1347-1355.

Shinagawa E, Matsushita K, Adachi O, et al. 1982. Purification and characterization of D-soribitol dehydrogenase from membrane of *Gluconobacter suboxydans* var. A [J]. Agricultural and Biological Chemistry, 46 (1): 135-141.

Shinagawa E, Matsushita K, Adachi O, et al. 1984. D-Gluconate dehydrogenase, 2-keto-D-gluconate yielding, from *Gluconobacter dioxyacetonicus*: purification and characterization [J]. Agricultural and Biological Chemistry, 48 (6): 1517-1522.

Shinagawa E, Toyama H, Matsushita K, et al. 2006. A novel type of formaldehyde-oxidizing enzyme from the membrane of *Acetobacter* sp. SKU 14 [J]. Bioscience Biotechnology and Biochemistry, 70 (4): 850-857.

Shinjoh M, Hoshino T. 1995. Development of stable shuttle vector and a conjugative transfer system for *Gluconobacter oxydans* [J]. Journal of Fermentation Bioengineering, 79 (2): 95-99.

Shinjoh M, Tomiyama N, Miyazaki T, et al. 2002. Main polyol dehydrogenase of *Gluconobacter suboxydans* IFO 3255, membrane-bound D-sorbitol dehydrogenase, that needs product of upstream gene, *sldB*, for activity [J]. Bioscience Biotechnology and Biochemistry, 66 (11): 2314-2322.

Sievers M, Swings J. 2005. Family Ⅱ. Acetobacteraceae//Brenner D J, Krieg N R, Staley J T. Bergey's manual of systematic bacteriology [M]. New York: Springer.

Soemphol W, Deeraksa A, Matsutani M, et al. 2011. Global analysis of the genes involved in the thermotolerance mechanism of thermotolerant *Acetobacter tropicalis* SKU1100 [J]. Bioscience, Biotechnology, and Biochemistry, 75 (10): 1921-1928.

Sokollek S J, Hertel C, Hammes W P. 1998. Description of *Acetobacter oboediens* sp. nov. and *Acetobacter pomorum* sp. nov., two new species isolated from industrial vinegar fermentation [J]. International Journal of Systematic and Evolutionary Microbiology, 48 (3): 935-940.

Steiner P, Sauer U. 2001. Proteins induced during adaptation of *Acetobacter aceti* to high acetate concentrations [J]. Applied and Environmental Microbiology, 67 (12): 5474-5481.

Sugisawa T, Hoshino T. 2002. Purification and properties of membrane-bound D-sorbitol dehydrogenase from *Gluconobacter suboxydans* IFO 3255 [J]. Bioscience, Biotechnology and Biochemistry, 66 (1): 57-64.

Sugisawa T, Hoshino T, Nomura S, et al. 1991. Isolation and characterization of membrane-bound L-sorbose dehydrogenase from *Gluconobacter melanogenus* UV10 [J]. Agricultural and Biological Chemistry, 55 (2): 363-370.

Szabo A, Korszun R, Hartl F U, et al. 1996. A zinc finger-like domain of the molecular chaperone DnaJ is involved in binding to denatured protein substrates [J]. EMBO Journal, 15 (2): 408-417.

Tahara Y, Yamada Y, Kondo K. 1976. Phospholipid composition of *Gluconobacter cerinus* [J].

Agricultural and Biological Chemistry, 40 (12): 2355-2360.

Tayama K, Fukaya M, Okumura H, et al. 1989. Purification and characterization of membrane-bound alcohol dehydrogenase from *Acetobacter polyoxogenes* sp. nov [J]. Applied Microbiology and Biotechnology, 32 (2): 181-185.

Teter S A, Houry W A, Ang D, et al. 1999. Polypeptide flux through bacterial Hsp70: DnaK cooperates with trigger factor in chaperoning nascent chains [J]. Cell, 97 (6): 755-765.

Thurner C, Vela C, Thony-Meyer L, et al. 1997. Biochemical and genetic characterization of the acetaldehyde dehydrogenase complex from *Acetobacter europaeus* [J]. Archives Microbiology, 168 (2): 81-91.

Tonouchi N, Sugiyama M, Yokozeki K. 2003. Coenzyme specificity of enzymes in the oxidative pentose phosphate pathway of *Gluconobacter oxydans* [J]. Bioscience, Biotechnology, and Biochemistry, 67 (12): 2648-2651.

Toyama H, Furuya N, Saichana I, et al. 2007. Membrane-bound, 2-keto-D-gluconate-yielding D-gluconate dehydrogenase from *Gluconobacter dioxyacetonicus* IFO3271: Molecular properties and gene disruption [J]. Applied and Environmental Microbiology, 73 (20): 6551-6556.

Toyama H, Soemphol W, Moonmangmee D, et al. 2005. Molecular properties of membrane-bound FAD-containing D-sorbitol dehydrogenase from thermotolerant *Gluconobacter frateurii* isolated from Thailand [J]. Bioscience, Biotechnology and Biochemistry, 69 (4): 1120-1129.

Trček J, Jernejc K, Matsushita K. 2007. The highly tolerant acetic acid bacterium *Gluconacetobacter europaeus* adapts to the presence of acetic acid by changes in lipid composition, morphological properties and PQQ-dependent ADH expression [J]. Extremophiles, 11 (4): 627-635.

Trček J, Toyama H, Czuba J, et al. 2006. Correlation between acetic acid resistance and characteristics of PQQ-dependent ADH in acetic acid bacteria [J]. Applied Microbiology and Biotechnology, 70 (3): 366-373.

Urakami T, Komagata K. 1987. Cellular fatty acid composition with special references to the existence of hydroxy fatty acids in gram-negative methanol-, methane-, and methylamine-utilizing bacteria [J]. Journal of General and Applied Microbiology, 33 (2): 135-165

Vangnai A S, Promden W, De-Eknamkul W, et al. 2010. Molecular characterization and heterologous expression of quinate dehydrogenase gene from *Gluconobacter oxydans* IFO 3244 [J]. Biochemistry, 75 (4): 452-459.

Wang B, Shao Y, Chen T, et al. 2015. Global insights into acetic acid resistance mechanisms and genetic stability of *Acetobacter pasteurianus* strains by comparative genomics [J]. Scientific Reports, 5 (1): 18330.

Wang C, Cui Y, Qu X. 2017. Mechanisms and improvement of acid resistance in lactic acid bacteria [J]. Archives of Microbiology, (13): 1-7.

Wang Q, Kaguni J M. 1989. A novel sigma factor is involved in expression of the *rpoH* gene of *Escherichia coli* [J]. Journal of Bacteriology, 171 (8): 4248-4253.

Xia K, Bao H, Zhang F, et al. 2019. Characterization and comparative analysis of toxin-antitoxin systems in *Acetobacter pasteurianus* [J]. Journal of Industrial Microbiology and Biotechnology, 46 (6): 869-882.

Xia K, Han C, Xu J. et al. 2020. Transcriptome response of *Acetobacter pasteurianus* Ab3 to high acetic acid stress during vinegar production [J]. Appllied Microbiology and Biotechnology, 104 (24): 10585-10599.

Xia K, Zang N, Zhang J, et al. 2016. New insights into the mechanisms of acetic acid resistance in *Acetobacter pasteurianus* using iTRAQ-dependent quantitative proteomic analysis [J]. International Journal of Food Microbiology, 238: 241-251.

Yakushi T, Matsushita K. 2010. Alcohol dehydrogenase of acetic acid bacteria: structure, mode of action, and applications in biotechnology [J]. Applied Microbiology and Biotechnology, 86 (5): 1257-1265.

Yang H, Yu Y, Fu C, et al. 2019. Bacterial acid resistance toward organic weak acid revealed by RNA-seq transcriptomic analysis in *Acetobacter pasteurianus* [J]. Frontiers in Microbiology, 10: 1616.

Zheng Y, Wang J, Bai X, et al. 2018. Improving the acetic acid tolerance and fermentation of *Acetobacter pasteurianus* by nucleotide excision repair protein UvrA [J]. Applied Microbiology and Biotechnology, 102 (15): 6493-6502.

Zhong C, Zhang G C, Liu M, et al. 2013. Metabolic flux analysis of *Gluconacetobacter xylinus* for bacterial cellulose production [J]. Applied Microbiology and Biotechnology, 97 (14): 6189-6199.

第 3 章

醋酸菌的分子生物学

分子生物学技术已被广泛用于醋酸菌（acetic acid bacteria，AAB）的分类、耐酸与耐热机制、氧化发酵（AAB oxidative fermentation，AOF），以及AAB产生纤维素、色素与苯乳酸等方面的研究。其中，分子生物学在AAB分类研究中的应用在第1章已进行了介绍，本章将主要介绍分子生物技术在AAB其他研究方面的应用。

3.1 分子生物学技术在醋酸菌耐酸机理研究中的应用

如第2章所述，AAB通过氧化发酵可将糖、糖醇和醇等快速转化为有机酸等并积累于培养基中，从而使AAB进化出很强的耐酸能力。例如，有些AAB可产生并耐受高达20%的醋酸（Sokollek，et al，1998）。为解析AAB产/耐酸，尤其是产/耐醋酸的特性和机理，人们采用分子生物学技术对AAB耐醋酸机理进行了深入研究。其中，巴氏醋杆菌（*Acetobacter pasteurianus*）和欧洲驹形杆菌（*Komagataeibacter europaeus*）因常用于食醋生产，且产/耐醋酸能力最突出，所以关于AAB耐酸机理的研究成果也主要来自于这两种AAB。

下面将主要介绍通过基因组、转录组和蛋白质组等分析方法研究AAB耐醋酸机理的进展。

3.1.1 基因组学在醋酸菌耐酸机理研究中的应用

在分子生物学和遗传学领域，所谓基因组（genome）是指特定生物体所有遗传物质的总和，研究基因组的科学称为基因组学（genomics）。而比较基因组学（comparative genomics）是根据基因组的DNA序列等信息，比较分析不同物种基因组的科学。

通过基因组比较分析，有学者认为欧洲驹形杆菌的耐醋酸能力之所以比巴氏醋杆菌的强，可能是因为其基因组比后者的更大，拥有更多的耐醋酸基因（Barja，et al，2016；Nakano & Fukaya，2008）。然而，更多的研究发现，尽管欧洲驹形杆菌的基因组比巴氏醋杆菌的大，但其基因组中已知的与耐醋酸相关的基因数量并没有比后者的多（表3-1），所以AAB的耐醋酸能力可能与耐酸基因数量之间并无直接关系（Wang，et al，2015a；Kanjee & Houry，2013；Nakano & Fukaya，2008；Foster，2004；Lin，et al，1996）。当然，目前已发现的AAB耐醋酸相关基因可能只是冰山一角，AAB基因组中更多的耐醋酸基因还有待发现。

表 3-1 部分高产/耐醋酸欧洲驹形杆菌和巴氏醋杆菌菌株的基因组大小及其相关耐醋酸基因的数量

耐醋酸基因名称	菌株名称及相关的耐醋酸基因数量						
	欧洲驹形杆菌 5P3	欧洲驹形杆菌 SRCM 101446	欧洲驹形杆菌 LMG 18890	巴氏醋杆菌 NBRC 3283	巴氏醋杆菌 CICC 20001	巴氏醋杆菌 CGMCC 1.41	巴氏醋杆菌 Ab3
基因组大小(Mb)	3.99	3.45	4.23	2.90	2.86	2.93	2.81
PQQ-ADH 亚基 AdhA[1]	5	5	6	5	6	4	4
PQQ-ADH 亚基 AdhB	6	6	6	5	5	5	5
PQQ-ADH 亚基 AdhS	1	1	1	1	1	1	1
乌头酸水合酶	2	2	2	2	3	2	2
乙酸激酶	1	0	1	1	1	1	1
乙酰-CoA 合酶	2	2	2	2	3	5	2
柠檬酸合酶	1	1	1	2	2	2	2
磷酸乙酰基转移酶	1	1	1	1	1	1	1
分子伴侣蛋白 DnaK	1	1	1	1	1	1	1
分子伴侣蛋白 DnaJ	2	2	2	2	2	2	2
分子伴侣蛋白 GroEL	1	1	1	1	1	1	1
分子伴侣蛋白 GroES	1	1	1	1	1	1	1
分子伴侣蛋白 GrpE	1	1	1	1	1	1	1
ABC 转运子 AatA[2]	14	15	14	15	15	11	15
环丙烷脂肪酸酰基磷脂合酶	1	1	1	1	1	1	1
精氨酸脱亚胺酶	1	1	1	0	0	0	1
鸟氨酸氨基甲酰基转移酶	2	2	2	2	3	2	2
氨基甲酸酯激酶	0	0	0	0	0	0	0
鸟氨酸脱羧酶	1	2	2	2	2	2	2
赖氨酸脱羧酶	0	0	0	0	0	0	0
聚胺转运子	1	1	1	2	2	2	2
二氨基庚二酸脱羧酶	2	2	2	2	2	2	2
尿素酶	0	0	0	1	1	1	1

注：1. PQQ-ADH：吡咯喹啉醌（pyrroloquinoline quineone，PQQ）依赖乙醇脱氢酶（alcohol dehydrogenase）。

2. ABC 转运子：腺苷三磷酸结合盒转运子（adenosine triphosphate（ATP）-binding cassette transporter）。

Wang 等（2015b）对广泛用于我国食醋酿造的两株 AAB——巴氏醋杆菌 CGMCC 1.41 和 CICC 20001 进行了全基因组测序，并与其他巴氏醋杆菌菌株的基因组进行了比较分析后发现，与醋酸耐受相关基因，例如分子伴侣蛋白基因 *groES*、*groEL*、*dnaK*、*grpE* 和 *dnaJ* 等均“成簇”聚集于基因组中，并可能形成操纵子（operon），在醋酸的胁迫下可协同进行调控和转录，以应对 AAB 细胞所处的高醋酸环境（图 3-1）。此外，CICC 20001 和 CGMCC 1.41 基因组的分析结果还表明，DNA 甲基化与 AAB 的耐醋酸特性可能也存在一定相关性，因为 95% 以上已知的产/耐醋酸相关基因中都含有特定的甲基化识别位点（王斌，2016）。

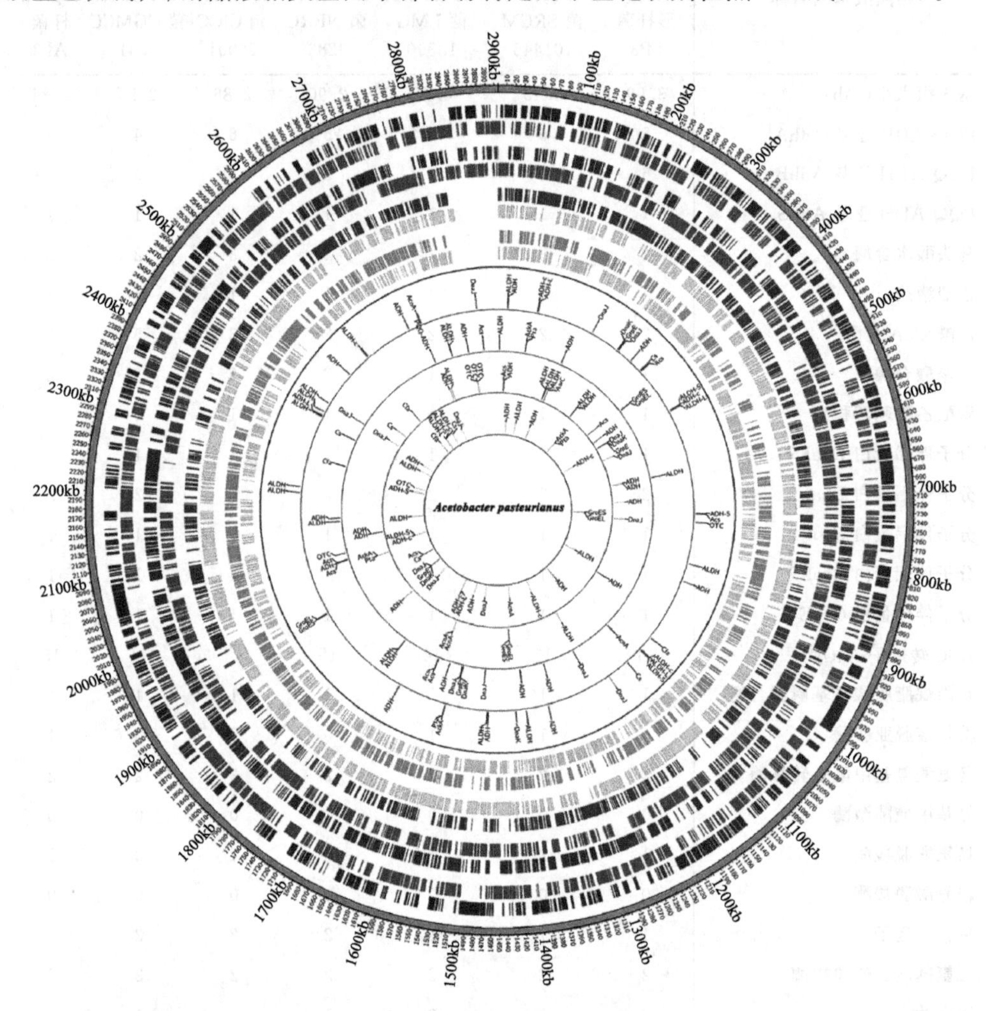

图 3-1　巴氏醋杆菌基因组中与产/耐醋酸相关基因的分布（引自 Wang，et al，2015b）
从外到内，第 1 圈代表基因组的大小，第 2 和 3 圈、第 4 和 5 圈、第 6 和 7 圈、第 8 和 9 圈分别代表巴氏醋杆菌 IFO3283-32、CGMCC 1.41、CICC 20001 和 386B 基因组的正链与负链；第 10 圈为基因组与产/耐醋酸基因分布的分隔线；第 11、12、13、14 圈分别为这些巴氏醋杆菌菌株基因组中与产/耐醋酸相关基因的分布

Xia 等（2016a）对分离筛选自我国传统米醋醋醅中，具有高产/耐醋酸能力（可高产 12%醋酸）的巴氏醋杆菌 Ab3 进行了全基因组测序，并与其他巴氏醋杆菌的基因组进行了比较分析，发现巴氏醋杆菌的产/耐醋酸能力可能与它们基因组中

双组分系统（two component system，TCS）和毒素-抗毒素系统（toxin-antitoxin system，TA）中的基因相关。所谓 TCS 系统是细菌中常见的信号感受系统之一，它由组氨酸激酶和响应调节因子组成，组氨酸激酶感知外界信号后，将相应的响应调节因子磷酸化，进而调节 TCS 系统下游相关基因的表达，完成细胞对外界信号的响应（Freeman，et al，2013）。而 TA 系统则在细菌抵御逆境中起着重要作用，它由一种毒素及其对应的抗毒素组成，前者通过干扰细胞生长过程可使细胞生长停止或休眠，后者则可在正常生长条件下起到中和毒素的作用从而恢复细胞的生长。在应激条件下，抗毒素被选择性降解，毒素发挥毒性作用，导致细胞生长停止或休眠，以使细胞在逆境条件下更好地生存；当逆境结束时，抗毒素发挥作用，中和毒素的作用，进而使细胞恢复正常的生命活动（Page & Peti，2016）。基因组比较分析显示，巴氏醋杆菌 Ab3 基因组中含有很多其他巴氏醋杆菌菌株没有的 TCS 系统的相关基因，但这些基因的作用与葡糖醋杆菌属（*Glucoacetobacter*）、驹形杆菌属和葡糖杆菌属（*Gluconobacter*）中 TCS 基因的作用类似，这暗示该菌株与其他巴氏醋杆菌菌株可能经历了不同的进化过程，进而产生了不同于其他巴氏醋杆菌的 TCS 系统，并表现出较强的产/耐醋酸能力。另外，Ab3 基因组中还含有 8 个独特 TA 系统相关基因，这同样暗示着 Ab3 菌株经历了不同的进化过程或压力选择，从而使该菌株获得了独特 TA 系统的相关基因。此外，Ab3 基因组中还有许多独特的转运系统，它们可能在离子运输或 pH 值平衡中发挥作用，从而在高醋酸浓度下为细胞的正常生长提供支撑。总之，巴氏醋杆菌 Ab3 基因组中众多独特的 TCS、TA 和转运系统的相关基因，可能对其高产/耐醋酸能力至关重要，值得进一步研究和探索。

夏凯等（2015）通过比较分析来自醋杆菌属、葡糖杆菌属和葡糖醋杆菌属的 48 株 AAB 基因组中规律成簇的间隔短回文重复序列（clustered regularly interspaced short palindromic repeats，CRISPR），发现 CRISPR 可能也与 AAB 的产/耐醋酸特性相关。所谓 CRISPR（图 3-2）是广泛存在于细菌和古菌中针对外源 DNA 入侵的“免疫系统”。当外源 DNA，例如噬菌体 DNA 入侵时，来自噬菌体的 DNA 片段会被整合到宿主细菌或古细菌基因组的 CRISPR 位点上，形成所谓的间隔序列（spacer sequence），因此 CRISPR 的间隔序列被认为是对外源 DNA 攻击的“记忆”。当含有该片段的外源 DNA 再次入侵时，宿主会以间隔序列为模板合成 CRISPR-RNA（crRNA），并引导 Cas（CRISPR-associated proteins system）核酸酶对入侵 DNA 中的同源片段进行切割和破坏（Barrangou & Marraffini，2014），从而应对、控制或者消除外源 DNA 的入侵。夏凯等（2015）的分析发现，在 48 株 AAB 中，32 株具有 CRISPR 结构，且来自不同属的 AAB 菌株的 CRISPR 结构的重复序列具有很强的保守性，某些 AAB 菌株的 CRISPR 前导序列还具有保守基序和启动子结构。所以对 AAB 中 CRISPR 结构的分析也可为研究 AAB 产/耐醋酸机理提供重要线索。

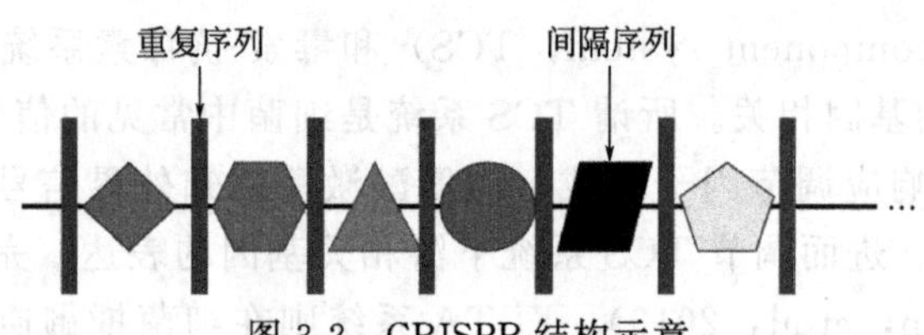

图 3-2 CRISPR 结构示意

此外，研究者还探究了 AAB 中质粒与 AAB 产/耐醋酸特性的关系。Akasaka 等（2015）采用实时荧光定量 PCR 分析了欧洲驹形杆菌 KGMA0119 在不同培养条件下质粒的拷贝数，发现当 KGMA0119 菌株生长在含 0.4%乙醇和 0.5%醋酸的培养基中时，其质粒 pGE1 的拷贝数在细胞的对数生长期显著增加；而当培养基中含 1%醋酸时，质粒 pGE1 和 pGE3 在对数生长期的拷贝数增加，这暗示着这两个质粒与耐醋酸相关。此外，Trček 等（2000）在欧洲驹形杆菌中鉴定出一个与耐醋酸相关的质粒 pJK2-1，将其与质粒 pUC18 连接后，构建了重组质粒 pJT2（图 3-3）。当把质粒 pJT2 导入耐醋酸稍差的温驯驹形杆菌（*K. oboediens*）JK3 后，重组菌株在含 3%醋酸和 3%乙醇（3a3e）或 5%醋酸和 3%乙醇（5a3e）培养基上的适应期与野生型的相比显著缩短，生物量显著增加（图 3-4）。同时，为验证该现象的确与质粒 pJK2-1 有关，研究者还将 pJT2 中部分来自 pJK2-1 的序列敲除，构建了质粒 pJT3（图 3-3），并将其转入温驯驹形杆菌 JK3 后发现，重组菌株在含 3a3e 或 5a3e 培养基上的适应期与野生型菌株并无显著差异，生物量也未见改变（图 3-4）（Trček，2015a）。这里的所谓适应期是指 AAB 菌株接种至新培养基中时适应新环境的过程，处于适应期的 AAB 菌株生长缓慢。在含乙醇和醋酸的培养基上适应期缩短，说明 AAB 细胞的适应能力增强，也间接地说明 AAB 细胞的产/耐醋酸能力增强。

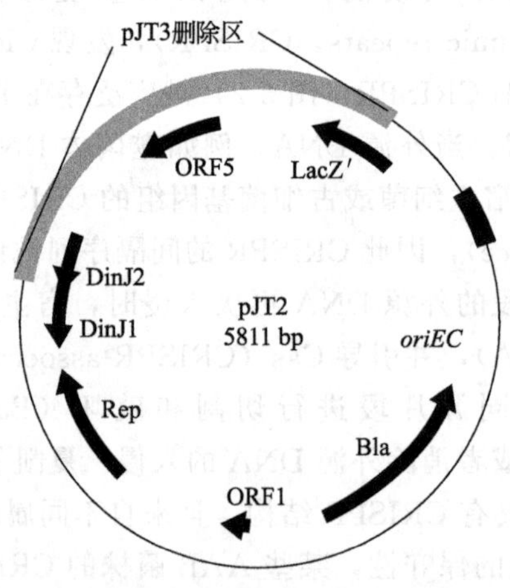

图 3-3 质粒 pJT2 和 pJT3 图谱（引自 Trček，2015a）
灰色部分表示重组质粒 pJT3 中删除的部分

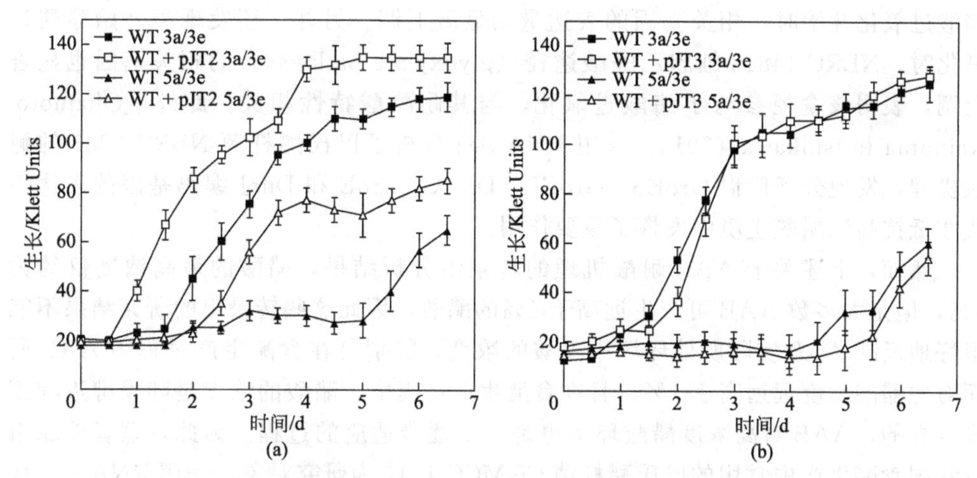

图 3-4　野生型温驯驹形杆菌 JK3（WT）及其导入质粒 pJT2 和 pJT3 后在含 3%醋酸和 3%乙醇（3a3e）(a) 和 5%醋酸和 3%乙醇（5a3e）(b) 培养基中的生长曲线（引自 Trček，2015a）

3.1.2 转录组学在醋酸菌耐酸机理研究中的应用

广义的转录组（transcriptome）通常是指生物样本在特定条件下转录的所有 RNA 的总和，而狭义的转录组则是指所有 mRNA 的集合。转录组学（transcriptomics）是比较分析特定条件下所有基因表达量变化的科学。通过对 AAB 在不同醋酸和乙醇浓度以及培养时间等条件下转录组的差异，可以分析得到与产/耐醋酸相关的基因，了解相关基因的表达调控模式，进而更加全面了解 AAB 应对醋酸和乙醇等不利环境的整体策略。

目前，转录组的分析手段主要分为 DNA 微阵列和 RNA-Seq。DNA 微阵列又称 DNA 芯片或基因芯片，在进行转录组学研究时，可先将待研究菌株基因组的全部基因做成探针并置于芯片上，然后提取特定条件下样品中的总 RNA，转化成 cDNA 并标记后，与芯片上的探针进行杂交，通过分析杂交信号的强弱就可判断出相关基因的表达量。RNA-Seq 即 RNA 测序，首先提取特定条件下样品的总 RNA，建立 cDNA 文库并进行测序，将测序获得的结果与全基因组比对，即可获得全基因组范围内所有基因的表达量数据并进行深入分析。同 DNA 微阵列相比，RNA-Seq 无需预先针对已知序列设计探针，可提供更精确的数字化信号、更高的检测通量以及更广泛的检测范围。

Sakurai 等（2012）采用 DNA 微阵列方法，研究了醋化醋杆菌（*A. aceti*）NBRC 14818 在醋酸发酵时与产/耐醋酸相关基因的表达模式，发现编码 PQQ-ADH 和 NAD-ADH 的基因在整个醋酸发酵过程中呈现组成型表达模式，而编码与三羧酸循环（tricarboxylic acid cycle）相关基因在醋酸积累阶段表达量较低，而当醋酸过氧化开始时，相关基因的表达量则显著上调。另外，还发现当开始醋酸过氧化时，NBRC 14818 细胞乙醛酸途径（glyoxylate pathway）的相关基因也显著上调，表明该途径参与了醋酸过氧化，与其耐醋酸特性相关。此外，Okamoto-Kainuma 和 Ishikawa（2016）采用 RNA-Seq 分析了巴氏醋杆菌 NBRC 3283 的耐酸机理，发现分子伴侣 GroES、GroEL、DnaK、GrpE 和 DnaJ 编码基因的表达模式在抵抗高浓醋酸逆境中发挥了重要作用。

然而，上述关于 AAB 耐酸机理的转录组分析结果，醋酸的最高浓度仅约为 1%，但是大多数 AAB 可产生远高于 1%的醋酸，因此这些转录组的研究结果不能很好地反映 AAB 实际所处环境中醋酸的浓度，特别是在食醋生产过程中 AAB 所面对的醋酸浓度远远高于 1%，且在食醋生产过程中，醋酸的浓度是随发酵进程逐步升高的，AAB 对高浓度醋酸环境也是一个逐步适应的过程。为此，笔者课题组以我国食醋生产中常用的巴氏醋杆菌 CGMCC 1.41 为研究对象，采用 RNA-Seq 技术，以 GYP 培养基（1g/L 葡萄糖，5g/L 酵母提取物和 2g/L 蛋白胨）为对照，以在 GYP 中分别添加 3%乙醇与 0.5%醋酸（培养基 1）或添加 6%乙醇与 0.5%醋酸（培养基 2）为实验组，比较分析了该菌在发酵初期（实验组醋酸浓度分别为 0.6%和 0.89%）、中期（实验组醋酸浓度分别为 2.29%和 3.02%）和末期（实验组醋酸浓度分别为 3.68%和 6.03%）的转录组。结果发现，与对照相比，实验组中表达上调的基因数量明显比下调的多，且均匀分布于整个基因组中，这意味着在面对高浓度醋酸的胁迫时，CGMCC 1.41 需要动员整个基因组中的基因以应对不利环境；然而，下调表达的基因则主要聚集于区域Ⅰ、区域Ⅱ和区域Ⅲ（图 3-5），其中区域Ⅰ为与氨气（NH_3）产生相关的基因，区域Ⅱ为与海藻糖合成相关的基因，而区域Ⅲ中相关基因的功能目前仍不清楚（图 3-5）。在其他微生物中 NH_3 的产生与海藻糖的合成被认为是与耐酸正相关的，也就是说在面对高浓度醋酸等逆境时相关合成基因应该是上调表达的，但在 CGMCC 1.41 菌株中相关基因却下调表达的，这预示着 CGMCC 1.41 的耐酸机理可能与其他微生物的不一样。此外，笔者认为由于尿素本身就是碱性物质，因此 CGMCC 1.41 细胞可能没有必要将尿素分解为 NH_3 以中和醋酸，另外尿素分解时也会产生酸性气体 CO_2（图 3-5），故在分析 NH_3 对微生物的耐酸作用时，应该更多地关注 NH_3 是如何产生的（Yang，et al，2019）。

通过对转录组数据进一步挖掘分析，发现在 CGMCC 1.41 的发酵过程中，由 PQQ-ADH 和 PQQ-ALDH 组成的乙醇氧化发酵呼吸链（见第 2 章图 2-1）与由 NADH 依赖的脱氢酶和琥珀酸脱氢酶组成的传统呼吸链之间存在竞争。在发酵起始阶段，乙醇氧化发酵呼吸链是 CGMCC 1.41 细胞的主要供能方式；随着乙醇浓度减少，乙醇氧化发酵呼吸链与传统呼吸链的作用达到平衡并逐渐向后者倾斜。此外，与对照相比，三羧酸循环的相关基因在发酵初期剧烈下调，但随着发酵进行，它们的下调程度有所降低。据此推测在醋酸发酵初期，CGMCC 1.41 细胞主

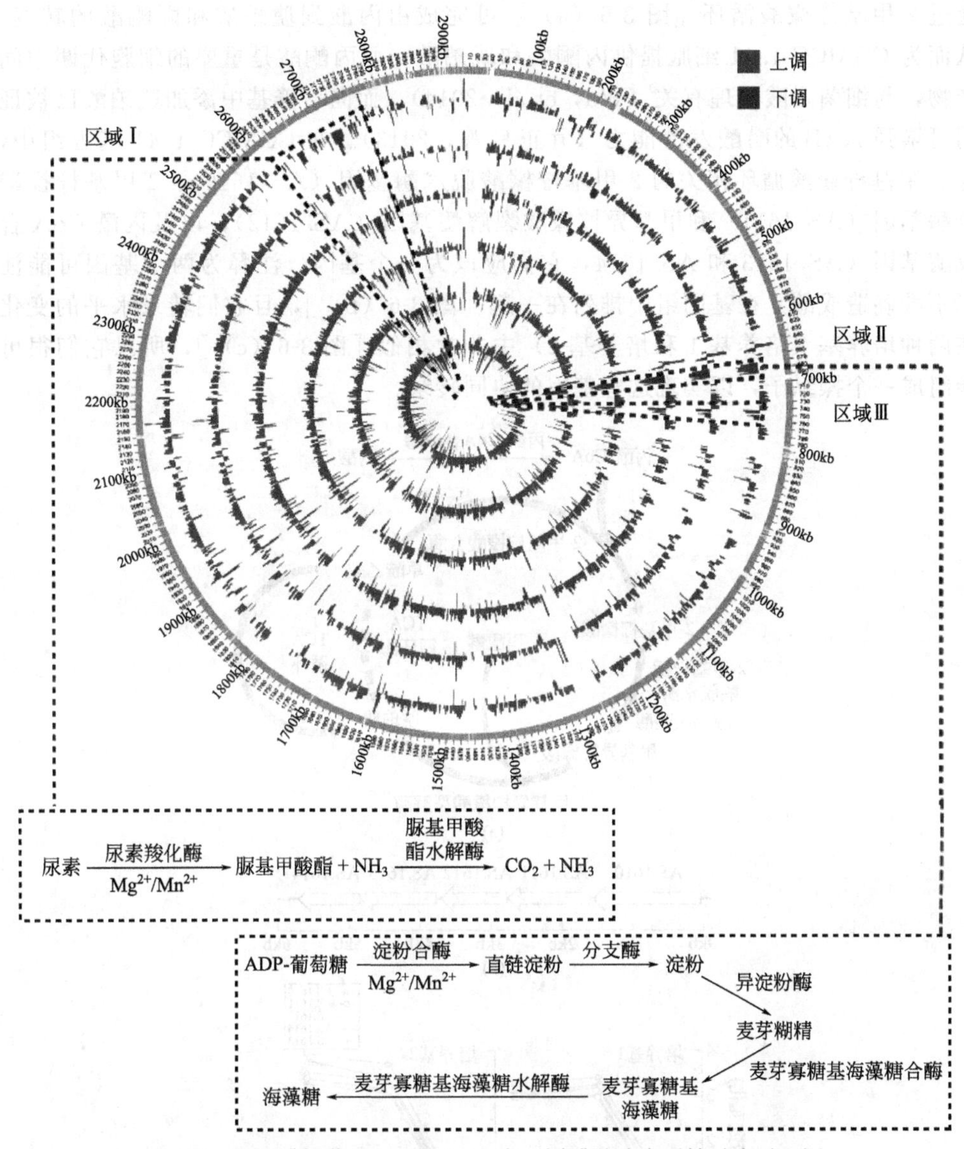

图 3-5 巴氏醋杆菌 CGMCC 1.41 在不同醋酸浓度下转录水平上调和下调基因在基因组中的分布（改引自 Yang，etal，2019）

从内到外，第 1、2、3、4、5、6 与 7 圈分别代表巴氏醋杆菌 CGMCC 1.41 基因组大小，以及其处于醋酸浓度分别为 0.6%、0.89%、2.29%、3.02%、3.68%和 6.03%时基因组中上调和下调表达基因在基因组中的分布。在下调表达基因主要聚集区域中，区域Ⅰ为与 NH_3 产生相关的基因；区域Ⅱ为与海藻糖合成相关的基因；区域Ⅲ中相关基因的功能目前仍不清楚

要通过乙醇氧化发酵呼吸链产能，随着发酵的进行，产能逐渐由传统呼吸链所代替，此时主要是进行醋酸的过氧化。对转录组的进一步分析，首次还发现 2-甲基柠檬酸循环（2-methylcitric acid cycle）可能是巴氏醋杆菌的新耐醋酸机制（图 3-6）。

通过 2-甲基柠檬酸循环［图 3-6（a）］可完成由丙酸到琥珀酸和丙酮酸的转变，从而为 CGMCC 1.41 细胞提供丙酮酸和琥珀酸。而丙酮酸是重要的细胞代谢中间产物，与细菌耐酸机理有关（Wu，et al，2014），而向培养基中添加琥珀酸已被证明可增强 AAB 的醋酸发酵能力（亓正良等，2013）。在 CGMCC 1.41 基因组中，与 2-甲基柠檬酸循环相关的 2-甲基柠檬酸脱水酶基因（AS.1610）、2-甲基柠檬酸合酶基因（AS.1611）和甲基异柠檬酸裂解酶基因（AS.1612），以及丙酰 CoA 合成酶基因（AS.1613 和 AS.1614，它们应该为一个基因，注释为两个基因可能注释不准确造成的）在基因组中排列在一起［图 3-6（b）］，且它们转录水平的变化在两种培养基（培养基 1 和培养基 2）中非常相似［图 3-6（c）］，所以它们很可能组成一个操纵子，以实现这些基因的协同转录。

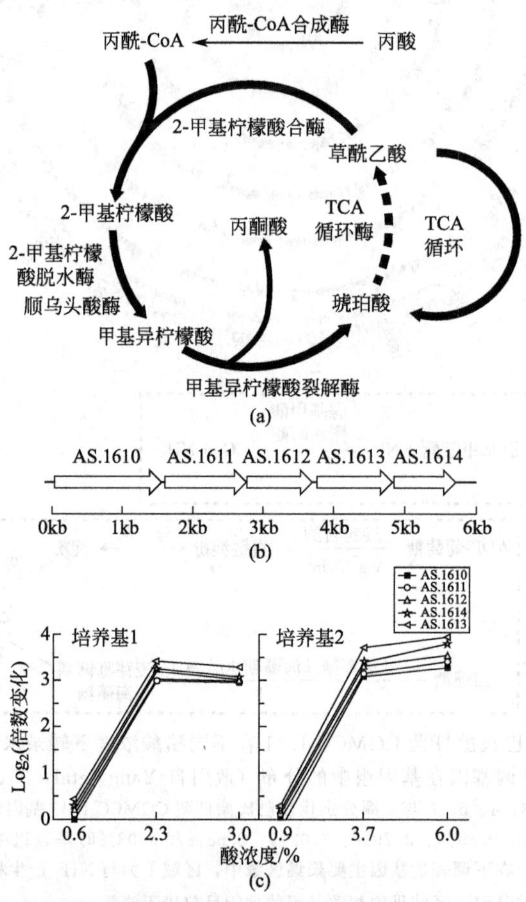

图 3-6　2-甲基柠檬酸循环以及巴氏醋杆菌 CGMCC 1.41 基因组中与该循环相关基因的排列和表达模式（引自 Yang，et al，2019）

（a）2-甲基柠檬酸循环；（b）2-甲基柠檬酸循环相关基因在基因组中的排列方式；（c）基因在不同醋酸浓度下的转录水平。AS.1610-1612 分别编码 2-甲基柠檬酸脱水酶、2-甲基柠檬酸合酶和甲基异柠檬酸裂解酶的基因；AS.1613-1614 为编码丙酰 CoA 合成酶基因为研究AAB在更高醋酸浓度（＞6%）下的转录组，笔者课题组从国内某食醋生产企业的醋酸液态发酵车间采集了醋酸浓度分别高达约8%、10%和12%的样品，并成功提取获得了总RNA，目前正进行转录组测序和分析。

Xia等（2016）对巴氏醋杆菌Ab3的基因组分析发现，TCS和TA系统中的相关基因与该菌株的耐醋酸特性相关（Xia，et al，2016）。最近，Xia等（2020）又比较分析了巴氏醋杆菌Ab3在醋酸浓度分别为7%和1%时的转录组，发现在高酸度条件时，与TCS和TA系统相关基因的转录水平均显著上调，再次表明TCS和TA系统与AAB耐醋酸机制相关。此外，他们还发现，在高醋酸浓度下为了维持Ab3菌株基因组的稳定性，其基因组中与转座酶和整合酶相关基因的转录受到抑制，而与肽聚糖、神经酰胺和磷脂酰胆碱和PQQ合成等相关基因，以及与ATP产生和硫胺代谢途径中相关基因的转录均显著上调，并发现了许多在高浓度和低浓度醋酸下差异表达的转运子基因。

3.1.3 蛋白质组学在醋酸菌耐酸机理研究中的应用

蛋白质组（proteome）是由有机体产生或修饰后产生的所有蛋白质的总称。同RNA一样，生物细胞产生的蛋白质种类及含量也会随着环境与时间的变化而变化。研究、分析和比较蛋白质组的科学称为蛋白质组学（proteomics），它也是研究基因调控表达和功能等的重要手段之一。由于蛋白质是绝大部分生命活动的直接执行者，所以蛋白组学更能反映生物细胞在特定环境下的生命活动状态。蛋白质组学、基因组学和转录组学相结合，可更加准确和系统地反映细胞相关基因的功能和调控策略，更好地阐释生命活动规律。

蛋白质组学在AAB耐酸机理研究中的应用广泛，为耐酸机理的发现与证实作出了积极的贡献，部分研究成果见表3-2。例如，采用蛋白质双向凝胶电泳，通过分析在醋酸刺激下醋化醋杆菌的蛋白质组，发现ABC超家族中的转运蛋白AatA和乌头酸酶与AAB耐酸机理相关（Nakano，et al，2006；2004）。近年来，许多研究者还利用双向凝胶电泳、二维差异凝胶电泳、串联质谱或/和iTRAQ（isobaric tags for relative and absolute quantitation，同位素标记的相对和绝对定量）等蛋白质组学分析技术，研究了醋酸发酵过程中AAB的耐酸机理（Andrés-Barrao，et al，2016；Xia，et al，2016b；Wang，et al，2015c；Andrés-Barrao，et al，2012）。

表3-2　蛋白质组学在研究醋酸菌耐酸机理中的应用（部分引自夏凯等，2017）

菌株	分析方法	鉴定蛋白数目	相关的功能	参考文献
醋化醋杆菌和弱氧化葡糖杆菌	双向凝胶电泳	8	—	Lasko,et al,1997

续表

菌株	分析方法	鉴定蛋白数目	相关的功能	参考文献
醋化醋杆菌	双向凝胶电泳	50	膜相关过程	Steiner & Sauer, 2001
醋化醋杆菌	双向凝胶电泳,氨基酸N端测序	1	三羧酸循环	Nakano, et al, 2004
醋化醋杆菌	双向凝胶电泳,氨基酸N端测序	1	醋酸外排系统	Nakano, et al, 2006
巴氏醋杆菌	二维差异凝胶电泳,串联质谱	53	蛋白质折叠、应激响应、氧化还原过程、代谢过程、蛋白质合成、翻译和膜修饰	Andrés-Barrao, et al,2012
驹形杆菌属	二维差异凝胶电泳,串联质谱	32	代谢、应激响应、蛋白质折叠、氧化还原与生物合成过程	Andrés-Barrao, et al,2016
巴氏醋杆菌	双向凝胶电泳,串联质谱	26	氧化还原酶、应激响应、能量或蛋白代谢、膜修饰、辅因子	Wang,et al,2015c
巴氏醋杆菌	iTRAQ	1386	氨基酸代谢、脂肪酸生物合成、转录因子、双组分系统、毒素-脱毒系统	Xia,et al,2016b
塞内加尔醋杆菌	二维差异凝胶电泳,质谱	450	代谢、折叠加工、分类、降解过程	Shafiei,et al,2019

虽然转录组学与蛋白质组学的研究结果对了解AAB耐酸机理做出了重大贡献，但过去的很多研究强调的是取样时醋酸的浓度大小。由于在AAB的醋酸发酵产生过程中，一般可分为醋酸发酵（乙醇氧化发酵）与醋酸过氧化阶段，呈现典型的二次生长（见本书第2章图2-9），处于这两阶段的AAB耐醋酸机理应该是存在差异的，所以在研究AAB耐酸机理时，除了关注醋酸的浓度外，还应关注AAB是处于醋酸发酵阶段，还是处于醋酸过氧化阶段。还应该关注培养基中除乙醇和醋酸外，葡萄糖等成分的浓度变化，因为这些成分的变化也可能引起AAB转录组和蛋白质组的变化。

3.1.4 其他分子生物学技术在醋酸菌耐酸机理研究中的应用

除了基因组、转录组和蛋白质等组学技术外，其他分子生物学技术，如基因敲除、过表达和异源表达等也常用于研究AAB的耐酸机理。例如，通过转化与插入DNA元件破坏相关基因，发现了PQQ-ADH（Chinnawirotpisan，etal，2003）、乙醛酸途径（Sakurai，etal，2013）和分子伴侣蛋白基因调节因子RpoH（Okamoto-Kainuma，etal，2011）等与AAB耐酸性的关系；Mullins等（2008）通过在大肠杆菌（*Escherichia coli*）中异源表达AAB的*aarC*基因，发现了AAB中三羧酸循环途径的特殊性；而通过基因过表达研究发现了分子伴侣蛋白、乌头酸酶和ABC超家族中的转运蛋白AatA等与AAB耐酸机理之间的联系

(Ishikawa，et al，2010a；2010b；Nakano，et al，2006；Okamoto-Kainuma，et al，2004)。Zheng 等（2018）采用基因敲除和过表达技术，研究发现在 AAB 基因组中具有维持基因组完整性和 DNA 修复功能的核酸切除修复基因 *uvrA* 与 AAB 耐酸机理相关。Xia 等（2019）通过在大肠杆菌中异源表达巴氏醋杆菌中的 TA 系统后，发现大肠杆菌在添加醋酸培养基中的存活率大大提高，从而表明 TA 系统与 AAB 的耐醋酸特性相关。

虽然关于 AAB 耐酸机理的研究已取得了很好的进展，但与大肠杆菌和乳酸菌等耐酸机理的研究相比，目前已知的关于 AAB 耐酸机制的研究成果依然较少。因此，未来还需要进一步采用更多的分子生物学技术研究 AAB 的耐酸机理。

3.2 分子生物学技术在醋酸菌耐热机理研究中的应用

和其他微生物一样，AAB 的发酵过程，例如氧化发酵过程，是一个热量释放过程（Saichana，et al，2015）。另外，发酵设备，特别是大型发酵设备也会产生机械热；全球气候变暖，也使大气等环境温度呈现上升趋势。鉴于此，以 AAB 等为菌种进行发酵时，通常需要安装冷却装置以控制发酵过程的温度，因为一般 AAB 等微生物的最适生长（发酵）温度为 25～30℃。如果能选育最适生长（发酵）温度较高（大于 30℃）的耐热微生物菌株，就有望降低 AAB 等微生物发酵过程中的冷却控温成本，从而控制产品的生产成本。耐热 AAB 等微生物菌株可从热带和亚热带地区等自然环境中分离获得，也可通过热适应（耐热）驯化实验获得。以下将就 AAB 耐热菌株的驯化，以及分子生物技术在其耐热机制研究等方面的研究进行叙述。

Azuma 等（2009）和 Matsutani 等（2013）分别以从日本分离得到的 1 株中温但相对耐热的巴氏醋杆菌 NBRC 3283，以及从泰国分离得到的 1 株耐热的巴氏醋杆菌 SKU 1108 为研究对象，对 AAB 的进行了耐热驯化研究。首先从 NBRC 3283 培养物中分离获得 32 个分离株（isolate），编号分别为 IFO 3283-01 至 IFO 3283-32，然后以可在 39℃生长，40℃生长不稳定，40.5℃或更高温度下不生长的分离株 IFO 3283-01 为出发菌株，在 YPGD（5.0g/L 酵母提取物，5.0g/L 多价蛋白胨，5.0g/L 甘油和 5.0g/L 葡萄糖）培养基上进行耐热驯化，获得了 1 株可在 42℃生长的耐高温菌株 3283-01/42C，但该菌株在 37℃以上温度下，不能很好地发酵乙醇产生醋酸（醋酸发酵）（Azuma，et al，2009）。SKU 1108 菌株在含 4%乙醇的 YPGD 培养基上耐热驯化后，分别获得了两株耐热菌株 TI 和 TH-3，其中，TH-3 菌株能够在 40℃下进行醋酸发酵（Matsutani，et al，2013）。最近，

Matsumoto 等（2020）以来自 NBRC 3283 可在 37℃较好生长的耐热菌株 IFO 3283-32 为出发菌株，经耐热驯化后，依次获得了能耐更高温度的 NM-1 至 NM-6 这 6 个菌株。其中，NM-6 在 40.4℃、含 4%乙醇的 YPGD 培养基中可快速生长并发酵乙醇产生醋酸。

为研究上述耐热菌株的耐热机理，对这些菌株进行了基因组测序和分析。Azuma 等（2009）通过基因组的测序和比较分析发现，NBRC 3283 的基因组包含大小为 2.9Mb 的染色质和 6 个质粒，共有 280 多个转座子（transposon）和 5 个具有高度可变串联重复序列（hyper-mutable tandem repeat）的基因，而与 NBRC 3283 的基因组相比，在 3283-01/42C 基因组中缺失了约占基因组大小 3.2%（92kb/2.9Mb）的 92kb 的 DNA 片段，并发生了三个单核苷酸突变。Matsutani 等（2012）对耐热的 SKU 1108 和热敏感的巴氏醋杆菌 IFO 3191 进行了基因组测序，并与耐热性介于二者之间的 NBRC 3283 的基因组进行了比较，分析结果显示耐热性最弱的 IFO 3191 基因组中某些与应激响应、细胞膜生成和转运系统相关的基因等存在较高的突变率，表明这些基因的遗传稳定性可能有助于菌株耐热性的获得。2013 年，Matsutani 等通过对来自 SKU 1108 的耐热菌株 TI 和 TH3 的基因组进行测序分析，发现与 SKU 1108 的基因组相比，TI 和 TH3 基因组中发生了较多突变，其中编码一个氨基酸转运子、转录因子 MarR 和一个 C_4-双羧酸转运子的基因在耐热菌株 TI 和 TH3 中均发生了突变，因此推测它们可能与 AAB 的耐热机理相关。随后，他们将这些突变基因引入 SKU 1108 中构建突变菌株，发现这些基因的确与菌株的耐热性具有一定的关系，但构建的突变菌株的耐热性不及 TI 和 TH3 的，因此他们推测 TI 和 TH3 菌株的耐热性提高可能是基因组中多种突变的叠加效应（Matsutani，et al，2013）。Illeghems 等（2013）对从可可豆发酵过程中分离获得得的耐热巴氏醋杆菌 386B 进行了基因组测序和分析，发现该菌株含有较少的转座酶基因，且没有完整的噬菌体基因组插入，暗示着该菌株的基因组可能比其他巴氏醋杆菌的基因组更稳定，从而具有更好的耐热性。基于 386B 菌株的基因组序列，Pelicaen 等（2019）采用生物信息学手段构建了 386B 菌株的代谢网络，并模拟该菌株在不同条件下的代谢，从而进一步阐释了其耐热机理。2016 年，Matsutani 等将耐热性较高的巴氏醋杆菌 SKU 1108 和 386B 与耐热性相对较低的 NBRC 3283 进行了比较基因组分析，发现 SKU 1108 基因组中包含一个额外的编码黄嘌呤脱氢酶的基因 *xdhA*，而此前已有研究报道该基因与调节热休克和应激响应相关（Soemphol，et al，2011）。此外，与 NBRC 3283 基因组相比，SKU 1108 和 386B 基因组中均含有 3 个特异的基因组区域，从而推测这些区域内的基因也可能对菌株耐热性相关（Matsutani，et al，2016）。

Matsumoto 等（2018）通过驯化获得了耐热的弗拉托葡糖杆菌（*G. frateuri*）菌株，通过对基因组的比较分析，发现其基因组中一个与药物外排转运子相关的编码基因中因插入了一个碱基 G 而导致的移码突变（frameshift mutation）可能与耐热性相关。进一步分别通过紫外诱变和耐热驯化，他们又获得了2株耐热性较好的弗拉托葡糖杆菌菌株，基因组比较分析发现，在经紫外诱变获得的耐热变株中编码药物外排转运子的基因也发生了突变，且其中一株耐热菌株的突变和驯化得到的耐热菌株的突变一样，都是由于碱基G的插入而产生了移码突变。通过在野生弗拉托葡糖杆菌的药物外排转运子基因中插入一个碱基G后，菌株的耐热性也得到了提高，这进一步说明该突变与菌株耐热性能有关。同时，基于耐热菌株细胞内积累了较多的海藻糖，他们认为海藻糖含量可能与菌株的耐热性相关，然而当合成海藻糖的关键酶——海藻糖磷酸合酶（trehalose phosphate synthase）和6磷酸海藻糖磷酸酶（trehalose 6-phosphate phosphatase）缺失后，虽然细胞内无海藻糖产生，但菌株的耐热性能却不降反升，这意味着上述药物转运子和海藻糖与菌株耐热性之间可能还存在十分复杂的关系，具体关系还需进一步深入研究。

Matsumoto等（2020）通过基因组比较并经PCR验证，发现在以IFO 3283-32为出发菌株驯化得到的耐热菌株NM-6基因组中缺失了一段长为64kb包含3个tRNA、1个核糖体RNA操纵子（ribosomal RNA operon），以及众多代谢相关基因，共54个基因的DNA片段和1个质粒，此外还出现11个突变，包括单碱基替换突变（single nucleotide substitution）、移码突变和转座子插入突变（transposon insertion）等，突变涉及DNA聚合酶Ⅲα亚单元、丙氨酰-tRNA合成酶（alanyl-tRNA synthetase）和胞壁质转糖苷酶（murein transglycosylase）等。这些突变基因、缺失的3个tRNA和1个核糖体RNA操纵子主要与DNA复制和蛋白质翻译相关，从而使DNA复制和蛋白质翻译能力降低，而这些能力的降低与64kb DNA片段的缺失可能共同参与了菌株耐热性的提高。

此外，Okamoto-Kainuma和Ishikawa（2016）以NBRC 3283为研究对象，通过敲除和过表达分子伴侣基因 *groESL*、*grpE-dnaK-dnaJ* 和 *clpB*，分别构建了这些分子伴侣基因的突变株。分析发现 *groESL* 和 *grpE-dnaK-dnaJ* 的过表达菌株在42℃时的生长状态更加良好，而 *clpB* 的缺失菌株对高温更敏感，证明分子伴侣蛋白不仅能提高AAB菌株对醋酸的耐受性，也能提高菌株对高温的耐受性。Soemphol等（2011）利用转座子Tn10探究了热带醋杆菌SKU 1100的耐热机理，研究发现24个与应激响应、细胞周期和细胞分裂、细胞壁或细胞膜生成以及转运系统相关的基因与菌株耐热特性有关，也在一定程度上提高该菌株的耐醋酸特性。

总之，关于AAB耐热机理的研究，目前主要集中在巴氏醋杆菌，相关研究结果也主要是通过对基因组的比较分析获得的，大部分研究结论也都是推测得到的。未来有必要采用更多的分子生物学技术，对巴氏醋杆菌以及其他更多AAB菌株进行更加系统和深入的研究，才能更好地揭示AAB的耐热机理。另外，关于AAB耐热和耐醋酸的相关性等也值得进一步研究。

3.3 分子生物学技术在醋酸菌的氧化发酵研究中的应用

氧化发酵是大部分 AAB 拥有非常独特的生理生化特征。在氧化发酵过程中，通过位于 AAB 细胞膜周质侧的膜结合脱氢酶可快速不完全氧化（氧化发酵）醇类、糖类和/或糖醇等底物，产生醋酸、葡萄糖酸、二羟基丙酮、2-酮-L-古洛糖酸等具有重要应用价值（前景）的产物（Matsushita & Matsutani，2016；Adachi，et al，2003）。尽管氧化发酵的机理和过程等已有很多研究（详见本书第 2 章），但是相关研究，特别是关于 MDH 特性以及如何调控和提高氧化发酵产物的产量等一直是 AAB 的研究热点，相关研究主要集中在醋杆菌属、驹形杆菌属和葡糖杆菌属（*Gluconobacter*）等（Matsushita & Matsutani，2016；Kostner，et al，2015；Sakurai，et al，2013；Richhardt，et al，2012；De Muynck et al，2007；Matsushita，et al，2005；Deppenmeier，et al，2002；Gupta，et al，2001；Matsushita，et al，1994）。以下将主要就分子生物学技术，特别是基因无痕敲除等在 AAB 的 MDH 和氧化发酵途径改良等研究中的应用进行叙述。

3.3.1 分子生物学技术在膜结合脱氢酶功能研究中的应用

过去人们一直认为，不同的氧化发酵产物是由不同 AAB 的 MDH 氧化发酵相应的底物产生的，但基因敲除实验发现，依赖 PQQ 的甘油脱氢酶可分别或同时不完全氧化 D-葡萄糖酸、D-阿拉伯糖醇和 D-山梨糖醇等多种底物产生相应各种产物（Miyazaki，et al，2002；Shinjoh，et al，2002；Matsushita，et al，2003；Sugisawa & Hoshino，2002；Adachi，et al，2001；Shinagawa，et al，1999），从而说明依赖 PQQ 的甘油脱氢酶的底物特异性差，具有很宽的底物谱。

根据基因组分析结果，在氧化葡糖杆菌基因组中包含可编码多种 MDH 的基因，尽管部分 MDH 的功能已得到了较好的研究和应用（Richhardt，et al，2013；Prust，et al，2005），但大多数 MDH 的功能和底物特异性等仍然未知。为研究氧化葡糖杆菌等的 MDH 的功能，基因敲除是常用的分子生物学方法之一。根据基因敲除后是否会在 AAB 宿主细胞基因组中引入筛选标记，可将基因敲除分为有痕敲除（mark knockout）和无痕敲除（traceless knockout）。所谓有痕敲除是指每次敲除基因后都会在宿主细胞基因组中引入一个筛选标记，这个筛选标记常用的是抗生素抗性基因。由于可用于基因敲除的抗生素抗性筛选标记基因的数量有限，从而限制了对同一菌株连续进行多基因敲除。此外，在 AAB 等原核生物的基因组中约有 50% 的基因是位于操纵子中的，而同一操纵子中的两个或多个基因被转录成一条多顺反子 mRNA 以实现共表达（Osbourn & Field，2009），标记基因插入后可能会影响操纵子中标记基因插入处下游基因的表达，且抗性基因的残留也可能带来安全性问题，特别是当基因敲除菌株用于食品、食品辅料和食品添加剂等的生产时（Peters ，et al，2013a）。而无痕敲除因在基因敲除菌株中不残留抗性筛选标记基因，因此可在同一菌株中连续进行多个基因的敲除，且不存在因抗性基因残留而可能带来的安全问题，故基因无痕敲除技术是目前和今后的重要发展方法。

基因无痕敲除技术和方法很多，其中反向筛选标记技术（reverse screening marker technology）是利用同源重组原理，以自杀性基因作为反向筛选标记而建立的一种基因无痕敲除方法。反向筛选标记技术是通过包含 1 个抗生素抗性筛选标记、1 个反向筛选标记和 1 个目的基因（待敲除基因）上下游同源臂融合的整合型质粒来实现的（图 3-7）。其中，常用的抗性筛选标记基因主要包括氨苄青霉素抗性基因（Amp^r）、卡那霉素抗性基因（Kan^r）、四环素抗性基因（Tet^r）、链霉素抗性基因（Str^r）和氯霉素抗性基因（Cml^r）等，而常用的反向筛选标记基因主要包括 *sac*B、*gal*K 和 *upp* 基因等。*sac*B 基因是枯草芽孢杆菌（*Bacillus subtilis*）中编码分泌型果聚糖蔗糖酶（levansucrase）的基因，负责果聚糖合成和蔗糖水解，该基因的表达可使合成的果聚糖在革兰氏阴性菌的周质空间大量积聚，影响物质的传递和运输，从而导致宿主菌死亡。然而，利用 *sac*B 构建的筛选盒较长（约 4.0kb），PCR 扩增困难，自身也易发生突变，从而导致反向筛选的高假阳性，成功率较低（Lee，et al，2009）。*gal*K 基因是大肠杆菌中编码半乳糖激酶（galactokinase）基因，可催化 1-磷酸半乳糖形成，参与半乳糖的代谢。当细胞中半乳糖代谢发生障碍或培养基中含有半乳糖类似物——2-脱氧半乳糖时，*gal*K 的存在可导致宿主细胞死亡。另外，参与嘌呤和嘧啶补偿代谢途径中的一些基因也可作为反向筛选标记，例如，编码尿嘧啶磷酸核糖转移酶（uracil phosphoribosyl transferase，UPRT）的 *upp* 基因，因为该基因编码的酶可将无毒的 5-氟尿嘧啶（5-fluorouracil，5-FU）转化成有毒的 5-氟尿苷单磷酸（5-fluorouridine monophosphate，5-FUMP）（Hasegawa，et al，2013；Andersen，et al，2010）从而杀死含有 *upp* 基因的菌株。

反向筛选基因无痕敲除过程主要包括以下两步：①将含有反向筛选基因的质粒转入宿主细胞后进行重组子筛选，质粒通过第 1 次同源重组整合到宿主基因组中位于目的基因上游或下游的位置，然后在含有抗生素的平板上可筛选出重组子。②目的基因上游或下游的同源片段通过第 2 次同源重组，从而将质粒从宿主基因组中去除，进而可获得野生型或基因无痕敲除菌株，两种菌株数量的理论比值为 1∶1。反向筛选基因无痕敲除技术的具体原理见图 3-7。

Peters 等（2013a）成功构建了可用于氧化葡糖杆菌反向筛选基因无痕敲除的质粒 pAJ63a［图 3-8（a）］。该基因无痕敲除载体以卡那霉素抗性基因（Kan^r）作

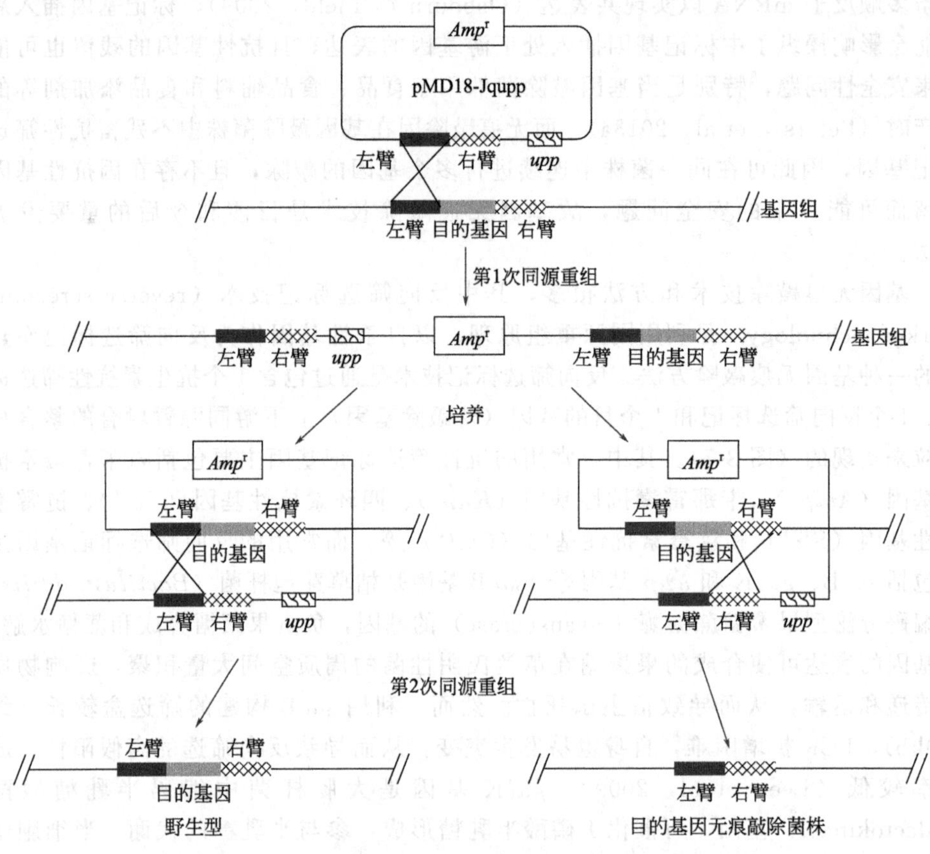

图 3-7 反向筛选标记技术的基因无痕敲除原理图

Amp^r：氨苄青霉素抗性基因；左臂：目的基因的左侧同源臂；
右臂：目的基因的右侧同源臂；*upp*：编码尿嘧啶磷酸核糖转移酶基因

为第 1 次同源重组阳性克隆子的筛选标记，*upp* 基因作为第 2 次同源重组时的反向筛选标记，通过 PCR 及 Southern 杂交验证，成功筛选获得了无痕基因敲除菌株。然而，在大多数 AAB，包括氧化葡糖杆菌的基因组中均包含 *upp* 基因，因此以 *upp* 进行无痕敲除时，必须先敲除宿主菌基因组中的 *upp*，这不仅增加了操作步骤，而且 *upp* 敲除后的出发菌株就不是严格意义上的野生菌株。为解决这一问题，Kostner 等（2013）使用大肠杆菌中胞嘧啶脱氨酶的编码基因 *codA* 作为反向筛选标记，该酶可将无毒的 5-氟胞嘧啶（5-fluorocytosine，5-FC）转化为 5-氟尿嘧啶（5-FU），随后基因组自带的 *upp* 编码的尿嘧啶磷酸核糖基转移酶可将无毒的 5-FU 转化为有毒的 5-FUMP，因此 *codA* 可作为反向筛选标记。进一步研究发现，编码胞嘧啶通透酶的 *codB* 基因的介入可显著提高该系统的基因敲除效率，因此以 *codB* 和 *codA* 基因组合在一起构建了高效无痕敲除体系——质粒 pKOS6b［图 3-8（b）］。此外，由于几乎所有的 AAB 菌株均对 5-FC 不敏感，且它们基因组中

均缺少 *codA* 和 *codB* 基因，因此该高效基因无痕敲除体系有望用于各种 AAB 菌株的基因无痕敲除。

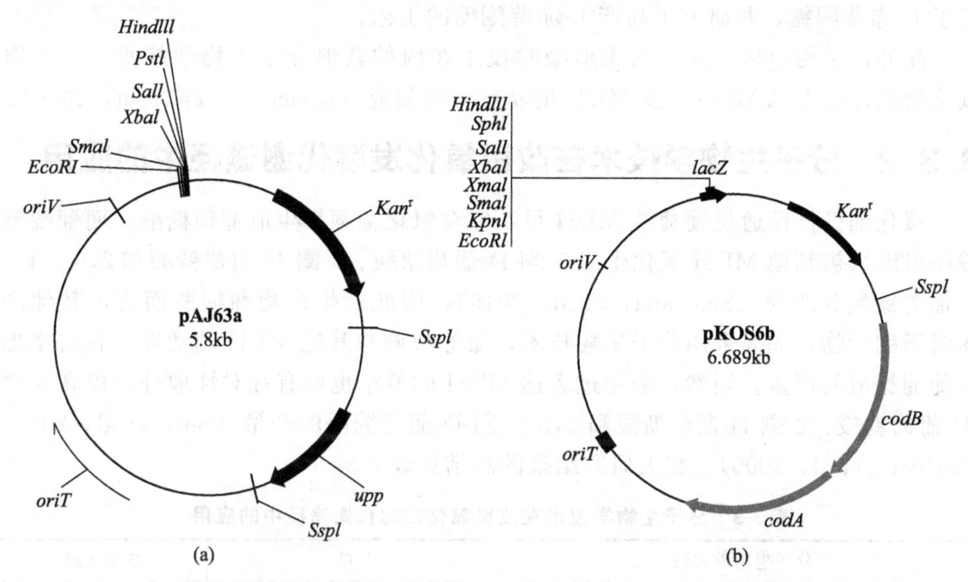

图 3-8 醋酸菌无痕敲除体系 pAJ63a（a）和 pKOS6b（b）质粒的结构示意图（引自 Peters，et al，2013a；Kostner，et al，2013）

采用上述基因无痕敲除体系，Peters 等（2013b）连续敲除了氧化葡糖杆菌 621H 中的所有 MDH 基因，成功构建了缺乏一个或多个 MDH 基因的一系列突变株，包括 621H 菌株中所有 9 个 MDH 基因（乙醇脱氢酶、肌醇脱氢酶、乙醛脱氢酶、山梨醇脱氢酶、葡萄糖酸-2 脱氢酶、PQQ 依赖的葡萄糖脱氢酶、PQQ 依赖的脱氢酶 3、PQQ 依赖的脱氢酶 4 和多元醇脱氢酶）均被敲除的突变株 BP. 9 与仅含多元醇脱氢酶编码基因的突变菌株 BP. 8 等。通过对这些突变菌株的分析表明，621H 中的 MDH 可不完全氧化多种底物，产生相应的产物，但这些 MDH 对 621H 的生长和存活并不是必需的。研究者进一步采用 2,6-二氯苯酚吲哚酚（2,6-dichlorophenol indole phenol，DCPIP）测定了这些突变株细胞中 MDH 的活性，从而阐明了不同 MDH 的底物特异性和功能。Mientus 等（2017）利用穿梭载体，在 BP. 9 中逐一表达了一系列的 MDH 基因，并以 DCPIP 方法对它们的底物特异性进行了分析。Peters 等（2017）从液态发酵的食醋样品（醋母）中提取总 DNA，通过宏基因组测序和芯片技术筛选得到了 6 个 MDH 基因，然后将它们分别在 BP. 9 中进行表达，并采用 DCPIP 方法分析了 6 种 MDH 的底物特异性，结果发现了 1 种底物谱较宽的葡萄糖脱氢酶，它不仅可不完全氧化葡萄糖，而且也可不完全氧化庚醛糖（aldoheptoses）、D-核糖（D-ribose）和丁醛糖（aldotetroses）；也发现了 1 种底物特异性高（底物谱窄）但能区分顺式和反式-1,2-环己二醇的多元醇脱氢酶，以及3种与氧化葡糖杆菌621H中MDH底物谱相同的新MDH；还发现了1种全新的仲醇脱氢酶。此外，Burger等（2019）采用BP.8菌株发酵赤鲜醇得到了L-赤藓酮糖，并研究了高产L-赤藓酮糖的工艺。

此外，采用包括上述基因无痕敲除技术在内的其他分子生物学技术，还可对氧化葡糖杆菌等AAB中更多MDH的功能开展研究（Adachi & Yakushi，2016）。

3.3.2 分子生物学技术在改良氧化发酵代谢途径中的应用

氧化葡糖杆菌通过葡萄糖MDH可不完全氧化葡萄糖生成葡萄糖酸，而葡萄糖酸还可继续被其他MDH氧化生成5-酮-D-葡萄糖酸、2-酮-D-葡萄糖酸和2,5-二酮-D-葡萄糖酸等产物（Saichana，et al，2015），因此就生产葡萄糖酸而言，其他产物属于副产物，如果采用分子生物技术，敲除或调控其他MDH的活性，就有望提高葡萄糖酸的产量。当然，采用过表达MDH的策略也可有针对性地分别提高5-酮-D-葡萄糖酸、2-酮-D-葡萄糖酸和2,5-二酮-D-葡萄糖酸的产量（Shi，et al，2014；Merfort，et al，2006）。相关研究结果的总结见表3-3。

表3-3 分子生物学技术在改良氧化发酵代谢途径中的应用

分子生物学方法	目的	参考文献
过表达葡萄糖酸-2-脱氢酶基因	提高2-酮-D-葡萄糖酸产量	Shi,et al,2014
在葡萄糖酸-2-脱氢酶缺失菌株中,同时过表达葡萄糖酸-5-脱氢酶和葡萄糖酸5-氧化还原酶基因	提高5-酮-D-葡萄糖酸产量	Merfort,et al,2006
膜结合葡萄糖酸-2-脱氢酶缺失	提高5-酮-D-葡萄糖酸产量	Elfari,et al,2005
添加poly(A/T)至编码山梨醇脱氢酶编码基因的3'端,提升其mRNA丰度	提高L-山梨糖产量	Xu,et al,2014
过表达合成PQQ的基因*pqqABCDE*和*tldD*	提高L-山梨糖产量	Wang,et al,2016
在氧化葡糖杆菌中异源表达L-山梨糖脱氢酶和L-山梨糖酮脱氢酶基因	从D-山梨糖醇一步制得2-酮-L-古洛糖酸	Gao,et al,2014
在大肠杆菌中异源表达木糖醇脱氢酶	将山梨糖醇转为果糖,从而影响L-山梨糖产生	Liu,et al,2019

3.4 分子生物学技术在醋酸菌其他研究中的应用

3.4.1 分子生物学技术在醋酸菌产细菌纤维素研究中的应用

AAB除可将葡萄糖不完全氧化成各种产物外，还可将葡萄糖作为合成胞外多糖的单体，产生各种胞外多糖。其中，细菌纤维素（bacterial cellulose，BC）是最具有代表性且研究得较深入的一类AAB的胞外多糖（La China，et al，2018）。有关BC产生微生物、合成机制、发酵、纯化、性质及其应用将在“第6章醋酸菌在细菌纤维素生产中的应用”进行叙述。以下仅就分子生物学技术在调控AAB产BC中的应用进行阐述。

分子生物学研究发现，AAB的BC生物合成是由BC合成酶（bacterial cellulose synthase，BCS）复合体（BcsA、BcsB、BcsC和BcsD）来实现的，编码这些亚基的基因位于同一个操纵子中（Gullo，et al，2018；Tonouchi，2016）。其中，BcsA是该复合体的催化亚基，可不断结合葡萄糖分子来延伸葡聚糖链；BcsB是一个锚定在膜上的蛋白（Morgan，et al，2013），它与BcsA紧密相连，其作用可能与BcsA不断合成的葡聚糖链移位有关（Gullo，et al，2018）；BcsC亚基具有跨膜结构域可在细胞外膜上形成跨膜孔隙，以供葡聚糖链排出胞外（Whitney et al，2011）；而BcsD是一个周质间隙的蛋白，它可能在帮助线性BC合成酶沿细胞纵轴对齐方面发挥不可或缺的作用，从而有助于BC的合成（Gullo，et al，2018；Mehta，et al，2015）。除*bcs*ABCD外，通过分子生物学方法研究还发现，在编码BC合成酶复合体操纵子内的一些其他基因，如*cmcax*、*ccpax*和*bglax*等（Tonouchi，2016）。虽然这些基因编码的蛋白对合成BC并非必须的，但它们同葡聚糖链的正确形成直接相关（Gullo，et al.，2018）。例如，Nakai等（2002）以分子生物学技术研究发现，*ccpax*编码的蛋白CcpAx可能与BC更高层级的晶体结构形成有关。Nakai等（2013）再次采用分子生物学技术研究发现，*cmcax*编码的蛋白CMCax有助于多糖纤维的正确包装，从而通过降低微纤维的扭曲程度来实现BC的正确合成（Gullo，et al.，2018）。此外，Deng等（2013）采用包括Tn5转座子诱变、蛋白印迹和回补实验等分子生物学方法，探究了*bcsA*、*bcsC*、*ccpax*、*dgc*1（编码双鸟苷酸环化酶基因）和调控因子*crp-fnr*等基因功能，并构建了*bglax*缺失菌株，结果发现CMCax和BglAx的协同作用在BC的结构维持中可能扮演着必不可少的角色。

除了直接参与BC合成的基因外，对其他基因的编辑与修饰也会影响BC产量。例如，Kuo等（2015）采用分子生物学技术，敲除了木驹形杆菌（*K. xylinus*）中编码D-葡萄糖脱氢酶的编码基因后，由于缺少了葡萄糖消耗的竞争者，所以突变体的BC产量比野生型菌株提高了很多。

研究者也通过基因组序列分析，挖掘不同AAB菌株中与BC合成相关的基因，以及BC的合成网络。Matsutani等（2015）从不产BC的麦德林驹形杆菌（*K. medellinens*）NBRC 3288菌株的持续静置培养的培养液中分离得到了两株可产生BC的突变体R1和R2。比较基因组学分析发现，与原始菌株NBRC 3288的基因组相比，突变体的基因组中1个*bcs*BⅠ基因发生了移码突变，从而导致BC合成酶操纵子被截短，而*bcsC*Ⅱ基因中有转座子的插入。然而，可通过删除富含C的区域中的一个碱基，*bcsB* Ⅰ基因的功能得以恢复，这说明 *bcsB* Ⅰ基因对 BC 的合成起着十分重要的作用。Zhang 等（2017）通过对椰冻驹形杆菌（*K. nataicola*）RZS 01 菌株的基因组测序与分析，构建了基因组水平的 BC 代谢网络模型 *i*HZ 771。该模型共包含 771 个基因、2035 个代谢产物和 2014 个反应。在最小（基础）培养基和复杂（复合）培养基中分别只要 71 个和 30 个基因的表达就可满足细胞生长的需要，且甘油是合成 BC 的最有效碳源，只有 8 个基因是高产 BC 所必须的。Gullo 等（2019）通过分析 BC 高产菌株木驹形杆菌 K2G30 的基因组，发现了 3 个拷贝的 *bcs* 操纵子以及一个额外的 *bcsAB* 基因，据此他们推断 *bcs* 操纵子的多拷贝数可能是高产 BC 的原因。最近，Lu 等（2020）分离获得了 1 株高产 BC 的驹形杆菌属菌株 CGMCC 17276 并对其基因组进行了分析，发现其基因组中含 4 个 BC 合成酶的操纵子，并经实时荧光定量 PCR 分析发现，*bcs* Ⅱ和 *bcs* Ⅲ操纵子表达量很高，这可能与其高产 BC 有关。La China 等（2020）分离得到了能以葡萄糖、甘露醇和甘油等为原料生产 BC 的木驹形杆菌 K1G4，经基因组分析发现，在其基因组中包含的 3 个拷贝数的 *bcsAB* 操纵子，这可能与其能通过多种底物生成 BC 有关。当然，这些基于基因组的研究结果还需要通过实验研究来证实。

3.4.2 分子生物学技术在探究醋酸菌苯乳酸合成机理方面的应用

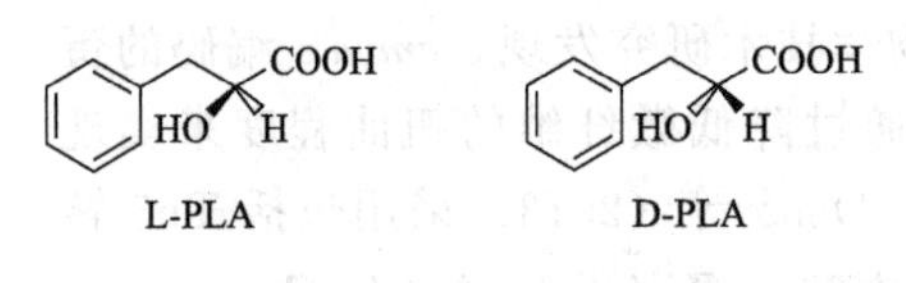

图 3-9 苯乳酸的两种对映异构体

苯乳酸（phenyllacticacid，PLA）又名 2-羟基-3 苯基丙酸、β-苯乳酸或 3-苯基乳酸等，分子式 $C_9H_{10}O_3$，分子量 166.17，存在 L-PLA 和 D-PLA 两种对映异构体（Mu，et al，2012）（图 3-9）。

PLA 是一种具有广谱抑菌活性的有机酸，可抑制细菌与真菌等微生物的生长；由于其结构与治疗冠心病的丹参素相似，因此与丹参素具有相同的药理作用；PLA 还是糖尿病药物恩格列酮（enhlitazone）的前体物；PLA 聚合物还具有较强的机械性能、热稳定性和紫外吸收能力，因此 PLA 被广泛用于食品、饲料、医药和化妆品等行业（李爽爽等，2020；Dieuleveux，et al，1998）。关于 PLA 的来源和作用等将在本书第 4 章中进行详细描述，以下仅介绍分子生物学技术在探讨 AAB 合成 PLA 机理研究中的应用。

目前，PLA 合成主要包括化学合成法和生物合成法。化学合成 PLA 具有生产成本低、转化效率和产量高等优点，但存在需要苛刻的反应条件（高温、高压和催化剂等）、污染大、副产物多和不易分离等不足（Kazuaki 等，2003；李光兴等，2002；邓喜玲等，2001；周小鸣等，1988）。

关于微生物产生 PLA 的研究，Dieuleveux 等（1998）发现应用于干酪生产中的白地霉（*Geotrichum candidum*）可产生抑制食源性致病菌单增李斯特菌（*Listeria monocytogenes*）的物质D-PLA。Lavermicocca等（2000）从酸面团中分离出1株产PLA的植物乳杆菌（*Lactobacillus plantarum*）21B，并发现PLA对真菌具有广泛的抑菌活性。随着研究的不断深入，发现多种微生物均可产生PLA，除白地霉和乳酸菌外（Li et al.，2015；Cortés-Zavaleta，et al，2014），丙酸菌（*Propionibacteria*）（Lind，et al，2007）、荧光维克酵母（*Wickerhamia fluorescens*）（Fujii，et al，2011）、凝结芽孢杆菌（*Bacillus coagulans*）（Zheng，et al，2011）、光合细菌（Prasuna，et al，2012）等也可产生PLA。最近，笔者课题组首次分离得到1株产PLA的AAB——古墓土壤葡糖醋杆菌（*Ga. tumulisoli*）FBFS 97（李爽爽，2020；陈亨业，2018）。该菌株可分泌大量的胞外棕色素（图3-10），且以葡萄糖为唯一碳源时，可产生约50mg/L的PLA。采用单因素实验、Plackett-Burman实验、最陡爬坡实验和Box-Behnken响应面实验对FBFS 97产PLA的液态发酵工艺条件优化后发现，在最佳发酵条件下，PLA的产量高达408mg/L（李爽爽，2020）。

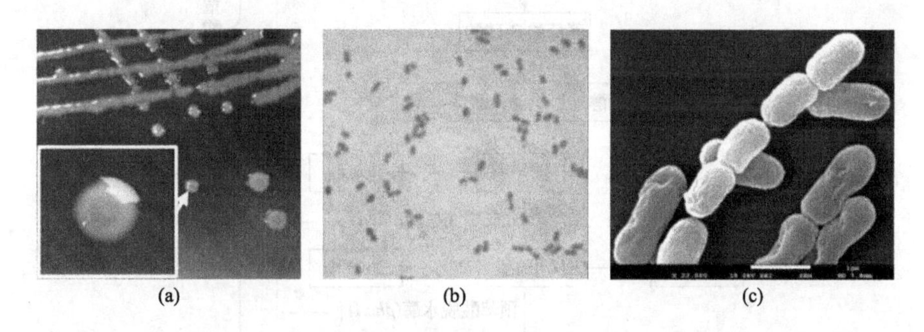

图3-10　古墓土壤葡糖醋杆菌FBFS 97的形态（引自李爽爽等，2020）
（a）菌落形态和分泌的胞外棕色素；（b）革兰氏染色后光学显微镜下的菌体形态；
（c）电子显微镜下的菌体形态。

为研究FBFS 97产PLA的机理，对其基因组进行了测序与分析，结果表明FBFS 97的基因组大小约为4.0Mb，G+C含量的摩尔百分数为66.62%，共编码3500个基因。进一步分析发现，在FBFS 97基因组中存在完整的PLA生物合成途径（图3-11）。当以葡萄糖为底物时，通过糖酵解途径和磷酸戊糖途径分别合成的磷酸烯醇式丙酮酸（phosphoenolpyruvate）和4-磷酸赤藓糖（erythritose 4-phosphate），经莽草酸途径可合成分支酸（chorismate），然后转化为苯丙酮酸（phenylpyruvate），并经脱氢酶生成PLA；当培养基中存在苯丙氨酸时，苯丙氨酸也可在氨基转移酶和脱氢酶的作用下生成PLA（李爽爽，2020；Kawaguchi，et al，2019），且氨基转移酶是合成PLA的限速酶，因为该酶在微生物中一般表达量较低（Dallagnol，et al，2011；Vermeulen，et al，2006）。另外，烟酰胺腺嘌呤二核苷酸（NADH）作为PLA合成途径中脱氢酶的氢供体也影响着PLA的生物合成（Jia，et al，2018）。

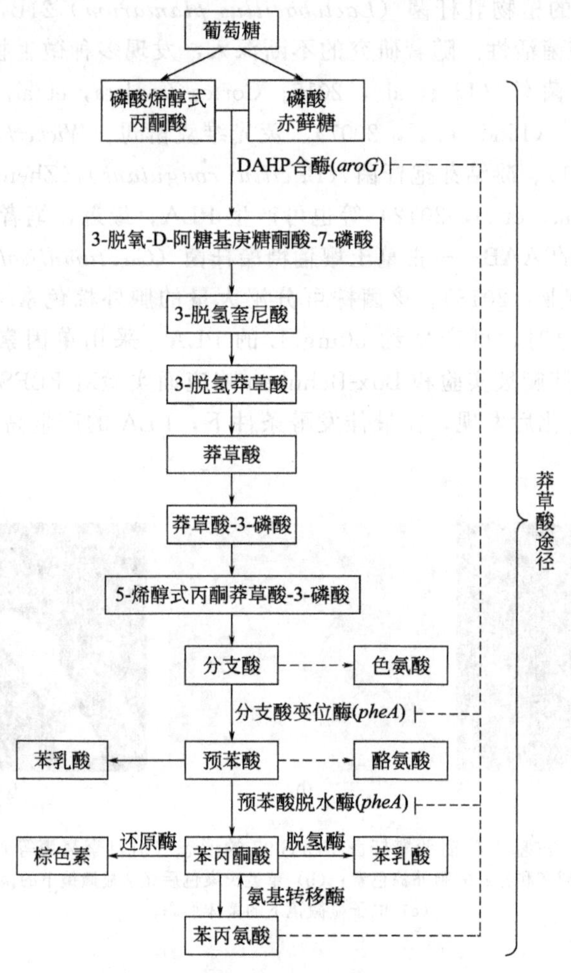

图 3-11　古墓土壤葡糖醋杆菌 FBFS 97
苯乳酸生物合成途径（改自陈亨业，2018）

进一步，基于莽草酸途径中苯丙氨酸可反馈抑制 *aroG* 编码的3-脱氧-d-阿拉伯庚酮糖-7-磷酸（3-deoxy-D-arabinoheptanose-7-phosphate，DAHP）合酶和 *pheA* 编码的分支酸变位酶/预苯酸脱水酶的酶活，笔者课题组将来自高产苯丙氨酸的大肠杆菌 NST37（ATCC31882）（Choi，1981）中的可分别编码抵抗苯丙氨酸反馈抑制的DAHP合酶和分支酸变位酶 $aroG^{fbr}$ 和 $pheA^{fbr}$ 基因依次导入 FBFS 97 中，构建了含有 $aroG^{fbr}$、$pheA^{fbr}$ 和 $aroG^{fbr}$- $pheA^{fbr}$ 的 FBFS 97 突变菌株，结果分析发现，含有 $aroG^{fbr}$ 和 $aroG^{fbr}$-$pheA^{fbr}$ 的 FBFS 97 突变株的PLA产量分别提高了 8.6%和 4.5%，且含有 $pheA^{fbr}$ 和 $aroG^{fbr}$-$pheA^{fbr}$ 的 FBFS 97 突变株的棕色

素产量也分别提高了47.6%和64.9%（陈亨业，2018）。基于这些结果，推测在FBFS 97菌株中PLA和棕色素的生物合成途径可能存在一个共同的前体物质——预苯酸（图3-11）。在上述构建的FBFS 97突变株中可能由于预苯酸大部分流向了棕色素的生物合成途径，所以棕色素的提高量远远大于PLA的提高量。当然，也可能由于PLA对FBFS 97突变株细胞本身存在抑制作用，因此导致大部分预苯酸流向了棕色素合成途径，只将少部分流向PLA合成途径（李爽爽，2020；陈亨业，2018）。目前笔者课题组正采用相关的分子生物技术对上述推测的相关结论进行验证。

参考文献

Adachi O，Fujii Y，Ghaly M F，et al. 2001. Membrane-bound quinoprotein D-arabitol dehydrogenase of *Gluconobacter suboxydans* IFO 3257：a versatile enzyme for the oxidative fermentation of various ketoses [J]. Bioscience，Biotechnology，and Biochemistry，65 (12)：2755-2762.

Adachi O，Moonmangmee D，Toyama H，et al. 2003. New developments in oxidative fermentation [J]. Applied Microbiology and Biotechnology，60 (6)：643-653.

Adachi O，Yakushi T，2016. Membrane-bound dehydrogenases of acetic acid bacteria. In：(Eds) K. Matsushita，H. Toyama，N. Tonouchi and A. Okamoto-Kainuma. Acetic Acid Bacteria：Ecology and Physiology [M]. Tokyo：Springer Japan：273-297.

Akasaka N，Astuti W，Ishii Y，et al. 2015. Change in the plasmid copy number in acetic acid bacteria in response to growth phase and acetic acid concentration [J]. Journal of Bioscience and Bioengineering，119 (6)：661-668.

Andersen P S，Smith J M，Mygind B. 2010. Characterization of the *upp* gene encoding uracil phosphoribosyltransferase of *Escherichia coli* K12 [J]. FEBS Journal，204 (1)：51-56.

Andrés-Barrao C，Saad M M，Cabello Ferrete E，et al. 2016. Metaproteomics and ultrastructure characterization of *Komagataeibacter* spp. involved in high-acid spirit vinegar production [J]. Food Microbiology，55：112-122.

Andrés-Barrao C，Saad M M，Chappuis M-L，et al. 2012. Proteome analysis of *Acetobacter pasteurianus* during acetic acid fermentation [J]. Journal of Proteomics，75 (6)：1701-1717.

Azuma Y，Hosoyama A，Matsutani M，et al. 2009. Whole-genome analyses reveal genetic instability of *Acetobacter pasteurianus* [J]. Nucleic Acids Research，37 (17)：5768-5783.

Barja F，Andrés-Barrao C，Ortega Pérez R，et al. 2016. Physiology of *Komagataeibacter* spp. during acetic acid fermentation. In：(Eds) K. Matsushita，H. Toyama，N. Tonouchi and A. Okamoto-Kainuma. Acetic Acid Bacteria：Ecology and Physiology [M]. Tokyo：Springer Japan. 201-221.

Barrangou R，Marraffini L A. 2014. CRISPR-Cas systems：Prokaryotes upgrade to adaptive immunity [J]. Molecular Cell，54 (2)：234-244.

Burger C，Kessler C，Gruber S，et al. 2019. L-erythrulose production with a multideletion strain of *Gluconobacter oxydans* [J]. Applied Microbiology and Biotechnology，103 (11)：4393-4404.

Cavka A，Xiang G，Tang S J，et al. 2013. Production of bacterial cellulose and enzyme from waste fiber sludge [J]. Biotechnology for Biofuels，6 (1)：1-10.

Chawla P R，Bajaj I B，Survase S A，et al. 2009. Microbial cellulose：fermentative production and applications [J]. Food Technology and Biotechnology，47 (2)：107-124.

Chinnawirotpisan P, Theeragool G, Limtong S, et al. 2003. Quinoprotein alcohol dehydrogenase is involved in catabolic acetate production, while NAD-dependent alcohol dehydrogenase in ethanol assimilation in *Acetobacter pasteurianus* SKU1108 [J]. Journal of Bioscience and Bioengineering, 96 (6): 564-571.

Choi Y J. 1981. Phenylalanine production by *Escherichia coli*: A feasibility study [M]. Sydeny: University of New South Wales.

Cortés-Zavaleta O, López-Malo A, Hernández-Mendoza A, et al. 2014. Antifungal activity of *Lactobacilli* and its relationship with 3-phenyllactic acid production [J]. International Journal of Food Microbiology, 173: 30-35.

Dallagnol AM, Catalán CAN, Mercado MI, et al. 2011. Effect of biosynthetic intermediates and citrateon the phenyllactic and hydroxyphenyllactic acids production by *Lactobacillus plantarum* CRL 778 [J]. Journal of Applied Microbiology, 111 (6): 1447-1455.

De Muynck C, Pereira C S, Naessens M, et al. 2007. The genus *Gluconobacter oxydans*: comprehensive overview of biochemistry and biotechnological applications [J]. Critical Reviews in Biotechnology, 27 (3): 147-171.

De Roos J, De Vuyst L, 2017. Acetic acid bacteria in fermented foods and beverages [J]. Current Opinion in Biotechnology, 49: 115-119.

Deng Y, Nagachar N, Xiao C, et al. 2013. Identification and characterization of non-cellulose-producing mutants of *Gluconacetobacter hansenii* generated by Tn5 transposon mutagenesis [J]. Journal of Bacteriology, 195 (22): 5072.

Deppenmeier U, Hoffmeister M, Prust C. 2002. Biochemistry and biotechnological applications of *Gluconobacter* strains [J]. Applied Microbiology and Biotechnology, 60 (3): 233-242.

Dieuleveux V, Lemarinier S, Guéguen M. 1998. Antimicrobial spectrum and target site of D-3-phenyllaetic acid [J]. International Jounal of Food Microbiology, 40 (3): 177-183.

Elfari M, Ha S-W, Bremus C, et al. 2005. A *Gluconobacter oxydans* mutant converting glucose almost quantitatively to 5-keto-D-gluconic acid [J]. Applied Microbiology and Biotechnology, 66 (6): 668-674.

Foster J W. 2004. *Escherichia coli* acid resistance: tales of an amateur acidophile [J]. Nature Reviews Microbiology, 2 (11): 898-907.

Freeman Z N, Dorus S, Waterfield N R. 2013. The KdpD/KdpE two-component system: Integrating K^+ homeostasis and virulence [J]. PLoS Pathogens, 9 (3): e1003201.

Fujii T, Shimizu M, Doi Y, et al. 2011. Novel fungal phenylpyruvate reductase belongs to D-isomer-specific 2-hydroxyacid dehydrogenase family [J]. Biochimica Biophysica Acta, 1814 (12): 1669-1676.

Funa N, Ohnishi Y, Fujii I, et al., 1999. A new pathway for polyketide synthesis in microorganisms [J]. Nature, 400 (6747): 897-899.

Gao L, Hu Y, Liu J, et al. 2014. Stepwise metabolic engineering of *Gluconobacter oxydans* WSH-003 for the direct production of 2-keto-L-gulonic acid from D-sorbitol [J]. Metabolic Engineering, 24: 30-37.

Gullo M, La China S, Falcone P M, et al. 2018. Biotechnological production of cellulose by acetic acid bacteria: current state and perspectives [J]. Applied Microbiology and Biotechnology, 102 (16): 6885-6898.

Gullo M, La China S, Petroni G, et al. 2019. Exploring K2G30 genome: A high bacterial cellulose producing strain in glucose and mannitol based media [J]. Frontiers in Microbiology, 10 (58).

Gullo M, Sola A, Zanichelli G, et al. 2017. Increased production of bacterial cellulose as starting point for scaled-up applications [J]. Applied Microbiology and Biotechnology, 101 (22): 8115-8127.

Gupta A, Singh V K, Qazi G N, et al. 2001. *Gluconobacter oxydans*: its biotechnological applications [J]. Journal of Molecular Microbiology and Biotechnology, 3 (3): 445-456.

Hasegawa N, Abei M, Yokoyama K K, et al. 2013. Cyclophosphamideenhances antitumor efficacy of oncolytic adenovirus expressin guracil phosphoribosyltransferase (UPT) in immunocompetent *Syrian hamsters* [J]. International Journal of Cancer, 133 (6): 1479-1488.

Iguchi M, Yamanaka S, Budhiono A. 2000. Bacterial cellulose—a masterpiece of nature's arts [J]. Journal of Materials Science, 35 (2): 261-270.

Illeghems K, De Vuyst L, Weckx S. 2013. Complete genome sequence and comparative analysis of *Acetobacter pasteurianus* 386B, a strain well-adapted to the cocoa bean fermentation ecosystem [J]. BMC Genomics, 14 (1): 526.

Ishikawa M, Okamoto-Kainuma A, Jochi T, et al. 2010a. Cloning and characterization of *grpE* in *Acetobacter pasteurianus* NBRC 3283 [J]. Journal of Bioscience and Bioengineering, 109 (1): 25-31.

Ishikawa M, Okamoto-Kainuma A, Matsui K, et al. 2010b. Cloning and characterization of *clpB* in *Acetobacter pasteurianus* NBRC 3283 [J]. Journal of Bioscience and Bioengineering, 110 (1): 69-71.

Jia BL, Pu ZJ, Tang K, et al., 2018. Catalytic, computational, and evolutionary analysis of the D-lactate dehydrogenases responsible for D-lactic acid production in lactic acid bacteria [J]. Journal of Agricultural and Food Chemistry, 66 (31): 8371-8381.

Kanchanarach W, Theeragool G, Inoue T, et al. 2010. Acetic acid fermentation of *Acetobacter pasteurianus*: relationship between acetic acid resistance and pellicle polysaccharide formation [J]. Bioscience Biotechnology and Biochemistry, 74 (8): 1591-1597.

Kanjee U, Houry W A. 2013. Mechanisms of acid resistance in *Escherichia coli* [J]. Annual Review of Microbiology, 67: 65-81.

Kawaguchi H, Miyagawa H, Nakamura-Tsuruta S, et al. 2019. Enhanced phenyllactic acid production in *Escherichia coli* via oxygen limitation and shikimate pathway gene expression [J]. Biotechnology Journal, 14 (6): e1800478.

Kazuaki N, Mamoru I. 2003. Method for producing optically active phenyllactic acid [P]. Japan patent: 2003192633A.

Kostner D, Luchterhand B, Junker A, et al. 2015. The consequence of an additional NADH dehydrogenase paralog on the growth of *Gluconobacter oxydans* DSM3504 [J]. Applied Microbiology and Biotechnology, 99 (1): 375-386.

Kostner D, Peters B, Mientus M, et al. 2013. Importance of *codB* for new *codA*-based markerless gene deletion in *Gluconobacter* strains [J]. Applied Microbiology and Biotechnology, 97 (18): 8341-8349.

Kuo C-H, Teng H-Y, Lee C-K. 2015. Knock-out of glucose dehydrogenase gene in *Gluconacetobacter xylinus* for bacterial cellulose production enhancement [J]. Biotechnology and Bioprocess Engineering, 20 (1): 18-25.

La China S, Bezzecchi A, Moya F, et al. 2020. Genome sequencing and phylogenetic analysis of K1G4: a new *Komagataeibacter* strain producing bacterial cellulose from different carbon sources [J]. Biotechnology Letters, 42: 807-818.

La China S, Zanichelli G, De Vero L, et al. 2018. Oxidative fermentations and exopolysaccharides production by acetic acid bacteria: a mini review [J]. Biotechnology Letters, 40 (9): 1289-1302.

Lasko D R, Schwerdel C, Bailey J E, et al. 1997. Acetate-specific stress response in acetate-resistant bacteria: an analysis of protein patterns [J]. Biotechnology Progress, 13 (5): 519-523.

Lavermicocca P, Valerio F, Evidente A, et al. 2000. Purification and characterization of novel antifungal compounds from the sourdough *Lactobacillus plantarum* strain 21B [J]. Applied and Environmental Microbiology, 66 (9): 4084-4090.

Lee D J, Bingle L E, Heurlier K, et al. 2009. Gene doctoring: Amethod for recombineering in laboratory and pathogenic *Escherichia coli* strains [J]. BMC Microbiology, 9 (12) : 252-266.

Li XF, Ning YW, Liu D, et al. 2015. Metabolic mechanism of phenyllactic acid naturally occurring in Chinese pickles [J]. Food Chemistry, 186: 265-270.

Lin J, Smith M P, Chapin K C, et al. 1996. Mechanisms of acid resistance in enterohemorrhagic *Escherichia coli* [J]. Applied and Environmental Microbiology, 62 (9): 3094-3100.

Lind H, Sjögren J, Gohil S, et al. 2007. Antifungal compounds from cultures of dairy *Propionibacteria* type strains [J]. FEMS Microbiology Letters, 271 (2): 310-315.

Liu L, Zeng W, Du G, et al. 2019. Identification of NAD-dependent xylitol dehydrogenase from *Gluconobacter oxydans* WSH-003 [J]. ACS Omega, 4 (12): 15074-15080.

Lu T, Gao H, Liao B, et al. 2020. Characterization and optimization of production of bacterial cellulose from strain CGMCC 17276 based on whole-genome analysis [J]. Carbohydrate Polymers, 232: 115788.

Mamlouk D, Gullo M. 2013. Acetic acid bacteria: Physiology and carbon sources oxidation [J]. Indian Journal of Microbiology, 53 (4): 377-384.

Matsumoto N, Hattori H, Matsutani M, et al. 2018. A single-nucleotide insertion in a drug transporter gene induces a thermotolerance phenotype in *Gluconobacter frateurii* by increasing the NADPH/NADP ratio via metabolic change [J]. Applied and Environmental Microbiology, 84 (10): e00354-00318.

Matsumoto N, Matsutani M, Azuma Y, et al. 2020. In vitro thermal adaptation of mesophilic *Acetobacter pasteurianus* NBRC 3283 generates thermotolerant strains with evolutionary trade-offs [J]. Bioscience, Biotechnology, and Biochemistry, 84 (4): 832-841.

Matsushita K, Azuma Y, Kosaka T, et al. 2016. Genomic analyses of thermotolerant microorganisms used for high-temperature fermentations [J]. Bioscience, Biotechnology, and Biochemistry, 80 (4): 655-668.

Matsushita K, Fujii Y, Ano Y, et al. 2003. 5-keto-D-gluconate production is catalyzed by a quinoprotein glycerol dehydrogenase, major polyol dehydrogenase, in *Gluconobacter* species [J]. Applied and Environmental Microbiology, 69: 1959-1966.

Matsushita K, Inoue T, Theeragool G, et al. 2005. Acetic acid production in acetic acid bacteria leading to their "death" and survival. In:(Eds) M. Yamada. Survival and death in bacteria [M]. Kerala: Research Signpost: 169-181.

Matsushita K, Matsutani M. 2016. Distribution, evolution, and physiology of oxidative fermentation. In:(Eds) K. Matsushita, H. Toyama, N. Tonouchi and A. Okamoto-Kainuma. Acetic Acid Bacteria: Ecology and Physiology [M]. Tokyo: Springer Japan: 159-178.

Matsushita K, Toyama H, Adachi O. 1994. Respiratory chains and bioenergetics of acetic acid bacteria [J]. Advances in Microbial Physiology, 36: 247-301.

Matsutani M, Hirakawa H, Hiraoka E, et al. 2016. Complete genome sequencing and comparative genomic analysis of the thermotolerant acetic acid bacterium, *Acetobacter pasteurianus* SKU 1108, provide a new insight into thermotolerance [J]. Microbes and Environments, 31 (4): 395-400.

Matsutani M, Hirakawa H, Saichana N, et al. 2012. Genome-wide phylogenetic analysis of differences in thermotolerance among closely related *Acetobacter pasteurianus* strains [J]. Microbiology, 158 (1): 229-239.

Matsutani M, Ito K, Azuma Y, et al. 2015. Adaptive mutation related to cellulose producibility in *Komagataeibacter medellinensis* (*Gluconacetobacter xylinus*) NBRC 3288 [J]. Applied Microbiology and Biotechnology, 99 (17): 7229-7240.

Matsutani M, Nishikura M, Saichana N, et al. 2013. Adaptive mutation of *Acetobacter pasteurianus* SKU1108 enhances acetic acid fermentation ability at high temperature [J]. Journal of Biotechnology, 165 (2): 109-119.

Mehta K, Pfeffer S, Brown R M. 2015. Characterization of an *acsD* disruption mutant provides additional evidence for the hierarchical cell-directed self-assembly of cellulose in *Gluconacetobacter xylinus* [J]. Cellulose, 22 (1): 119-137.

Merfort M, Herrmann U, Bringer-Meyer S, et al. 2006. High-yield 5-keto-D-gluconic acid formation is mediated by soluble and membrane-bound gluconate-5-dehydrogenases of *Gluconobacter oxydans* [J]. Applied Microbiology and Biotechnology, 73 (2): 443-451.

Mientus M, Kostner D, Peters B, et al. 2017. Characterization of membrane-bound dehydrogenases of *Gluconobacter oxydans* 621H using a new system for their functional expression [J]. Applied Microbiology and Biotechnology, 101 (8): 3189-3200.

Miyazaki T, Tomiyama N, Shinjoh M, et al. 2002. Molecular cloning and functional expression of D-sorbitol dehydrogenase from *Gluconobacter suboxydans* IF03255, which requires pyrroloquinoline quinone and hydrophobic protein SldB for activity development in *E. coli* [J]. Bioscience Biotechnology and Biochemistry, 66 (2): 262-270.

Morgan J L W, Strumillo J, Zimmer J. 2013. Crystallographic snapshot of cellulose synthesis and membrane translocation [J]. Nature, 493 (7431): 181-186.

Mu W, Chen C, Li X, et al. 2009. Optimization of culture medium for the production of phenyllactic acid by *Lactobacillus* sp. SK007 [J]. Bioresource Technology, 100 (3): 1366-1370.

Mu W, Yu S, Zhu L, et al. 2012. Recent research on 3-phenyllactic acid, a broad-spectrum antimicrobial compound [J]. Applied Microbiology and Biotechnology, 95 (5): 1155-1163.

Mullins E A, Francois J A, Kappock T J, 2008. A specialized citric acid cycle requiring succinyl-coenzyme A (CoA): acetate CoA-transferase (AarC) confers acetic acid resistance on the acidophile *Acetobacter aceti* [J]. Journal of Bacteriology, 190 (14): 4933-4940.

Nakai T, Nishiyama Y, Kuga S, et al. 2002. ORF2 gene involves in the construction of high-order structure of bacterial cellulose [J]. Biochemical and Biophysical Research Communications, 295 (2): 458-462.

Nakai T, Sugano Y, Shoda M, et al. 2013. Formation of highly twisted ribbons in a carboxymethylcellulase gene-disrupted strain of a cellulose-producing bacterium [J]. Journal of Bacteriology, 195 (5): 958-964.

Nakano S, Ebisuya H. 2016. Physiology of *Acetobacter* and *Komagataeibacter* spp.: Acetic acid resistance mechanism in acetic acid fermentation. In: (Eds) K. Matsushita, H. Toyama, N. Nakano S, Fukaya M, 2008. Analysis of proteins responsive to acetic acid in *Acetobacter*: Molecular mechanisms conferring acetic acid resistance in acetic acid bacteria [J]. International Journal of Food Microbiology, 125 (1): 54-59.

Nakano S, Fukaya M, Horinouchi S. 2004. Enhanced expression of aconitase raises acetic acid resistance in *Acetobacter aceti* [J]. Fems Microbiology Letters, 235 (2): 315-322.

Nakano S, Fukaya M, Horinouchi S. 2006. Putative ABC transporter responsible for acetic acid resistance in *Acetobacter aceti* [J]. Applied and Environmental Microbiology, 72 (1): 497-505.

Nozawa T, Furukawa N, Aikawa C, et al. 2011. CRISPR inhibition of prophage acquisition in *Streptococcus pyogenes* [J]. PloS One, 6 (5): e19543-e19543.

Okamoto-Kainuma A, Ishikawa M. 2016. Physiology of *Acetobacter* spp.: Involvement of molecular chaperones during acetic acid fermentation. In：(Eds) K. Matsushita，H. Toyama，N. Okamoto-Kainuma A，Ishikawa M，Nakamura H，et al. 2011. Characterization of *rpoH* in *Acetobacter pasteurianus* NBRC3283 [J]. Journal of Bioscience and Bioengineering，111 (4)：429-432.

Okamoto-Kainuma A，Yan W，Fukaya M，et al. 2004. Cloning and characterization of the *dnaKJ* operon in *Acetobacter aceti* [J]. Journal of Bioscience and Bioengineering，97 (5)：339-342.

Osbourn A E，Field B. 2009. Operons [J]. Cellular and Molecular Life Sciences，66 (23)：3755-3775.

Page R，Peti W. 2016. Toxin-antitoxin systems in bacterial growth arrest and persistence [J]. Nature Chemical Biology，12 (4)：208-214.

Pelicaen R，Gonze D，Teusink B，et al. 2019. Genome-scale metabolic reconstruction of *Acetobacter pasteurianus* 386B，a candidate functional starter culture for cocoa bean fermentation [J]. Frontiers in Microbiology，10 (2801).

Peters B，Junker A，Brauer K，et al. 2013a. Deletion of pyruvate decarboxylase by a new method for efficient markerless gene deletions in *Gluconobacter oxydans* [J]. Applied Microbiology and Biotechnology，97 (6)：2521-2530.

Peters B，Mientus M，Kostner D，et al. 2013b. Characterization of membrane-bound dehydrogenases from *Gluconobacter oxydans* 621H via whole-cell activity assays using multideletion strains [J]. Applied Microbiology and Biotechnology，97 (14)：6397-6412.

Peters B，Mientus M，Kostner D. et al. 2017. Expression of membrane-bound dehydrogenases from a mother of vinegar metagenome in *Gluconobacter oxydans*. Appllied Microbiology and Biotechnology，101 (21)：7901-7912.

Picheth G F，Pirich C L，Sierakowski M R，et al. 2017. Bacterial cellulose in biomedical applications：A review [J]. International Journal of Biological Macromolecules，104：97-106.

Prasuna ML，Mujahid M，Sasikala C，et al. 2012. L-phenylalanine catabolism and L-phenyllactic acid production by a phototrophic bacterium，*Rubrivivax benzoatilyticus* JA2 [J]. Microbiological Research，167 (9)：526-531.

Prust C，Hoffmeister M，Liesegang H，et al. 2005. Complete genome sequence of the acetic acid bacterium *Gluconobacter oxydans* [J]. Nature Biotechnology，23 (2)：195-200.

Richhardt J，Bringer S，Bott M. 2012. Mutational analysis of the pentose phosphate and Entner-Doudoroff pathways in *Gluconobacter oxydans* reveals improved growth of a Δ*edd* Δ*eda* mutant on mannitol [J]. Applied and Environmental Microbiology，19 (78).

Richhardt J，Luchterhand B，Bringer S，et al. 2013. Evidence for a keyrole of cytochrome bo_3 oxidase in respiratory energy metabolism of *Gluconobacter oxydans* [J]. Journal of Bacteriology，195 (18)：4210-4220.

Rodríguez N，Salgado JM，Cortés S，et al. 2012. Antimicrobial activity of D-3-phenyllactic acid produced by fed-batch process against *Salmonella enterica* [J]. Food Control，25 (1)：274-284.

Saichana N，Matsushita K，Adachi O，et al. 2015. Acetic acid bacteria：A group of bacteria with versatile biotechnological applications [J]. Biotechnology Advances，33 (6，Part 2)：1260-1271.

Sakurai K，Arai H，Ishii M，et al. 2012. Changes in the gene expression profile of *Acetobacter aceti* during growth on ethanol [J]. Journal of Bioscience and Bioengineering，113 (3)：343-348.

Sakurai K，Yamazaki S，Ishii M，et al. 2013. Role of the glyoxylate pathway in acetic acid production by *Acetobacter aceti* [J]. Journal of Bioscience and Bioengineering，115 (1)：32-36.

Shafiei R，Leprince P，Sombolestani A S，et al. 2019. Effect of sequential acclimation to various carbon sources on the proteome of *Acetobacter senegalensis* LMG 23690 (T) and its tolerance to downstream process stresses [J]. Frontiers in Microbiology, 10: e608.

Shi L, Li K, Zhang H, et al. 2014. Identification of a novel promoter *gHp0169* for gene expression in *Gluconobacter oxydans* [J]. Journal of Biotechnology, 175: 69-74.

Shinagawa E, Matsushita K, Toyama H, et al. 1999. Production of 5-keto-D-gluconate by acetic acid bacteria is catalyzed by pyrroloquinoline quinone (PQQ)-dependent membrane-bound D-gluconate dehydrogenase [J]. Journal of Molecular Catalysis B: Enzymatic, 6 (3): 341-350.

Shinjoh M, Tomiyama N, Miyazaki T, et al. 2002. Main polyol dehydrogenase of *Gluconobacter suboxydans* IFO 3255, membrane-bound D-sorbitol dehydrogenase, that needs product of upstream gene, *sldB*, for activity [J]. Bioscience Biotechnology and Biochemistry, 66 (11): 2314-2322.

Soemphol W, Deeraksa A, Matsutani M, et al. 2011. Global analysis of the genes involved in the thermotolerance mechanism of thermotolerant *Acetobacter tropicalis* SKU1100 [J]. Bioscience, Biotechnology, and Biochemistry, 75 (10): 1921-1928.

Sokollek S J, Hertel C, Hammes W P. 1998. Description of *Acetobacter oboediens* sp. nov. and *Acetobacter pomorum* sp. nov., two new species isolated from industrial vinegar fermentations [J]. International Journal of Systematic and Evolutionary Microbiology, 48 (3): 935-940.

Steiner P, Sauer U. 2001. Proteins Induced during adaptation of *Acetobacter aceti* to high acetate concentrations [J]. Applied and Environmental Microbiology, 67 (12): 5474-5481.

Sugisawa T, Hoshino T. 2002. Purification and properties of membrane-bound D-sorbitol dehydrogenase from *Gluconobacter suboxydans* IFO 3255 [J]. Bioscience, Biotechnology, and Biochemistry, 66 (1): 57-64.

Thierry A, Maillard MB. 2002. Production of cheese flavor compounds derived from amino acid catabolism by *Propionibacterium freudenreichii* [J]. EDP Sciences, 82 (1): 17-32.

Tonouchi N. 2016. Cellulose and other capsular polysaccharides of acetic acid bacteria. In: (Eds) K. Matsushita, H. Toyama, N. Tonouchi and A. Okamoto-Kainuma. Acetic Acid Bacteria: Ecology and Physiology [M]. Tokyo: Springer Japan.

Trček J. 2015. Plasmid analysis of high acetic acid-resistant bacterial strains by two-dimensional agarose gel electrophoresis and insights into the phenotype of plasmid pJK2-1 [J]. Annals of Microbiology, 65 (3): 1287-1292.

Trček J, Mira N P, Jarboe L R. 2015. Adaptation and tolerance of bacteria against acetic acid [J]. Applied Microbiology and Biotechnology, 99 (15): 6215-6229.

Trček J, Raspor P, Teuber M. 2000. Molecular identification of *Acetobacter* isolates from submerged vinegar production, sequence analysis of plasmid pJK2-1 and application in the development of a cloning vector [J]. Applied Microbiology and Biotechnology, 53 (3): 289-295.

Urban F J, Moore B S. 1992. Synthesis of optically active 2-benzyldihydrobenzopyrans for the hypoglycemic agent englitazone [J]. Journal of Heterocyclic Chemistry, 29 (2): 431-438.

Vermeulen N, Ganzle MG, Vogel RF. 2006. Influence of peptide supply and cosubstrates on phenylalanine metabolism of *Lactobacillus sanfranciscensis* DSM20451^T and *Lactobacillus plantarum* TMW1. 468 [J]. Journal of Agricultural and Food Chemistry, 54 (11): 3832-3839.

Wang B, Shao Y, Chen F. 2015a. Overview on mechanisms of acetic acid resistance in acetic acid bacteria [J]. World Journal of Microbiology & Biotechnology, 31 (2): 255-263.

Wang B, Shao Y, Chen T, et al. 2015b. Global insights into acetic acid resistance mechanisms and genetic stability of *Acetobacter pasteurianus* strains by comparative genomics [J]. Scientific Reports,

5：e18330.

Wang P，Xia Y，Li J，et al. 2016. Overexpression of pyrroloquinoline quinone biosynthetic genes affects L-sorbose production in *Gluconobacter oxydans* WSH-003 [J]. Biochemical Engineering Journal，112：70-77.

Wang Z，Zang N，Shi J，et al. 2015c. Comparative proteome of *Acetobacter pasteurianus* Ab3 during the high acidity rice vinegar fermentation [J]. Applied Biochemistry and Biotechnology，177（8）：1573-1588.

Whitney J C，Hay I D，Li C，et al. 2011. Structural basis for alginate secretion across the bacterial outer membrane [J]. Proceedings of the National Academy of Sciences，USA，108（32）：13083-13088.

Wu J，Li Y，Cai Z，et al. 2014. Pyruvate-associated acid resistance in bacteria [J]. Applied and Environmental Microbiology，80（14）：4108-4113.

Xia K，Bao H，Zhang F M，et al.，2019. Characterization and comparative analysis of toxin-antitoxin systems in *Acetobacter pasteurianus* [J]. Journal of Industrial Microbiology and Biotechnology，46（6）：869-882.

Xia K，Han C，Xu J，et al. 2020. Transcriptome response of *Acetobacter pasteurianus* Ab3 to high acetic acid stress during vinegar production [J]. Applied Microbiology and Biotechnology，104（24）：10585-10599.

Xia K，Li Y，Sun J，et al. 2016a. Comparative genomics of *Acetobacter pasteurianus* Ab3，an acetic acid producing strain isolated from Chinese traditional rice vinegar Meiguichu [J]. PloS One，11（9）：e0162172.

Xia K，Zang N，Zhang J，et al. 2016b. New insights into the mechanisms of acetic acid resistance in *Acetobacter pasteurianus* using iTRAQ-dependent quantitative proteomic analysis [J]. International Journal of Food Microbiology，238：241-251.

Xu S，Wang X，Du G，et al. 2014. Enhanced production of L-sorbose from D-sorbitol by improving the mRNA abundance of sorbitol dehydrogenase in *Gluconobacter oxydans* WSH-003 [J]. Microbial Cell Factories，13：e146.

Yang H，Yu Y，Fu C，et al. 2019. Bacterial acid resistance toward organic weak acid revealed by RNA-Seq transcriptomic analysis in *Acetobacter pasteurianus* [J]. Frontiers in Microbiology，10：e1616.

Zhang H，Ye C，Xu N，et al. 2017. Reconstruction of a genome-scale metabolic network of *Komagataeibacter nataicola* RZS01 for cellulose production [J]. Scientific Reports，7：e7911.

Zheng Y，Wang J，Bai X，et al. 2018. Improving the acetic acid tolerance and fermentation of *Acetobacter pasteurianus* by nucleotide excision repair protein UvrA [J]. Applied Microbiology and Biotechnology，102（15）：6493-6502.

Zheng Z，Ma C，Gao C，et al. 2011. Efficient conversion of phenylpyruvic acid to phenyllactic acid by using whole cells of *Bacillus coagulans* SDM [J]. PloS One，6（4）：e19030.

陈亨业. 2018. 山西老陈醋对晚期糖基化终末产物形成的抑制及产苯乳酸醋酸菌的发现 [D]. 武汉. 华中农业大学.

邓喜玲，陈学敏，周淑芳，等. 2001. β-苯基乳酸的合成 [J]. 西北药学杂志，1：36-37.

李光兴，张秀兰，纪元. 2002. 苯丙酮酸催化氢化合成β-苯基乳酸 [J]. 合成化学，6：513-514.

李爽爽，陈亨业，吴仁蔚，等. 2020. 一株高产苯乳酸的古墓土壤葡糖醋杆菌 FBFS97 的全基因组测序与分析 [J]. 微生物学通报，47（05）：1524-1533.

亓正良，杨海麟，夏小乐，等. 2013. 巴氏醋杆菌高酸度醋发酵过程的能量代谢分析 [J]. 微生物学通报，40（12）：2171-2181.

王斌. 2016. 基于基因组学解析巴氏醋杆菌 CICC 20001 和 CGMCC 1.41 耐酸机制及其遗传稳定性 [D]. 武汉. 华中农业大学.

夏凯，梁新乐，李余动. 2015. 醋酸菌中 CRISPR 位点的比较基因组学与进化分析 [J]. 遗传，37 (12)：1242-1250.

夏凯，朱军莉，梁新乐. 2017. 醋酸菌耐酸机理及其群体感应研究新进展 [J]. 微生物学报，57 (03)：321-332

周小鸣，薛芬，楼亚平，等. 1988. 用不对称环氧化合成光学活性 β-苯基乳酸及其甲酯 [J]. 上海医科大学学报，2：155-160.

第 4 章

醋酸菌在食醋酿造中的应用

食醋（vinegar）是世界各个国家共有的传统发酵调味品，但世界各国关于食醋的定义及产品标准是不同的。联合国粮食及农业组织（Food and Agriculture Organization of the United Nations，FAO）和世界卫生组织（World Health Organization，WHO）将食醋定义为由含糖或淀粉的原料经二步发酵（酒精发酵和醋酸发酵）制成的、适合人类消费的酸性液体。果酒发酵制备食醋的酒精度应小于0.5%（体积分数），其他原料制备食醋的酒精度应小于1.0%（体积分数）（Joint FAO/WHO Food Standards Programme，1998）。欧盟（European Union，UN）则对在本区域生产和销售的食醋有区域性的标准，要求食醋总酸度≥5%（质量浓度），酒精度小于0.5%（体积分数）。葡萄醋要求必须以葡萄酒为原料并经醋酸发酵，且总酸度≥6%（质量浓度），酒精度<1.5%（体积分数）[Regulation（EC）No.1493/1999]。美国食品药品管理局（Food and Drug Administration，FDA）则规定，食醋只能以水果（果汁）和酒精为原料，经微生物发酵的总酸度≥4%（Food and Drug Administration，1995）。我国国家标准（GB 8954—2016）将食醋定义为单独或混合使用各种含淀粉、糖的原料或食用酒精，经微生物发酵酿制而成的液体酸性调味品。鉴于此，我国的食醋生产原料既可以是淀粉和糖质原料，也可以是食用酒精。虽然各个国家对食醋的定义和要求不同，但酸度和酒精度是所有食醋定义的两个主要参数。

一般地，西方国家的食醋主要以水果为原料，经酒精发酵与醋酸发酵制得，产品酸甜，被称为果醋。中国和日本等东方国家的食醋则主要以高粱、稻谷、小麦等谷物为原料，经过淀粉糖化、酒精发酵和醋酸发酵制得，产品酸、甜、咸、鲜诸味协调，被称为谷物醋。果醋常采用液态发酵工艺，以酵母菌（yeast）与AAB为发酵剂，多通过纯种发酵而制得；谷物醋则常采用固态发酵或液态发酵与固态发酵相结合的生产工艺，以曲为糖化发酵剂，霉菌（mold）、酵母菌、乳酸菌（lactic acid bacteria，LAB）和AAB等种类繁多的微生物参与发酵，最终制得食醋产品。无论果醋还是谷物醋，AAB都是必不可少的发酵微生物。

本章将重点介绍AAB在传统食醋（traditional vinegars）酿造、高酸度食醋（high acid vinegars，HAV）生产以及在传统食醋功能性成分产生中的应用。

4.1 醋酸菌在传统食醋酿造中的应用

食醋的生产历史可追溯至新石器时代的农耕社会。当人类文明步入农耕时代，人们逐渐发现利用葡萄、葡萄酒、谷物、谷物酒等为原料，通过特定的生产工艺能够制作成酸性的调味品。根据当地物产、气候及生活习惯，世界各地的先民们在长期的生产实践中探索出了生产食醋的比较稳固的选料原则、独特的生产工艺以及相对稳定的发酵微生物群落，最终形成世界著名的食醋产品。然而，无论是哪一种传统食醋的生产，AAB都是必不可少的发酵微生物，且食醋的种类不同，参与发酵的主要AAB的种类不同。以下就食醋的起源与发展、食醋分类、食醋发酵原理、食醋发酵相关AAB等微生物以及世界著名传统食醋的生产工艺等进行阐述。

4.1.1 食醋的起源与发展

从考古发现和有关食醋的多种传说可以推测出醋的起源与酒密切相关。英语“vinegar”一词最早出自法语“vin”和“aigre”，其含义是“sour wine”（酸酒）。在古代中国，人们也将醋称作“苦酒”。从汉字结构以及黑塔造醋等传说推测，醋的起源与酒有着不解之缘。所以，无论东方还是西方，食醋均起源于酒，都是酒“变坏”和“变酸”而形成的产品。

4.1.1.1 果醋的起源与发展

葡萄酒的酿制起源于新石器时期（公元前8500至公元前4000年）。此时，埃及等中东国家开始从狩猎为主的生活逐渐过渡到以农牧为主的生活，人们开始学习葡萄种植、葡萄酒酿造及其贮藏等知识。考古结果显示，波斯（现在的伊朗）是世界上最早（约在6000年前）生产葡萄酒的国家，从波斯出土的坛子里发现了酒石酸钙的沉淀，而酒石酸仅在葡萄中大量含有。

古埃及是最早生产和应用葡萄醋的国家。古埃及人发现，葡萄酒在发酵过程中一旦与空气接触便会迅速转化成醋，并将其称之为HmD（常读‘hemedj’）。考古者在出土自公元前3000年的埃及坛子中也发现了醋的残留。两河流域的国家也是食醋最早的生产者和使用者，约在公元前5000年古巴比伦人以椰枣（date）为主要原料进行酿酒和酿醋，并用醋来腌制和保藏食物。古希腊（公元前800年至公元前146年）的药师Hippocrates曾用醋治疗普通感冒和咳嗽等疾病。公元前3世纪，希腊哲学家描述了醋和金属反应生成色素以用于绘画的方法，如醋酸铅呈白色，醋酸铜呈绿色。中世纪时期（公元476～1453年），有关醋的应用和醋的药用特性研究已经普及，醋作为治疗剂较为盛行，如用醋洗手或洗澡以对抗瘟疫，对钱币进行消毒等。

西方果醋的早期生产采用自然发酵方式，即将发酵好的果酒暴露于空气中，来自果酒或空气中的AAB在果汁中缓慢生长并将酒精转化为醋酸。从中世纪开始，食醋需求量逐渐增加，作坊式生产已无法满足市场需求，因此食醋生产规模不断扩大。随着食醋生产规模扩大，人们学会将新鲜发酵的少量醋液加入到果酒中启动醋酸发酵，这样的发酵方式会让AAB迅速成为发酵的优势微生物，从而有效抑制乳酸菌生长，减少不良风味产生。然而，不同批次产品间存在品质差异。14世纪末，法国奥尔良市出现了更适合规模化制醋的方法，这种方法被称为奥尔良制醋法（Orleans process）。奥尔良制醋在大木桶中进行，木桶中加入新鲜葡萄酒和20%左右的醋母（发酵旺盛的含AAB的醋），静置发酵成熟后，移出大部分醋液后补充葡萄酒继续发酵。奥尔良制醋法的生产过程仍比较缓慢，但其生产具有一定的连续性，因此该方法一直盛行至工业革命前，并沿用至今。

18世纪以来，西方国家在酿造微生物理论研究方面有了重大突破，发酵技术有了较大发展，醋酸发酵机理的研究不断取得新成果。1822年，荷兰科学家Christian Persoon将一种在醋酸发酵中发挥主要作用的微生物命名为产醋酵母（*Mycodermaaceti*，现更名为*Acetobactor aceti*）。尽管当时许多科学家仍坚信发酵过程并非生物活动引发，但路易斯·巴斯德于1862年在醋酸发酵液表面的皮膜中发现了AAB，证实了AAB能氧化酒精生成醋酸，并提出通过接种适量AAB以加速酿醋进程的方法（Solieri & Giudici，2009）。

19世纪到20世纪初，随着科学研究（尤其是微生物学研究）的飞速发展以及新发明的不断出现和应用，微生物纯培养技术和新型生产设备开始在食醋生产中得以应用。1823年，德国学者Schuetzenbach提出快速制醋工艺（亦称速酿法或德国酿醋法）并不断研究和改进速酿法制醋工艺，并于1901年开始生产和销售德国速酿法专用醋化装置。20世纪后，随着科学技术，特别是发酵工艺、设备制造、菌种改良和酶等技术的发展，食醋生产水平得到了显著提高。醋的液态深层发酵技术是起源于欧洲的一种制醋工艺，20世纪50年代初德国开发了工业化的液态深层发酵工艺并用于食醋生产。所谓的液态深层发酵法又称深层通气培养法、全面发酵法。在发酵过程中醋酸菌悬浮于发酵液，空气从发酵装置底部通入，借助强大的气流混匀酒液、醋酸菌和空气，以便进行全面的酒精氧化生成醋酸。1954年，德国福林斯公司（H. Frings）开发了液态深层醋酸发酵罐。20世纪60年代，美国Girdler公司研制出高酸度醋（含9%～25%酸，以醋酸计）的发酵设备。相对于传统的固态、半固态酿醋工艺，液态深层发酵工艺具有发酵效率高、易操作、生产成本低、设备占地面积小、设备利用率高等优点。

4.1.1.2 谷物醋的起源与发展

谷物醋起源于中国的夏朝（约公元前2070年至约公元前1600年）或商朝（约公元前1600年至约公元前1046年），并在西晋时期（公元265～317年）传入日本及亚洲其他邻国。中国关于醋的最早的文字记载可以追溯到周朝（公元前1046年至公元前256年），《周礼·天官》记载周王室专门设置“醯人”之官负责食醋的酿制。醯或酢均是现代汉字“醋”的前身。北魏时期（公元386～534年），中国人使用的酿醋原料非常丰富，其中以小米、黄米和大麦等为主要原料，桃子和蜜糖等也可作为酿醋原料。北魏农学家贾思勰在《齐民要术》中最早系统总结并详细记录了23种食醋酿制方法，这些食醋酿造工艺多以液态发酵为主，两种固态发酵食醋均以酒糟为发酵原料。其中，15种制醋方法都采用了黄衣（整颗麦粒蒸熟后摊在席箔上，用幼嫩的类似芦苇叶的荻叶盖上，直到长出一层黄色的霉菌）、笨曲

(即大曲)或黄蒸(将大豆煮熟并与舂碎磨细的麦粉混合，加水调合成饼状，平铺后用叶子盖上，微生物在饼上繁殖直至长出一层黄色的霉菌)作为糖化剂。同时，《齐民要术》还详细记录了各种制醋工艺的温度、时间、酒精度和酸度等参数的控制方法，并阐述了"醋衣"(AAB在发酵液表面生长而形成的菌膜)在食醋品质中的重要作用。唐宋时期，醋的生产和使用已非常普遍，并出现了以醋为主要调味的名菜，如葱醋鸡和醋芹等。南宋的吴自牧所撰《梦粱录》卷十六中记载，"盖人家每日不可阙者，柴米油盐酱醋茶"，醋已成为"开门七件事"之一。明清时期，我国酿醋技术高速发展，因为采用的原料不同和酿造工艺不同，所以食醋品种日益增多，风味各具特色。明朝李时珍《本草纲目》记载了米醋、麦醋、曲醋、柿子醋、糠醋、糟醋、桃醋、葡萄醋、大枣醋、糯米醋、粟米醋等数十种食醋。

我国地域广阔，南北气候差异较大，不同地域的人们根据当地地理环境、物产和生活习惯等的不同创造出各具特色的传统制醋工艺，生产出各具地方特色的食醋产品，如山西老陈醋、镇江香醋、福建永春红曲醋、四川保宁麸皮醋、浙江玫瑰醋、喀左陈醋、北京熏醋、上海米醋、丹东白醋等。至明清时期，山西老陈醋、镇江香醋、四川保宁麸皮醋和福建永春红曲醋已享有"四大名醋"的盛誉。随着酿醋工艺的发展，食醋的固态发酵工艺逐渐成为我国诸多品种食醋生产的主要方法。

至新中国成立前，我国食醋生产一直沿用传统的手工作坊生产，依靠一代代师傅的"传、帮"来进行技艺传授。传统酿醋工艺虽能生产出风味优良的食醋产品，但却存在原料利用率低、产品品质不稳定、卫生条件差、劳动强度大和发酵周期长等缺点。新中国成立后，酿醋企业开始从发酵微生物菌种、生产工艺和生产设备等方面进行改造。选育了一批发酵性能优良的AAB菌株(如AS1.41、沪酿1.01和沪酿1079)，并用于食醋生产；改进了生料发酵、酶法液化、自然通风回流等食醋生产工艺。目前，我国一些传统食醋生产企业兼采用传统固态发酵工艺与现代液态深层发酵工艺进行食醋生产。固态发酵设备中，醋醅发酵设备由醋醅发酵池逐渐代替醋醅发酵缸，由机械翻醅逐渐代替人工翻醅。我国液态深层发酵高酸度醋的起步较晚，发展较慢。1970年，石家庄副食一厂(即石家庄珍极酿造集团)最先采用300 L液态深层发酵罐将米酒醪转化为米醋醪，建成年产1500t液态深层发酵米醋生产线等。1976年，上海醋厂和上海医药工业研究院联合开发了10千升三直叶上伸轴自吸式发酵罐。1978年，设计完成了液态深层发酵醋厂的建设方案，并向全国推广。1979年，上海醋厂年产4000t食醋生产线投产。1981年，济南酿造厂研制的10千升下伸轴自吸式醋酸发酵罐投产使用。1983年，石家庄副食一厂年产4500t液态深层发酵食醋车间建成投产，自行设计开发了13千升下伸轴自吸式醋酸发酵罐，并于1984～1988年，在北京、温州、青岛、徐州等地的酿造厂相继建成食醋生产线。20世纪90年代，石家庄副食一厂在引进德国FRINGS公司8L小型醋酸发酵罐基础上，建立了以米酒醪为原料生产高酸度米醋的工艺，酸度可达10%（以醋酸体积分数计），利用该工艺在13千升发酵罐中也发酵得到了米醋。同时，驯化得到耐酸醋酸菌。2004年，研发得到高浓度酒精醋专用营养盐，营养盐的生产成本相当于国外同类产品的五分之一。2005年，14%酒精醋（以醋酸体积分数计）和40千升自吸式醋酸发酵罐研发成功，并建成了年产4万吨的食醋车间。目前，南京汇科生物工程设备有限公司（简称汇科生工）设计开发了5L-100m^{3}的AAF-S型自吸式发酵罐，利用置于罐底的多棱形空心叶轮和围绕叶轮的定子组成的气液混合强化器进行供氧，实现发酵过程的冷却、消泡、进料等的自动控制。随后，将机械消泡器应用于自吸式发酵罐以减少泡沫产生（王文奇等，2014）。然而，关于利用自吸式发酵罐生产高酸度醋的报道并不多。随着我国计算机控制技术、传感器制作技术、关键参数自动控制技术的不断开发和应用，必将带动食醋（尤其是高酸度食醋）发酵生产设备及生产水平的提高。

4.1.2 食醋的分类

根据食醋生产原料、生产工艺和色泽等对世界食醋进行分类，具体如下。

4.1.2.1 按生产原料不同分类

根据生产原料不同，可将食醋分为谷物醋、果醋、蔬菜醋、糖醋和酒醋等。除了以谷物和果实为原料进行制醋外，非洲及欧美的少数国家有用乳清或蜂蜜制醋的习惯。

（1）谷物醋　以谷物（如高粱、大米、麸皮、小米、小麦、大麦、豌豆、大豆和薯等）为原料生产的食醋的统称。中国和日本的食醋以谷物醋为主。在谷物醋中，又可以主要酿制原料名称来命名食醋，如高粱醋（sorghum vinegar）、米醋（rice vinegar）、麸皮醋（bran vinegar）以及麦芽醋（malt vinegar）等。

（2）果醋　以水果为原料酿制的食醋的统称。欧美等国家以果醋为主。其中，盛产葡萄酒的欧洲国家以葡萄醋（wine vinegar）为主，如意大利香醋（balsamic vinegar）和西班牙的雪莉醋（Sherry or Jerez vinegar）；而美国、加拿大、英国、奥地利和瑞士等国家多以苹果醋（cider/apple vinegar）为主。除欧美等国家外，其他国家或地区也生产果醋，如菲律宾的椰子醋（coconut vinegar）、中东国家的椰枣醋（date vinegar）、中国的红枣醋（red date vinegar）和凤梨醋（pineapple vinegar）、东南亚的各种浆果醋（berry vinegar）、日本的李子醋（plum vinegar）和韩国的柿子醋（persimmon vinegar）等。

（3）蔬菜醋　以蔬菜为原料发酵而成的食醋，如马铃薯醋（potato vinegar）、洋葱醋（onion vinegar）和竹醋（bamboo vinegar）等。

（4）糖醋　以糖为原料生产的食醋，如糖醋（sugar vinegar）、蜂蜜醋（honey vinegar），另有低聚糖醋（oligosaccharide vinegar）和壳聚糖醋（chitosan vinegar）等。我国北方地区生产糖醋较多。

（5）酒醋　以酒为原料发酵而成的醋，如以蒸馏酒为原料的蒸馏醋（distilled vinegar），以葡萄酒为原料的葡萄醋（wine vinegar），以啤酒为原料的啤酒醋（beer vinegar），以酒糟为原料发酵的酒糟醋（vinasse vinegar）。

（6）勾兑醋　以含糖原料（如废糖蜜、糖渣和蔗糖等）配制糖醋；用果汁和果酒配制果醋；用高浓度酒精可配制酒醋；用冰醋酸加水兑制成醋酸醋。

4.1.2.2 按原料处理方式不同分类

根据谷物原料处理方式的不同，可将食醋分为生料醋和熟料醋。

（1）生料醋　谷物原料不经过蒸煮糊化而直接发酵酿制的醋。

（2）熟料醋　谷物原料经过蒸煮糊化处理后再用于发酵而酿制的醋。

4.1.2.3 按醋酸发酵工艺不同分类

根据醋酸发酵工艺的不同，食醋被分为液态发酵食醋和固态发酵食醋。

（1）液态发酵食醋　醋酸发酵阶段的微生物在含水较多的物料（含水量通常大于85%）中生长和发酵而得到的食醋即为液态发酵食醋。食醋的液态发酵可被分为表面静置发酵和液态深层发酵。传统液态制醋工艺多采用表面静置发酵，发酵过程依靠AAB在液体表面的生长来完成，意大利传统香醋、西班牙雪莉醋、日本黑醋（Kurosu）、福建永春红曲醋、浙江玫瑰醋等均采用液态表面静置发酵法生产。然而，现代工业化制醋常采用液态深层发酵工艺，其在密闭发酵罐中装有通风搅拌装置，醪液中接入纯培养的AAB进行快速发酵。

（2）固态发酵食醋　醋酸发酵阶段的微生物在没有自由水、但表面具有一定水分活度的固态物料中生长和发酵而得到的食醋即为固态发酵食醋。固态发酵制醋多以没有进行精加工的谷物（如高粱、大米、大麦或豌豆等）为主要原料，以麦麸、谷糠或稻壳为填充料，以大曲、麸曲或麦曲为糖化发酵剂，经过淀粉糖化、酒精发酵、醋酸发酵、陈酿而得食醋产品。我国的山西老陈醋、镇江香醋和四川保宁麸皮醋等传统名醋的生产均采用固态发酵生产。与液态发酵醋相比，传统固态发酵醋含更丰富的风味物质。

4.1.2.4 按食醋颜色分类

根据食醋颜色深浅可将食醋分为浓色醋、淡色醋和白醋。

（1）浓色醋　食醋颜色较深，呈黑褐色或棕褐色。浓色醋的色泽多在熏醅（醋醅置于熏缸内，通过地火或蒸汽加热，控制温度在70～80℃）或陈酿阶段通过美拉德反应形成，或在食醋生产过程中加入炒米色或焦糖色等而赋予食醋色泽。

（2）淡色醋　食醋颜色为浅棕黄色，是没有添加焦糖色、炒米色或不经熏醅处理而制得的食醋。

（3）白醋　用酒精为原料生产或用冰醋酸配制的无色透明的食醋。

4.1.3 食醋发酵的基本原理

食醋生产的一般流程如图 4-1 所示，主要包括原料的收获，贮藏和加工，食醋产品的包装和贮藏。其中，多数的食醋加工过程又包括原料制备、酒精发酵、醋酸发酵、后熟和陈酿。下面简要介绍食醋加工的基本原理。

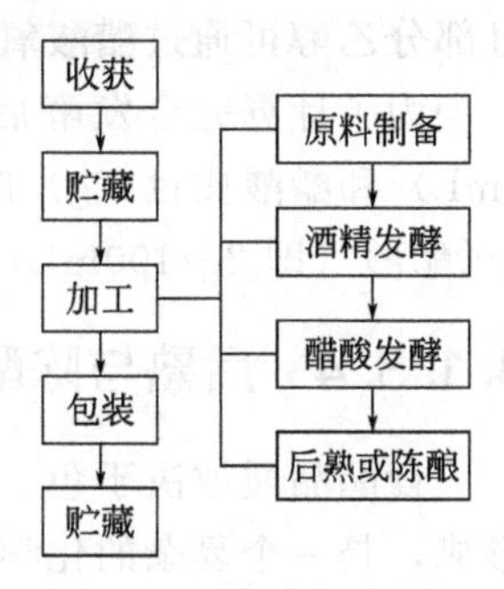

图 4-1 食醋生产的基本流程

4.1.3.1 原料制备

用水果等含糖原料酿造食醋时，原料须进行破碎、榨汁、适度调整糖度后，才能进行发酵。用谷物等淀粉质原料酿造食醋时，原料先经糊化、液化和糖化等过程将淀粉转化为可发酵性糖后再进行发酵。

4.1.3.2 酒精发酵

酒精发酵阶段是利用酵母将可发酵性糖转化为酒精的过程。酵母是兼性厌氧微生物，在有氧条件下，酵母进行有氧呼吸，将葡萄糖转化成 CO_2 和 H_2O，菌体以生长为主，其反应式为：

$$C_6H_{12}O_6+6O_2 \longrightarrow 6CO_2+6H_2O$$

在无氧条件下，酵母进行无氧呼吸，将葡萄糖转化成乙醇和 CO_2，菌体以酒精发酵为主，其反应式为：

$$C_6H_{12}O_6 \longrightarrow 2C_2H_5OH+2CO_2$$

酒精发酵阶段产生的酒精将作为醋酸发酵的底物，而产生的其他微量代谢产物，如甘油、乙醛、高级醇和琥珀酸等是食醋的风味物质或其前体物质，对食醋风味形成具有重要贡献。

理论上，厌氧条件下，100mL 发酵液中含有 1.7g 的糖就可生成 1% 的酒精(体积分数)，即酒精度为 1°（100mL 酒液中含 1mL 酒精）。据此，可根据生产上要求达到的酒精度以及原料中的实际含糖量来计算需要加入的糖量。

4.1.3.3 醋酸发酵

在有氧条件下，AAB 将乙醇氧化为醋酸的过程就是醋酸发酵。

乙醇氧化为醋酸的反应式为：

$$C_2H_5OH+O_2 \longrightarrow CH_3COOH+H_2O$$

根据该反应式，理论上 1.0 mol 乙醇可生成 1.0 mol 醋酸，即乙醇到醋酸的理论转化率为 100%。1 mol/L 乙醇溶液相当于 5.8 mL/100mL（体积）或 4.6 g/100mL（质量）乙醇浓度，而生成的 1.0 mol/L 醋酸溶液相当于 6.0 g/100mL（质量）的醋酸浓度。如果按乙醇体积和醋酸质量计算醋酸产率，最大理论产率为

103%，如果按乙醇质量和醋酸质量计算醋酸产率，最大理论产率为130%。然而，实际上，醋酸实际产率仅为95%～98%，因为乙醇也可作为微生物生长的碳源，且部分乙醇可通过醋酸氧化和蒸发而被消耗。

为了计算完全发酵后可获得的最大醋酸浓度，将每100mL酒液中乙醇体积（mL）和醋酸质量（g）的总和称为"总浓度"，如含有8.5%乙醇（体积分数）和2%醋酸（即2g/100mL）的葡萄酒的总浓度为10.5%。

4.1.3.4 后熟与陈酿

食醋品质取决于色、香和味。色、香和味可在发酵中形成，也可在陈酿过程形成，是一个复杂的化学反应过程。

（1）色的形成　食醋的色来源于原料、发酵和陈酿过程，如一些食醋生产用的红曲菌可赋予食醋红色，也可通过美拉德反应而生成类黑素，食醋发酵和陈酿时间越长，温度越高，空气越充足，色泽越深。

（2）香的形成　食醋的香气物质主要来源于发酵过程，主要包括酯、醇、酸、醛、酚、呋喃和吡嗪等。虽然它们在食醋中占有的比例极低，但能赋予食醋特殊芳香。酯类物质是构成食醋风味成分的主体物质，由醇类和有机酸反应而生成，食醋中主要包括乙酸乙酯、乳酸乙酯、乙酸苯乙酯及乙酸丁酯等。食醋中的醇类以乙醇为主，另有少量苯乙醇、甲基丁醇和异戊醇等。食醋中的有机酸主要包括乳酸和醋酸，另有少量的柠檬酸、琥珀酸、苹果酸和酒石酸等。醛类主要包括糠醛、香草醛、乙醛、苯乙醛等。微量的醛类物质会为食醋提供一种焦香味，而过量的醛类物质则具有较重的辛辣味。酚类包括丁香酚、愈创木酚、乙烯基愈创木酚等，具有呈香和助香作用。由于发酵工艺的不同，产生的香气物质也会存在差异。

（3）味的形成　食醋的味主要包括酸、甜和鲜。其中酸味的主体成分为醋酸，另有琥珀酸、苹果酸、柠檬酸、葡萄糖酸以及其他挥发酸；甜味的主体成分为糖，主要包括葡萄糖和果糖，另有蔗糖、核糖、甘露糖和麦芽糖等；鲜味物质主要为氨基酸，其中以谷氨酸、赖氨酸、丙氨酸、天冬氨酸和缬氨酸为主，同时酵母自溶物也可增加食醋鲜味。

4.1.4 食醋生产相关的醋酸菌及其他微生物

4.1.4.1 食醋生产相关的醋酸菌

AAB不仅可氧化酒精生成醋酸，也能代谢产生葡萄糖酸、柠檬酸、甘露糖酸和琥珀酸等有机酸。虽然AAB可能因其能产生醋酸而得名，但是AAB产醋酸或其他酸的能力因菌种（株）不同而不同，有的AAB菌株，如茂物朝井杆菌JCM 10569、曼谷朝井杆菌NBRC 100057和花糖杆菌DSM 15669等则完全不能氧化乙醇产生醋酸，也不耐醋酸。目前，在19个已确定的AAB属中，醋杆菌属、葡糖

杆菌属、葡糖醋杆菌属和驹形杆菌属的一些种与发酵食品有关，而与食醋发酵有关的AAB菌株均属于醋杆菌属、驹形杆菌属和葡糖醋杆菌属（Jojima，et al，2004；Yamada，et al，2000）。食醋生产中常分离到的AAB菌株包括：醋化醋杆菌、巴氏醋杆菌、许氏醋杆菌、奥尔良醋杆菌、苹果醋杆菌、啤酒醋杆菌、腐烂苹果醋杆菌、欧洲驹形杆菌、汉森驹形杆菌、中间驹形杆菌、温驯驹形杆菌、木驹形杆菌和圆谷葡糖醋杆菌等（Yamada，2000；De Vero，et al，2006）。然而，不同种类的食醋，由于加工原料及酿造工艺的不同，其参与发酵的AAB菌株种类也不尽相同。关于不同传统食醋生产中参与的主要AAB将在本章“4.1.5 世界著名传统食醋生产及相关醋酸菌”中进行详细介绍。

在筛选食醋发酵用AAB菌株时，需分析它们氧化乙醇产酸能力、乙醇和乙酸耐受性、底酸需求和过氧化醋酸能力等特性。目前，食醋生产用AAB菌株中，醋杆菌属中的醋化醋杆菌、巴氏醋杆菌、苹果醋杆菌、啤酒醋杆菌和腐烂苹果醋杆菌可耐受6%～10%醋酸（体积分数），常用于传统或静置醋酸发酵，但巴氏醋杆菌是低酸度食醋生产中常见的AAB菌株。驹形杆菌属葡糖醋杆菌可在静置发酵食醋中出现，但它主要出现在液态深层发酵醋中，其中木驹形杆菌、汉森驹形杆菌、欧洲驹形杆菌、中间驹形杆菌、温驯驹形杆菌和圆谷葡糖醋杆菌在液态深层发酵中可耐受10%～20%醋酸（体积分数），且欧洲驹形杆菌、中间驹形杆菌、温驯驹形杆菌和圆谷葡糖醋杆菌有最高的醋酸耐受性，可耐受15%～20%醋酸（体积分数），常被用于高酸度食醋的工业化生产（Jojima，et al，2004；Yamada，et al，2000）。同时，不同AAB菌株发酵产酸时，对发酵液中底酸的需求不同，欧洲驹形杆菌需要底酸存在才能高效氧化乙醇为醋酸，而醋杆菌属及其他驹形杆菌属的一些AAB则不需要底酸也可高效产酸。多数AAB具有过氧化醋酸（进一步分解醋酸）的能力，因此应在发酵结束后尽快终止发酵反应，以防止进一步氧化醋酸而降低生产能力（Sengun，2017）。

4.1.4.2 食醋生产相关的其他微生物

除AAB外，参与食醋发酵的其他微生物种类繁多，包括霉菌、酵母和乳酸菌等。不同种类的微生物参与食醋发酵的阶段不同，且不同种类的食醋因加工原料及生产工艺的不同而孕育了不同类型的微生物。

（1）霉菌 在食醋生产过程中，淀粉被水解成可发酵性糖的过程，称为糖化。霉菌因产生丰富酶系而成为糖化阶段的主要微生物，也被称为糖化菌。霉菌不仅利用其淀粉酶和糖化酶进行糖化，而且利用其所产其他多种酶（如蛋白酶、脂肪酶、纤维素酶、单宁酶、果胶酶及磷脂酶等）有效降解原料中大分子，为后续参与发酵的微生物（如酵母和AAB等）的生长提供可利用的碳源和氮源，也为食醋风味的形成奠定了物质基础。在我国酿酒或酿醋中，曲是常采用的发酵剂。曲又称曲糵，是以大米、小麦、大麦、黑麦、燕麦或豆类等谷物为原料，经粉碎、加水混捏、压制成型或以散曲的形式，在特定的温度和湿度条件下，经来自原料、工具、生产环境或人工接种的微生物在原料中生长繁殖并大量产酶而制成的天然发酵剂，有人称之为粗酶制剂。曲中除主要的曲霉（*Aspergillus*）外，根霉（*Rhizopus*）、红曲霉（*Monascus*）、犁头霉（*Absidia*）和毛霉（*Mucor*）等霉菌也广泛存在。

① 曲霉　2000多年前，我国先民就用它酿酒、酿醋和制酱。在现代食醋发酵工艺中，曲霉是糖化阶段的主要糖化菌，在谷物醋酿造中常见的曲霉包括米曲霉（*Aspergillus oryzae*）、黑曲霉（*A. niger*）、琉球曲霉（*A. luchuensis*）和黄曲霉（*A. flavus*）等。我国食醋生产主要用米曲霉和黑曲霉。米曲霉是大曲、麦曲、麸曲和小曲等发酵剂中的优势曲霉菌株，是我国发酵食品生产用历史悠久的菌种（李秀婷，2009）。《齐民要术》中记录的"神酢法"等二十三种制醋法，多数以"黄蒸"和"黄衣"作糖化剂和发酵剂，"黄蒸"中优势微生物就是米曲霉。"黄蒸"也正是因米曲霉在曲块表面生长形成大量黄色菌落而得名，黄蒸也被广泛应用于酱油、酱的制作中。黑曲霉和黄曲霉也是大曲、麸曲和麦曲中常见霉菌，传统麸曲多以黑曲霉制备。日本生产酒及食醋则常用米曲霉和琉球曲霉等，它们都是日本曲（koji）的主要菌种，其中米曲霉是日本清酒（sake）用曲的主要菌种，琉球曲霉是日本烧酒（shochu）和泡盛酒（awamori）的主要糖化菌。琉球曲霉河内变种（*A. luchuensis mut. Kawachii*）是日本烧酒发酵用曲的主要糖化菌株，而琉球曲霉泡盛变种（*A. luchuensis* var. *Awamori*）和琉球曲霉佐氏变种（*A. luchuensis* var. *saitoi*）则是日本泡盛酒用曲的主要糖化菌株。

② 根霉　根霉除具有较高的糖化能力外，还可生成乳酸、延胡索酸和琥珀酸等多种有机酸，能在菌种生长的同时进行多边发酵而生成糖、乙醇和有机酸，进而有助于产品风味的形成（包启安，1999）。米根霉（*Rhizopus oryzae*）、华根霉（*R. chinonsis*）和黑根霉（*R. nigricans*）都是我国白酒、米酒和多种食醋生产用曲常用菌种。

③ 红曲霉　红曲霉是福建永春红曲醋和山西老陈醋酿制用曲的优势微生物之一，在食醋发酵过程中产生多种有机酸和风味物质，改善食醋品质（刘德海等，2008）。红曲霉分泌的色素也可赋予食醋特有色泽，产生的莫纳可林K（Monacolin K）和γ-氨基丁酸（γ-aminobutyric acid，GABA）等活性成分增加了食醋的健康功效（Wang，et al，2008；Chen，et al，2009）。

④ 犁头霉　犁头霉是山西老陈醋酿制用大曲中的优势霉菌之一，在曲的表面和中心几乎都能分离到（马凯，2011）。犁头霉可分解淀粉等大分子物质，并形成风味物质（Li，et al，2014）。

⑤ 毛霉　一般情况下，毛霉很少被用于食醋发酵，但存在于酿造用曲中。毛霉可水解大分子物质为小分子物质，并产生草酸、乳酸、琥珀酸及甘油等风味物质，对食醋风味起到积极作用。曲中常见的毛霉有总状毛霉（*Mucor racemosus*）、

高大毛霉（*M. mucedo*）和鲁氏毛霉（*M. rouxianus*）（王玮等，2013）。

（2）酵母　在食醋酿造中，酵母可将葡萄糖分解为酒精与CO_2，完成酒精发酵，为醋酸发酵创造条件。酵母产生的酯、醇、酸、醛和酮等代谢产物也是形成食醋风味的重要物质，因此要求酵母有强的酒化酶等酶系、耐酒精、耐酸、耐高温、繁殖能力较强、生产性能稳定、变异性小和抗杂菌能力强，并能产生一定的风味物质。目前我国食醋酿造常用酵母与酒精、白酒和黄酒生产用的酵母种类基本相同，但不同种酵母的发酵能力和产生的风味物质不尽相同，使用范围也有区别。目前已知与食醋发酵相关的酵母主要有酿酒酵母属（*Saccharomyces*）、接合酵母属（*Zygosaccharomyces*）、克鲁维酵母属（*Kluyveromyces*）、扣囊复膜酵母（*Saccharomycopsis fibuligera*）和一些产香酵母等，以下将对参与食醋酿造的酵母进行简单介绍。

① 酿酒酵母属　酿酒酵母属在酒和食醋生产中表现出发酵能力强、酒精耐受性高等特点，常被称为发酵酵母。酿酒酵母属包括很多种，如酿酒酵母（*Saccharomyces cerevisiae*）、贝氏酵母（*Saccharomyces bayanus*）、巴斯德酵母（*Saccharomyces pastorianus*）和奇异酵母（*Saccharomyces paradoxus*）等，其中以酿酒酵母为代表。

酿酒酵母是食品发酵工业中的重要生产菌株，被广泛应用于葡萄酒、啤酒和面包等食品的发酵生产。虽然酿酒酵母在自然环境中数量较少，但因其代谢活力旺盛且耐乙醇而成为酒精发酵后期的优势微生物，而其他非酿酒酵母属的酵母细胞数量则从酒精发酵初期开始下降，至发酵中期消失。通常情况下，酿酒酵母能在pH 3～5的偏酸性环境中生长，能在低于20%糖浓度中生长和发酵，但在更高浓度糖溶液中的代谢活性则下降，在高于50%糖浓度中难以生长和代谢。

贝氏酵母是广泛用于红酒及苹果酒发酵的工业菌株，也存在于谷物醋发酵生产中。贝氏酵母能在低温（1～2℃）下生长和发酵，是葡萄酒低温自然发酵的主要菌种，也是麦芽醋的优良菌种，可从发酵的麦芽汁和啤酒中分离到。贝氏酵母可产生大量甘油、少量醋酸，并能合成苹果酸。

巴斯德酵母是啤酒发酵用菌种，也是麦芽醋酒精发酵阶段的优势酵母，它能有效地将麦芽中的可发酵性糖转化为酒精等成分。

奇异酵母最早被认为是与食品发酵无关的酵母，常可从阔叶树的汁液、昆虫和待开发土壤中分离到。然而，奇异酵母是克罗地亚葡萄酒酿制过程中的优势酵母，可有效地代谢苹果酸，从而降低葡萄酒中的苹果酸含量，改善葡萄酒的风味和口感。

② 接合酵母属　高糖环境中分离的酵母多为接合酵母。鲁氏接合酵母（*Zygosaccharomyces rouxii*）能够在水分活度为0.62的果糖溶液或者水分活度为0.65的葡萄糖/甘油溶液中生长。接合酵母是利用含糖较高的原料制醋时酒精发酵阶段的优势酵母。同时，接合酵母参与许多固态发酵谷物醋的生产，并代谢生成

风味物质（梁丽绒，2006）。已分离到的耐高渗透压的接合酵母有鲁氏接合酵母、拜耳接合酵母（*Zygosaccharomyces bailii*）、蜂蜜接合酵母（*Zygosaccharomyces mellis*）和双孢接合酵母（*Zygosaccharomyces bisporus*）。同时，也分离到一些耐高渗透压的其他酵母，如路德氏酵母（*Saccharomycodes ludwigii*）、嗜高压有孢汉逊酵母（*Hanseniaspora osmophila*）、星形假丝酵母（*Candia stellate*）等。传统意大利香醋的酒精发酵是依靠耐高渗透压的酵母来完成的，已经分离到的有拜耳接合酵母、鲁氏接合酵母和路德氏酵母等（Solieri &Giudici，2008）。

③ 克鲁维酵母属　克鲁维酵母属属于子囊菌，包括海泥克鲁维酵母（*Kluyveromyces aestuarii*）、非洲克鲁维酵母（*K. africanus*）、杆孢克鲁维酵母（*K. bacillisporus*）、布拉特克鲁维酵母（*K. blattae*）、多布赞斯基克鲁维酵母（*K. dobzhanskii*）、湖北克鲁维酵母（*K. hubeiensis*）、乳酸克鲁维酵母（*K. lactis*）、*K. lodderae*、马克思克鲁维酵母（*K. marxianus*）、非发酵克鲁维酵母（*K. nonfermentans*）、*K. piceae*、禾口克鲁维酵母（*K. sinensis*）、耐热克鲁维酵母（*K. thermotolerans*）、*K. waltii*、柳叶克鲁维酵母（*K. wickerhamii*）、耶氏克鲁维酵母（*K. yarrowii*）等。其中乳酸克鲁维酵母、马克思克鲁维酵母和耐热克鲁维酵母因具有分解乳糖、发酵菊粉和高温生长等特性而在葡萄酒、乳清酒、葡萄醋和乳清醋等的发酵中都有应用。

④ 扣囊复膜酵母　扣囊复膜酵母是大曲和麦曲等谷物醋发酵剂中常见的一种酵母。扣囊复膜酵母能利用淀粉积累较多的棉子糖，并分泌淀粉酶、酸性蛋白酶和β-葡萄糖苷酶。在酒精发酵前期，扣囊复膜酵母产生大量淀粉酶并水解淀粉成葡萄糖，为酿酒酵母发酵产生乙醇提供底物（马凯，2011），它也可以直接发酵淀粉（尤其是大米和木薯淀粉）生成乙醇，乙醇进一步被AAB转化成醋酸。

⑤ 生香酵母　生香酵母又称产香酵母，是一类产酯酵母的总称，包括汉逊酵母属（*Hansenula*）、球拟酵母属（*Torulopsis*）、假丝酵母属（*Candida*）、毕赤酵母属（*Pichia*）、路德氏酵母（*Saccharomycodes ludwigii*）等（俞学锋，1999）。生香酵母可在菌体生长繁殖过程中合成芳香性物质，也可分泌酯酶催化酸与醇的反应而形成酯。食醋生产可采用多种酵母菌共同发酵，进而可以充分利用各菌种的优良特性（林祖申，2005）。食醋生产常用的生香酵母有异常汉逊酵母（*Hansenula anomala*）AS2.300和AS2.338，其能产生乙酸乙酯等呈香物质。山西老陈醋酒精发酵阶段分离到的异常毕赤酵母（*Pichia anomala*），该菌种个别菌株因具有较强的乙酸乙酯产生能力而被用于白酒生产。

（3）乳酸菌　乳酸菌是食醋中乳酸积累的主要贡献者，但其对酒精发酵和醋酸发酵阶段的影响较小。在谷物醋生产过程中，乳酸菌代谢产生的乳酸构成了食醋中不挥发性酸的主体部分，大量的乳酸使食醋的口感更加柔和；乳酸与醇类发生反应生成酯类，构成了食醋香气成分；乳酸的产生能降低发酵液的pH值，从而抑制其他杂菌的生长。此外，乳酸菌在发酵过程中产生蛋白酶和酯酶等，蛋白酶水解蛋白质为氨基酸，从而使食醋的风味变得更加醇厚和柔和，酯酶则催化酸和醇发生酯化反应，从而赋予食醋浓郁的香味（Solieri &Giudici，2009）。除此之外，乳酸菌还能产生少量乳酸链球菌素，可有效抑制杂菌及多种致病菌的生长，提高产品的稳定性（邝格灵等，2018）。

参与谷物醋发酵的乳酸菌种类繁多，多以乳杆菌属（*Lactobacillus*）、魏斯氏菌属（*Weissella*）和片球菌属（*Pediococcus*）为主。Wu 等（2012a）对山西老陈醋发酵过程中乳酸菌进行分离与鉴定，分离出发酵乳杆菌（*Lactobacillus fermentum*）、布氏乳杆菌（*Lactobacillus buchneri*）、植物乳杆菌（*Lactobacillus plantarum*）、干酪乳杆菌（*Lactobacillus casei*）、融合魏斯氏菌（*Weissella confusa*）、乳酸片球菌（*Pediococcus acidilactici*）和戊糖片球菌（*Pediococcus pentosaceus*）七个种，而采用免培养技术则鉴定到弯曲乳杆菌（*Lactobacillus curvatus*）、肠膜明串珠菌（*Leuconostoc mesenteroides*）、融合魏斯氏菌（*Weissella confusa*）和发酵乳杆菌（*Lactobacillus fermentum*）四个种，其中肠膜明串珠菌和弯曲乳杆菌在酒精发酵阶段具有较高的丰度，而发酵乳杆菌在酒精发酵和醋酸发酵阶段的丰度都较高。许伟（2011）在镇江香醋醋酸发酵过程中鉴定的乳酸菌主要归为乳杆菌属，包括面包乳杆菌（*Lactobacillus panis*）、耐酸乳杆菌（*Lactobacillus acetotolerans*）、鸡乳杆菌（*Lactobacillus gallinarum*）、卷曲乳杆菌（*Lactobacillus crispatus*）和桥乳杆菌（*Lactobacillus pontis*）五个种。日本传统米醋生产过程中，乳杆菌、魏斯氏菌属、乳酸乳球菌（*Lactococcus lactis*）、乳酸片球菌、干酪乳杆菌、乳酸杆菌副干酪亚种（*Lactobacillus paracasei* subsp. *paracasei*）和植物乳杆菌等多种乳酸菌共同存在于酒精发酵阶段（Haruta，et al，2006）。

（4）芽孢杆菌属　芽孢杆菌属在自然界分布广泛，具有耐盐、耐酸、耐高温的特点，会在曲料中逐渐增殖，并成为许多曲料中的优势细菌。芽孢杆菌在食醋中的应用研究较少，但它对食醋风味和品质提高起到了积极作用。芽孢杆菌属是一类好氧菌，可通过三羧酸循环产生有机酸而使食醋酸味变得柔和，酸与醇反应形成酯类以增加食醋风味；它们还具有多元醇脱氢酶，可用甘油产酸，也可将甘油脱氢产生二羟基丙酮，让食醋的香味变得更加浓厚；芽孢杆菌产大量蛋白酶，可水解蛋白质为氨基酸，而氨基酸对食醋风味和颜色具有积极贡献（李宜丰等，1988；聂志强等，2012；邝格灵等，2018）。

4.1.5 世界著名传统食醋生产及相关醋酸菌

食醋是世界性的一种酸性调味品。在长期的生产实践中，不同国家、不同地区探索出了独具特色的食醋生产原料，培育了不同的发酵微生物群落，形成了不同的酿造工艺，进而形成了风味品质和药理功效不同的世界著名的食醋产品。中国和日本都是谷物醋的生产与消费大国。中国地域广阔，自然环境复杂，各地物产种类不同，因此其用于食醋生产的原料也存在较大的差异，北方食醋生产多以高粱、豌豆、大麦和麸皮等为主要原料，而南方的食醋则多以大米或小麦为主要原料酿制。我国多数传统谷物醋的生产都采用固态发酵工艺，少数食醋则采用液态发酵工艺生产。中国的山西老陈醋、镇江香醋、四川保宁麸皮醋、福建永春红曲醋和浙江玫瑰醋久负盛名，其中山西老陈醋、镇江香醋、四川保宁麸皮醋、福建永春红曲醋因其风味独特、生产历史悠久而被赞誉为中国四大名醋。日本的谷物醋多以大米为原料并多采用液态发酵方式生产，日本福山米醋（黑酢）和酒糟醋等也历史悠久。西方国家则多以果醋为主，且各具特色，如意大利的香醋、西班牙的雪莉醋、欧美的苹果醋和麦芽醋等。以下将对研究较为系统的山西老陈醋、镇江香醋、日本福山米醋、意大利香醋和西班牙雪莉醋等的生产及参与发酵的AAB进行详细介绍，而其他著名食醋的生产工艺及特点在此不再赘述。

4.1.5.1 山西老陈醋的生产

山西老陈醋（Shanxi aged vinegar）以其酸、甜、香、绵而闻名于世，成为我国最著名的食醋之一。据史料记载，山西省太原市清徐县是山西老陈醋的发祥地。清初顺治年间，晋中介休的王来福在清徐开办了“美和居”醋坊，并对原来的食醋生产工艺大胆地进行了改革和创新，在原有白醋生产工艺上增加了“熏醋”和“夏伏晒、冬捞冰”等工序，所制食醋色泽浓郁、口感醇厚、香气扑鼻、香味久聚不散。经过300多年的不断实践和完善，总结形成了一套科学而完善的酿造工艺。

（1）山西老陈醋的生产工艺流程及操作要点 传统山西老陈醋以高粱和大曲为主要原料，以麸皮和谷糠为填充料。食醋经高粱粉碎、浸润和蒸煮，加入大曲进行稀态低温“双边”发酵（边糖化边酒精发酵）、固态高温醋酸发酵、熏醅、淋醋和陈酿等工序发酵而成。食醋生产工艺可用“蒸”“酵”“熏”“淋”和“陈”五字来描述，其具体工艺流程如图4-2所示。然而，随着科学技术的进步，山西老陈醋生产工艺在保留传统生产工艺的同时，也开发了现代化的生产工艺过程。

传统和现代老陈醋的生产工艺操作要点如下。

① 原料处理 传统的山西老陈醋生产工艺中，将高粱粒粉碎为6～8瓣后加水润胀。待高粱粒充分吸水后将其打散蒸料，上汽后蒸1.5～2h，停蒸后焖料15min以上，以蒸熟、蒸透、无夹心、不沾手为宜。蒸料过程中，淀粉质原料发生糊化，蛋白质发生变性，进而在后续加工过程中更容易被降解并被微生物利用。

而在现代化的山西老陈醋生产工艺中，酿醋原料经充分粉碎后，可不经润胀和蒸煮，即直接将粉碎的谷物与水混合而制成淀粉溶液。

② 边糖化边酒精发酵 传统的山西老陈醋生产工艺中，将熟料取出放入冷散池，用70～80℃热水浸焖至稀粥状。向冷却至35℃以下的稀粥状物料中均匀撒入生原料量0.4～0.6倍的大曲粉，翻拌均匀后，再加入生原料量0.5～0.6倍量的水，制成稀态酒醪，进入边糖化边酒化的“双边”发酵过程。来自曲料中霉菌分

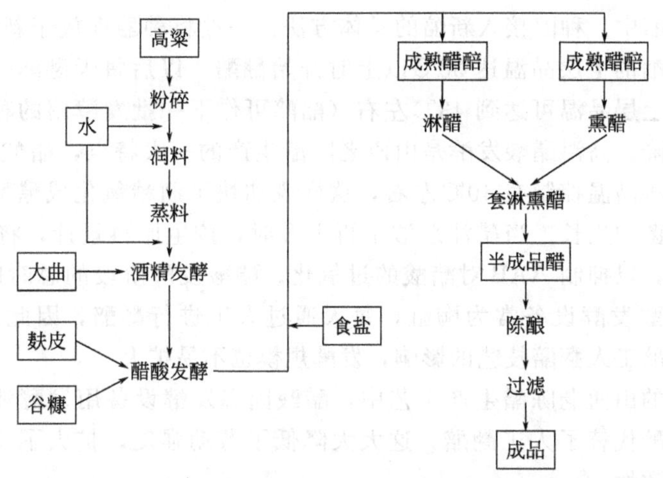

图 4-2 传统山西老陈醋酿制工艺流程（引自宋安东，2009）

泌的淀粉酶将糊化后的淀粉液化和糖化为能被酵母和细菌利用的单糖或双糖；而来自曲料的蛋白酶则将变性的蛋白质水解为胨、肽和氨基酸等，这些小分子物质可被酵母和细菌直接利用而进行生长。

稀态醪液前 3d 属于开缸发酵过程，来自大曲的各类酵母利用氧气进行有氧呼吸而进行菌体生长并代谢产热，期间需要每天搅拌 2 次进行降温，以维持发酵温度在 28～30℃。随后进入到为期 15d 的封缸厌氧发酵过程，大量增殖的酿酒酵母在厌氧环境中开始利用葡萄糖、果糖等单糖产生酒精，此即酒精发酵阶段。酒精发酵阶段，产香酵母、乳酸菌、AAB 和芽孢杆菌等也大量增殖并代谢，产生各类有机酸及酯类物质，原料中的大分子物质不断被分解成小分子物质。至酒醪成熟时，醪汁色黄、澄清，酒精含量达 5%（以体积计）以上，总酸含量（以醋酸计）不超过 2g/100mL。

在现代化的山西老陈醋生产工艺中，经管道将淀粉溶液泵入不锈钢糖化罐中，依次加入淀粉酶、糖化酶和酵母分别进行液化、糖化和酒精发酵。淀粉的液化和糖化可分别通过控制糖化罐中适宜温度而实现淀粉等大分子物质的水解，相比于传统的“双边发酵”工艺，糖化罐处理可缩短原料处理时间，淀粉转化为糖的效率高。糖化后的溶液经管道输入到温控型酒精发酵罐，经冷却后，拌入大曲和酒母进行酒精发酵。

③ 醋酸发酵　传统的山西老陈醋生产工艺中，醋酸发酵采用的是固态发酵工艺。在醋酸发酵阶段，产酸微生物在没有流动水的固相基质表面生长繁殖，其中 AAB 是将酒精转化为醋酸的主要微生物。酒精发酵结束后，将成熟酒醪搅拌均匀，以生原料计拌入麸皮、谷糠的比例为 1∶(0.5～0.7)∶(0.8～1)，要求醋醅的含水量为 60%～65%，酒精含量为 4～5mL/100g。然后取上批经醋酸发酵 3～4d，且发酵旺盛的优良醋醅为“种醅”（也称“火醅”）作发酵剂，按 5%～10% 接种量

将种醅接入新醅中。种醅接入新醅的具体方法：一般将种醅埋放于新醅的中上部，经过 24h 后，醅的上层品温达 38℃以上时开始翻醅，以后每天翻醅一次。一般发酵 3～4d 后，上层品温可达到 43℃左右（醋醅可作下一批发酵用的种醅），6～7d 后品温逐渐下降。高温醋酸发酵是山西老陈醋生产的一大特点，醋酸发酵过程中，通过不断翻醅将品温控制在 40℃左右，这样既加快了酒精氧化成醋酸的速度，也抑制了其他杂菌的生长。当醋汁总酸不再上升时，按生原料量计，将 4%～5%的食盐拌入醋赔，以抑制 AAB 对醋酸的过氧化。醋酸发酵阶段的总时间约 8～9 d。传统的固态醋酸发酵设备常为陶缸，每天通过人工进行翻醅，因此劳动强度大，食醋产量受翻醅工人翻醅技艺的影响，发酵规模也不易扩大。

在现代化的山西老陈醋生产工艺中，醋酸固态发酵设备用发酵池代替了发酵缸，用机械翻醅代替了人工翻醅，这大大降低了劳动强度，扩大了生产规模，保证了产品的一致性。

④ 熏醋　传统的山西老陈醋生产工艺中，熏醅过程是将 40%～50%成熟醋醅置于熏缸内［图 4-3（a）］，通过地炕炭火（简称地火）加热，控制温度在 70～80℃，每天人工翻醅一次，4d 出醅。熏制的一半醋醅被称为“熏醅”或“红醅”，未熏制的另一半醋醅被称为“白醅”或“黄醅”。熏醅过程中醋醅受热后，氨基酸和糖发生美拉德反应，这一特殊的加工过程赋予了山西老陈醋独特的风味。

而在现代化的山西老陈醋生产工艺中，则以不锈钢旋转式夹层熏醅罐［图 4-3（b）］代替传统的陶瓷缸，以蒸汽代替地火加热，通过罐体旋转来代替人工翻醅，不仅缩短了熏醅时间，且用蒸汽代替炭火熏醅，减少了 CO_2 和 SO_2 的排放和对大气的污染。

(a) 熏醅缸

(b) 熏醅罐

图 4-3　熏醅缸（罐）

图（a）和图（b）分别由山西老陈醋集团有限公司和山西紫林醋业股份有限公司提供

⑤ 淋醋　取剩下的约一半白醅（未经熏制的醋醅），先加入上一次淋醋产生的二淋醋或三淋醋，再补足冷水至醋醅质量的两倍，浸泡 12h 后得到的浸泡液称为一淋醋。用煮沸的来自白醅的一淋醋浸泡熏醅约 10h 后，得到的浸泡液为半成品醋，

也称为原醋。半成品醋要求总酸（以醋酸计）含量不低于 5.5g/100mL，浓度为 7°Bé 以上。剩下的醋渣以水浸泡两次分别得到二次和三次浸泡液，即二淋醋和三淋醋。在传统生产工艺中，该过程可由人工完成，而在现代生产工艺中则采用机械淋醋工艺。

⑥ 陈酿　半成品醋输入陶瓷缸［图 4-4（a）］或醋池［图 4-4（b）、图 4-4（c）］中后，经历“夏伏晒、冬捞冰”的陈酿过程（图 4-5），置于室外九个月以上。醋缸或醋池常置于玻璃房内以升高室内温度，加快蒸发，并且可保障产品的卫生［图 4-4（a）～图 4-4（c）］。过滤除去杂质后，即可按不同产品质量要求配兑为产品。醋缸是我国传统的陈酿设备且一直沿用至今，而醋池是新近开发的现代化的陈酿设备。图 4-4（b）显示的是由山西老陈醋集团有限公司设计建造的陈酿池，是全球建造最早且规模最大的食醋陈酿池。整个醋池由玻璃钢制成，醋池总长 300m，最宽处 24m，最窄处 10m，整个醋池被分隔成 7 个小醋池，可容纳 15000t 原醋，因整个醋池的容积较大，因此常被称为“醋湖”，又因醋湖顶部玻璃房的形状被设计成了巨龙的形状，因此又被称为“醋龙”。图 4-4（c）的醋池是由山西紫林醋业股份有限公司设计完成的装有太阳能的食醋陈酿池（湖），太阳能板的安装可提高玻璃房内的温度，加速陈酿过程，陈酿后的食醋通过管道运输到万吨储醋罐群［图 4-4（d）］中进行存放，醋湖和万吨储醋罐群的使用可大大减少陈酿车间的占地面积。

（2）山西老陈醋的特点　山西老陈醋被认为是我国食醋的鼻祖，无论原料、工艺还是产品都具有自己独特的特点。

以高粱为主要原料，大曲用量大。大曲既是糖化发酵剂，也作为主要原料之一。大曲对食醋及其风味品质的形成具有重要贡献。首先，大曲富集的多种微生物及其酶系将原料和大曲中的大分子物质转化成小分子物质，形成食醋及其风味物质。大曲富含阿魏酸与二氢阿魏酸等抗氧化物质，或因含红曲霉而产生莫纳可林 K、γ-氨基丁酸和麦角固醇等功效成分。

山西老陈醋的酒精发酵采用低温长时发酵工艺，而醋酸发酵的醅温高达 43～45℃，这对香味成分和不挥发有机酸的生成都有利。此外，独特的熏醅与陈酿工艺，赋予了山西老陈醋独特的风味特征。

山西老陈醋以其酸、甜、香、绵而闻名于世，色泽黑紫，质地浓稠，固形物含量高，酸味醇厚，有特殊的熏香味。

（3）山西老陈醋生产中参与发酵的 AAB　AAB 是山西老陈醋醋酸发酵阶段的主要微生物。种醅被接入固态物料后，AAB 开始生长繁殖、产酸并产热，但 AAB 的种类和含量在醋酸发酵阶段呈动态变化。在醋酸发酵初期，醋醅中 AAB 的种类和数量都较多，除巴氏醋杆菌外，氧化葡糖杆菌、苹果醋杆菌、印度尼西亚醋杆菌、非洲醋杆菌和东方醋杆菌都是醋酸发酵初期的优势 AAB，且丰度都较高；醋酸发酵 3d 后，随着醋酸含量不断增加，发酵基质酸度的不断升高，巴氏醋杆菌成

(a) 陈酿缸

(b) 陈酿池(湖)

(c) 太阳能陈酿池(湖)

(d) 储醋罐群

图 4-4　食醋陈酿池（湖）和储醋罐群

（由山西老陈醋集团有限公司和山西紫林醋业股份有限公司提供）

(a)　“夏伏晒”

(b)　“冬捞冰”

图 4-5　“夏伏晒、冬捞冰”的陈酿过程

（由山西老陈醋集团有限公司提供）

为优势 AAB，其他 AAB 种类基本消失。笔者所在课题组利用 ERIC-PCR、表型和生化特性分析分别对分离的巴氏醋杆菌菌株进行比较分析，发现巴氏醋杆菌菌株在基因型、表型和生化特性上具有多样性（图 4-6 和表 4-1），这可能与山西老陈醋的生产原料及发酵工艺相关（Wu，et al，2010，2012b；Bartowsky，et al，2008）。

表 4-1　分离的不同巴氏醋杆菌菌株的表型及生化特性（引自 Wu，et al，2010）

菌株①	细胞形态	GYE 中的状态	乙醇/%				30%葡萄糖	单一碳源生长情况					
			5	10	15	20		D-果糖	甘油	棉子糖	蔗糖	D-甘露糖醇	山梨糖醇
DL13	小,短杆	澄清,表面生长	—②	—	—	—	w②	—	—	—	—	w/—	—
DL15	短杆,成对	浑浊,表面生长	+②	—	—	—	—	w	—	—	w/—	+	+
DL21A	短杆,成对	低浊度,表面生长	+	—	—	—	—	—	—	+	+	—	—
SX363	短杆,成对	浑浊,表面生长	+	+	—	—	+	—	w	+	+	+	+
SX461	短杆,成对	浑浊,表面生长	+	+	—	—	—	—	w	+	w/—	+	+
SX463	短杆,成对	低浊度,表面生长	+	+	—	—	+	w	—	+	—	+	—
SX561	短杆,成对	浑浊,表面生长	+	—	—	—	+	—	—	—	w/—	w/—	—
SX563	短杆,成对	浑浊,表面生长	+	+	—	—	—	—	—	+	—	+	—
SX661	短杆,成对	浑浊,表面生长	+	—	—	—	—	+	+	—	w/—	+	+
SX861	短杆,成对	浑浊,表面生长	+	+	+	—	—	w	—	w/—	+	+	+
SX862	短杆,成对	澄清,表面生长	+	+	+	—	—	+	w	—	+	—	+
ZJ153A	短杆,成对	澄清,表面生长	+	+	—	—	+	—	—	—	—	—	—
ZJ171	短杆,成对	浑浊,表面生长	+	+	—	—	+	w	w	w/—	—	w/—	+
ZJ172	短杆,成对或短链	浑浊,表面生长	+	+	—	—	—	w	w	+	—	—	+
ZJ25B	短杆,成对	浑浊,表面生长	+	+	+	—	+	w	—	+	w/—	+	—
ZJ271	短杆,成对或长链	低浊度	—	—	—	—	—	w	—	+	w/—	—	w/—
ZJ273	短杆,成对或短链	浑浊,表面生长	+	+	+	—	—	w	—	—	w/—	+	+
ZJ361A	短杆,成对	浑浊,表面生长	—	—	—	—	—	—	—	+	w/—	+	+
ZJ361B	短杆,成对	浑浊,表面生长	+	+	—	—	—	—	—	w/—	w/—	+	+
ZJ362	小短杆,成对	低浊度	—	—	—	—	—	+	w	+	+	+	+
ZJ555	小短杆,成对	低浊度	+	+	+	—	—	+	—	—	w/—	w/—	+

①所有菌株均为革兰氏阴性，KOH 反应阳性，过氧化氢酶反应阳性，能氧化乙醇生成乙酸，不产纤维素。

②+：生长；w：生长弱；—：不生长。

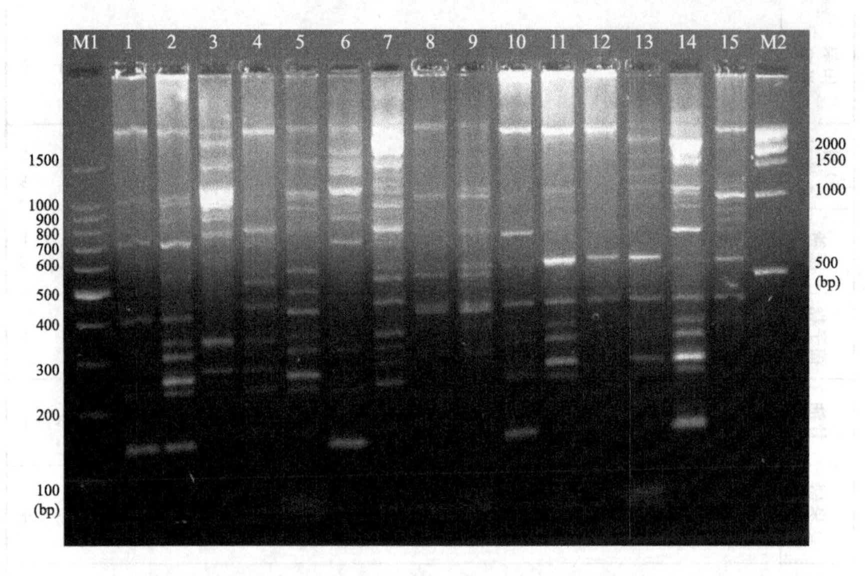

图 4-6　不同巴氏醋杆菌菌株的 ERIC-PCR 分析（引自 Wu，et al，2010）

M1—100 bp DNA ladder；1—ZJ153A；2—ZJ171；3—ZJ271；4—ZJ273；
5—ZJ361B；6—ZJ362；7—7009（巴氏醋杆菌，参考菌株）；
8—DL13；9—DL15；10—DL21A；11—SX363；12—SX461；13—SX561；
14—SX563；15—SX862；M2—500 bp DNA ladder

4.1.5.2　镇江香醋的生产

镇江香醋历史悠久，梁代（公元 502～557 年）著名的医学家陶弘景著作的《神农本草经集注》中有关于镇江米醋的记载，是目前所知关于镇江香醋最早的文字记录。

（1）镇江香醋的生产工艺流程及操作要点　镇江香醋是产自镇江地区的一种风味独特的酿造米醋，但酿造厂家的不同导致市场上镇江香醋品牌众多。传统的镇江香醋是以糯米、麸皮、大糠为原料，经蒸煮、天然多菌种复式发酵（酒母制作和酒醪发酵两个阶段均有糖化和酒化过程的发生）、逐层翻醅的固态分层醋酸发酵、醋醅陈酿和淋醋等工序酿制而成的，其香气浓郁，酸而不涩。传统镇江香醋的生产工艺流程如图 4-7 所示。

然而，现代镇江香醋的生产工艺则是在传统工艺的基础上，加以改进而形成的（图 4-8）。

传统和现代镇江香醋的工艺操作要点如下。

① 原料处理　在传统镇江香醋的加工工艺中，大米浸泡 15～24h（冬长夏短），使米粒膨胀、无硬心，用清水冲至水不浑浊，沥干，蒸饭锅内蒸煮至饭粒松软，内无生心，不成糊状。

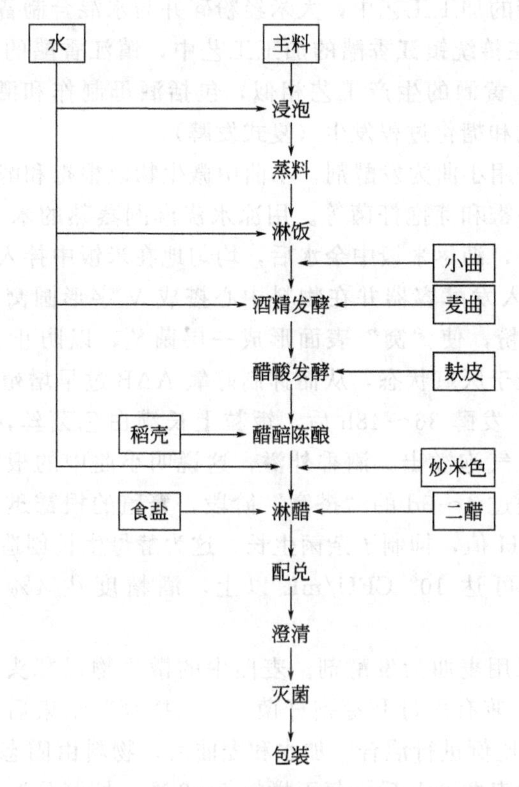

图 4-7 传统镇江香醋的生产工艺流程

（引自宋安东主编的《调味品发酵工艺学》，2009）

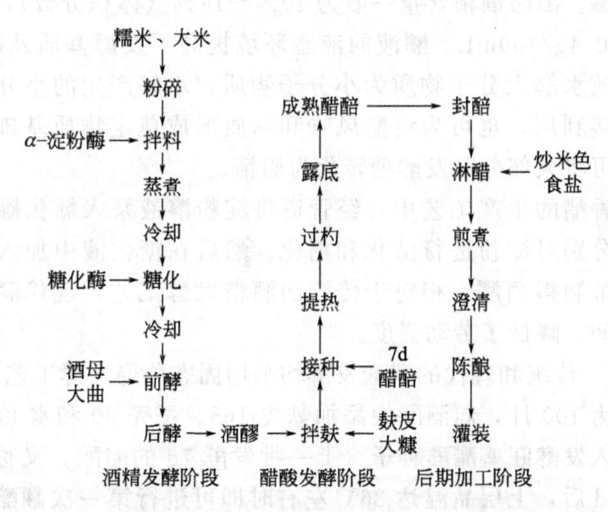

图 4-8 现代镇江香醋的生产工艺流程（引自许伟，2011）

在现代镇江香醋的加工工艺中，大米经粉碎并与水混合制备大米醪液。

② 酒精发酵　在传统镇江香醋的加工工艺中，镇江香醋的淀粉糖化和酒精发酵与中国传统米酒、黄酒的生产工艺相似，包括酒母制作和酒醪发酵两个阶段，这两个阶段均有酒化和糖化过程发生（复式发酵）。

a. 酒母制备。采用小曲为发酵剂，小曲中微生物以根霉和酵母为主，兼有少量米曲霉、毛霉、犁头霉和芽孢杆菌等。用凉水浇淋刚蒸熟的米饭至 28～30℃（冬季 30℃，夏季 28℃），沥尽米饭中余水后，均匀地在米饭中拌入小曲粉（小曲∶主料＝0.4∶100），放入发酵容器并在物料中心搭成 V 字形圆窝（工艺上称为“搭窝”）。表面撒小曲粉，使“窝”表面形成一层菌丛，以防止其他杂菌入侵和生长，并使发酵基质处于厌氧状态，从而抑制好氧 AAB 过早增殖。将容器盖好，控制品温在 28～30℃，发酵 36～48h 后，饭粒上长满白色菌丝，窝内出现糖化液，用手指轻压窝壁会有气泡溢出，酒香外溢，这说明小曲中的根霉及酵母在有氧条件下都迅速繁殖。经过 4～5d 的“搭窝”阶段，繁殖的根霉迅速水解原料中的淀粉，降低发酵基质 pH 值，抑制了杂菌生长，这为酵母生长创造了条件。搭窝结束时，酵母细胞数量可达 10^{8} CFU/mL 以上，酒精度达 4%～5%，含糖量达 30%～35%。

b. 酒醪发酵。采用麦曲为发酵剂。麦曲中的微生物以犁头霉、米曲霉和米根霉等丝状真菌为主，兼有酵母和芽孢杆菌等。“搭窝”结束后，按水∶麦曲∶主料＝140∶6∶100 的比例进行混合。加水和麦曲后，物料由固态变为液态，促进糖化和酒精发酵。接种麦曲 24h 后，每天搅拌 1～2 次，控制品温在 30℃以下，酵母继续增殖并产少量酒精。从第 4 天开始静置封缸发酵，品温开始下降，10d 左右发酵结束，即得酒醪。酒醪酒精含量一般为 10%～14%（体积分数），总酸含量（以醋酸计）应低于 0.4g/100mL。醪液的液态环境提高了发酵基质及酶的扩散速率，促使麦曲中酶高效水解大分子物质为小分子物质。水解产生的小分子物质不仅能被酵母和细菌直接利用，也可为食醋风味和品质形成奠定物质基础。进入静置封缸发酵后，酵母可将大部分可发酵糖转化为酒精。

在现代镇江香醋的生产工艺中，经管道将淀粉溶液泵入糖化罐，依次加入 α-淀粉酶、糖化酶分别对淀粉进行液化和糖化。然后在糖化液中加入麦曲和酒母进行酒精发酵，发酵制得酒醪。相对于传统的酒精发酵工艺，现代酒精发酵工艺大大缩短了发酵时间，降低了劳动强度。

③ 醋酸发酵　传统和现代的醋酸发酵均采用固态分层发酵工艺。酒精发酵后，以主料大米质量为 100 计，向酒醪中添加麸皮 165、稻壳 80 和水 100 左右后拌匀，装入发酵池，接入发酵旺盛醋醅种子（上一批发酵 7d 的醋醅，又称为种醅）至新醅表层，约 3～5d 后，上层品温达 36℃左右时即可进行第一次翻醅，以后采用分层翻醅工艺，从而实现醋酸的固态分层发酵，从而不断为 AAB 生长和发酵提供乙醇和空气，使产生醋酸和风味物质（图 4-9）。分层翻醅工艺：每隔 24h，用翻醅机

向下逐层翻动 10 cm 以接种醋酸菌（过杓），翻醅至第 7 天即翻至容器底部（露底），醋醅整个发酵周期约 20d，醅温控制在 40～46℃（若温度过高，可将上部醋醅拍实压紧以控制温度过快升高），醋醅含水量 60%～70%。

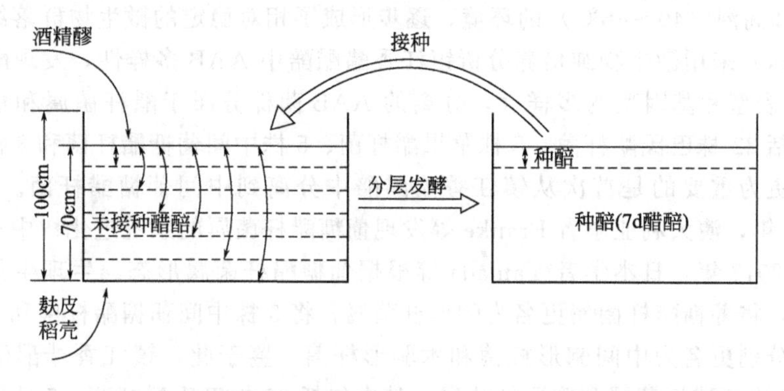

图 4-9　镇江恒顺香醋套醪接种工艺（引自许伟，2011）

④ 醋醅陈酿　发酵成熟醋醅转入已洗净擦干的陈酿缸或池中，拍实压紧并密封 7d 左右，通过厌氧环境将醋酸菌等微生物杀死，结束发酵，这个过程称为醋醅陈酿，又叫醋醅后熟。醋醅陈酿过程要保证封口不漏气。陈酿醋醅中发生着美拉德反应和其他化学反应，从而使食醋的色泽和风味得到持续提高。

⑤ 淋醋　将陈酿好的醋醅置于有假底的淋醋容器内，加食盐和炒米色（用量可根据要求而定），用上批二淋醋浸泡成熟醋醅 18h 以上，放出醋液为头醋；淋醋后的醋醅再用三淋醋浸泡 12h 左右，淋出醋液为二淋醋；最后再用水浸泡醋醅 6h 左右，淋出的醋液为三淋醋。剩余的醋渣总酸含量（以醋酸计）应小于 0.4%。将淋出的头醋（生醋）煮沸并恒温维持 30～45min 以进行煎醋而得熟醋。

煎醋的目的如下：杀灭杂菌，延长保质期；使醋中的蛋白质等有机物变性凝固并析出，达到澄清食醋目的；使醋中水分和挥发酸等减少而达到浓缩目的；促进美拉德反应，以改善食醋的色泽和风味。煮好的熟醋密封于陶坛中，在阳光、通风处陈酿 0.5～2 年后得成品醋。香醋需陈酿 6 个月以上，陈醋需陈酿 1 年以上，合适贮存期为 2 年左右。

炒米色制作工艺：将粳米放入铁锅中加热，不停地炒拌，当米由白色逐渐变黄，再转黑，触之发黏，成团块时，迅速倒入沸水中（水量为米的 2 倍）煮沸并搅拌 20min，冷却后即可使用。炒米色色泽呈深褐色，清亮有光泽，有特别的米油香和焦香。加入炒米色可使镇江香醋色浓醇和、风味芬芳，不加炒米色的食醋不能被称为真正的镇江香醋。

(2) 镇江香醋的特点　以优质糯米为原料，采用酒药和麦曲为糖化发酵剂。传统工艺采用“先培菌糖化后发酵”或“边糖化边发酵”，曲药用量少；而现代工艺则先进行淀粉液化和糖化，后进行酒精发酵。醋酸发酵阶段采用固态分层翻醅发酵工艺，采用醋醅陈酿的工艺，利于风味物质的形成。产品酸而不涩，香而微甜，有独特炒米香。

(3) 镇江香醋生产中参与发酵的 AAB 镇江香醋醋醅发酵的环境属于高酸、低 pH 值和高温（40～46℃）的环境，逐步形成了相对稳定的微生物群落结构。苏俊霞（2014）采用微生物纯培养分析镇江香醋醋醅中 AAB 多样性，发现醋醅中的 AAB 具有表型和基因型的多样性，分离的 AAB 菌株分属于醋杆菌属和葡糖醋杆菌属，包括 22 株巴氏醋杆菌、5 株苹果醋杆菌、5 株中间葡糖醋杆菌和 3 株木葡糖醋杆菌，更为重要的是首次从镇江香醋醋醅中分离到中间葡糖醋杆菌。实际上，早在 1999 年，澳大利亚学者 Franke 等发现葡糖醋杆菌属的系统进化树中存在二相性。直到 2012 年，日本学者 Yamada 等根据葡糖醋杆菌属形态、生理生化和分子特性不同，将葡糖醋杆菌属更名为驹形杆菌属，将 5 株中间葡糖醋杆菌和 3 株木葡糖醋杆菌分别更名为中间驹形杆菌和木驹形杆菌。鉴于此，镇江香醋醋醅中分离的 AAB 分属于醋杆菌属和驹形杆菌属，其中包括 22 株巴氏醋杆菌、5 株苹果醋杆菌、5 株中间驹形杆菌和 3 株木驹形杆菌，且首次从镇江香醋醋醅中分离到中间驹形杆菌菌株。王宗敏（2016）研究表明，镇江香醋醋酸发酵过程中细菌群落结构不断演变，共包括了 151 个属，且乳杆菌属和醋杆菌属在细菌群落中占优势地位。其中，醋杆菌属的菌种被归为 15 个种，但 93%的菌株为巴氏醋杆菌。除此之外，还有一些丰度较低的 AAB 属，如葡糖醋杆菌属。

4.1.5.3 日本福山米醋的生产

日本的食醋包括发酵食醋和合成食醋。发酵食醋又被分为精米醋（komesu）、糙米醋（kurosu）、清酒糟醋（kasuzu）和其他谷物醋。精米醋又被称为米醋，是以精米为原料酿制而成的；糙米醋又被称为黑醋，是以糙米为原料酿制而成的；而清酒糟醋又被称为糟醋，是以清酒加工副产物——酒糟为原料，经浸提其残余酒精等有机物后发酵而成的食醋。精米醋和糟醋色泽为浅琥珀色，口感柔和、微甜，适用于寿司、酸的海藻沙拉、海鲜色拉及腌渍菜的制作。黑醋的色泽为深琥珀色，比米醋和糟醋色深。因为黑醋的原料是糙米，它比精米醋含更多的氨基酸、维生素和微量元素等，因此黑醋不仅是常用的佐餐调味品，还是一种深受青睐的保健品（Murooka，2016）。以酒精为原料通过醋化罐发酵而速成的醋则为合成醋，合成醋不能被标记为发酵醋或酿造醋。

虽然日本的精米醋和糙米醋所用原料不同，色泽和口感不同，但它们的发酵工艺基本相同，都包括淀粉糖化、酒精发酵、醋酸发酵、陈酿和杀菌等过程，且醋酸发酵都采用表面静态发酵，发酵周期在 1 个月以上。日本福山米醋的生产工艺及操作要点介绍如下。

(1) 日本福山米醋的工艺流程及操作要点　日本南部鹿儿岛的福山町所产黑醋久负盛名，其生产历史约 200 年。虽然一些公司采用现代液体深层发酵工艺生产福山米醋，但多数福山米醋产品仍采用传统生产工艺（图 4-10）。福山米醋的传统制作工艺采用边糖化、边酒化和边醋化的“三边”发酵工艺。陶瓷缸内投放蒸好的糙米、米曲（接种米曲霉而生产的曲）和水后在稀醪状态下进行 6～12 个月的“三边”发酵。该生产工艺中，未向发酵体系中接入 AAB 菌种，因为生产用陶瓷坛内栖息着一定数量的 AAB（Murooka，2016）。

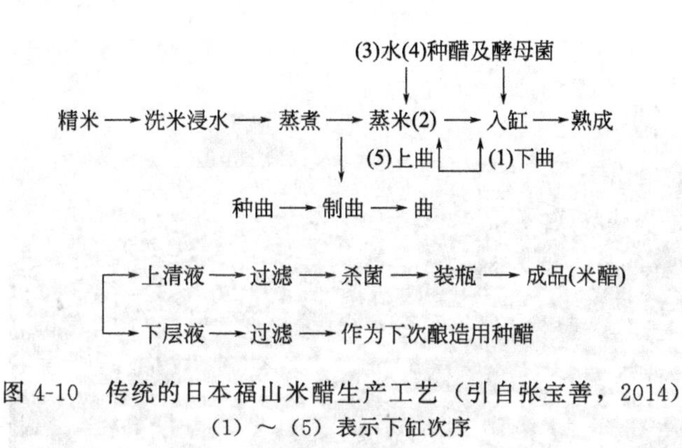

图 4-10　传统的日本福山米醋生产工艺（引自张宝善，2014）

（1）～（5）表示下缸次序

工艺操作要点如下。

① 制曲　传统法制备种曲以糙米为原料，先进行精米，轻微地伤其表皮，用水浸泡过夜后沥去水并蒸熟，迅速冷却至 29℃后接入米曲霉孢子，拌匀，培养过夜后装入小曲盘，继续培养 1 周，曲表面布满黄绿色孢子，曲在低于 40℃的条件下干燥至水分低于 10%。

制备嫩曲时，糙米经轻微精白、浸泡、蒸熟并冷却至 29℃后，按 0.1%的接种量接入种曲，拌匀并用布包裹后静置培养 24h，使曲霉孢子发芽，品温自然上升，待曲表面出现白色斑点时，翻曲，装入自动制曲机并摊平，曲层表面覆盖厚棉布，制曲温度控制在 25～30℃，最高温可达 40～43℃，制曲时间约 24h。米曲须具有较高淀粉酶及蛋白酶活力，且应储存于 10℃以下，以控制曲霉继续繁殖。

② 制醪与发酵　发酵容器通常是内外皆烧釉的瓮（容积 52L，直径 45cm，高 70cm，口径 14cm）。发酵瓮在露天发酵厂南北向排列成两行，使瓮的一侧受上午阳光的照射，另一侧受下午阳光的照射（图 4-11）。瓮内液面上部品温常达 45～50℃，下部常在 30℃左右。制醪时先将下曲（放在发酵瓮底部的曲）放入瓮，上面加蒸熟冷却的大米，然后加适量的水，最后将上曲（放在发酵醪表面的曲）撒在上面，每翁投米 8kg、下曲（米曲）3kg、水 30kg、上曲 0.3kg（10%米曲总量），这样就完成了制醪。下曲用量较大，下曲中的曲霉因繁殖不充分而属于嫩曲，但其酶可将原料淀粉水解糖化和酒化。上曲添加可防止发酵时乙醇与醋酸的挥发，防止杂菌污染，保持发酵温度，营造兼氧状态，以促进乙醇发酵。瓮口用纸覆盖，上面再压上烧制的瓦盖，待其熟成。制醪 1 个月，上曲发酵而成薄膜，再

经过 1 个月即慢慢下沉，逐步产生醋酸菌膜（来自发酵瓮的天然 AAB），全面覆盖液面，最后变成硬质纤维状醋酸菌膜。此膜同样具有保温、防止乙醇或醋酸挥发及杂菌污染的作用，因此不能将其破坏，待醋酸发酵完成，即自动下沉。日本米醋的传统生产要露天发酵 6 个月，若保温速酿，约 3 个月即可得到质量好的醋。发酵食醋也可再经 1 年陈酿以获得更高品质的食醋。

图 4-11　日本福山町传统酿造用陶瓷罐（引自 Solieri&Giudici，2009）

（2）日本福山米醋的特点　日本福山米醋的生产工艺是从中国传入日本的典型传统表面静置发酵，保持了液态复式发酵工艺，即糖化、酒精发酵及醋酸发酵在稀醪状态下同时进行；黑醋利用糙米进行发酵使醋含有更多的氨基酸、维生素和金属离子；晒醋需半年时间，保温速酿法 3 个月即成熟。经过 6～12 个月发酵、1 年陈酿获得的黑醋中会积累一定量的免疫刺激成分（Hashimoto，et al，2013）。黑醋也被日本民众视为极富保健功效的调味品。

（3）日本福山米醋生产中参与发酵的 AAB　Nanda 等（2001）通过 ERIC-PCR、RAPD 和 16S rRNA 序列分析法从日本精米醋发酵中共分离到 126 株 AAB，其中 124 株 AAB 来自发酵早期（1～10d）、中期（11～20d）、晚期（21～32d）和米醋的后发酵期（＞32d），且都属于巴氏醋杆菌，另外的 2 株 AAB 来自后发酵期（＞32d），且也为巴氏醋杆菌，但其 DNA 指纹图谱与其他 124 株巴氏醋杆菌具有差异。根据 AAB 的指纹图谱，124 株 AAB 的指纹图谱被归为 A 组，后发酵期的 2 株 AAB 被归为 B 组。另外，从糙米醋发酵的早期、中期和晚期共分离到了 50 株巴氏醋杆菌，且都归为 A 组（表 4-2）。Haruta 等（2006）对日本米醋发酵过程中的微生物动态进行分析，发现发酵初期米曲霉和酿酒酵母是固态物料中的优势微生物。糖化和酒精发酵结束后，巴氏醋杆菌和耐酸乳杆菌逐渐成为醋酸发酵阶段的优势微生物；临近醋酸发酵结束时，巴氏醋杆菌是优势菌群。

表 4-2 日本精米醋和糙米醋静态发酵过程中微生物群落变化（引自 Solieri&Giudici，2009）

分离源	发酵时间/d	分离数量(出现率/%)	
		A组	B组
精米醋(komesu)	早期(1～10)	49(100)	nd
	中期(11～20)	28(100)	nd
	晚期(21～32)	26(100)	nd
	后发酵期(>32)	23(98)	2(8.0)
糙米醋(kurosu)	早期(1～10)	16(100)	nd
	中期(11～20)	22(100)	nd
	晚期(21～32)	12(100)	nd

注：nd表示未检测到。

从日本糙醋发酵过程共分离了210株AAB，利用ERIC-PCR法将其归为A、B、C和D四个组（图4-12）。进化树分析显示：A组和B组AAB属于巴氏醋杆菌，C组和D组AAB属于中间葡糖醋杆菌（图4-13）。

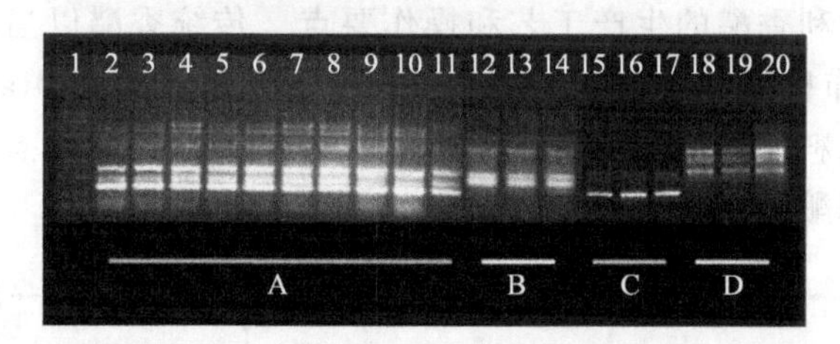

图4-12 从糙醋中分离的AAB的ERIC-PCR分析（引自Solieri&Giudici，2009）
泳道1：Marker；泳道2～20：分离的不同菌株

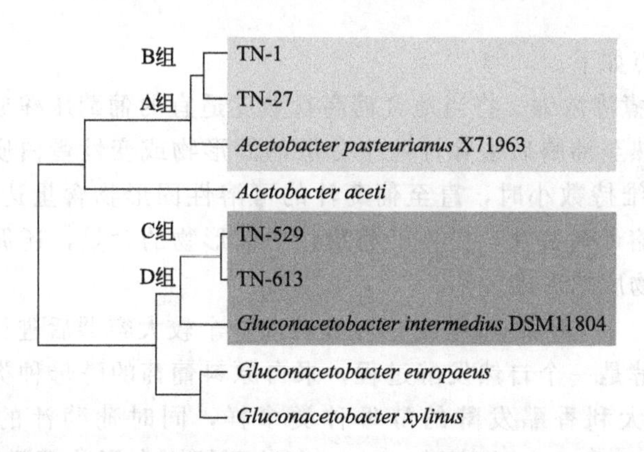

图4-13 从日本米醋分离的A、B、C、D四组AAB的进化树分析
（引自Solieri&Giudici，2009）

4.1.5.4 意大利传统香醋的生产

在意大利盛产有摩德纳香醋（balsamic vinegar of Modena）和传统香醋（traditional balsamic vinegar，TBV）。摩德纳香醋是将煮过的葡萄汁和葡萄醋混合并经调味的葡萄醋，有时会加一些焦糖色素；而传统香醋则是指产自意大利摩德纳（Modena）和雷焦艾米利亚（Reggio Emilia）地区，以葡萄为原料，葡萄汁经煮沸浓缩、酒精发酵、醋酸发酵和陈酿12年以上而得的传统的手工酿制的葡萄醋。

传统香醋的酿制历史可以上溯至中世纪时期。传统意大利香醋的加工原料考究、工艺繁琐而精细，年产量仅限一万吨左右，其中70%出口，在国际市场上因其不菲的价格和独特的品质被誉为“醋中皇后”。在意大利，传统香醋的生产受到香醋生产商会的严格监督，其成品只有被多位鉴定师鉴定合格后方可称作意大利传统香醋。意大利传统香醋质地黏稠，颜色深棕，口感酸甜，香气浓郁，且果香是其主体香气。香醋通常不用来烹饪或沙拉制作，而是作为高档菜肴的搭配，滴加在成品菜肴或甜点周围，以增加风味。下面仅介绍传统意大利香醋生产工艺及操作要点，以及参与发酵的AAB等微生物。

（1）传统意大利香醋的生产工艺和操作要点　传统香醋以当地出产的三白尼（Trebbiano）、蓝布鲁斯科（Lambrusco）或安塞罗塔（Ancellotta）等糖度高且酸度适宜的葡萄为原料制作而成，其生产过程主要包括葡萄汁的煮沸浓缩、酒精发酵、醋酸发酵和陈酿阶段，如图4-14所示。

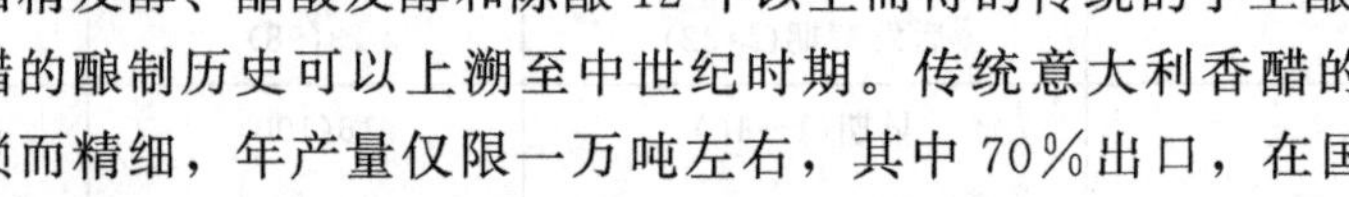

葡萄 → 榨汁 → 煮沸浓缩 → 酒精发酵 → 醋酸发酵 → 陈酿 → 成品

（醋母 ↑ 醋酸发酵）

图4-14　传统意大利香醋生产工艺流程（引自Solieri&Giudici，2009）

具体操作要点如下。

① 葡萄汁的煮沸浓缩　将当地含糖高且酸度适宜的葡萄压榨成葡萄汁并转入敞口容器中，加热至沸腾后去除汁液中分散的固形物或变性蛋白质，然后将温度降至80～90℃并维持数小时，直至葡萄汁的可溶性固形物含量达到30～50g/L。加热过程不仅浓缩了葡萄汁，提高了葡萄汁中固形物的含量，还促进了非酶促褐变反应和一些新物质的形成。

② 酒精发酵　冷却后的浓缩葡萄汁被转入一个较大容器后进行酒精发酵。传统香醋的酒精发酵是一个自然发酵过程，来自原料葡萄的酵母种类繁多，从而决定了参与传统意大利香醋发酵的酵母种类多样，同时葡萄汁的高糖（30%～50%）、低pH值（＜3.0）和高酸（＞1.0%）环境也会影响酵母种类及其繁殖。通常地，具有耐高渗透压的假丝酵母、鲁氏接合酵母、汉逊酵母和部分酿酒酵母都是传统香醋酿制中的常见酵母，其中的假丝酵母和鲁氏接合酵母是多数香醋酒

精发酵的优势微生物，它们对果糖具有偏嗜性，因此在酒精发酵过程中会不断消耗原料中的果糖，使发酵液中葡萄糖与果糖的比值不断上升（Solieri & Giudici，2008）。当发酵液中的酒精积累到一定程度时（5%～7%酒精，体积分数），酵母生长缓慢或逐渐停止生长，即为酒精发酵结束。此时，浓缩葡萄汁中的果糖被利用，而大部分葡萄糖则被保留给了醋酸发酵阶段的AAB。

③ 醋酸发酵及陈酿　传统意大利香醋的醋酸发酵和陈酿过程都在体积依次递减的木桶中进行，木桶由大到小排列（见图4-15），放置在通风并有良好光照的阁楼上。酒精发酵结束后，将新鲜发酵的葡萄酒分装在最大的木桶中，然后接入新鲜的、酿制成熟且未经杀菌的葡萄醋（种子醋），以增加醋酸含量（底酸）以及AAB细胞的数量。接种后的发酵液中醋酸浓度通常要大于3%，以较好地抑制酵母生长，促进AAB繁殖。香醋的醋酸发酵是表面静置发酵，好氧AAB在发酵液表面逐渐增殖，形成灰白色的菌膜并氧化乙醇生成醋酸。糖、乙醇和醋酸的浓度都会影响AAB的生长和发酵。一般地，发酵葡萄汁中糖浓度高于25%（质量浓度），很少有AAB能进行发酵转化。因为不同桶中的糖浓度会随着发酵的进行而有所不同，醋酸菌菌膜只出现在最低糖浓度的木桶中。因此，糖浓度是影响AAB生长的重要参数，而乙醇浓度的影响则显得不那么重要。一般传统意大利香醋的醋酸发酵阶段恰好是当地9、10月份，日照充分，阁楼中的温度维持在26～28℃，利于AAB的生长繁殖。

醋酸发酵和陈酿在同一组木桶中进行，因此两个阶段没有严格的界限。通常认为，当所有的微生物作用结束后，香醋的酿制便进入了陈酿阶段。陈酿过程也被称为“倒桶”过程。将木桶按照体积从大到小依次成组排列，醋龄依次递增，最大的木桶中盛放新醋，最小的木桶中醋龄最高。每年从最小木桶中取出一定体积陈酿时间累积12年的香醋作为成品醋，然后从上一级木桶中取出等体积的醋液补充至小桶，如此依次向上取醋液补充，这种倒桶过程每年进行一次（图4-16）。

图4-15　酿制传统意大利香醋的木桶（从左至右体积逐渐缩小）
（引自Solieri&Giudici，2009）

图 4-16　传统意大利香醋的倒桶示意图
（引自 Solieri&Giudici，2009）

由于木桶堆置存放的阁楼一般通风良好，阳光充足，温度也随季节而变化，有利于水分的蒸发和风味物质的形成，所以陈酿时大量水分不断蒸发，可溶性固形物含量不断增加，酶学和化学反应不断发生形成香气物质，最后可获得品质上乘的深棕色醋液。

（2）意大利传统香醋的特点　意大利传统香醋作为世界名醋之一，在原料选择、工艺条件控制与产品风味等方面都有其独特特点。意大利传统香醋只选用摩德纳和雷焦艾米利亚地区出产的三白尼、蓝布鲁斯科等葡萄品种为原料，这些晚熟葡萄品种具有较高含糖量和适宜的酸度。

在葡萄汁煮沸过程中，大量水分蒸发，高温下发生焦糖化和美拉德等非酶褐变反应，生成焦糖色素、类黑素、醛和酮等风味物质，从而赋予食醋颜色和风味。

传统香醋酒精发酵的酵母多是耐高渗、嗜果糖的酵母，且浓缩葡萄汁较高的糖浓度对 AAB 具有很高的选择性。

传统香醋的发酵与陈酿过程是在橡木、栗子木、杜松子木、白蜡木、橡木、樱桃木等不同材质的木桶中进行的。由于不同木质的分子间隙不同，因此对氧气、水蒸气等小分子的通透性有差异，导致发酵陈酿期间发生的物理化学变化不同。

糖和酸是意大利香醋的主体成分，其可溶性固形物含量平均为 73.86°Bx，而果糖和葡萄糖则是可溶性固形物的主要组成成分，两者比例接近于 1∶1。意大利传统香醋的可滴定酸（6.67%）与其他葡萄醋接近，但二者有机酸组成则差异较大。普通葡萄醋的可滴定酸以醋酸为主，而传统意大利香醋的可滴定酸中，葡萄糖酸、苹果酸、酒石酸均占很高比例，且葡萄糖酸含量接近于醋酸的含量。表 4-3 是对 104 份传统意大利香醋分析得到的食醋理化指标情况，其中 R 值是指可溶性固形物与可滴定酸的比值。一般 R 值越高，产品的甜味越重而刺激性酸味越轻，越容易被消费者接受。

表 4-3 传统意大利香醋的理化指标（引自 Solieri&Giudici，2009）

指标	平均含量±SD(g/100g)
可溶性固形物	73.86±1.73
可滴定酸度	6.67±0.88
R 值	11.27±1.53
葡萄糖	23.60±3.45
果糖	21.24±3.37
酒石酸	0.78±0.25
琥珀酸	0.50±0.70
醋酸	1.88±0.45
苹果酸	1.04±0.32
葡萄糖酸	1.87±1.27
乳酸	0.12±1.074

意大利传统香醋的保健功效以抗氧化为主，其多酚类化合物及类黑素是主要的抗氧化物质，其中的多酚类化合物以酚醛酸、儿茶酚、原花青素及黄酮醇为主，其总含量可达（1882.2±53.8）mg/kg。多数抗氧化活性成分来自原料或由原料中的前体物转化而来，也有少部分来自陈酿的木桶（Tagliazucchi，et al，2008）。

（3）意大利传统香醋生产中参与发酵的 AAB　意大利学者 Gullo 等（2006）采用 16S-23S-5S rDNA PCR/RFLP 方法从意大利传统香醋中鉴定到 32 株木驹形杆菌、2 株巴氏醋杆菌和 1 株醋化醋杆菌。意大利学者 De vero 等（2006）采用 PCR-DGGE（denaturing gradient gel electrophoresis）方法从意大利传统香醋发酵过程中鉴定到了欧洲驹形杆菌、汉森驹形杆菌、巴氏醋杆菌、醋化醋杆菌和腐烂苹果醋杆菌。意大利学者 Gullo 和 Giudici（2008）分析发现，来自传统意大利香醋的 48 株 AAB 都可在 20%葡萄糖中生长，但只有 4 株 AAB 可在 25%的葡萄糖中生长。一般地，很少有 AAB 能在高于 25%的葡萄糖中发酵，但腐烂苹果醋杆菌能在 30%葡萄糖中生长。

4.1.5.5 西班牙雪莉醋的生产

西班牙西南部安达卢西亚的赫雷斯地区既是久负盛名的雪莉酒和雪莉醋的产地。根据原产地名称（denomination of origin，DO）保护规定，雪莉醋（Sherry vinegar or Jerez vinegar，JV）是以雪莉酒为原料，按照传统工艺加工而成的优质葡萄醋，其色泽红褐，芳香浓郁，因其昂贵的价格及其独特品质而闻名于世。虽然西班牙食醋也可以用多种含糖原料（如白葡萄酒、红葡萄酒、苹果酒、发芽大麦、蜂蜜和纯酒精等），采用不同酿造方式生产，但雪莉醋只能以雪莉酒为原料，采用传统发酵方式生产。

雪莉醋的酿制历史几乎与雪莉酒的生产史相同，它的诞生最初源于雪莉酒酿制的“失败”。雪莉酒加工过程中，由于气候异常变化以及生产过程中某个工艺环节的失误，导致 AAB 在发酵液中生长繁殖，从而引起挥发性酸大量积累，这些

“自发腐败的葡萄酒”被隔离至其他储藏室中，继续采用与雪莉酒制作相同的工艺进行陈酿后，竟意外获得一种风味独特的食醋产品。独特的生产工艺、木桶的种类以及储藏室特殊的微环境都会引起“自发腐败的葡萄酒”中各种成分发生一系列的化学转化，最终形成了独具特色的雪莉醋。后来，人们逐渐开始以雪莉新酒为原料进行雪莉醋的加工，并形成了沿用至今的传统加工工艺。

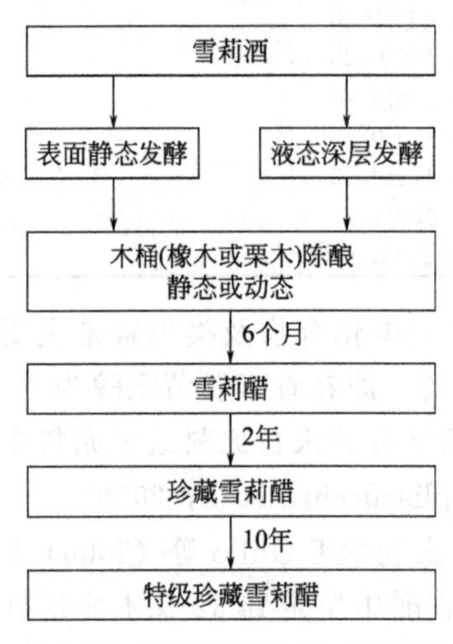

图 4-17 雪莉醋的生产工艺流程
（改自 Solieri&Giudici，2009）

（1）雪莉醋的生产工艺及操作要点　雪莉醋的生产过程与其他葡萄醋的基本相同，包括酒精发酵、醋酸发酵和陈酿等，工艺流程见图 4-17。

工艺操作要点如下。

① 酒精发酵　按照产地保护组织的规定，制作西班牙雪莉醋所用的雪莉酒必须以种植在赫雷斯地区原产地保护葡萄园的帕洛米诺(Palomino)、佩德罗-希梅内斯（Pedro Ximénez）或麝香葡萄（Muscat）酿制而成。酒精发酵第一个阶段，酵母将葡萄糖为主的单糖转化为酒精，葡萄汁被发酵成白葡萄酒；酒精发酵第二个阶段，在白葡萄酒表面接种酒花酵母（flor yeast），维持酒窖温度在 15～20℃，酒花酵母可在酒液表面形成菌膜（velum）。菌膜能够阻隔氧气进入酒液，防止酒液被氧化，使白葡萄酒经历一个时间长短不等的厌氧发酵阶段，此阶段也被称为“生物陈酿”阶段。

② 醋酸发酵　雪莉酒的醋化过程可采用传统的木桶静态发酵，也可在不锈钢发酵罐中进行液态深层发酵，但其陈酿过程仍须在橡木桶（个别用栗木桶）中完成。传统静态醋酸发酵中，新酿制的雪莉酒分装于橡木桶（一般为 500L 容量）中，添加雪莉酒至木桶体积 2/3 处，向雪莉酒表面接种 AAB，开启醋酸发酵过程。表面接种的 AAB 在静态发酵过程中接触空气的机会有限，因而需借助长时间的发酵才能获得酸度较高的雪莉醋。在液态深层发酵时，AAB 被接入含有雪莉酒和雪莉醋混合物的大型发酵罐中，经 24～36h 通风发酵后，雪莉醋的酸度（以醋酸计）可达 7%以上。随后，将雪莉醋分装至橡木桶进行陈酿。

③ 陈酿　雪莉醋陈酿一般在较高温度（30～35℃）和湿度（>70%）条件进行，陈酿方法有动态的索雷拉系统（criadera and solera system）和静态的陈酿方法。动态的索雷拉系统由 3～8 个木桶分层堆放组成（图 4-18）。最底层的木桶存放发酵成熟的老醋，最上层则是最年轻的酒醋混合物。每个陈酿周期结束后，从底层木桶取出不超过总体积 1/3 的醋液作为成品醋，然后从上一层的木桶中取较年轻醋液补充至底层木桶，依次向上逐层取上一层较新醋补至下一层较老醋桶，在动态倒桶过程中，醋液的酸度不断提高，水分逐渐蒸发。按照规定，雪莉醋的陈酿

时间至少应达 6 个月，而大多数传统雪莉醋的陈酿时间至少两年以上，少数产品可达 20 年或 30 年以上。根据规定，陈酿 6 个月的雪莉醋被称为雪莉醋（Sherry vinegar or Jerez vinegar），陈酿 2 年以上的雪莉醋被称为珍藏雪莉醋（Sherry vinegar "reserva" or Jerez vinegar "reserva"），而陈酿 10 年以上的雪莉醋被称为特级珍藏雪莉醋（Sherry vinegar "gran reserva" or Jerez vinegar "gran reserva"）。

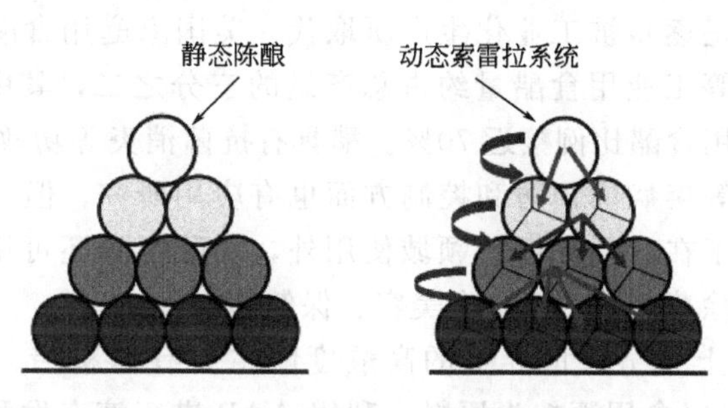

图 4-18　雪莉醋的静态和动态陈酿过程

（引自 Solieri&Giudici，2009）

（2）雪莉醋的特点　雪莉醋的质量取决于其原料（雪莉酒）、醋酸发酵以及木桶陈酿工艺。根据原产地保护规定雪莉醋的酒精含量应低于 3%（体积分数），酸度（以醋酸计）应≥70g/L，干物质含量应＞1.30g/L，灰分含量在 2～7g/L。陈酿时间较长的雪莉醋，其酸度（以醋酸计）可达 105g/L。

雪莉醋陈酿过程中，其氨基酸含量比陈酿前增加一倍，其中精氨酸和脯氨酸的增加最为明显，而雪莉酒和其他种类葡萄醋的氨基酸含量则多数会减少。葡萄醋中有机酸含量及组成取决于原料葡萄和酿制工艺。Morales 等（1998）对传统工艺酿制的雪莉醋与发酵罐酿制葡萄醋进行了比较，发现两者的有机酸和风味物质组成存在显著差异。除醋酸外，雪莉醋的酒石酸含量一般为 1～4g/L，是含量较高的有机酸之一，这与原料葡萄有机酸组成有关。此外，雪莉醋还含有较为丰富的柠檬酸、琥珀酸、苹果酸和乳酸。

（3）雪莉醋生产中参与发酵的 AAB　雪莉醋的醋酸发酵阶段，参与发酵的 AAB 菌株主要属于醋杆菌属和葡糖杆菌属（Solieri& Giudici，2009）。截至目前，并无有关传统雪莉醋发酵过程中 AAB 菌株分离鉴定的研究报道。

4.2 醋酸菌在高酸度醋发酵中的应用

4.2.1 高酸度醋及其简介

高酸度醋（high acid vinegar，HAV）是指总酸含量（以醋酸计）在 9%～

25%的酿造醋，颜色通常呈淡黄色或白色。普通食醋的总酸含量（以醋酸计）为3.5%～6%，颜色呈棕红色、棕褐色、淡黄色或无色。与普通醋相比，高酸度醋因具有杀菌力强、保鲜效果好、生产成本低等优点而受到企业青睐，当前我国大部分厂家因技术设备等原因仅能生产普通食醋。

随着食品加工业的发展，家庭式制作的各种沙司、复合调味汁、番茄酱、芥末和蛋黄酱等产品正逐步被工业化生产所取代。美国家庭用食醋量约占总产量的三分之一，而食品等工业用食醋量约占总产量的三分之二，其中沙司、芥末、番茄酱等工业食品使用食醋比例接近70%。醋具有抗菌消炎等功效，在心血管疾病、血压、血糖和肿瘤等疾病的预防和控制方面也有应用研究，但其预防和控制疾病的机理不清楚。除了在食品和医药领域使用外，高酸度醋还可用作清洁剂、去污剂、农业增效剂及除草剂等，还具有美容、保健等作用。

从原料和工艺上来分，世界上的高酸度醋主要有酒精醋、粮食醋和蒸馏醋（表4-4）。酒精醋是以食用酒精为原料，利用AAB进行液态发酵而得到的淡黄色或白色的食醋。粮食醋是以大米、谷物为原料，利用AAB进行固态发酵而得到的棕红色的食醋。蒸馏醋则是以酒精醋为原料，经过蒸馏浓缩而得到的无色透明的食醋。酒精醋主要由欧美、日本等国家生产，市场占有率高且远销世界各地；粮食醋主要在中国生产并多数在中国市场上销售；蒸馏醋因风味差而市场占有率很低，仅在欧美少数国家有生产。

表4-4 不同种类的高酸度醋（引自杨海麟等，2009）

品种	生产方式	色泽	产品特点	产区布局
酒精醋	AAB液态发酵	淡黄色、白色	质量稳定，风味单一	欧美、日本
粮食醋	AAB固态发酵	棕红色	质量不稳定，但风味醇厚，富含营养成分	中国
蒸馏醋	减压蒸馏	无色透明	风味差	欧美少数国家

4.2.2 高酸度醋生产用醋酸菌

理想的高酸度醋发酵AAB不仅具有产酸速率快、耐高温、耐乙醇和耐酸的特点，而且具有营养要求低、过氧化醋酸的能力低等特性。醋杆菌属、葡糖醋杆菌属和驹形杆菌属是参与传统食醋发酵的主要菌株。一般地，当醋酸浓度（以醋酸计）达7%～8%时，醋杆菌属的多数菌种的生长会受到抑制或发生自溶，但仍有个别菌种仍有产酸能力，产酸量（以醋酸计）达9%～10%（Andrésbarrao，et al，2016）。然而，驹形杆菌属和葡糖醋杆属的菌种则能耐受15%～20%的醋酸（以醋酸计），其中欧洲驹形杆菌、中间驹形杆菌、温驯驹形杆菌和圆谷葡糖醋杆菌常被用作高酸度醋发酵用菌株（Gullo，et al，2014）。然而，我国常用沪酿1.01和

AS1.41 菌株进行食醋的发酵生产，这两株 AAB 的最佳生长和发酵温度为 28～32℃，生产食醋的酸度（以醋酸计）小于 6%，且在乙醇耗尽时会过氧化醋酸而生成 CO_2 和水，这不利于高酸度醋的发酵生产。由此可以看出，选育高产酸/耐酸的 AAB 菌株是我国高酸度食醋生产亟待解决的关键问题之一。

4.2.3 高酸度醋的生产工艺

截至目前，高酸度醋的生产主要通过对普通酸度食醋进行浓缩的方法或液态深层发酵法制备。其中，中国的高酸度醋生产以浓缩法为主，国外则以液态深层发酵法为主。

4.2.3.1 高酸度醋的浓缩工艺

浓缩法生产高酸度醋主要包括冷冻浓缩、蒸发浓缩或膜浓缩等方法。普通食醋经过反复冷冻并捞去浮冰，总酸含量可达 30%。冷冻浓缩的工作量大，产量低，生产成本高，质量不稳定。蒸发浓缩则通过将普通食醋进行日晒夜露或常压蒸发去除水分而得到高酸度醋。蒸发浓缩的高酸度醋的风味浓郁，固形物含量高，但生产成本高且质量不稳定。利用磷酸化合物和聚氯乙烯制得一种有机酸的选择透过高分子膜，用渗透蒸发或蒸汽透过法浓缩醋酸水溶液，浓缩倍数可达 3.41～9.41（孙晓辉等，1995）。其中，中国高酸度醋的生产常采用浓缩法，将普通食醋放置在敞口的陶缸或池中，通过“夏伏晒、冬捞冰”陈酿过程以除去多余水分，从而达到陈酿和浓缩的目的。浓缩法所用设备与工艺与山西老陈醋的陈酿工序中描述的相同，这里不再赘述。

4.2.3.2 高酸度醋的液态深层发酵工艺

一般地，高酸度醋的液态深层发酵是在密闭发酵罐内进行的，AAB 接入醪液后，不断地向醪液中通入无菌空气以快速发酵产酸，发酵周期约 50～70h。醋酸发酵过程中易产生大量热，因此需启动冷却系统以维持 AAB 最适的生长和发酵温度。德国、美国和日本生产的一些深层发酵设备可以酿制酸度（以醋酸计）为 22%的酒精醋，而一般醋厂只能生产酸度（以醋酸计）为 12%～19%的酒精醋，平均发酵强度达（以醋酸计）0.2g/(100mL·h）以上，发酵强度最高达 0.4g/(100mL·h)，酒精转醋酸率可达 98%。液态深层发酵生产高酸度醋具有机械化程度高、发酵周期短、生产效率高、占地面积小、可实现连续发酵等优点，因而被国外食醋生产企业广泛采用。然而，我国液态深层发酵高酸度醋起步较晚，发展较慢。

根据发酵操作方式的不同，液态深层发酵工艺可以分为分批发酵（batch fermentation)、连续发酵（continuous fermentation）和半连续发酵（fed-batch fermentation）3 种方式。分批发酵是指一次性地向发酵罐中投入酒精溶液，发酵后一次性地放出发酵食醋，再重复投料、接种、发酵和放料等过程。分批发酵是最为基础的发酵方式，由于每批发酵都需制备种子液，大大延长了发酵周期，因此常用于实验室研究，在实际生产过程中应用较少。连续发酵是指向发酵罐连续加入酒精溶液的同时，连续放出发酵醋液的一种发酵方法，该方法的设备利用率高，产品质量稳定，便于自动控制等，但容易造成杂菌污染。然而，在醋酸连续发酵时，发酵液中乙醇不断减少和醋酸不断增加造成了 AAB 比生长速率下降，而 AAB 比生长速率降低和高浓度醋酸环境均造成了醋酸生成（转化）率降低，如醋酸浓度达 12%时，乙醇浓度由 4.5%（体积分数）降至 1.0%（体积分数），AAB 比生长速率从 $0.027h^{-1}$ 降至 $0.006h^{-1}$（徐跃，1989），因此高产酸率和高浓度食醋发酵不能采用连续发酵法。流加分批发酵也叫分批补料发酵或半连续发酵，是指在分批发酵中，当发酵液中乙醇转化为醋酸到规定指标时，放出发酵液，但要在罐内保留 1/3～1/2 体积的原发酵液，再补充等体积新鲜酒精溶液，以保持发酵液总体积不变，进行下次发酵，如此反复。半连续发酵时能够借助放罐/补料操作来控制 AAB 的生长状态和生长速率，不会因醋酸浓度上升而抑制 AAB 生长，因此发酵菌种可被重复利用（Gullo，et al，2014）。

以葡萄醋的半连续发酵为例，其生产过程如下：罐中发酵液的起始醋酸浓度为 7%～10%，酒精浓度为 5%，当酒精浓度下降至 0.05%～0.3%时，从罐中排出不超过总体积 40%的醋酸发酵液以保持一定生物量，补充等体积的醋酸浓度为 0～2%和酒精浓度为 12%～15%的底物溶液继续发酵，每一轮发酵周期相同，可最终获得醋酸含量 8%～14%的葡萄醋。为避免酒精被完全耗尽，排出发酵液的操作要迅速，但补充料液的速度应缓慢，且补料时需不断地快速搅拌并维持稳定的发酵温度（Raspor & Goranovič，2008；Solieri&Giudici，2009）。目前，半连续发酵法是当今食醋工业化生产中较为普遍采用的发酵方式，国外 80%以上的食醋企业均采用该发酵方式进行规模化的食醋生产。我国液态深层发酵高酸度醋发展还处于起步阶段，发展较慢。洪厚胜等（2017）基于风味改善对食醋自吸式半连续酿造工艺进行优化，建立了普通食醋的生产工艺，食醋产品的总酸度≥6g/100m L，不挥发酸≥0.5g/100m L，达到了国标对固态醋不挥发酸含量的要求。然而，关于高酸度食醋发酵工艺优化的研究较少，能连续生产高酸度醋的企业极少，产品酸度及总体质量与欧美发达国家相比还有差距。

4.2.4 高酸度醋的生产设备

德国、美国和日本等少数国家以食用酒精、苹果酒或葡萄酒为原料，利用醋酸菌通过液态深层发酵生产高酸度醋。液态深层发酵高酸度酒精醋的工艺包括了原料贮存和处理、营养液制备、食醋发酵、尾气处理、醋液贮存和过滤等单元（图 4-19），所用的设备主要有原料贮存罐、营养制备罐、醋酸发酵罐、食醋过滤设备、尾气处理设备和产品贮存罐。同时，液态深层发酵生产高酸度醋也采用计算机控制系统，可实时在线监测酒精度、溶解氧、温度、pH 值、转速、泡沫液位等参数，发酵罐也配有自动化的通气装置、进料和出料启动装置。自动化高酸度醋的生产线既节约了能源、人力和物力，又为高酸度醋大规模生产提供了保障。目前，自动化的液态深层发酵设备已被多数食醋企业采用。

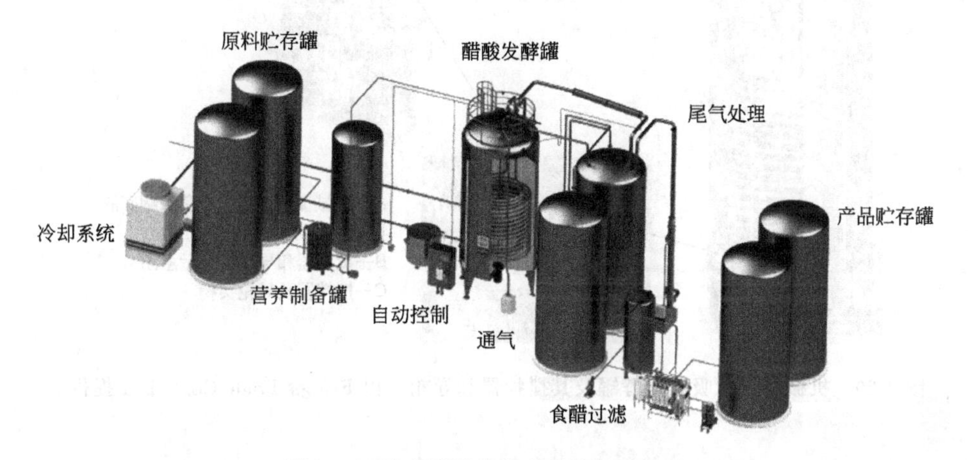

图 4-19　液态深层发酵食醋的组成单元
[由 Frings (Xuzhou) Trade Co.，Ltd 提供]

食醋液态深层发酵设备中的原料贮存罐、营养制备罐、产品贮存罐和过滤设备与一般的存贮和过滤设备无显著区别，因此不再赘述，以下仅就食醋液态深层发酵常用的机械搅拌自吸式发酵罐的结构进行描述（图 4-20 中 A）。机械搅拌自吸式发酵罐主体结构包括罐体、自吸搅拌器及导轮、轴封、换热装置和消泡器等，主要构件是自吸搅拌器及导轮，简称为转子及定子（图 4-20 中 B 和 C）。转子由箱底向上升入的主轴带动，转子的形式有九叶轮、六叶轮、三叶轮、十字形叶轮等，叶轮均为空心形，图 4-20 中 B 和 C 为十字形叶轮。机械搅拌自吸式发酵罐的工作原理是搅拌器的空心叶轮快速旋转时，液体被甩出，叶轮中形成负压，从而将罐外的空气吸入罐内，并与高速流动的液体充分接触，形成细小气泡分散在液体中，气液混合流体通过导轮进入发酵液主体并混匀，满足微生物发酵的需要。机械搅拌自吸式发酵罐不需要空气压缩机，转子转动时空气由导气管自动吸入，能保证发酵所需的空气。设备耗电量小，能使气体形成细小气泡并与液体均匀混合（图 4-21），吸入空气中 70%～80%的氧被利用。该发酵罐生产食醋时，生产 1 L 10%醋耗电 0.028kW·h，酒精转醋酸率可达 98%。同时，利用负压将外界空气吸入以达到通风和搅拌目的，节省了空气压缩机、冷却器、油水分离器、空气贮罐、总过滤器等设备和动力，从而减少了投资和能源以及对应的场地面积与维护管理。

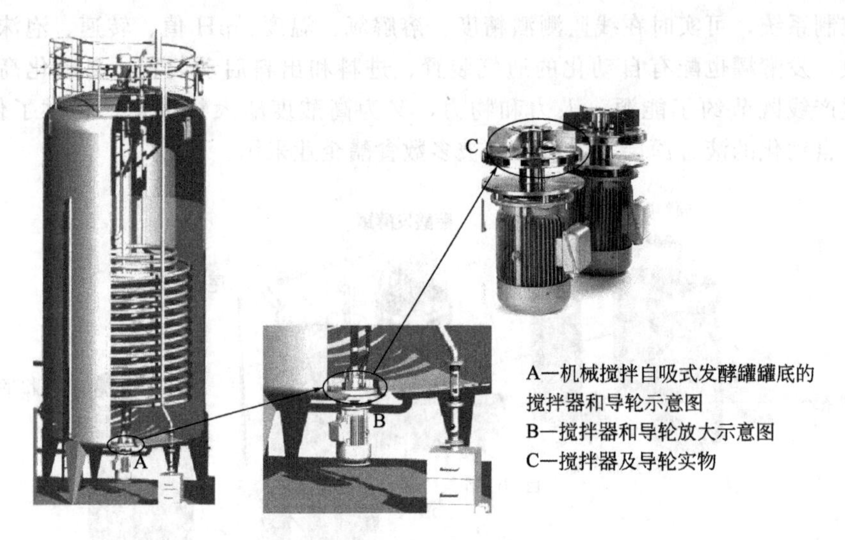

图 4-20 机械搅拌自吸式发酵罐及其搅拌器和导轮［由 Frings Trade Co.，Ltd 提供］

图 4-21 十字形叶轮的工作三维动画模拟图［由 Frings (Xuzhou) Trade Co.，Ltd 提供］

4.3 醋酸菌在传统食醋功能性成分产生中的作用

食醋是世界性的酸性调味品，被认为具有多种生理功能，如抑菌、抗感染、抗氧化，控制血糖，调节血脂，控制体重和抗癌等。食醋功能、食醋功能性成分来源和作用机理简要介绍如下。

4.3.1 食醋功能概述

4.3.1.1 抑菌、抗感染

食醋在抑菌和抗感染方面的应用具有很久的历史，公元前400多年古希腊的医师希波克拉底（Hippocrates）就开始用果醋来医治伤口发炎和咳嗽等细菌性感染疾病。中国明朝的《本草纲目》中也有用谷物醋进行蛔虫感染治疗、产妇房间消毒和肉类防腐等的记载。现代研究表明，含0.1%醋酸的食醋能在体外抑制大肠杆菌（*Escherichia coil*）O157:H7、沙门氏菌（*Salmonella*）、副溶血性弧菌（*Vibrio parahaemolyticus*）、金黄色葡萄球菌（*Staphylococcus aureus*）、嗜水气单胞菌（*Aeromonas hydrophila*）和蜡样芽孢杆菌（*Bacillus cereus*）等食源性病原菌的生长（Entani，et al，1998）。用谷物醋熏蒸房间30min可有效杀灭卡他球菌（*Micrococcus catarrhalis*）、白色葡萄球菌（*Staphylococcus albus*）和肺炎双球菌（*Diplococcus pneumoniae*）等呼吸道的致病菌（徐清萍等，2003）。含5%醋酸的苹果醋也能强烈抑制表皮葡萄球菌（*Staphylococcus epidermidis*）、铜绿假单胞菌（*Pseudomonas aeruginosa*）、奇异变形杆菌（*Proteus mirabilis*）和肺炎杆菌（*Pneumobacillus*）等生长（Hindi，2013）。此外，用稀释的食醋冲洗耳朵还能对中耳炎、鼓膜炎等疾病起到较好的治愈作用（Aminifarshidmehr，1996；Jung，et al，2002）。

4.3.1.2 抗氧化作用

食醋尤其是传统方法酿造的食醋含有抗氧化物质，具有抗氧化活性，如陈酿5年的山西老陈醋和陈酿12年以上的传统意大利香醋的体外抗氧化能力分别与1‰和2‰维生素C溶液的相当。谷物醋或果醋都能提高细胞或动物体内的抗氧化能力，降低氧化损伤（Nishidai，et al，2000；Tagliazucchi，et al，2008；Verzelloni，et al，2007；Schaefer，et al，2006）。

4.3.1.3 控制血糖

膳食中 2%醋酸能显著降低大鼠摄入淀粉后的血糖含量（Ebihara & Nakajima，1988）。摄入果醋也可显著降低人体摄入淀粉后的血糖含量和胰岛素反应，并存在剂量效应（Östman，et al，2005；Johnston，et al，2010；Ebihara & Nakajima，1988；Leeman，et al，2005；Johnston & Buller，2005），但对饮用单糖饮料后的血糖升高无影响（Johnston，et al，2010）。然而，用碱中和的食醋（葡萄醋）或提前 5h 摄入食醋对餐后血糖和胰岛素反应无影响，这说明食醋控制餐后血糖可能是在食物消化过程中起作用并和酸有关（Brighenti，et al，1995）。在高血糖负荷的膳食中，食醋（苹果醋）能显著降低餐后血糖含量和胰岛素反应并增加饱腹感，但在低血糖负荷的膳食中，食醋只能降低餐后的胰岛素反应，对血糖含量无显著影响，这可能和低血糖负荷膳食餐后较低的血糖含量无法被食醋进一步降低有关（Johnston & Buller，2005）。

相对于健康人群，食醋（苹果醋）的摄入还能增加Ⅱ型糖尿病患者的胰岛素敏感性（Ebihara & Nakajima，1988），睡前摄入食醋（苹果醋）还能较好地帮助Ⅱ型糖尿病患者控制空腹血糖，预防“黎明现象”（清晨胰岛素分泌不足，对应的拮抗激素分泌过多，使得血糖无法被充分利用而导致高血糖的现象）（White & Johnston，2007）。长时间（90～110d）摄入 15g 的 5%苹果醋（质量分数）能改善多囊卵巢综合征患者的胰岛素抵抗，并修复排卵功能（Wu，et al，2013）。虽然关于食醋控制血糖的研究主要集中于果醋，但长期摄入谷物醋应该也能较好地控制血糖，因为醋酸摄入可降低餐后血糖（Östman，et al，2005；Ebihara & Nakajima，1988；Leeman，et al，2005）。摄入谷物醋可降低糖尿病小鼠的血糖含量（马挺军等，2010；Gu，et al，2012）。

4.3.1.4 调节血脂

与食醋调节体内血糖含量的研究相比，食醋调节血脂的相关研究起步较晚且主要集中于动物研究。长期喂食一定量的醋酸（Fushimi，et al，2006）、谷物醋（Fan，et al，2009；李博等，2009）、果醋（Setorki，et al，2010；Soltan & Shehata，2012；Moon & Cha，2008）皆可显著降低实验动物血液中总胆固醇、甘油三酯和低密度脂蛋白的含量，并增加高密度脂蛋白的含量，且食醋对脂质代谢的有利调节同样适用于肥胖和Ⅱ型糖尿病小鼠（Soltan & Shehata，2012；Kondo，et al，2009a；Lozano，et al，2012；Shishehbor，et al，2008）。每天分两次分别摄入 30mL 苹果醋，连续 8 周，可显著降低高血脂患者血液中总胆固醇、甘油三酯和低密度脂蛋白的含量，还可增加高密度脂蛋白含量，但不显著（Beheshti，et al，2012）；每天摄入 15mL 苹果醋也能显著降低肥胖人群体内甘油三酯的含量（Kondo，et al，2009b）。虽暂无谷物醋对人体血脂调节的影响，但根据前期的动物实验（Fan，et al，2009；李博等，2009），可推测长期摄入谷物醋对人体血脂应该也能起到较好的调节作用。

4.3.1.5 控制体重

长期食用一定量的醋酸（Kondo，et al，2009a）、谷物醋（李博等，2009；Fan，et al，2009）或果醋（Lozano，et al，2012；魏宗萍等，2005）皆可显著降低动物体重、体脂，血液中总胆固醇和甘油三酯的含量。长期摄入果醋也可显著降低肥胖健康人群和肥胖高血压人群的体重、体脂，血液中总胆固醇和甘油三酯的含量（Kondo，et al，2009b；Kadas，et al，2014），但暂无有关谷物醋控制人体体重作用的深入研究。

4.3.1.6 抗癌

迄今为止，有关食醋抗癌活性的研究还相对较少，且主要集中于谷物醋。山西老陈醋和日本黑醋的乙酸乙酯提取物对多种癌细胞的体外增殖都起到一定的抑制作用，但发挥作用的功能性成分未知（Nanda，et al，2004；Baba，et al，2013）。日本黑醋的乙酸乙酯提取物可通过上调 *p21* 基因的表达使人结肠癌细胞（Caco-2）阻滞在 G0/G1 期而使其凋亡，也能通过介导受体结合丝氨酸苏氨酸激酶 3 而使人口腔癌细胞（HSC-5）程序性死亡（Nanda，et al，2004；Baba，et al，2013）。日本黑醋的乙酸乙酯提取物可通过提高肝内谷胱甘肽转硫酶和醌还原酶来抑制由氧化偶氮甲烷诱导的结肠癌，并延长大鼠寿命（Shimoji，et al，2004；Shimoji，et al，2003）。此外，流行病学调查结果显示中国河南林州市食道癌的发生率和食醋（谷物醋）的摄入量成一定的负相关（Xibin，et al，2003）。除甘蔗醋外（Mimura，et al，2004），暂无有关果醋抗癌活性的研究报道。然而，因为一些果醋酿造原料中含具有抗癌活性的多酚化合物，如白藜芦醇等（Kyrø，et al，2015；Zamora-ros，et al，2015；Shukla & Singh，2011；Peng，et al，2014），因此可推测长期摄入果醋可能也具有一定的抗癌作用。

4.3.1.7 其他功能

除上述功能外，食醋可能还有促进食欲（徐清萍等，2004）、抗疲劳（陆培基等，2002；张莉等，2007）和预防骨质疏松（Kishi，et al，1999）等功能，但相关研究较少。

4.3.2 食醋中功能性成分的来源及其作用机理

食醋发挥功能的物质基础有很多，如有机酸、多酚、类黑精、川穹嗪、苯乳酸、黑色素、6-氧咖啡酰槐二糖和 β-吲哚乙醇等，不同的功能性成分发挥着相同或不同的作用。以下将对食醋中的不同功能性成分的来源及其作用机理进行阐述。

4.3.2.1 食醋中有机酸的来源及作用机理

（1）食醋中有机酸的来源　在酿造食醋中共检测到 28 种有机酸，除甲酸、醋酸、丙酸和丁酸等挥发酸外，还包括乳酸、草酸、柠檬酸、琥珀酸、酒石酸和富马酸等非挥发酸，且醋酸和乳酸的含量最高。不同种类食醋所含有机酸的种类和浓度不同，醋酸含量差异可高达 30% 以上（李博等，2009；Kondo，et al，2009b）。食醋中多数有机酸由食醋酿造微生物产生（Giudici，2009），如醋酸主要在醋酸发酵阶段由 AAB 产生（Giudici，2009；徐清萍，2008；桂青，2013），乳酸主要在酒精发酵阶段产生，丙酸、酒石酸、苹果酸和柠檬酸等其他有机酸在整个发酵阶段都有产生（桂青，2013）。然而，有少部分有机酸来自食醋酿造原料，如葡萄和苹果等均含有酒石酸、苹果酸和柠檬酸等非挥发酸，且总酸含量可达 0.5%～2%（质量分数）(Rodriguez，et al，1992；成冰等，2013；郭燕等，2012；林耀盛等，2014)，高粱、稻谷、小麦等谷物的有机酸含量为 0.1%左右（质量分数）(袁蕊等，2011；桂青，2013)。此外，食醋酿造后期的熏醅、煎煮或陈酿等工序都会降低食醋中挥发酸和水分含量，从而增加非挥发有机酸含量（桂青，2013）。

（2）食醋中有机酸的作用机理　有机酸在抑菌、控制血糖、调节血脂和控制体重等方面发挥重要作用（Budak，et al，2014），其作用机理如下。

①食醋中有机酸抑菌机理　食醋中的有机酸主要通过如下途径抑制细菌生长。a. 破坏细胞外膜，抑制大分子物质的合成。未解离的有机酸有一定的脂溶性，可通过细胞膜，并在胞内中性 pH 值下解离产生氢离子，降低胞内 pH 值（Hirshfield，et al，2003），胞内低 pH 值不仅会使细胞膜上脂多糖的羧基和磷酸基团质子化，进而破坏细胞膜稳定性（Alakomi，et al，2000；Brul & Coote，1999），而且会影响酶活性，抑制 DNA 的复制、转录和表达（Cherrington，et al，1991）。b. 消耗细菌的能量。为了维持细胞内中性 pH 值，细菌只能通过主动运输来释放氢离子，主动运输消耗 ATP，从而影响细菌的生长（张军等，2011；Axe & Bailey，1995）。c. 增加胞内渗透压。细菌内的酸根离子和氢离子释放时交换泵入的钾离子会增加胞内渗透压，引起细胞破裂死亡，同时细菌也需释放一些必需的营养物质来平衡胞内渗透压，抑制细菌正常生长（Alakomi，et al，2000；Mclaggan，et al，1994；Roe，et al，1998）。d. 诱导宿主细胞生成抗菌肽。乳酸和丁酸等有机酸还能在转录和翻译水平上增加宿主细胞的抗菌肽生成量，抗菌肽可破坏细菌外膜而间接抑制其生长（Ochoa-zarzosa，et al，2009；Brogden，2005；张军等，2011）(图 4-22)。

② 食醋中有机酸控制血糖的机理　食醋中的有机酸主要通过 3 个途径调节体内糖代谢。a. 推迟胃排空。餐后血糖含量主要由葡萄糖进入血液和体内消耗葡萄糖的速度所决定，而葡萄糖进入血液的速度则由胃排空和小肠消化吸收的速度来决定。动物实验表明，有机酸可通过刺激十二指肠和小肠前端 150 cm 处的感受器来

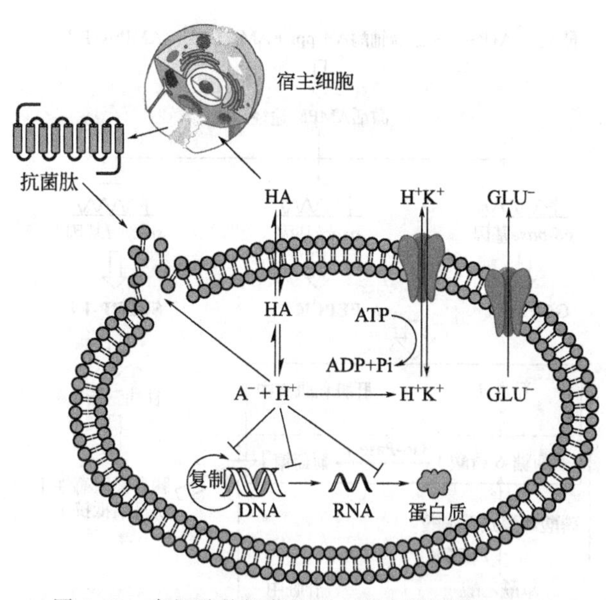

图 4-22　有机酸的抑菌机理（引自张军等，2011）

ATP：三磷酸腺苷；ADP：二磷酸腺苷；Pi：磷酸二氢根离子；GLU：谷氨酸根离子

推迟胃排空，且这种效应在一定程度上和酸度成正相关（Lin，et al，1990）。30mL 苹果醋可使餐后胃排空率降低 10%（Hlebowicz，et al，2007；Liljeberg & Björck，1998）。b. 抑制二糖酶活性。Ogawa 等（2000）用含 5mmol/L 有机酸的培养液长时间（15d）培养 Caco-2 细胞，结果发现醋酸能显著抑制二糖酶（蔗糖酶、麦芽糖酶、乳糖酶、海藻糖酶）的活性，而乳酸、柠檬酸、富马酸、酒石酸、琥珀酸和亚甲基琥珀酸等对二糖酶则无抑制作用。醋酸不影响二糖酶编码基因的转录和翻译，抑制作用可能主要发生在二糖酶翻译后（Ogawa，et al，2000），这正好解释了食醋对摄入单糖饮料后的血糖升高无影响的原因（Johnston，et al，2010）。c. 促进肝脏和肌肉中糖原的生成，改善胰岛素敏感性。动物实验表明，醋酸（或醋酸盐）的摄入可通过增加葡萄糖-6-磷酸的积累来促进肝脏和肌肉中血糖向糖原的转化（Fushimi & Sato，2005）。食醋对体内血糖代谢的调节主要通过激活 AMPK（AMP 依赖的蛋白激酶）途径来实现（Sakakibara，et al，2006），如图 4-23 所示。在利用醋酸合成乙酰辅酶 A 的过程中会转化 ATP 成 AMP，导致 AMP/ATP 比例增加，从而激活 AMPK 途径。AMPK 途径的激活可直接通过抑制糖代谢相关酶的表达来降低血糖含量并增加糖原储备，或间接地通过抑制脂质代谢相关酶的表达来降低血液中甘油三酯含量，从而通过增加胰岛素敏感性和降低胰岛素抵抗来降低血糖含量（Petsiou，et al，2014；Sakakibara，et al，2006）。

③ 食醋中有机酸调节脂质代谢的机理　食醋中有机酸（酸醋）也能通过激活 AMPK 途径来降低体内脂质合成并增加脂质的分解（Sakakibara，et al，2006；Yamashita，et al，2007），如图 4-24 所示。激活的 AMPK 途径可通过下调 SREBP-1

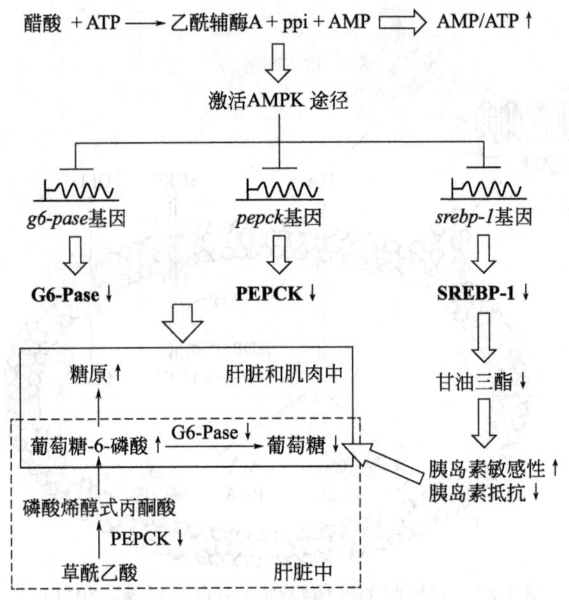

图 4-23　醋酸通过激活 AMPK 途径降低血糖含量（引自 Sakakibara，et al，2006）

ATP：三磷酸腺苷；ppi：焦磷酸；AMP：一磷酸腺苷；AMPK：AMP 依赖的蛋白激酶；
G6-Pase：葡萄糖-6-磷酸酶；PEPCK：磷酸烯醇式丙酮酸羧激酶；SREBP-1：固醇调节元件结合蛋白-1

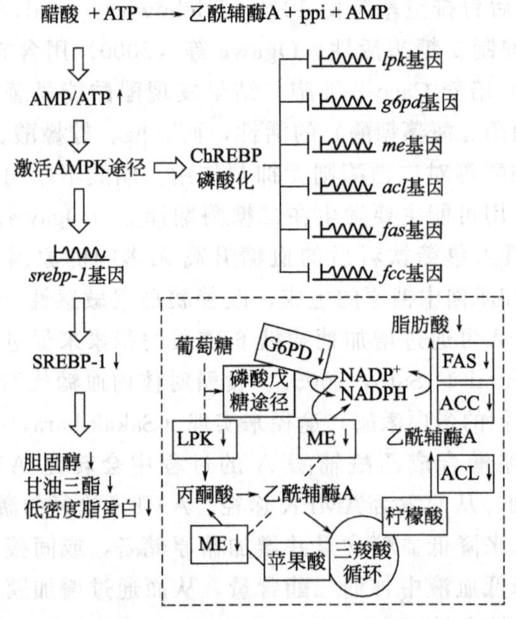

图 4-24　醋酸激活 AMPK 途径降低脂质合成（引自 Nanda，et al，2004；Hindi，2013）

ATP：三磷酸腺苷；ppi：焦磷酸；AMP：一磷酸腺苷；AMPK：AMP 依赖的蛋白激酶；
SREBP-1：固醇调节元件结合蛋白-1；ChREBP：糖类反应元件结合蛋白；
LPK：丙酮酸激酶；G6PD：葡萄糖-6-磷酸脱氢酶；ME：苹果酸酶；ACL：ATP 柠檬酸裂合酶；
ACC：乙酰辅酶 A 羧化酶；FAS：脂肪酸合酶

(固醇调节元件结合蛋白-1）的表达来降低胆固醇、甘油三酯和低密度脂蛋白的含量。激活的 AMPK 途径也能通过磷酸化 ChREBP（糖类反应元件结合蛋白）来抑制脂肪酸合成相关基因的表达，从而降低脂肪酸的合成（Sakakibara，et al，2006；Yamashita，et al，2007）。同时，醋酸还通过促进体内脂肪酸氧化分解和胆汁分泌降低大鼠体脂含量（Fushimi，et al，2006）。

④ 食醋中有机酸（醋酸）控制体重的机理　食醋中有机酸（醋酸）主要通过以下机理发挥控制体重功能：a. 降低体内脂质合成；b. 增加体内脂质的分解；c. 增加餐后饱腹感；d. 增加能量消耗。此外，醋酸还能增加肌红蛋白含量，上调过氧化物酶体增殖剂激活受体 α（peroxisome proliferators-activated receptor α，PPAR-α），该受体与配体结合后，可调控基因的转录，从而增加脂肪酸氧化相关酶的表达，以增加生物体内的能量消耗（Petsiou，et al，2014；Kondo，et al，2009a；Sakakibara，et al，2006；Yamashita，et al，2007；Yamashita，et al，2009；Hattori，et al，2010）。

4.3.2.2 食醋中多酚类物质的来源及作用机理

（1）食醋中多酚类物质的来源　食醋中的多酚类物质主要来自其酿造原料（Giudici，2009），因不同食醋所用酿造原料和酿造工艺不同，故多酚类化合物种类和含量也不同，具体见表 4-5（Soltan & Shehata，2012；Chen，et al，2016；Shimoji，et al，2002；Plessi，et al，2006；Parrilla，et al，1999；Cerezo，et al，2010；Budak & Guzel-seydim，2010；Andlauer，et al，2000；Jeong，et al，2009；Aykin，et al，2015；Li，et al，2013；Nakamura，et al，2010）。谷物醋中主要以原儿茶酸、阿魏酸和芥子酸为主，且大部分阿魏酸和芥子酸在发酵后被还原为二氢阿魏酸和二氢芥子酸（Shimoji，et al，2002），几乎不含没食子酸和儿茶素。果醋中多含没食子酸和儿茶素，但也因水果原料和酿造工艺不同而不同。醋酸发酵可降低食醋中酚类物质含量（Andlauer，et al，2000），陈酿木桶对果醋中酚类物质的种类和含量也有较大影响（Parrilla，et al，1999）。

（2）食醋中多酚类物质的作用机理　多酚类物质具有抑菌和抗氧化等多种功能，其作用机理如下。

① 食醋中多酚类物质的抑菌机理　食醋中多酚类物质主要通过结合细菌外膜上的肽聚糖和磷脂双分子层来破坏细胞膜完整性（Yoda，et al，2004；Sirk，et al，2008；Gradišar，et al，2007；Zhang & Rock，2004；Taguri，et al，2006）。此外，作为一种多羟基化合物，多酚还能和蛋白质的氨基和羧基反应，并螯合金属离子（辅酶）来干扰细菌胞内的酶活性，从而抑制细菌生长（Gradišar，et al，2007；Zhang & Rock，2004；Taguri，et al，2006）。

表 4-5 食醋中的多酚类化合物

醋名	产地	时间/年	检测方法	多酚类化合物 /(μg/mL)									参考文献
山西老陈醋	中国	2015	LC-MS	原儿茶酸(5.00)	二氢阿魏酸(3.75)	二氢芥子酸(2.56)	对羟基苯甲酸(2.05)	水杨酸(1.49)	对香豆酸(0.90)	阿魏酸(0.34)	芥子酸(0.41)	—	Chen, et al, 2016
日本黑醋	日本	2002	LC-PDA	二氢阿魏酸(24.8)	二氢芥子酸(4.68)	香草酸(1.44)	芥子酸(1.15)	阿魏酸(0.95)	对羟基肉桂酸(0.17)	—	—	—	Shimoji, et al, 2002
意大利香醋	意大利	2006	GC-MS	原儿茶酸(18.8)	没食子酸(18.0)	对香豆酸(17.1)	丁香酸(13.8)	咖啡酸(10.9)	阿魏酸(8.8)	香草酸(8.1)	对羟基苯甲酸(6.5)	异阿魏酸(2.2)	Plessi, et al, 2006
雪莉醋	西班牙	1999	LC-PDA	没食子酸(447.8)	咖啡酰酒石酸(67.4)	没食子酸乙酯(52.4)	原儿茶醛(28.6)	丁香醛(13.0)	对香豆酸乙酯(12.4)	香草醛(5.2)	咖啡酸(3.0)	咖啡酸乙酯(1.0)	Parrilla, et al, 1999
红葡萄酒醋	西班牙	2010	LC-MS	锦葵色素-3-葡萄糖苷(53.04)	锦葵色素-3-(6-乙酰)葡萄糖苷(26.3)	锦葵色素-3-葡萄糖苷-4-乙烯(vitisin B)(14.25)	乙酰 vitisin B(11.77)	吡喃酮羧酸锦葵色素-3-葡萄糖苷(vitisin A)(9.03)	锦葵色素-3-(6-香豆酰)葡萄糖苷(8.2)	锦葵色素-3-葡萄糖苷(表)儿茶素乙酯(7.76)	亚苯基吡喃酮花青素-3-葡萄糖苷(5.63)	苯基吡喃酮锦葵色素-3-(6-乙酰)葡萄糖苷(5.14)	Cerezo, et al, 2010
红葡萄酒醋(传统)	土耳其	2010	LC-PDA	没食子酸(16.36)	儿茶素(13.76)	咖啡酸(6.30)	表儿茶素(4.96)	绿原酸(3.73)	丁香酸(0.70)	对香豆酸(0.23)	阿魏酸(0.06)	—	Budak & Guzel-seydim, 2010
红葡萄酒醋(工业)	土耳其	2010	LC-PDA	没食子酸(18.23)	儿茶素(27.50)	咖啡酸(10.30)	表儿茶素(8.2)	绿原酸(0.16)	丁香酸(0.33)	对香豆酸(0.56)	阿魏酸(0.35)	—	Budak & Guzel-seydim, 2010

续表

醋名	产地	时间/年	检测方法	多酚类化合物/(μg/mL)									参考文献
红葡萄酒醋	德国	2000	LC-MS	表儿茶素(22)	咖啡酸(6.7)	锦葵色素-3-葡萄糖苷(3.8)	锦葵色素-3-葡萄糖苷乙酸酯(1.7)	飞燕草素-3-葡萄糖苷(1.3)	牵牛花色素-3-葡萄糖苷(1.3)	甲基花青素-3-葡萄糖苷(1.2)	锦葵色素-3-葡萄糖苷香豆酸酯(0.9)	—	Andlauer, et al,2000
白葡萄酒醋	德国	2000	LC-MS	儿茶素(24.0)	原儿茶酸(4.1)	咖啡酸(1.1)	—	—	—	—	—	—	Andlauer, et al,2000
葡萄酒醋	韩国	2009	LC-PDA	表没食子儿茶素(10.75)	表儿茶素(0.82)	儿茶素(0.78)	没食子酸(0.74)	绿原酸(0.2)	表儿茶素没食子酸酯(0.02)	—	—	—	Jeong, et al,2009
苹果醋	土耳其	2015	LC-PDA	绿原酸(347.7)	儿茶酸(68.2)	没食子酸(61.2)	咖啡酸(17.2)	—	—	—	—	—	Aykin, et al,2015
苹果醋	中国	2013	LC-PDA	绿原酸(6.56)	咖啡酸(3.03)	根皮苷(1.76)	表儿茶素没食子酸酯(0.77)	没食子酸(0.35)	对香豆酸(0.33)	阿魏酸(0.24)	香草酸(0.06)	—	Li, et al, 2013
苹果醋	日本	2010	LC-MS	绿原酸(196)	肉桂酰奎尼酸(135.0)	绿原酸同分异构体1(31.0)	肉桂酰奎尼酸同分异构体(25.0)	绿原酸同分异构体2(13.0)	对羟基苯甲酸(7.7)	咖啡酸(7.6)	原儿茶酸(4.1)	对香豆酸(2.1)	Nakamura, et al,2010
苹果醋	德国	2000	LC-MS	绿原酸/咖啡酸(180)	儿茶素(58)	肉桂酰奎尼酸(51)	根皮苷(41)	根皮素木糖葡萄糖苷(30)	原儿茶酸(20)	槲皮苷(20)	表儿茶素(11)	—	Andlauer, et al,2000
石榴醋	土耳其	2015	LC-PDA	没食子酸(67.8)	儿茶酸(47)	咖啡酸(13.4)	—	—	—	—	—	—	Aykin, et al,2015
猕猴桃醋	中国	2013	LC-PDA	没食子酸(9.67)	绿原酸(3.12)	香草酸(1.78)	儿茶素(1.47)	根皮苷(0.49)	对香豆酸(0.34)	咖啡酸(0.04)	阿魏酸(0.01)	—	Li, et al, 2013

续表

醋名	产地	时间/年	检测方法	多酚类化合物 /(μg/mL)									参考文献
柿子醋	中国	2013	LC-PDA	没食子酸(22.92)	香草酸(0.96)	根皮苷(0.38)	儿茶素(0.16)	表儿茶素没食子酸酯(0.13)	绿原酸(0.06)	咖啡酸(0.04)	对香豆酸(0.03)	阿魏酸(0.02)	Li, et al, 2013
柿子醋	韩国	2009	LC-PDA	没食子酸(14.24)	表没食子儿茶素(11.98)	儿茶素(4.42)	表儿茶素(2.23)	绿原酸(1.01)	表儿茶素没食子酸酯(0.02)	—	—	—	Jeong, et al,2009
梅子醋	韩国	2009	LC-PDA	表没食子儿茶素(6.04)	表儿茶素(0.29)	儿茶素(0.27)	绿原酸(0.21)	没食子酸(0.03)	表儿茶素没食子酸酯(0.03)	—	—	—	Jeong, et al,2009
甘蔗醋	埃及	2012	LC-PDA	苯甲酸(3.6)	儿茶素(2.1)	没食子酸(0.3)	阿魏酸(0.1)	—	—	—	—	—	Soltan & Shehata, 2012
椰子醋	埃及	2012	LC-PDA	儿茶素(4.3)	苯甲酸(3.6)	水杨酸(2.1)	没食子酸(0.3)	咖啡酸(0.1)	阿魏酸(0.1)	—	—	—	Soltan & Shehata, 2012
棕榈醋	埃及	2012	LC-PDA	水杨酸(85.0)	香豆素(2.9)	没食子酸(0.2)	阿魏酸(0.2)	咖啡酸(0.1)	—	—	—	—	Soltan & Shehata, 2012

注：LC-MS：高效液相色谱-质谱；LC-PDA：高效液相色谱-二极管阵列。

② 食醋中多酚类物质的抗氧化机理　食醋中的多酚类物质主要通过清除自由基、螯合过渡金属离子和自身还原力以达到抗氧化作用（Rice-evans，et al，1996；Perron & Brumaghim，2009；Sang，et al，2007）。酚类化合物苯环上的共轭π键可稳定自由基，进而阻断自由基链式反应（Rice-evans，et al，1996）。酚羟基可螯合过渡金属离子，降低其促氧化能力（Perron & Brumaghim，2009）；酚羟基也可被氧化成醌，从而起还原作用（Sang，et al，2007）。

4.3.2.3　食醋中类黑精的来源及作用机理

（1）食醋中类黑精的来源　类黑精是由还原糖和蛋白质（或氨基酸）通过美拉德反应产生的一类棕褐色的含氮大分子化合物，分子量介于10～80kDa（Wang，et al，2011；Yang，et al，2014；Tagliazucchi，et al，2010）。食醋中的类黑精主要在谷物醋的熏醅、煎煮或陈酿过程中产生（Yang，et al，2014；Tagliazucchi，et al，2010），除还原糖和氨基酸外，食醋中的小分子酚类化合物也能和类黑精发生聚合而成为其骨架的一部分，从而增加其抗氧化能力（Tagliazucchi，et al，2010）。

（2）食醋中类黑精的作用机理　食醋中类黑精具有抑菌和抗氧化等功能，具体作用机理如下。

① 类黑精的抑菌机理　类黑精作为一种带负电荷的大分子化合物，具有较强的金属离子螯合能力（Wang，et al，2011），低浓度的类黑精可螯合培养基的铁离子，从而降低细菌对铁的利用而抑制其生长；高浓度的类黑精还能螯合细胞膜上的镁离子而破坏细菌细胞膜完整性，从而导致细菌死亡（Rurián-henares & Morales，2008；Rurián-henares & de la Cueva，2009）。

② 类黑精的抗氧化机理　带负电荷的类黑精具有较强的过渡金属离子螯合能力，可有效防止过渡金属离子促进氧化反应；此外，类黑精作为一种大分子聚合物，其较大的共轭体系和较多的还原酮结构，使其具有很好的活性自由基清除能力和较好的还原力（Wang，et al，2011）。

4.3.2.4　食醋中川芎嗪的来源及作用机理

（1）食醋中川芎嗪的来源　川芎嗪又名四甲基吡嗪，最早是作为一种香味成分从发酵食品纳豆中分离得到（Kosuge & Kamiya，1962）。研究表明微生物代谢产生的川芎嗪主要来自乙偶姻（3-羟基-2-丁酮）的转化，其转化途径见图4-25。首先两分子丙酮酸在焦磷酸硫胺素的辅助下由乙酰乳酸合酶合成一分子的乙酰乳酸，之后乙酰乳酸氧化脱羧生成乙偶姻，乙偶姻再通过脱氢和转氨生成3-氨基-2-丁酮，两分子的3-氨基-2-丁酮通过亲核加成反应并脱水氧化生成川芎嗪（Dickschat，et al，2010）。

食醋中的川芎嗪早在1971年就被发现，但其含量仅约1.5μg/kg，并只被作为一种香味成分（Kosuge，et al，1971）。川芎嗪作为食醋的功能性成分则是由贺铮

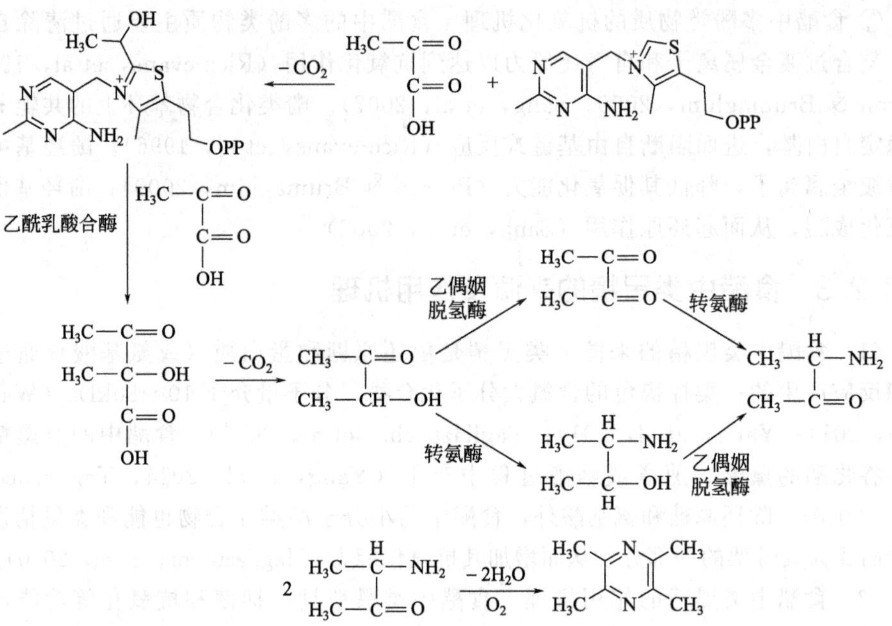

图 4-25　川芎嗪可能的生物合成途径（引自 Dickschat，et al，2010）

怡等（2004）提出的，该课题组分析发现陈酿 2 个月的镇江香醋中川芎嗪含量可达 77μg/mL。谷物醋中川芎嗪主要来源于熏醅、煎煮或陈酿等工序中的美拉德反应（桂青，2013；贺铮怡，2004），这也可能是镇江香醋（需煎煮和陈酿）中川芎嗪含量高的原因。食醋酿造后期川芎嗪可能的产生过程如图 4-26 所示，首先 2,3-丁二酮（双乙酰，来源于微生物代谢或美拉德反应）和 α-氨基酸发生系列反应产生 3-氨基-2-丁酮，然后两分子的 3-氨基-2-丁酮通过亲核加成反应并脱水氧化生成川芎嗪（Rizz，1972）。虽然苹果醋、葡萄醋等果醋中未见有关川芎嗪的分析报道，但根据其生产工艺包括混合微生物发酵和长时间陈酿的特点，可推测果醋中可能也含有一定量的川芎嗪。

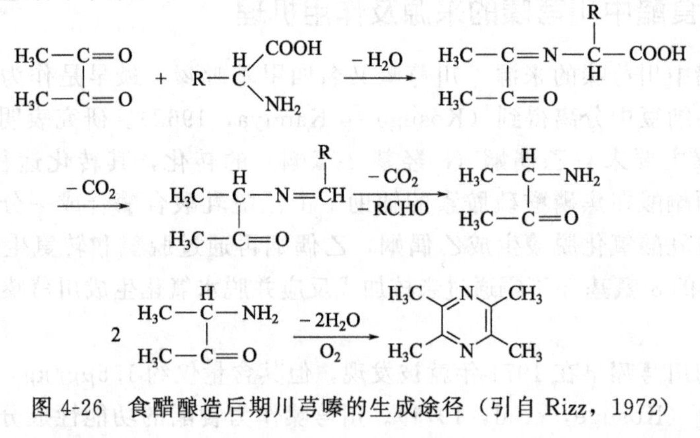

图 4-26　食醋酿造后期川芎嗪的生成途径（引自 Rizz，1972）

（2）食醋中川芎嗪改善血液循环的机理　川芎嗪是一种较好的钙通道阻滞剂，可通过降低细胞钙离子内流来抑制血小板聚集和血管肌细胞的收缩，从而起到促进血液循环的作用（Ren，et al，2012；Yoda，et al，2004；Zhou，et al，1985）。此外川芎嗪还能通过血脑屏障而用于心脑血管疾病治疗（王利胜等，2009）。

4.3.2.5 食醋中苯乳酸的来源及作用机理

（1）苯乳酸来源　新西兰的麦卢卡蜂蜜、新疆雪莲、鸢尾属植物和天麻中都含有苯乳酸（Wilkins，et al，1993；李燕等，2007；Shu，et al，2009；王亚男等，2012）。笔者所在课题组从山西老陈醋的乙酸乙酯萃取物中分离鉴定到了PLA，并发现山西老陈醋中PLA主要来自醋酸发酵阶段。随后，笔者所在课题组又分析了来自不同国家的77种食醋中的PLA，发现73种食醋中都检测到了PLA，谷物醋中的PLA含量（0～979.97mg/L）显著高于果醋中的（0～22.77mg/L），且我国传统四大名醋的PLA含量较高，均大于122.03mg/L（吴仁蔚等，2020）。由此可推断，PLA可能来自植物原料，但更多是由参与食醋发酵的微生物（尤其是醋酸发酵阶段的微生物）产生的。

在有关微生物产生PLA的研究中，Dieuleveux等（1998a）发现干酪发酵用白地霉（*Geotrichum candidum*）可产生抑制单增李斯特菌（*Listeria moncytogenes*）的D-PLA。Lavermicocca等（2000）从酸面团中分离到可产PLA的植物乳杆菌21B。笔者所在课题组从实验室保藏的AAB中分离到一株抗霉菌的古墓土壤葡糖醋杆菌FBFS97，并首次从其发酵液中鉴定到了PLA，这是有关AAB产PLA的首次研究报道（陈亨业，2018）。进一步分析发现，古墓土壤葡糖醋杆菌FBFS97基因组中有通过莽草酸途径合成PLA的所有基因。当以葡萄糖为唯一碳源时，FBFS97约产50mg/L PLA，而以苯丙氨酸为底物时可显著提高PLA产量（李爽爽等，2020）。除上述白地霉、乳酸菌和AAB外（陈亨业，2018；Li，et al，2015；Cortés-Zavaleta，et al，2014；Rodríguez，et al，2012），丙酸菌（*Propionibacteria*）（Lind，et al，2007；Thierry & Maillard，2002）、荧光维克酵母（*Wickerhamia fluorescens*）（Fujii，et al，2011）、凝结芽孢杆菌（*Bacillus coagulans*）（Zheng，et al，2011）、光合细菌（Prasuna，et al，2012）等多种微生物都可产生PLA。

（2）食醋中苯乳酸的抑菌机理和应用　PLA具有广谱的抑菌活性，且D-PLA的抑菌活性比L-PLA的高（Dieuleveux，et al，1998）。PLA不仅可抑制金黄色葡萄球菌、粪肠球菌（*Enterococcus faecalis*）、蜡样芽孢杆菌等G^+细菌的生长，而且也抑制沙门氏菌、大肠杆菌、产酸克雷伯菌（*Klebsiella oxytoca*）和斯氏普罗威登斯菌（*Providencia stuartii*）等G^-细菌的生长（Ohhira，et al，2004；Dieuleveux，et al，1998）。PLA也可抑制铁红假丝酵母（*Candida pulcherrima*）、近平滑假丝酵母（*Candida parapsilosis*）和胶红酵母（*Rhodotorula mucilaginosa*）等酵母的生长（Schwenninger，et al，2008），又可抑制面粉、谷物及焙烤食品中的

腐败霉菌，如赭曲霉（*Aspergillus ochraceus*）、黄曲霉、娄地青霉（*Penicillium roqueforti*）和橘青霉（*Penicillium citrinum*）等的生长（Lavermicocca，et al，2000，2003）。

PLA因具有抑菌作用而被广泛用于食品、饲料、医药和化妆品等行业。新西兰的麦卢卡蜂蜜因具有独特的抑菌作用而被用作治疗溃烂病的敷料，其中PLA是其主要抑菌物质（Molan，et al，1988；Allen，et al，1991；Russel，et al，1990；Wilkins，et al，1993）。7.5mg/L PLA可抑制90%的来自焙烤食品、面粉和谷物的曲霉、青霉和镰孢霉（*Fusarium*）等的生长（Lavermicocca，et al，2003）。Yanina等（2018）将来自乳酸片球菌CRL 1753的液体生物防腐剂（含PLA）添加到面包中，面包存储18d未被霉菌污染，而仅添加丙酸钙的面包有70%发生变质。PLA与纳米氧化锌和壳聚糖混合制备的一种新型可食用膜（ZnO/PLA-g-CS）可有效地减少水果采后损失（Li，et al，2018）。在饲料中添加PLA，可调节鸡的肠道平衡，提高免疫力，增加体重和饲料转化率，改善鸡肉品质，提高产蛋率和蛋品质量（Wang，et al，2009b；Kim，et al，2014）。猪饲料中补充PLA可增加幼猪的血细胞数量，提高其免疫力（Wang，et al，2009a）。PLA添加不仅可延长化妆品的保质期，还可去除皮肤皱纹，具有提亮肤色、美白和保湿等功效（Ruey，et al，1997）。因PLA与丹参素的结构相似、药理相同，因此可替代丹参素治疗冠心病（王珏英等，1991）。PLA是治疗非胰岛素依赖型糖尿病药物恩格列酮（englitazone）的前体物质，可用于降血糖制剂生产（Urban & Moore，1992）。PLA具有抗炎和止血等功效，可用于治疗带节育器出血症（薛芬等，1997）。此外，PLA可用于驱虫药PF1022A、抗艾滋病病毒（HIV）制剂以及非蛋白氨基酸施德丁（Statine）等的合成（Weckwerth，et al，2000；Kano，et al，1988）。另外，PLA聚合物因具有优良的力学性能、拉伸强度和杨氏模量，以及更好的热稳定性、紫外吸收能力而被用于材料生产（Kawaguchi，et al，2017）。

PLA抑菌机理主要是对细胞壁、细胞膜和生物膜的影响，如PLA可破坏单增李斯特菌的细胞壁（Dieuleveux，et al，1998），如图4-27所示。PLA也可透过单

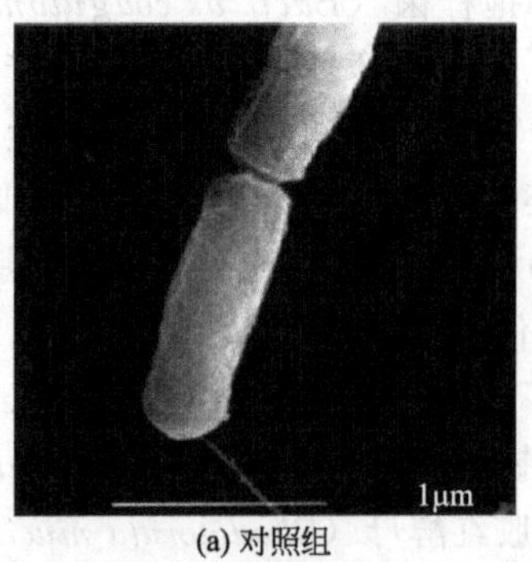

(a) 对照组

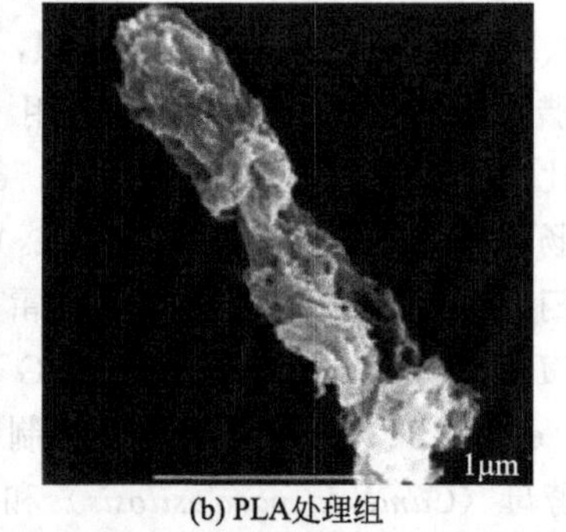

(b) PLA处理组

图4-27　苯乳酸处理的单增李斯特菌扫描电镜（引自Dieuleveux，et al，1998）

增李斯特菌和大肠杆菌细胞膜并嵌入 DNA 扰乱细胞正常功能（Ning，et al，2017）。PLA 可破坏阴沟肠杆菌（*Enterobacter cloacae*）细胞膜而抑制其生长（Liu，et al，2018）；也可干扰粪肠球菌细胞移动和胞外多糖产生，进而抑制生物膜形成（Liu，et al，2020）。然而，关于更多 PLA 抑菌机理有待深入研究。

4.3.2.6 食醋中黑色素的来源及作用机理

（1）食醋中黑色素的来源　黑色素（melanin）是由多酚类或吲哚类化合物聚合而成的高分子聚合物，广泛存在于植物、动物及微生物中。天然黑色素在形成过程总会包含一些蛋白质或糖类，所以目前对天然黑色素的整体结构知之甚少。根据黑色素所含成分及来源，主要将其分为真黑色素（eumelanin）、褐黑色素（pheomelanin）和异黑色素（allomelanin）。

真黑色素呈深棕色或黑色，含氮原子；而褐黑色素（又称脱黑色素）呈红色或黄色，含氮原子和硫原子（图 4-28）。因真黑色素和褐黑色素都是通过经典的 Raper-Mason 途径（即酪氨酸酶途径）合成的（Raper，1927），所以二者又称为 L-多巴黑色素（L-DOPA melanin）。真黑色素合成时，由酪氨酸酶催化 L-酪氨酸生

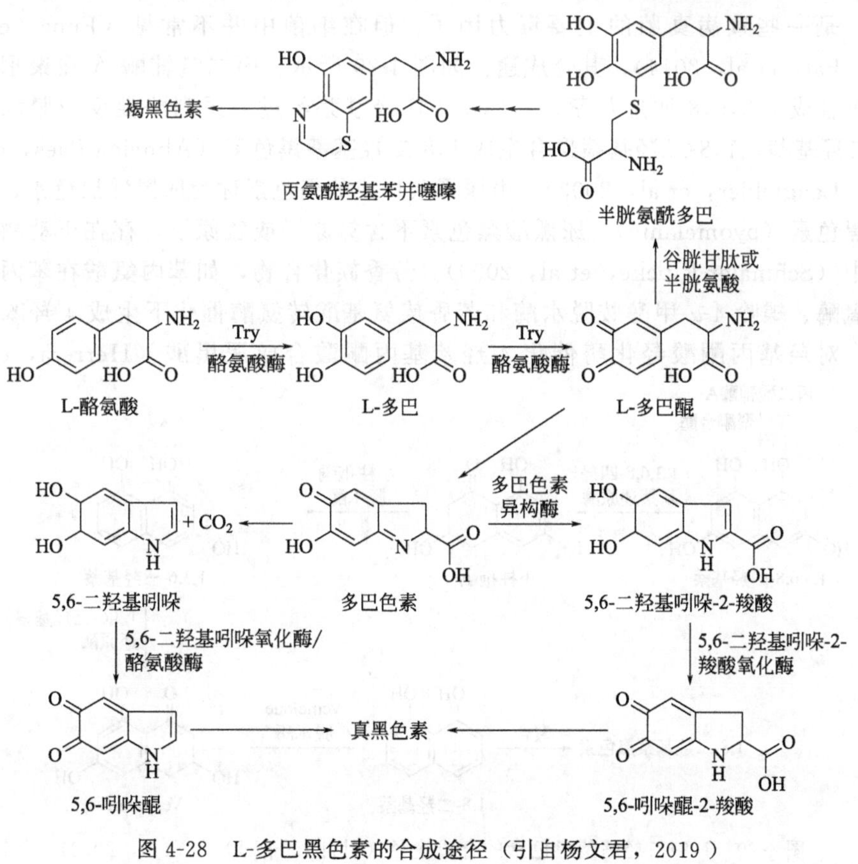

图 4-28　L-多巴黑色素的合成途径（引自杨文君，2019）

成L-多巴，L-多巴被酪氨酸酶氧化为L-多巴醌。L-多巴醌可经过系列氧化反应和酪氨酸酶氧化，再环化形成5,6-二羟基吲哚-2-羧酸（DHICA）和5,6-二羟基吲哚（DHI），不同比例的DHI和DHICA单体再氧化聚合成大小不同的系列黑色素（Raper，1927；Langfelder，et al，2003），具体合成途径见图4-28。在褐黑色素合成时，L-多巴醌则与谷胱甘肽或半胱氨酸反应形成半胱氨酰多巴，进一步反应形成苯并噻嗪类物质并聚合而成褐黑色素（Nappi & Ottaviani，2000）。酪氨酸酶是合成L-多巴黑色素的关键酶，但来自地中海海单胞菌（*Marinomonas mediterranea*）、恶臭假单胞菌（*Pseudomonas putita*）及一些链霉菌（*Streptomyces* spp.）的漆酶与酪氨酸酶具有相似的作用，也可以催化合成多巴黑色素（Claus & Decker，2006）。漆酶中也含有铜离子结合位点，其活性中心包含1～4个铜离子，它属于蓝色铜离子结合氧化酶（Plonka & Grabacka，2006）。

异黑色素多存在于植物界和微生物界，通常不含氮，可由多种底物，如四羟基萘、尿黑酸、γ-谷氨酰氨基-4-羟基苯、儿茶酚和4-羟基苯基乙酸等，氧化聚合而成（Plonka，et al，2006）。其中，由二羟基萘形成的黑色素被称为二羟基萘黑色素。1,8-二羟基萘黑色素呈棕黑色，不含氮原子或硫原子，主要存在于植物和真菌中，是一些致病真菌的主要毒力因子，但在细菌中并不常见（Funa，et al，1999；Pal，et al，2014），其合成途径如图4-29所示。丙二酰辅酶A在聚酮合酶催化下合成1,3,6,8-四羟基萘，1,3,6,8-四羟基萘经过一系列酶促反应脱水形成1,8-二羟基萘，1,8-二羟基萘聚合生成1,8-二羟基萘黑色素（Almeida-Paes，et al，2017；Langfelder，et al，2003）。由尿黑酸形成的黑色素称为尿黑酸黑色素，又称为脓黑色素（pyomelanin）。尿黑酸黑色素不含氮原子或硫原子，存在于动物和微生物中（Schmaler-Ripcke，et al，2009）。芳香族化合物，如苯丙氨酸在苯丙氨酸单加氧酶、蝶呤-4-α-甲醇胺脱水酶和芳香族氨基酸转氨酶催化下生成4-羟苯基丙酮酸，对羟基丙酮酸羟化酶催化4-羟苯基丙酮酸合成尿黑酸（Herrera，et al，

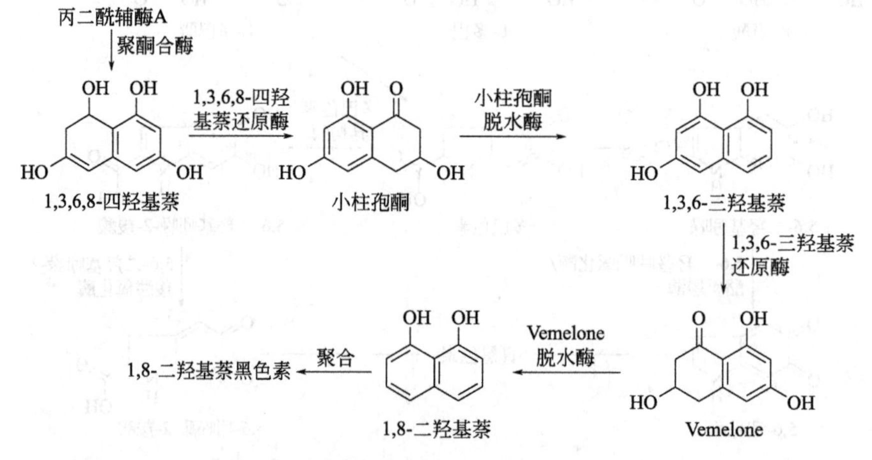

图4-29　1,8-二羟基萘黑色素的合成途径（引自Langfelder，et al，2003）

2010；Schmaler-Ripcke，et al，2009）（图 4-30）。一般情况下，在尿黑酸-1,2-双加氧酶催化下，尿黑酸继续氧化并最终生成延胡索酸和乙酰乙酸。当尿黑酸-1,2-双加氧酶缺失时，尿黑酸积累并分泌到细胞外，进一步氧化聚合形成脓黑色素（Rodríguez-Rojas，et al，2009；Schmaler-Ripcke，et al，2009）。

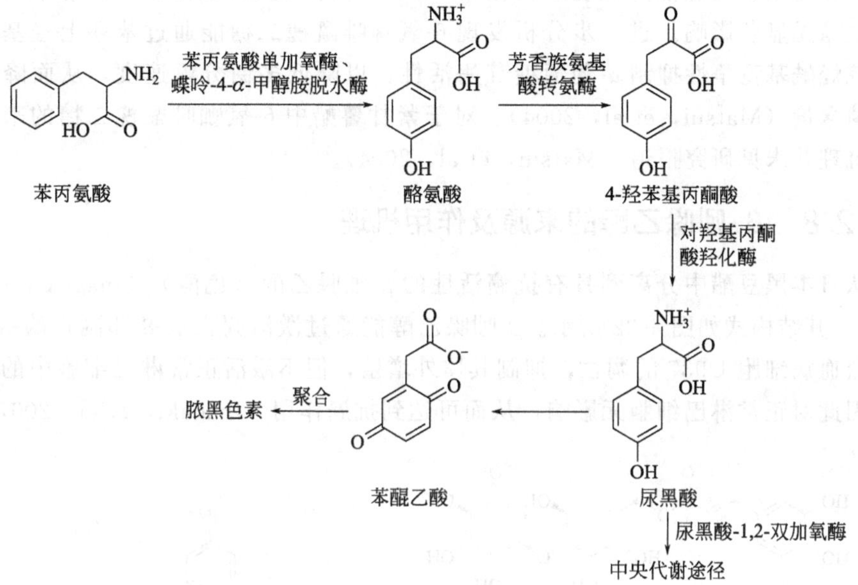

图 4-30　尿黑酸黑色素的合成途径（引自 Schmaler-Ripcke，et al，2009）

多种 AAB，如葡糖醋杆菌、阮杆菌、斯瓦米纳坦杆菌、斯温斯杆菌、塔堤查仁杆菌可产生水溶性棕色素。然而，关于来自 AAB 的棕色素的分子结构及其合成途径未见报道。

（2）食醋中黑色素的作用机理　黑色素具有抗氧化和解除重金属毒性的作用。黑色素抗氧化分子机理包括自由基清除和减少氧化应激反应。一方面，黑色素中稳定的自由基经紫外线照射可产生亚稳态自由基，并与生物分子反应释放活性氧，生成过氧化氢和羟自由基（Wood，et al，2006），同时黑色素还具有清除活性氧自由基的能力（Rózanowska，et al，1999）。另一方面，黑色素可结合并存储金属离子或作为金属离子的隔离容器，减少氧化应激反应对细胞的伤害。如黑色素可结合并存储钙和锌，并在一定条件释放它们。黑色素也可结合铁和铜，以防止它们被还原成 Fe(Ⅱ) 和 Cu(Ⅰ)（可诱导氧化应激反应），从而减少对生物的氧化损伤（Hong & Simon，2007）。黑色素因有较强金属离子结合能力而具有脱除重金属作用，如粒毛盘菌中的黑色素以及羧甲基化黑色素对铅均有解毒作用（Zong，et al，2017）。

然而，关于食醋中棕色素的功能则未见研究报道。

4.3.2.7 食醋中6-氧咖啡酰槐二糖的来源及作用机理

Matsui等（2004）从紫甘薯醋中分离得到6-氧咖啡酰槐二糖（Matsui，et al，2004），6-氧咖啡酰槐二糖的结构式如图4-31所示。大鼠实验显示，摄入0.1g/kg的6-氧咖啡酰槐二糖能降低餐后血糖11.1%，并降低胰岛素分泌，但对单糖膳食餐后血糖无显著影响。进一步分析发现6-氧咖啡酰槐二糖能通过苯环上羟基和不饱和烷烃酰基竞争性抑制α-葡萄糖苷酶活性，以降低多糖分解速度，从而降低餐后血糖含量（Matsui，et al，2004）。对于紫甘薯醋中6-氧咖啡酰槐二糖的来源及合成机理并未见研究报道（Matsui，et al，2004）。

4.3.2.8 β-吲哚乙醇的来源及作用机理

从日本黑豆醋中分离到具有抗癌活性的β-吲哚乙醇（色醇）（Inagaki，et al，2007），其结构式如图4-32所示。β-吲哚乙醇能通过激活凋亡酶-8和凋亡酶-3，诱导人白血病细胞U937的凋亡，抑制其体外增殖，但不激活正常淋巴细胞中的凋亡酶，因此对正常淋巴细胞无影响，从而可达到抗癌作用（Inagaki，et al，2007）。

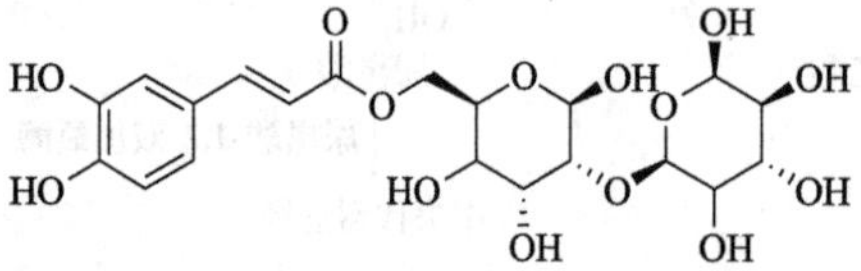

图4-31　6-氧咖啡酰槐二糖的结构式

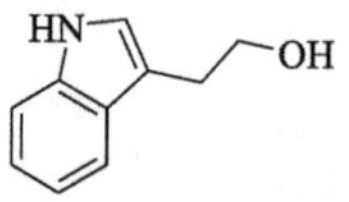

图4-32　β-吲哚乙醇的结构式

鉴于此，食醋是一种具有抑菌、抗感染、抗氧化、控制血糖、调节血脂、控制体重、抗癌等多种功能的酸性调味品。在抑菌和抗感染方面，食醋中的有机酸发挥着重要作用，部分食醋中富含的多酚、类黑精和苯乳酸也有一定的贡献。食醋的抗氧化能力则主要来源于食醋所含的多酚、类黑精和棕色素。食醋控制血糖、调节血脂和控制体重的功能主要来源于醋酸，但食醋中的6-氧咖啡酰槐二糖（抑制二糖酶）和川芎嗪（促进血液循环）等也具有控制血糖和调节血脂的作用。在抗癌方面，虽然食醋对多种人癌细胞都具有较好的体内外增殖抑制作用，但研究结果主要来自于细胞和动物实验，且抗癌的功能性成分只有在黑豆醋中被鉴定的β-吲哚乙醇，其余食醋成分的抗癌功能尚不明确。由此看出，作为酸性调味品的食醋，尤其是传统工艺酿造的食醋，如山西老陈醋、镇江香醋、四川保宁麸皮醋、福建永春红曲醋、日本黑醋、意大利香醋、西班牙雪莉醋、美国的苹果醋等，因含有功能性成分而可用作功能性食品。随着食醋中功能性成分的不断发现及其作用机理不断揭示，一些食醋及醋粉可用于预防糖尿病或心脑血管疾病等慢性疾病，或作为药物治疗的辅助剂。

参考文献

Alakomi H L，Skyttä E，Saarela M，et al. 2000. Lactic acid permeabilizes gram-negative bacteria by disrupting the outer membrane [J]. Applied and Environmental Microbiology，66 (5)：2001-2005.

Allen K L，Molan P C，Reid G M. 1991. A survey of the antibacterial activity of some New Zealand honeys [J]. Journal of Pharmacy and Pharmacology，43 (12)：817-822.

Almeida-Paes R，Borba-Santos L P，Rozental S，et al. 2017. Melanin biosynthesis in pathogenic species of *Sporothrix* [J]. Fungal Biology Reviecos，31 (1)：50-59.

Aminifarshidmehr N. 1996. The management of chronic suppurative otitis media with acid media solution [J]. The American Journal of Otology，17 (1)：24-25.

Andlauer W，Stumpf C，Fürst P. 2000. Influence of the acetification process on phenolic compounds [J]. Journal of Agricultural and Food Chemistry，48 (8)：3533-3536.

Andrésbarrao C，Saad M M，Cabello F E，et al. 2016. Metaproteomics and ultrastructure characterization of *Komagataeibacter* spp. involved in high-acid spirit vinegar production [J]. Food Microbiology，55：112-122.

Axe D D，Bailey J E. 1995. Transport of lactate and acetate through the energized cytoplasmic membrane of *Escherichia coli* [J]. Biotechnology and Bioengineering，47 (1)：8-19.

Aykin E，Budak N H，Güzel-seydim Z B. 2015. Bioactive components of mother vinegar [J]. Journal of the American College of Nutrition，34 (1)：80-89.

Baba N，Higashi Y，Kanekura T. 2013. Japanese black vinegar "Izumi" inhibits the proliferation of human squamous cell carcinoma cells via necroptosis [J]. Nutrition and Cancer，65 (7)：1093-1097.

Bartowsky E J，Henschke P A. 2008. Acetic acid bacteria spoilage of bottled red wine [J]. International Journal of Food Microbiology，125 (1)：60-70.

Beheshti Z，Chan Y H，Nia H，et al. 2012. Influence of apple cider vinegar on blood lipids [J]. Life Science Journal，9 (4)：2431-2440.

Brighenti F，Castellani G，Benini L，et al. 1995. Effect of neutralized and native vinegar on blood glucose and acetate responses to a mixed meal in healthy subjects [J]. European Journal of Clinical Nutrition，49 (4)：242-247.

Brogden K A. 2005. Antimicrobial peptides：pore formers or metabolic inhibitors in bacteria [J]. Nature Reviews Microbiology，3 (3)：238-250.

Brul S，Coote P. 1999. Preservative agents in foods：mode of action and microbial resistance mechanisms [J]. International Journal of Food Microbiology，50 (1)：1-17.

Budak H N，Guzel-seydim Z B. 2010. Antioxidant activity and phenolic content of wine vinegars produced by two different techniques [J]. Journal of the Science of Food and Agriculture，90 (12)：2021-2026.

Budak N H，Aykin E，Seydim A C，et al. 2014. Functional properties of vinegar [J]. Journal of Food Science，79 (5)：R757-764.

Cerezo A B，Cuevas E，Winterhalter P，et al. 2010. Anthocyanin composition in Cabernet Sauvignon red wine vinegar obtained by submerged acetification [J]. Food Research International，43 (6)：1577-1584.

Chen C X，Chen F S. 2009. Study on the conditions to brew rice vinegar with high content of gamma-amino butyric acid by response surface methodology [J]. Food and Bioproducts Processing，87 (C4)：334-340.

Chen H，Zhou Y，Shao Y，et al. 2016. Free phenolic acids in Shanxi aged vinegar：changes during aging and synergistic antioxidant activities [J]. International Journal of Food Properties, 19 (6): 1183-1193.

Cherrington C A, Hinton M, Mead G C, et al. 1991. Organic acids: chemistry, antibacterial activity and practical applications [J]. Advances in Microbial Physiology, 32: 87-108.

Claus H, Decker H. 2006. Bacterial tyrosinases [J]. Systematic and Applied Microbiology, 29 (1): 3-14.

De Vero L, Gala E, Gullo M, et al. 2006. Application of denaturing gradient gel electrophoresis (DGGE) analysis to evaluate acetic acid bacteria in traditional balsamic vinegar [J]. Food Microbiology, 23 (8): 809-813.

De Vero L, Gullo M, Giudici P. 2010. Acetic acid bacteria, biotechnological applications//Flickinger M C. Encyclopedia of industrial biotechnology: bioprocess bioseparation and cell technology [M]. New York: Wiley.

Dickschat J S, Wickel S, Bolten C J, et al. 2010. Pyrazine biosynthesis in *Corynebacterium glutamicum* [J]. European Journal of Organic Chemistry, 2010 (14): 2687-2695.

Dieuleveux V, Van Der Pyl D, Chataud J, et al. 1998a. Purification and characterization of anti-listeria compounds produced by *Geotrichum candidurm* [J]. Applied and Environmental Microbiology, 64 (2): 800-803.

Dieuleveux V, Lemarinier S, Guéguen M. 1998. Antimicrobial spectrum and target site of D-3-phenyllaetic acid [J]. International Jounal of Food Microbiology, 40 (3): 177-183.

Ebihara K, Nakajima A. 1988. Effect of acetic acid and vinegar on blood glucose and insulin responses to orally administered sucrose and starch [J]. Agricultural and Biological Chemistry, 52 (5): 1311-1312.

Entani E, Asai M, Tsujihata S. 1998. Antibacterial action of vinegar against food-borne pathogenic bacteria including *Escherichia coli* O157: H7 [J]. Journal of Food Protection, 61 (8): 953-959.

Fan J, Zhang Y, Chang X, et al, 2009. Antithrombotic and fibrinolytic activities of methanolic extract of aged sorghum vinegar [J]. Journal of Agricultural and Food Chemistry, 57 (18): 8683-8687.

Franke I H, Fegan M, Hayward C, et al. 1999. Description of *Gluconacetobacter sacchari* sp. nov., a new species of acetic acid bacterium isolated from the leaf sheath of sugar cane and from the pink sugar-cane mealy bug [J]. International Journal of Systematic Bacteriology, 49 (4): 1681-1693.

Fushimi T, Sato Y. 2005. Effect of acetic acid feeding on the circadian changes in glycogen and metabolites of glucose and lipid in liver and skeletal muscle of rats [J]. British Journal of Nutrition, 94 (05): 714-719.

Fushimi T, Suruga K, Oshima Y, et al. 2006. Dietary acetic acid reduces serum cholesterol and triacylglycerols in rats fed a cholesterol-rich diet [J]. British Journal of Nutrition, 95 (05): 916-924.

Giudici L S P. 2009. Vinegar of the world [M]. Italia: Springer-Verlag.

Gradišar H, Pristovšek P, Plaper A, et al. 2007. Green tea catechins inhibit bacterial DNA gyrase by interaction with its ATP binding site [J]. Journal of Medicinal Chemistry, 50 (2): 264-271.

Gu X, Zhao HL, Sui Y, et al. 2012. White rice vinegar improves pancreatic beta-cell function and fatty liver in streptozotocin-induced diabetic rats [J]. Acta Diabetologica, 49 (3): 185-191.

Gullo M, Giudici P. 2006. Isolation and selection of acetic acid bacteria strains for traditional balsamic vinegar [J]. Industrie Delle Bevande, 35: 345-350.

Gullo M, Giudici P. 2008. Acetic acid bacteria in traditional balsamic vinegar, phenotypic traits relevant for starter cultures selection [J]. International Journal of Food Microbiology, 125 (1): 46-53.

Gullo M, Verzelloni E, Canonico M. 2014. Aerobic submerged fermentation by acetic acid bacteria for vinegar production: Process and biotechnological aspects [J]. Process Biochemistry, 49 (10): 1571-1579.

Haruta S, Ueno S, Egawa I. 2006. Succession of bacterial and fungal communities during a traditional pot fermentation of rice vinegar assessed by PCR-mediated denaturing gradient gel electrophoresis [J]. International Journal of Food Microbiology, 109 (1-2): 79-87.

Hashimoto M, Obara K, Ozono M, et al. 2013. Separation and characterization of the immunostimulatory components in unpolished rice black vinegar (kurozu) [J]. Journal of Bioscience & Bioengineering, 116 (6): 688-696.

Hattori M, Kondo T, Kishi M, et al. 2010. A single oral administration of acetic acid increased energy expenditure in C57BL/6J mice [J]. Bioscience, Biotechnology, and Biochemistry, 74 (10): 2158-2159.

Herrera M C, Duque E, Rodriguez-Herva J J, et al. 2010. Identification and characterization of the PhhR regulon in *Pseudomonas putida* [J]. Environmental Microbiology, 12 (6): 1427-1438.

Hindi N K K. 2013. In vitro antibacterial activity of aquatic garlic extract, apple vinegar and apple vinegar-garlic extract combination [J]. American Journal of Phytomedicine and Clinical Therapeutics, 1 (1): 42-51.

Hirshfield I N, Terzulli S, O'byrne C. 2003. Weak organic acids: a panoply of effects on bacteria [J]. Science Progress, 86 (4): 245-269.

Hlebowicz J, Darwiche G, Björgell O, et al. 2007. Effect of apple cider vinegar on delayed gastric emptying in patients with type 1 diabetes mellitus: a pilot study [J]. BMC Gastroenterology, 7: 46.

Hong L, Simon J. 2007. Current understanding of the binding sites, capacity, affinity, and biological significance of metals in melanin [J]. Journal of Physical Chemistry B, 111 (28): 7938-7947.

Inagaki S, Morimura S, Gondo K, et al. 2007. Isolation of tryptophol as an apoptosis-inducing component of vinegar produced from boiled extract of black soybean in human monoblastic leukemia U937 cells [J]. Bioscience, Biotechnology, and Biochemistry, 71 (2): 371-379.

Jeong C H, Choi G N, Kim J H, et al. 2009. In vitro antioxidant properties and phenolic composition of Korean commercial vinegars [J]. Food Science and Biotechnology, 18 (5): 1258-1262.

Johnston C S, Buller A J. 2005. Vinegar and peanut products as complementary foods to reduce postprandial glycemia [J]. Journal of the American Dietetic Association, 105 (12): 1939-1942.

Johnston C S, Steplewska I, Long C A, et al. 2010. Examination of the antiglycemic properties of vinegar in healthy adults [J]. Annals of Nutrition and Metabolism, 56 (1): 74-79.

Jojima Y, Mihara Y, Suzuki S, et al. 2004. *Saccharibacter floricola* gen. nov., sp. nov., a novel osmophilic acetic acid bacterium isolated from pollen [J]. International Journal of Systematic and Evolutionary Microbiology, 54 (6): 2263-2267.

Jung H H, Cho S D, Yoo C K, et al. 2002. Vinegar treatment in the management of granular myringitis [J]. The Journal of Laryngology & Otology, 116 (03): 176-180.

Kadas Z, Evrendilek G A, Heper G. 2014. The metabolic effects of hawthorn vinegar in patients with high cardiovascular risk group [J]. Journal of Food and Nutrition Research, 2 (9): 539-545.

Kano S, Yuasa Y, Yokomatsu T, et al. 1988. Highly stereocontrolled synthesis of the four individual stereoisomers of statine [J]. The Journal of Organic Chemistry, 53 (16): 3865-3968.

Kawaguchi H, Ogino C, Kondo A. 2017. Microbial conversion of biomass into bio-based polymers [J]. Bioresource Technology, 245: 1664-1673.

Kim D W, Kim J H, Kang H K, et al. 2014. Dietary supplementation of phenyllactic acid on growth performance, immune response, cecal microbial population, and meat quality attributes of broiler chickens [J]. The Journal of Applied Poultry Research, 23 (4): 661-670.

Kishi M, Fukaya M, Tsukamoto Y, et al. 1999. Enhancing effect of dietary vinegar on the intestinal absorption of calcium in ovariectomized rats [J]. Bioscience, Biotechnology, and Biochemistry, 63 (5): 905-910.

Kondo T, Kishi M, Fushimi T, et al. 2009a. Acetic acid upregulates the expression of genes for fatty acid oxidation enzymes in liver to suppress body fat accumulation [J]. Journal of Agricultural and Food Chemistry, 57 (13): 5982-5986.

Kondo T, Kishi M, Fushimi T, et al. 2009b. Vinegar intake reduces body weight, body fat mass, and serum triglyceride levels in obese Japanese subjects [J]. Bioscience, Biotechnology, and Biochemistry, 73 (8): 1837-1843.

Kosuge T, Kamiya H. 1962. Discovery of a pyrazine in a natural product: tetramethylpyrazine from cultures of a strain of *Bacillus subtilis* [J]. Nature, 193: 776.

Kosuge T, Zenda H, Tsuji K, et al. 1971. Studies on flavor components of foodstuffs: Part I distribution of tetramethylpyrazine in fermented foodstuffs [J]. Agricultural and Biological Chemistry, 35 (5): 693-696.

Kyrø C, Zamora-ros R, Scalbert A, et al. 2015. Pre-diagnostic polyphenol intake and breast cancer survival: the European Prospective Investigation into Cancer and Nutrition (EPIC) cohort [J]. Breast Cancer Research and Treatment, 154 (2): 389-401.

Langfelder K, Streibel M, Jahn B, et al. 2003. Biosynthesis of fungal melanins and their importance for human pathogenic fungi [J]. Fungal Genetics and Biology, 38 (2): 143-158.

Lavermicocca P, Valerio F, Evidente A, et al. 2000. Purification and characterization of novel antifungal compounds from the sourdough *Lactobacillus plantarum* strain 21B [J]. Applied and Environmental Microbiology, 66 (9): 4084-4090.

Lavermicocca P, Valerio F, Visconti A. 2003. Antifungal activity of phenyllactic acid against molds isolated from bakery products [J]. Applied Environmental Microbiology, 69 (1): 634-640.

Leeman M, Östman E, Björck I. 2005. Vinegar dressing and cold storage of potatoes lowers postprandial glycaemic and insulinaemic responses in healthy subjects [J]. European Journal of Clinical Nutrition, 59 (11): 1266-1271.

Li P, Li S, Cheng L, et al. 2014. Analyzing the relation between the microbial diversity of DaQu and the turbidity spoilage of traditional Chinese vinegar [J]. Applied Microbiology & Biotechnology, 98 (13): 6073-6084.

Li R, Sun X, Zhu J X, et al. 2018. Novel multifunctional and edible film based on phenyllactic acid grafted chitosan derivative and nano zinc oxide [J]. Food Biophysics, 13 (1): 102-111.

Li X, Wang X, Yuan J, et al. 2013. The determination and comparison of phenolics in apple vinegar, persimmon vinegar and kiwifruit vinegar [J]. Food and Fermentation Industries, 39 (6): 186-190.

Li XF, Ning YW, Liu D, et al. 2015. Metabolic mechanism of phenyllactic acid naturally occurring in Chinese pickles [J]. Food Chemistry, 186: 265-270.

Liljeberg H, Björck I. 1998. Delayed gastric emptying rate may explain improved glycaemia in healthy subjects to a starchy meal with added vinegar [J]. European Journal of Clinical Nutrition, 52 (5): 368-371.

Lin H C, Doty J E, Reedy T J, et al. 1990. Inhibition of gastric emptying by acids depends on pH, titratable acidity, and length of intestine exposed to acid [J]. American Journal of Physiology-Gastrointestinal and Liver Physiology, 259 (6): G1025-G1030.

Liu F, Sun Z L, Wang F T, et al. 2020. Inhibition of biofilm formation and exopolysaccharide synthesis of *Enterococcus faecalis* by phenyllactic acid [J]. Food Microbiology, 86: 103344.

Liu F, Wang F T, Du L H, et al. 2018. Antibacterial and antibiofilm activity of phenyllactic acid against

Enterobacter cloacae [J]. Food Control, 84: 442-448.

Lozano J D D, Juárez-flores B I, Pinos-rodríguez J M, et al. 2012. Supplementary effects of vinegar on body weight and blood metabolites in healthy rats fed conventional diets and obese rats fed high-caloric diets [J]. Journal of Medicinal Plants Research, 6 (24): 4135-41.

Matsui T, Ebuchi S, Fukui K, et al. 2004. Caffeoylsophorose, a new natural α-glucosidase inhibitor, from red vinegar by fermented purple-fleshed sweet potato [J]. Bioscience, Biotechnology, and Biochemistry, 68 (11): 2239-2246.

Mclaggan D, Naprstek J, Buurman E T, et al. 1994. Interdependence of K^+ and glutamate accumulation during osmotic adaptation of *Escherichia coli* [J]. Journal of Biological Chemistry, 269 (3): 1911-1917.

Mimura A, Suzuki Y, Toshima Y, et al. 2004. Induction of apoptosis in human leukemia cells by naturally fermented sugar cane vinegar (kibizu) of Amami Ohshima Island [J]. Biofactors, 22 (1-4): 93-97.

Molan P, Russell K. 1988. Non-peroxide antibacterial activity in some New Zealand honeys [J]. Journal of Apicultural Research, 27 (1): 62-67.

Moon Y J, Cha Y S. 2008. Effects of persimmon-vinegar on lipid metabolism and alcohol clearance in chronic alcohol-fed rats [J]. Journal of Medicinal Food, 11 (1): 38-45.

Morales M L, Gonzalez A G, Troncoso A M. 1998. Ion-exclusion chromatographic determination of organic acids in vinegars [J]. Journal of Chromatography A, 822 (1): 45-51.

Murooka Y. 2016. Acetic acid bacteria in production of vinegars and traditional fermented foods. Acetic acid bacteria [M]. Tokyo: Springer Japan.

Nakamura K, Ogasawara Y, Endou K, et al. 2010. Phenolic compounds responsible for the superoxide dismutase-like activity in high-Brix apple vinegar [J]. Journal of Agricultural and Food Chemistry, 58 (18): 10124-10132.

Nanda K, Miyoshi N, Nakamura Y, et al. 2004. Extract of vinegar " Kurosu" from unpolished rice inhibits the proliferation of human cancer cells [J]. Journal of Experimental and Clinical Cancer Research, 23 (1): 69-76.

Nanda K, Taniguchi M, Ujike S. 2001. Characterization of acetic acid bacteria in traditional acetic acid fermentation of rice vinegar (komesu) and unpolished rice vinegar (kurosu) produced in Japan [J]. Applied and Enviromental Microbiology, 67 (2): 986-990.

Nappi A J, Ottaviani E. 2000. Cytotoxicity and cytotoxic molecules in invertebrates [J]. Bioessays, 22 (5): 469-480.

Ning Y W, Yan A H, Yang K, et al. 2017. Antibacterial activity of phenyllactic acid against *Listeria monocytogenes* and *Escherichia coli* by dual mechanisms [J]. Food Chemistry, 228: 533-540.

Nishidai S, Nakamura Y, Torikai K, et al. 2000. Kurosu, a traditional vinegar produced from unpolished rice, suppresses lipid peroxidation in vitro and in mouse skin [J]. Bioscience, Biotechnology, and Biochemistry, 64 (9): 1909-1914.

Ochoa-zarzosa A, Villarreal-fernández E, Cano-camacho H, et al. 2009. Sodium butyrate inhibits Staphylococcus aureus internalization in bovine mammary epithelial cells and induces the expression of antimicrobial peptide genes [J]. Microbial Pathogenesis, 47 (1): 1-7.

Ogawa N, Satsu H, Watanabe H, et al. 2000. Acetic acid suppresses the increase in disaccharidase activity that occurs during culture of caco-2 cells [J]. The Journal of Nutrition, 130 (3): 507-513.

Ohhira I, Kuwaki S, Morita H, et al. 2004. Identification of 3-phenyllactic acid as a possible antibacterial substance produced by *Enterococcus faecalis* TH10 [J]. Biocontrol Science, 9 (3): 77-81.

Östman E, Granfeldt Y, Persson L, et al. 2005. Vinegar supplementation lowers glucose and insulin responses and increases satiety after a bread meal in healthy subjects [J]. European Journal of Clinical Nutrition, 59 (9): 983-988.

Pal A K, Gajjar D U, Vasavada A R. 2014. DOPA and DHN pathway orchestrate melanin synthesis in *Aspergillus* species [J]. Medical Mycology, 52 (1): 10-18.

Parrilla M C G, Heredia F J, Troncoso A M. 1999. Sherry wine vinegars: phenolic composition changes during aging [J]. Food Research International, 32 (6): 433-440.

Peng Y T, Chen T Y, Chen M C, et al. 2014. Resveratrol regulates phospho-serine 81 androgen receptor and its stability to inhibit growth of prostate cancer cells [J]. Cancer Research, 74 (19 Supplement): 2121.

Perron N R, Brumaghim J L. 2009. A review of the antioxidant mechanisms of polyphenol compounds related to iron binding [J]. Cell Biochemistry and Biophysics, 53 (2): 75-100.

Petsiou E I, Mitrou P I, Raptis S A, et al. 2014. Effect and mechanisms of action of vinegar on glucose metabolism, lipid profile, and body weight [J]. Nutrition Reviews, 72 (10): 651-661.

Plessi M, Bertelli D, Miglietta F. 2006. Extraction and identification by GC-MS of phenolic acids in traditional balsamic vinegar from Modena [J]. Journal of Food Composition and Analysis, 19 (1): 49-54.

Plonka P M, Grabacka M. 2006. Melanin synthesis in microorganisms-biotechnological and medical aspects [J]. Acta Biochimica Polonica, 53 (3): 429-443.

Raper H S. 1927. The tyrosinase-tyrosine reaction: production from tyrosine of 5: 6- dihydroxyindole and 5: 6-dihydroxyindole-2-carboxylic acid the precursors of melanin [J]. Biochemical Journal, 21 (1): 89-96.

Raspor P, Goranovič D. 2008. Biotechnological applications of acetic acid bacteria [J]. Critical Reviews in Biotechnology, 28 (2): 101-124.

Ren Z, Ma J, Zhang P, et al. 2012. The effect of ligustrazine on L-type calcium current, calcium transient and contractility in rabbit ventricular myocytes [J]. Journal of Ethnopharmacology, 144 (3): 555-561.

Rice-evans C A, Miller N J, Paganga G. 1996. Structure-antioxidant activity relationships of flavonoids and phenolic acids [J]. Free Radical Biology and Medicine, 20 (7): 933-956.

Rizz G P. 1972. Mechanistic study of alkylpyrazine formation in model systems [J]. Journal of Agricultural and Food Chemistry, 20 (5): 1081-1085.

Rodriguez M A R, Oderiz M L V, Hernandez J L, et al. 1992. Determination of vitamin C and organic acids in various fruits by HPLC [J]. Journal of Chromatographic Science, 30 (11): 433-437.

Rodríguez-Rojas A, Mena A, Martin S, et al. 2009. Inactivation of the hmgA4 gene of Pseudomonas aeruginosa leads to pyomelanin hyperproduction, stress resistance and increased persistence in chronic lung infection [J]. Microbiology, 155 (4): 1050-1057.

Roe A J, Mclaggan D, Davidson I, et al. 1998. Perturbation of anion balance during inhibition of growth of *Escherichia coli* by weak acids [J]. Journal of Bacteriology, 180 (4): 767-772.

Rózanowska M, Sarna T, Land E J, et al. 1999. Free radical scavenging properties of melanin interaction of eu- and pheo-melanin models with reducing and oxidising radicals [J]. Free Radical Biology and Medicine, 26 (5-6): 518-525.

Ruey J Y, Van Scott E J. 1997. Method of Treating Wrinkles using 2-phenyllactic acid [P]: USA, 5599843.

Rurián-henares J A, de la Cueva S P. 2009. Antimicrobial activity of coffee melanoidins a study of their metal-chelating properties [J]. Journal of Agricultural and Food Chemistry, 57 (2): 432-438.

Rurián-henares J A, Morales F J. 2008. Antimicrobial activity of melanoidins against *Escherichia coli* is mediated by a membrane-damage mechanism [J]. Journal of Agricultural and Food Chemistry, 56 (7): 2357-2362.

Russell K M, Molan P C, Wilkins A L, et al. 1990. Identification of some antibacterial constituents of New Zealand manuka honey [J]. Journal of Agricultural and Food Chemistry, 38 (1): 10-13.

Sakakibara S, Yamauchi T, Oshima Y, et al. 2006. Acetic acid activates hepatic AMPK and reduces hyperglycemia in diabetic KK-A (y) mice [J]. Biochemical and Biophysical Research Communications, 344 (2): 597-604.

Sang S, Buckley B, Ho C T, et al. 2007. Autoxidative quinone formation in vitro and metabolite formation in vivo from tea polyphenol (—) -epigallocatechin-3-gallate: Studied by real-time mass spectrometry combined with tandem mass ion mapping [J]. Free Radical Biology and Medicine, 43 (3): 362-371.

Schaefer S, Baum M, Eisenbrand G, et al. 2006. Polyphenolic apple juice extracts and their major constituents reduce oxidative damage in human colon cell lines [J]. Molecular Nutrition & Food Research, 50 (1): 24-33.

Schmaler-Ripcke J, Sugareva V, Gebhardt P, et al. 2009. Production of pyomelanin, a second type of melanin, via the tyrosine degradation pathway in *Aspergillus fumigatus* [J]. Applied and Environmental Microbiology, 75 (2): 493-503.

Schwenninger S M, Lacroix C, Truttmann S, et al. 2008. Characterization of low-molecular-weight antiyeast metabolites produced by a food-protective *Lactobacillus-Propionibacterium* coculture [J]. Journal Food Protection, 71 (12): 2481-2487.

Sengun I Y. 2017. Acetic acid bacteria fundamentals and food applications [M]. London: CRC press.

Setorki M, Asgary S, Eidi A, et al. 2010. Acute effects of vinegar intake on some biochemical risk factors of atherosclerosis in hypercholesterolemic rabbits [J]. Lipids in Health and Disease, 9: 10.

Shimoji Y, Kohno H, Nanda K, et al. 2004. Extract of Kurosu, a vinegar from unpolished rice, inhibits azoxymethane-induced colon carcinogenesis in male F344 rats [J]. Nutrition and Cancer, 49 (2): 170-173.

Shimoji Y, Nanda K, Nishikawa Y, et al. 2003. Extract of vinegar "Kurosu" from unpolished rice inhibits the development of colonic aberrant crypt foci induced by azoxymethane [J]. Journal of Experimental and Clinical Cancer Research, 22 (4): 591-597.

Shimoji Y, Tamura Y, Nakamura Y, et al. 2002. Isolation and identification of DPPH radical scavenging compounds in Kurosu (Japanese unpolished rice vinegar) [J]. Journal of Agricultural and Food Chemistry, 50 (22): 6501-6503.

Shishehbor F, Mansoori A, Sarkaki A R, et al. 2008. Apple cider vinegar attenuates lipid profile in normal and diabetic rats [J]. Pakistan Journal of Biological Sciences, 11 (23): 2634-2638.

Shu P, Qin M J, Shen W J, et al. 2009. A new coumaronochromone and phenolic constituents from the leaves of Iris bungei Maxim [J]. Biochemical Systematics and Ecology, 37 (1): 20-23.

Shukla Y, Singh R. 2011. Resveratrol and cellular mechanisms of cancer prevention [J]. Annals of the New York Academy of Sciences, 1215 (1): 1-8.

Sirk T W, Brown E F, Sum A K, et al. 2008. Molecular dynamics study on the biophysical interactions of seven green tea catechins with lipid bilayers of cell membranes [J]. Journal of Agricultural and Food Chemistry, 56 (17): 7750-7758.

Solieri L, Giudici P. 2008. Yeasts associated to traditional balsamic vinegar: ecological and technological features [J]. International Journal of Food Microbiology, 125 (1): 36-45.

Solieri L, Giudici P. 2009. Vinegars of the world [M]. Milan: Springer-Verlag Italia.

Soltan S S A, Shehata M. 2012. Antidiabetic and hypocholesrolemic: Effect of different types of vinegar in rats [J]. Life Science Journal, 9 (4): 2141-2151.

Tagliazucchi D, Verzelloni E, Conte A. 2008. Antioxidant properties of traditional balsamic vinegar and boiled must model systems [J]. European Food Research and Technology, 227 (3): 835-843.

Tagliazucchi D, Verzelloni E, Conte A. 2010. Contribution of melanoidins to the antioxidant activity of traditional balsamic vinegar during aging [J]. Journal of Food Biochemistry, 34 (5): 1061-1078.

Taguri T, Tanaka T, Kouno I. 2006. Antibacterial spectrum of plant polyphenols and extracts depending upon hydroxyphenyl structure [J]. Biological and Pharmaceutical Bulletin, 29 (11): 2226-2235.

Urban F J, Moore B S, 1992. Synthesis of optically active 2-benzyldihydrobenzopyrans for the hypoglycemic agent englitazone [J]. Journal of Heterocyclic Chemistry, 29 (2): 431-438.

Verzelloni E, Tagliazucchi D, Conte A. 2007. Relationship between the antioxidant properties and the phenolic and flavonoid content in traditional balsamic vinegar [J]. Food Chemistry, 105 (2): 564-571.

Wang C L, Shi D J, Gong G L. 2008. Microorganisms in Daqu: a starter culture of Chinese Maotai-flavor liquor [J]. World Journal of Microbiology & Biotechnology, 24 (10): 2183-2190.

Wang H Y, Qian H, Yao W R. 2011. Melanoidins produced by the maillard reaction: Structure and biological activity [J]. Food Chemistry, 128 (3): 573-584.

Wang J P, Yoo J S, Lee J H, et al. 2009a. Effects of phenyllactic acid on growth performance, nutrient digestibility, microbial shedding, and blood profile in pigs [J]. Journal of Animal Science, 87 (10): 3235-3243.

Wang J P, Yoo J S, Lee J H, et al. 2009b. Effects of phenyllactic acid on production performance, egg quality parameters, and blood characteristics in laying hens [J]. The Journal of Applied Poultry Research, 18 (2): 203-209.

Weckwerth W, Miyamoto K, Iinuma K, et al. 2000. Biosynthesis of PF1022A and related cyclooctadepsipeptides [J]. Journal of Biological Chemistry, 275 (23): 17909-17915.

White A M, Johnston C S. 2007. Vinegar ingestion at bedtime moderates waking glucose concentrations in adults with well-controlled type 2 diabetes [J]. Diabetes Care, 30 (11): 2814-2815.

Wilkins A L, Lu Y, Molan P C. 1993. Extractable organic substances from New Zealand unifloral manuka (*Leptosperum scoparium*) honeys [J]. Journal of Apicultural Research, 32 (1): 3-9.

Wood S R, Berwick M, Ley R D, et al. 2006. UV causation of melanoma in *Xiphophorus* is dominated by melanin photosensitized oxidant production [J]. Proceedings of the National Academy of Sciences, 103 (11): 4111-4115.

Wu D, Kimura F, Takashima A, et al. 2013. Intake of vinegar beverage is associated with restoration of ovulatory function in women with polycystic ovary syndrome [J]. The Tohoku Journal of Experimental Medicine, 230 (1): 17-23.

Wu J J, Gullo M, Chen F S, et al. 2010. Diversity of *Acetobacter pasteurianus* strains isolated from solid-state fermentation of cereal vinegars [J]. Current Microbiology, 60 (4): 280-286.

Wu J J, Ma Y K, Zhang F F, et al. 2012a. Culture-dependent and culture-independent analysis of lactic acid bacteria from Shanxi aged vinegar [J]. Annals of Microbiology, 62 (4): 1825-1830.

Wu J J, Ma Y K, Zhang F F, et al. 2012b. Biodiversity of yeasts, lactic acid bacteria and acetic acid bacteria in the fermentation of "Shanxi aged vinegar", a traditional Chinese vinegar [J]. Food Microbiology, 30 (1): 289-297.

Xibin S, Meilan H, Moller H, et al. 2003. Risk factors for oesophageal cancer in Linzhou, China: a case-control study [J]. Asian Pacific Journal of Cancer Prevention, 4 (2): 119-124.

Yamada Y, Katsura K, Kawasaki H, et al. 2000. *Asaia bogorensis* gen. nov., sp. nov., an unusual acetic acid bacterium in the alpha-Proteobacteria [J]. International Journal of Systematic and Evolutionary Microbiology, 50 (2): 823-829.

Yamada Y, Yukphan P, Lan V H T, et al. 2012. Description of *Komagataeibacter* gen. nov., with proposals of new combinations (Acetobacteraceae) [J]. The Journal of General and Applied Microbiology, 58 (5): 397-404.

Yamashita H, Fujisawa K, Ito E, et al. 2007. Improvement of obesity and glucose tolerance by acetate in type 2 diabetic Otsuka Long-Evans Tokushima Fatty (OLETF) rats [J]. Bioscience, Biotechnology, and Biochemistry, 71 (5): 1236-1243.

Yamashita H, Maruta H, Jozuka M, et al. 2009. Effects of acetate on lipid metabolism in muscles and adipose tissues of type 2 diabetic Otsuka Long-Evans Tokushima Fatty (OLETF) rats [J]. Bioscience, Biotechnology, and Biochemistry, 73 (3): 570-576.

Yang L, Wang X, Yang X. 2014. Possible antioxidant mechanism of melanoidins extract from Shanxi aged vinegar in mitophagy-dependent and mitophagy-independent pathways [J]. Journal of Agricultural and Food chemistry, 62 (34): 8616-8622.

Yanina B A, Graciela F D V, Luciana G C. 2018. Optimization of phenyllactic acid production by *Pediococcus acidilactici* CRL 1753. Application of the formulated bio-preserver culture in bread [J]. Biological Control, 123: 137-143.

Yoda Y, Hu Z Q, Zhao W H, et al. 2004. Different susceptibilities of *Staphylococcus* and Gram-negative rods to epigallocatechin gallate [J]. Journal of Infection and Chemotherapy, 10 (1): 55-58.

Zamora-ros R, Knaze V, Rothwell J A, et al. 2015. Dietary polyphenol intake in Europe: the European Prospective Investigation into Cancer and Nutrition (EPIC) study [J]. European Journal of Nutrition, 55 (4): 1359-1375.

Zhang Y M, Rock C O. 2004. Evaluation of epigallocatechin gallate and related plant polyphenols as inhibitors of the FabG and FabI reductases of bacterial type II fatty-acid synthase [J]. Journal of Biological Chemistry, 279 (30): 30994-31001.

Zhou X B, Salganicoff L, Sevy R. 1985. The pharmacological effect of ligustrazine on human platelets [J]. Acta Pharmaceutica Sinica, 20 (5): 334-339.

Zong S, Li L, Li J, et al. 2017. Structure characterization and lead detoxification effect of carboxymethylated melanin derived from *Lachmum* sp [J]. Applied Biochemistry and Biotechnology, 182 (2): 669-686.

包启安. 1999. 谈谈豆腐乳白坯的生产 [J]. 中国酿造, (05): 5-9.

陈亨业. 2018. 山西老陈醋对晚期糖基化终末产物形成的抑制及产苯乳酸醋酸菌的发现 [D]. 武汉：华中农业大学.

成冰，张京芳，徐洪宇，等. 2013. 不同品种酿酒葡萄有机酸含量分析 [J]. 食品科学，34 (12): 223-228.

桂青. 2013. 山西老陈醋酿造过程中主要成分变化规律的研究 [D]. 武汉：华中农业大学.

郭燕，梁俊，李敏敏. 等. 2012. 高效液相色谱法测定苹果果实中的有机酸 [J]. 食品科学，33 (2): 227-230.

贺铮怡. 2004. 镇江香醋中川芎嗪的测定及生成机理的研究 [J]. 食品信息与技术，(5): 55-56.

洪厚胜，赵敏，骆海燕，等. 2017. 基于风味改善的食醋自吸式半连续酿造工艺优化 [J]. 食品科学，

38 (02) ：75-81.

邝格灵，张洁，孔德华，等. 2018. 植物乳杆菌与解淀粉芽孢杆菌对食醋风味的影响 [J]. 中国酿造，37 (06)：25-29.

李博，李志西，魏瑛，等. 2009. 麸皮及黑曲对玉米醋减肥降血脂作用的影响 [J]. 西北农林科技大学学报（自然科学版），37 (2)：194-198.

李爽爽，陈亨业，吴仁蔚，等. 2020. 一株高产苯乳酸的古墓土壤葡糖醋杆菌 FBFS97 的全基因组测序与分析 [J]. 微生物学通报，47 (5)：1524-1533.

李秀婷，赵进，鲁绯，等. 2009. 米曲霉固态发酵产酶条件及酶活力研究 [J]. 中国酿造，28 (2)：26-28.

李燕，郭顺星，王春兰，等. 2007. 新疆雪莲化学成分的研究 [J]. 中国中药杂志，32 (2)：162-163.

李宜丰，王海洪，温丽琴，等. 1988. 食醋酿造中芽孢杆菌的活动及其作用初探 [J]. 中国调味品，(5)：20-21.

梁丽绒. 2006. 山西老陈醋酿酒功能菌选育与有效成分分析 [D]. 太原：山西大学.

林耀盛，刘学铭，钟炜雄，等. 2014. 青梅有机酸谱特性分析及其应用研究 [J]. 现代食品科技，30 (9)：280-285.

林祖申. 2005. 多菌种发酵是提高酱油、食醋质量的重要途径 [J]. 中国酿造，24 (6)：1-5.

刘德海，何蔚荭，向凌云，等. 2008. 功能性红曲霉菌在食醋酿造中的应用 [J]. 中国调味品，(08)：70-72，87.

陆培基，周永治. 2002. 恒顺醋胶囊抗疲劳功能研制报告 [J]. 中国调味品，(10)：8-10.

马凯，崔哲男，郑晓卫，等. 2011. 汾酒大曲可培养真菌多样性的初步分析 [J]. 中国酿造，30 (8)：19-21.

马挺军，陕方，贾昌喜. 2010. 苦荞醋对糖尿病模型小鼠血糖的影响 [J]. 中国粮油学报，(5)：42-44.

聂志强，汪越男，郑宇，等. 2012. 传统食醋酿造过程中微生物群落的多样性及功能研究进展 [J]. 中国酿造，31 (7)：4-5.

宋安东. 2009. 调味品发酵工艺学 [M]. 北京：化学工业出版社.

苏俊霞. 2014. 镇江香醋醋醅中醋酸菌多样性及 *Gluconacetobacter intermedius* 特性的研究 [D]. 无锡：江南大学.

孙晓辉，郝建飞，王竞. 1995. 膜技术在醋酸生产中的应用 [J]. 中国调味品，(04)：6-7.

王珏英，张渊博. 1991. β-苯基乳酸对心血管系统的实验研究 [J]. 上海医科大学学报，18 (4)：295-297.

王利胜，郭琦，韩坚，等. 2009. 川芎嗪在小鼠血、脑和肝中的药动学研究 [J]. 中草药，(6)：935-938.

王玮，张宝善，李亚武，等. 2013. 对《齐民要术》中食醋酿造的再认识 [J]. 中国酿造，32 (08)：163-166.

王文奇，张庆文，李军庆，等. 2014. 机械消泡器在自吸式醋酸发酵罐上的应用 [J]. 中国调味品，39 (2) ：78-81.

王亚男，林生，陈明华，等. 2012. 天麻水提取物的化学成分研究 [J]. 中国中药杂志，37 (12)：1775-1781.

王宗敏. 2016. 镇江香醋醋酸发酵阶段菌群结构变化与风味物质组成之间的相关性研究 [D]. 无锡：江南大学.

魏宗萍，李志西，于修烛，等. 2005. 桑葚醋减肥作用的动物实验研究 [J]. 中国酿造，24 (12)：5-7.

吴仁蔚，陈亨业，郭俊陆，等. 2020. 食醋中苯乳酸的提取、鉴定及含量比较 [J]. 中国酿造，39 (01)：66-70.

徐清萍. 2008. 食醋生产技术 [M]. 北京：化学工业出版社.

徐清萍，敖宗华，陶文沂. 2003. 食醋功能研究进展（上）[J]. 中国调味品，12：11-12.

徐清萍，敖宗华，陶文沂. 2004. 食醋功能研究进展（下）[J]. 中国调味品，12：19-23.

徐跃. 1989. 国外醋酸发酵基础的研究 [J]. 中国调味品，(03)：3-10.

许伟. 2011. 镇江香醋醋酸发酵过程微生物群落及其功能分析 [D]. 无锡：江南大学.

薛芬，邵以德. 1997. 一种带节育器出血的治疗药物及其制备方法 [P]：中国，1141772A. 1997-02-05.

杨海麟，亓正良，张玲，等. 2010. 浅谈我国液态深层发酵高酸度醋的生产 [J]. 食品与发酵工业，36 (3)：117-121.

杨文君. 2019. 苏云金芽胞杆菌 BMB171 合成黑色素机制研究 [D]. 武汉：华中农业大学.

俞学锋. 1999. 生香活性干酵母在白酒生产中的应用 [J]. 食品与生物技术学报，18 (5)：138-141.

袁蕊，敖宗华，丁海龙，等. 2011. 高粱中脂肪酸和低分子有机酸气相色谱测定 [J]. 酿酒，38 (4)：42-43.

张宝善. 2014. 食醋酿造学 [M]. 北京：科学出版社.

张军，田子罡，王建华，等. 2011. 有机酸抑菌分子机理研究进展 [J]. 畜牧兽医学报，42 (3)：323-328.

张莉，李志西，杜双奎，等. 2007. 桑椹醋减肥与抗疲劳作用的动物试验 [J]. 西北农林科技大学学报（自然科学版），35 (7)：227-230.

第 5 章

醋酸菌在其他发酵食品和饮料中的应用

AAB除可用于食醋生产外，也参与了其他食品和饮料（如可可豆、康普茶、开菲尔和酸啤酒等）的发酵生产。不同的发酵食品，参与发酵的AAB种类可能不同，本章将简要介绍AAB在其他发酵食品和饮料中的应用。

5.1 醋酸菌在可可豆发酵中的应用

可可树（*Theobroma cacao*）主要分布于气候炎热多雨的赤道两边（南纬20°和北纬20°之间），如南美洲、西非和东南亚等。可可果是可可树的果实，外形为荚状，长15～35cm，内含果肉和可可豆（cocoa bean）（图5-1）。白色果肉高含几丁质、葡萄糖、果糖和柠檬酸等，pH值3.0～4.0；而可可豆富含脂肪、可可碱和咖啡因，并具有独特的可可香味，是可可粉、可可脂以及巧克力等食品的制作原料。然而，新鲜可可豆必须经过加工处理才可用作食品原料或直接食用，因为加工可以使口感很差（苦、涩）的生可可豆转变成色泽、味道和风味优良的熟可可豆。

5.1.1 可可豆发酵及加工

可可豆的加工包括新鲜可可豆的发酵、焙烤和研磨等多道工序，如图5-1所示。其中，可可豆发酵工艺是决定可可豆及其加工食品风味品质的关键步骤。采摘后的可可果被割开后，取出果肉和可可豆堆放在箱体、框、托盘或桶等容器中自然发酵2～10d。虽然可可豆的发酵工艺及容器会因产区不同而不同（De Vuyst，et al，2010），但世界上多数可可豆发酵采用箱体发酵。成熟健康的可可果内含有较少的微生物，可以认为是无菌的，但当打开可可果并取出其果肉和可可豆时，来自环境的各种微生物在果肉和可可豆中进行自然发酵，所以不同的可可豆发酵过程，因环境不同而接触的微生物的种类和数量也不同，产生的代谢产物也不同（Nielsen，et al，2007）。自然发酵有助于去除可可豆上的黏液，便于后期干燥；自然发酵过程形成了部分风味前体物质（如糖、吡嗪类和多肽等），有助于非发芽可可豆色泽和风味的形成，并可减少可可豆的苦味和涩味。

干燥过程是可可豆发酵后的第一个加工步骤，常用自然晒干、烤箱烘干或二者结合，干燥5～7d，使可可豆的水分减少至7.0%。干燥可可豆可抑制可可豆中微生物和内源酶的活性，以及控制褐变反应，防止过度发酵，并进一步形成可可豆的独特风味。不同的干燥方式，使得可可豆的化学性质有较大差异，这里不再赘述。焙烤过程是形成可可豆独特风味的关键步骤，一般焙烤温度在120～140℃，可可豆焙烤时间约30min，可可豆碎末焙烤时间约12min。焙烤前的可可豆除了具有较弱的水果香味和较强的酸味外，基本没其他风味，大部分香气与可可豆的焙烤加工有关，因焙烤过程中可因美拉德反应而产生风味物质。随后成熟的可可豆可被进一步加工成可可饼、可可粉、巧克力等产品。

图 5-1 可可豆发酵生产过程及其产品

5.1.2 可可豆发酵过程中的醋酸菌

可可豆堆积发酵过程，酵母、乳酸菌和AAB等本土微生物呈现动态变化过程(Garcia-Armisen，et al，2010；Lefeber，et al，2012；Meersman，et al，2016；Hamdouche，et al，2015)，具体见图5-2。发酵前期(24～48h)，可可果表面或环境中的酵母大量繁殖而成为优势微生物。虽然可可豆发酵前期的优势酵母仅有几个种，但有很多种酵母参与了发酵，其中仙人掌有孢汉逊酵母(*Hanseniaspora opuntiae*)、葡萄汁有孢汉逊酵母(*H. uvarum*)是发酵初期的优势酵母，随着发酵进行，酿酒酵母则成为了优势酵母。除这些优势酵母外，季也蒙有孢汉逊酵母(*Hanseniaspora guillermondii*)、柠檬型克勒克酵母(*Kloeckera apis*)、泰国有孢汉逊酵母(*Hanseniaspora thailandica*)、马克斯克鲁维酵母(*Kluyveromyces marxianus*)、异常毕赤酵母(后被归为*Wickerhamomyces anomalus*)、发酵毕赤酵母(*Pichia fermentans*)、克鲁维毕赤酵母(*Pichia kluyveri*)、库德毕赤酵母(*Pichia kudriavzevii*)、曼氏毕赤酵母(*Pichia manshurica*)和膜璞毕赤酵母(*Pichia membranifaciens*)也在可可豆发酵过程中发挥重要作用(Meersman，et al，2016；Lagunes，et al，2007；Moreira，et al，2013；Papalexandratou，et al，2013)。酵母在可可豆发酵过程中主要的作用如下。①酵母分解可可果肉中的果胶，降低发酵基质的黏度并有助于排水，促进空气进入可可豆发酵堆内，促进发酵进行；果胶分解是控制发酵可可豆的壳厚度，提高品质所必需的。为了更好地促进可可豆发酵并提高其品质，可外源添加果胶酶或高产果胶酶的其他菌株进行发酵(Schwan & Wheals，2004；Leal，et al，2008；Crafack，et al，2013)。②酵母转化糖类(如蔗糖、果糖和葡萄糖)为乙醇和CO_2，并生成有机酸(如醋酸和柠檬酸)和挥发性化合物(如醇、醛、酮和酯)等。有机酸的产生有助于提高可可豆发酵基质的缓冲能力，挥发性化合物的产生有助于发酵可可豆风味的形成。

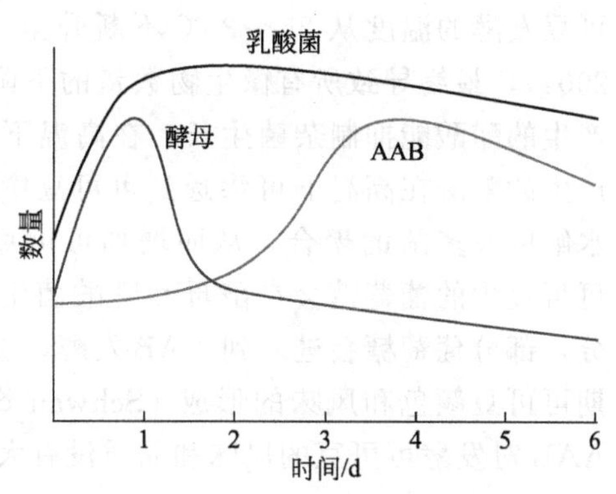

图 5-2 可可豆自然发酵中微生物变化过程（引自 Pothakos，et al，2016；Saltini，et al，2013）

随着发酵的进行，更多空气进入可可豆发酵基质中，细菌，特别是肠细菌、乳酸菌和 AAB 在发酵中期（24～72h）相继出现并发挥作用（图 5-2）。来自土壤或植物的兼性厌氧肠杆菌科（Enterobacteriaceae）的细菌，如塔特姆菌（*Tatumella*）常在可可豆发酵中期短暂出现，但它们在可可豆发酵中的作用有待进一步研究。随着更多果浆的排出和更多空气进入发酵基质，比肠杆菌更重要的是微好氧、耐酸、耐乙醇和嗜果糖的乳酸菌，特别是最开始出现的假肠膜明串珠菌（*Leuconostoc pseudomesenteroides*）、*Fructobacillus pseudoficulneus*、热带嗜果糖乳酸菌（*Fructobacillus tropeaoli*）、仙人掌乳杆菌（*Lactobacillus cacaonum*）、发酵乳杆菌（*Lactobacillus fabifermentans*）和植物乳杆菌（*Lactobacillus plantarum*）。随后，严格异型发酵乳杆菌（*Lactobacillus fermentum*）成为优势菌株，直到发酵结束。在可可豆发酵后期，随着能源的耗尽，以及乙醇浓度和发酵温度的升高，乳酸菌数量开始下降。乳酸菌在可可豆发酵过程中，可以将果肉中葡萄糖（glucose）、果糖（fructose）和柠檬酸（citric acid）转化成甘露糖醇（mannitol）、乳酸（lactic acid），也会进行异型乳酸发酵而生成醋酸（acetic acid）和乙醇（ethanol），这些代谢产物可能与可可豆的发酵及其风味形成有关（Camu，et al，2008）。然而，最近的研究表明，乳酸菌对可可豆发酵风味和品质没有太大的影响（Ho，et al，2018）。

随着果胶的不断分解，果肉水分的不断流失，空气的不断进入和乙醇的不断产生，为 AAB 的生长提供了一个适宜的环境，可可豆发酵 48～112h，AAB 成为优势菌株（Schwan & Wheals，2004）。可可豆自然发酵过程中，AAB 种类较少，且主要以醋杆菌属为主，其中加纳醋杆菌和塞内加尔醋杆菌最先出现，而巴氏醋杆菌逐渐成为优势发酵菌株。蒲桃醋杆菌和热带醋杆菌也有可能是可可豆发酵的优势 AAB（Pereira，et al，2012；Crafack，et al，2013；Pereira，et al，2013）。此外，葡糖醋杆菌属和葡糖杆菌属的菌株也可能存在于可可豆发酵过程（Papalexandratou，et al，2013；Papalexandratou，et al，2011c）。参与可可豆发酵的 AAB 菌种信息见表 5-1。AAB 在可可豆发酵过程中主要起升温和产酸（以醋酸为主）作用，前期酵母产生的乙醇逐渐被 AAB 氧化成醋酸，乳酸菌产生的乳酸则被氧化成醋酸和乙偶姻。随后，醋酸被进一步氧化成二氧化碳和水，而酵母、乳酸菌和 AAB 的发酵过程都是放热反应，尤其是乙醇和醋酸的氧化作用，会使可可豆发酵的温度从25～30℃不断升至45～50℃，甚至更高（Schwan & Wheals，2004），最终导致所有微生物数量的下降。发酵期间AAB的具体作用如下：AAB产生的醋酸能抑制杂菌生长，在高温下杀灭可可豆胚芽活性而抑制其发芽；AAB产生的醋酸在高温下可渗透到可可豆中并使其细胞破裂，促使可可豆中蛋白质的水解以及多酚的聚合，从而增加可可豆的风味和色泽，并降低其涩味；一般地，可可豆中的葡萄糖会在酵母和乳酸菌生长阶段被消耗殆尽，但如果前期发酵不充分，部分葡萄糖会进入到AAB发酵，被氧化成葡萄糖酸或通过美拉德反应参与后期可可豆颜色和风味的形成（Schwan & Wheals，2004）。然而，最近的研究表明AAB对发酵可可豆的风味和品质没有太大的影响（Ho，et al，2018）。

表5-1　参与不同可可豆发酵的AAB

AAB种类	可可豆来源	发酵类型	文献
加纳醋杆菌(*A. ghanensis*)	加纳	自然堆积发酵	Cleenwerck,et al,2007
巴氏醋杆菌(*A. pasteurianus*)	加纳	自然堆积发酵	Camu,et al,2007
类蒲桃醋杆菌(*A. syzygii*-like)	加纳	自然堆积发酵	Camu,et al,2007
类热带醋杆菌(*A. tropicalis*-like)	加纳	自然堆积发酵	Camu,et al,2007
豆类醋杆菌(*A. fabarum*)	加纳	自然堆积发酵	Cleenwerck,et al,2008
塞内加尔醋杆菌(*A. senegalensis*)	巴西	自然箱式发酵	Papalexandratou,et al,2011c
印尼醋杆菌(*A. indonesiensis*)	巴西	自然箱式发酵	Papalexandratou,et al,2011c
罗旺醋杆菌(*A. lovaniensis*)	巴西	自然箱式发酵	Papalexandratou,et al,2011c
腐烂苹果醋杆菌(*A. malorum*)	巴西	自然箱式发酵	Papalexandratou,et al,2011c
啤酒醋杆菌(*A. cerevisiae*)	巴西	自然箱式发酵	Papalexandratou,et al,2011c
东方醋杆菌(*A. orientalis*)	巴西	自然箱式发酵	Papalexandratou,et al,2011c
过氧化醋杆菌(*A. peroxydans*)	巴西	自然箱式发酵	Papalexandratou,et al,2011c
苹果醋杆菌(*A. pomorum*)	巴西	自然箱式发酵	Papalexandratou,et al,2011c
甘蔗葡糖醋杆菌(*Ga. saccharivorans*)	巴西	自然箱式发酵	Papalexandratou,et al,2011c
氧化葡糖杆菌(*G. oxydans*)	巴西	自然箱式发酵	Papalexandratou,et al,2011c
巴氏醋杆菌(*A. pasteurianus*)	科特迪瓦,巴西	自然箱式发酵	Papalexandratou,et al,2011a
罗旺醋杆菌(*A. lovaniensis*)	科特迪瓦,巴西	自然箱式发酵	Papalexandratou,et al,2011a
蒲桃醋杆菌(*A. syzygii*)	科特迪瓦,巴西	自然箱式发酵	Papalexandratou,et al,2011a
芝庇依醋杆菌(*A. cibinongensis*)	厄瓜多尔	自然发酵	Papalexandratou,et al,2011b
金黄醋杆菌(*A. aurantia*)	厄瓜多尔	自然发酵	Papalexandratou,et al,2011b
氧化葡糖杆菌(*G. oxydans*)	厄瓜多尔	自然发酵	Papalexandratou,et al,2011b
热带醋杆菌(*A. tropicalis*)	墨西哥	自然箱式发酵	Romero-Cortes,et al,2012
巴氏醋杆菌(*A. pasteurianus*)	马来西亚	自然箱式发酵	Papalexandratou,et al,2013
巴氏醋杆菌(*A. pasteurianus*)	科特迪瓦	自然箱式发酵	Visintinet,et al,2016
蒲桃醋杆菌(*A. syzygii*)	科特迪瓦	自然箱式发酵	Visintinet,et al,2016
兰比克醋杆菌(*A. lovaniensis*)	科特迪瓦	自然箱式发酵	Visintinet,et al,2016

5.2 醋酸菌在康普茶发酵中的应用

康普茶（kombucha）又名红茶菌，因其菌膜酷似海蜇皮，也常被称为“海宝”，有人认为其能帮助消化并改善胃病，又称它为“胃宝”。康普茶是一种以加糖茶水为原料通过酵母、AAB和乳酸菌共同发酵而制成的发酵茶饮料（Greenwalt，et al，2000；宋清鹏等，2013）。根据文献记载，康普茶可能源于公元前200多年前（秦朝）的中国渤海一带，后被传到俄罗斯、日本和欧美。20世纪70年代，饮用康普茶在日本成为时尚，并被流传到泰国、香港、马来西亚和新加坡等地；在20世纪90年代初，康普茶在欧洲、美国和加拿大等地也广为流传，并被认为具有降血压、降血糖、促消化等保健功能（Greenwalt，et al，2000；明月，2008）。

图5-3 康普茶的制作工艺

5.2.1 康普茶发酵

康普茶一般选用红茶作为原料，其制作方法是先在煮好的茶汤中加入5%～15%蔗糖，冷却至室温（约25℃），再加入10%～15%旧茶汤（已发酵的康普茶）和少量菌膜（由漂浮在发酵液表面的一些AAB产生的纤维素形成），置于室温发酵7～10d，发酵好后取出菌膜即可直接饮用，制作过程如图5-3所示。

5.2.2 康普茶发酵过程中的醋酸菌

康普茶发酵所需微生物由加入的菌膜和旧茶汤所提供，因此康普茶的微生物群落分析要同时分析菌膜和旧茶汤两部分。虽然不同的康普茶发酵参与的微生物种类不同，但发酵微生物一般都包括酵母、AAB和乳酸菌，其中绝大多数微生物被包裹在菌膜中。在康普茶发酵初期，茶汤中的蔗糖先被酵母转化成乙醇，后再进一步被AAB氧化为醋酸，另有部分葡萄糖会被AAB氧化为葡萄糖酸。虽然康普茶中也有乳酸菌被分离到，但一般认为乳酸菌对康普茶的发酵贡献不大，相应研究也较少（Jayabalan，et al，2014；Marsh，et al，2014）。

表 5-2 康普茶发酵中的 AAB

菌种	国家	文献
木醋杆菌(*A. xylinum*[①])	瑞士	Sievers, et al, 1995
醋化醋杆菌(*A. aceti*)	中国	Liu, et al, 1996
巴氏醋杆菌(*A. pasteurianus*)	中国	Liu, et al, 1996
中间醋杆菌(*A. intermedius*)	瑞士，斯洛文尼亚	Boeschet, et al, 1998
固氮醋杆菌(*A. nitrogenifigens*)	印度	Dutta and Gachhui, 2006
红茶驹形杆菌(*K. kombuchae*)	印度	Dutta and Gachhui, 2007
糖精葡糖醋杆菌(*Ga. saccharivorans*)	中国	Wang, et al, 2014

① *A. xylinum* 后被依次改名为 *A. xylinus*，*Ga. xylinus* 和 *K. xylinus*（Lee，et al，2001；Yamada，et al，2012）。

虽然多数酵母可发酵糖而产生乙醇，但酿酒酵母因具有高效转化糖的能力而常被用于现代乙醇饮料的发酵。酿酒酵母与非酿酒酵母混合发酵可增加饮料酒的风味和品质，因此非酿酒酵母也正逐渐被用于乙醇饮料的发酵。康普茶发酵过程中出现的多种酵母可通过协同发酵产生风味品质俱佳的康普茶。从康普茶分离的酵母菌包括接合酵母、假丝酵母、克勒克酵母、有孢汉逊酵母、有孢圆酵母（*Torulaspora*）、毕赤酵母、酒香酵母（*Brettanomyces*）、德克氏酵母（*Dekkera*）、酿酒酵母、类酵母（*Saccharomycoides*）、裂殖酵母（*Schizosaccharomyces*）和克鲁维酵母（Chakravorty，et al，2016；Coton，et al，2017；Marsh，et al，2014）。虽然不同康普茶中酵母不同，但粟酒裂殖酵母（*Schizosaccharomyces pombe*）、布鲁塞尔酒香酵母（*Brettanomyces bruxellensis*）、酿酒酵母和鲁氏接合酵母是康普茶发酵过程中的优势酵母。最近发现，克鲁斯假丝酵母（*Candida krusei*）、东方伊萨酵母（*Issatchenkia orientalis*）和 *Zygosaccharomyces kombuchaensis* 也存在于康普茶发酵过程。

康普茶中优势细菌为好氧的 AAB。康普茶中的 AAB 主要以木驹形杆菌为主（Pothakos，et al，2016），木驹形杆菌也是康普茶菌膜纤维素的主要生产菌种。此外，醋杆菌属和葡糖醋杆菌属的 AAB 也曾从康普茶中被分离到（表 5-2）。AAB 在康普茶发酵中主要起产酸、产纤维素和固氮的作用。AAB 通过转化乙醇为醋酸，转化葡萄糖为葡萄糖酸和葡萄糖醛酸而酸化康普茶。同时，来源于康普茶的一些葡糖醋杆菌属的 AAB 可有效地转化葡萄糖为 D-葡萄糖二酸-1,4-内酯。虽然乳酸和柠檬酸也可能存在于康普茶中，但不能作为康普茶的特征性酸类物质。AAB 可利用葡萄糖、果糖和山梨糖等各种碳源合成纤维素，由纤维素形成的菌膜漂浮在康普茶茶汤的表面，是微生物寄存的重要场所。虽然康普茶发酵所需氮源可由茶汤（茶汤中的氮来自茶叶）提供，但从康普茶发酵中分离的一些 AAB，如固氮醋杆菌、红茶葡萄醋杆菌具有固氮能力，这些固氮 AAB 可为其他微生物生长和发酵提供氮源（Dutta & Gachhui，2006，2007；Pothakos，et al，2016）。此外，康普茶中的维生素 B1、维生素 B2、维生素 B6、维生素 B12 和维生素 C 等的含量，茶多酚含量及其抗氧化能力在发酵后都有所增加，这可能与参与康普茶发酵的 AAB 和/或酵母等微生物有关（Jayabalan，et al，2014；Vitas，et al，2013）。

5.3 醋酸菌在椰果发酵中的应用

椰果又名椰纤果、高纤维椰果或椰子凝胶，是一种以添加了糖和醋酸的椰子水、椰汁或二者的混合物为原料，通过木驹形杆菌发酵而成的一种由膳食纤维素构成的乳白色凝胶状产物。添加一定的糖和醋酸是为菌种提供合适的生长环境。为了降低生产成本，工业生产椰果时，有以配制营养液或添加其他果汁作为原料的（刘四新 & 李从发，2007）。可能由于外形类似奶油，椰果在外文中被称为 nata de coco（西班牙语：椰子奶油）。

20 世纪 40 年代，椰果生产起源于菲律宾，后逐步发展到越南和印度尼西亚等东南亚国家。我国的椰果产业开始于 1996 年，主要集中在海南地区，经过近十年的探索，有了一定的发展，但有关椰果发酵制备技术有待进一步改进和提升，进一步降低生产成本。

5.3.1 椰果发酵及应用

椰果属于细菌纤维素产品，发酵工艺如图 5-4 所示。椰子水或椰子汁中加入 5%～10%的蔗糖、1%～2%的醋酸（体积分数）并摇匀，煮沸并冷却，接种木驹形杆菌，室温发酵 7d 以上，漂浮于发酵液表面的凝胶块即是椰果的原型。大型凝胶块经清洗、切块、调味和灭菌等一系列工序而成为椰果。有关椰果的发酵工艺优化和后处理详见本书“第 6 章　醋酸菌在细菌纤维素生产中的应用”中的描述，这里不再赘述。

实际上，椰果因脆嫩、滑爽和细腻的口感也常用作肉和海鲜的替代品、低脂和低胆固醇的食品、色拉和低热量甜品，深受消费者青睐（Ng & Shyu，2004；Chau，et al，2008）。椰果因具有保水性、填充性、增弹性、增黏性、结着性、成型性、分散性和防老化等食品加工特性而被用于甜点、饮料、面条、面包、调味酱、鱼肉制品、点心、奶茶、鸡尾酒和食品表面装饰等的原料或配料（刘四新 & 李从发，2007；Murooka，2016）。不同食品加工所需椰果的加工特性不同，具体见表 5-3。

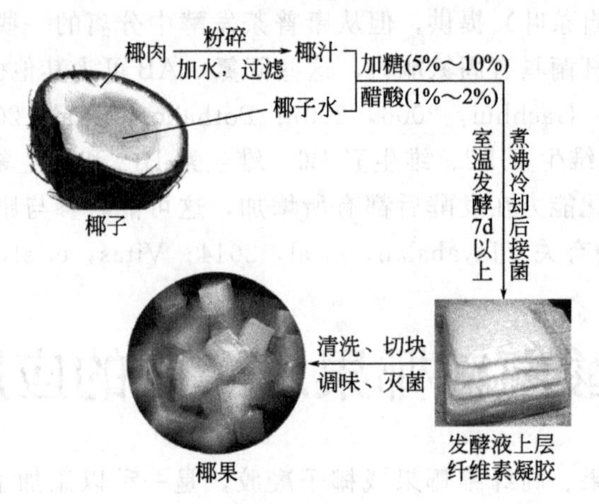

图 5-4 椰果的制作工艺

表 5-3 椰果在食品加工上的应用特性（引自刘四新 & 李从发，2007）

食品种类		椰果的食品加工特性							
		保水性	填充性	增弹性	增黏性	结着性	成型性	分散性	防老化
甜点	冰淇淋	√	√		√		√		
	冰果子露	√	√		√		√		
	酸酪乳	√	√		√		√		
	果冻	√	√		√		√		
饮料	果汁饮料		√					√	
	碳酸饮料		√					√	
	功能饮料		√					√	
面	面条			√			√		√
	荞面面条			√			√		√
烘焙食品	面包			√					√
调味酱	蛋黄面	√			√			√	
	沙拉酱	√			√			√	
鱼肉制品	鱼板			√		√	√		
	肉松			√		√	√		
日本点心	糕羹	√	√	√	√	√	√		√
表面装饰	人造奶油	√	√		√			√	
	果酱	√	√		√			√	
	发泡奶油	√	√		√			√	

修饰的椰果可用作食品包装材料以延长食品货架期和增加食品安全性，如添加山梨酸的细菌纤维素（如用纤维素制作的香肠和肉的肠衣等）可有效抑制大肠杆菌生长（Jipa，et al，2012；Nguyen，et al，2008）。另外，细菌纤维素可用于固定化酶而用于食品生产（Osma，et al，2010）。细菌纤维素还可被用来去除汞和砷等重金属（Gupta & Diwan，2017）等。

5.3.2 椰果发酵中的醋酸菌

AAB在椰果制作过程中的主要作用就是产生纤维素。虽然多种AAB都可产生纤维素，但合成能力最强的为木醋杆菌。近些年利用木醋杆菌来生产细菌纤维素的研究很多，木醋杆菌在基础性研究和工业应用中常被用作模式菌株（Hong，et al，2008；Zeng，et al，2014）。产细菌纤维素的AAB和纤维素合成机制见本书“第6章　醋酸菌在细菌纤维素生产中的应用”中的讲述，这里不再讲述。

5.4 醋酸菌在开菲尔粒和开菲尔发酵中的应用

5.4.1 开菲尔粒及微生物组成

开菲尔粒（kefir grain）在我国西藏地区被称为藏灵菇、雪莲菌，呈白色或浅黄色，表面卷曲呈花椰菜或珊瑚状，外形不规则，大小不等，直径在0.3～3.5cm之间，是由水、糖胺聚糖、蛋白质、脂质和微生物（酵母、乳酸菌和少量AAB）组成的开菲尔发酵剂。

尽管开菲尔粒微生物组成复杂多变，但是随着现代生物学技术的发展，研究人员借助PCR、PCR-DGGE、宏基因组、16S rRNA序列分析等技术，对开菲尔粒的菌相构成开展了大量研究，从开菲尔粒中分离到了不同的乳酸菌、酵母和AAB。

牛奶开菲尔发酵时，乳酸菌数量可达10^8～10^9 CFU/mL。乳酸菌在牛奶开菲尔发酵中有助于将乳糖转化为乳酸，降低发酵液的pH值，为酵母和AAB生长和发酵创造条件，增加开菲尔的酸度；还可产生胞外多糖，增加开菲尔的黏度，并组装新的开菲尔粒；其代谢产物是开菲尔风味和品质形成的重要物质基础。乳杆菌、乳球菌、明串珠菌和肠球菌是牛奶开菲尔中常分离到的重要乳酸菌，其中开菲尔乳杆菌（*Lactobacillus kefiri*）、马乳酒样乳杆菌（*Lactobacillus kefiranofaciens*）、*Lactobacillus parakefir*、植物乳杆菌（*Lactobacillus plantarum*）、短乳杆菌（*Lactobacillus brevis*）、嗜酸乳杆菌（*Lactobacillus acidophilus*）、绿色乳杆菌（*Lactobacillus viridescens*）、发酵乳杆菌（*Lactobacillus fermentum*）、干酪乳杆菌

(*Lactobacillus casei*)、副干酪乳杆菌(*Lactobacillus paracasei*)、鼠李糖乳杆菌(*Lactobacillus rhamnosus*)、食果糖乳杆菌(*Lactobacillus fructivorans*)、希氏乳杆菌(*Lactobacillus hilgardii*)、卷曲乳杆菌(*Lactobacillus crispatus*)、瑞士乳杆菌(*Lactobacillus helveticus*)、乳酸乳球菌乳脂亚种(*Lactococcus lactis* subsp. *cremoris*)、乳酸乳球菌乳酸亚种(*Lactococcus lactis* subsp. *Lactis*)、肠膜明串珠菌(*Leuconostoc mesenteroides*)、粪肠球菌和屎肠球菌(*Enterococcus faecium*)都曾被鉴定到。双歧杆菌(*Bifidobacteria*)也可偶尔分离到(Chen, et al, 2008; Dobson, et al, 2011; Leite, et al, 2012; 巩小芬, 2018)。

酵母的存在是开菲尔粒与其他酸乳发酵剂的最大区别，酵母能够产生乙醇和CO_2，增加发酵乳的风味。然而，酵母含量过高或过度生长，会产生大量CO_2及乙醇，还可能会产生酵母臭，影响产品的风味。一般很难出现酵母含量过高或过度发酵的情况，因为酵母耐酸性较差，在开菲尔发酵过程中，乳酸菌大量产酸，可抑制酵母的生长。研究人员对开菲尔粒的菌相开展研究，结果显示：酿酒酵母、克鲁维酵母、有孢圆酵母、毕赤酵母、假丝酵母、耶氏酵母(*Yarrowia*)、伊萨酵母和球拟酵母等都可在开菲尔粒中鉴定到。目前已从开菲尔粒中分离鉴定到的酵母包括：德氏酿酒酵母(*Saccharomyces delbrueckii*)、图列茨酵母(*Saccharomyces turicensis*)、单胞酿酒酵母(*Saccharomyces unispora*)、乳酸克鲁维酵母、东方伊萨酵母、少孢酵母(*Saccharomyces exiguus*)、*Saccharomyces humaticus*、戴尔凯氏有孢圆酵母(*Torulaspora delbrueckii*)、*friedricchi* 假丝酵母(*Candida friedricchi*)、发酵毕赤酵母(*Pichia fermentum*)、霍尔姆球拟酵母(*Torulopsis holmii*)、霍尔姆假丝酵母(*Candida holmii*)、佛罗伦萨接合酵母(*Zygosaccharomyces florentinus*)、西方伊萨酵母(*Issatchenkia occidentalis*)、解脂耶氏酵母(*Yarrowia lipolytica*)(Ahmed, et al, 2013; Marsh, et al, 2013; Nielsen, et al, 2014; 巩小芬, 2018)。

牛奶开菲尔中，偶尔可分离到 AAB，但细胞数量低于酵母菌和乳酸菌。AAB 与开菲尔品质和风味之间无直接联系，这说明 AAB 不是开菲尔成功发酵所必需的，它是否存在于发酵液中主要决定于开菲尔的发酵条件。商业化的牛奶开菲尔粒仅包括了酵母和乳酸菌，不含 AAB。从牛奶开菲尔中分离到的 AAB，以醋杆菌属为主，其中以醋化醋杆菌、蒲桃醋杆菌、兰比克醋杆菌、东方醋杆菌、芝庇侬醋杆菌、冲绳醋杆菌和加纳醋杆菌等为主(表 5-4)。

表 5-4 牛奶开菲尔中分离到的 AAB 菌株

菌种	国家	文献
醋化醋杆菌(*A. aceti*)	伊朗	Motaghi, et al, 1997
东方醋杆菌(*A. orientalis*)	中国	明月, 2008
冲绳醋杆菌(*A. okinawensis*)	中国	明月, 2008

续表

菌种	国家	文献
加纳醋杆菌(*A. ghanensis*)	中国	明月,2008
罗旺醋杆菌(*A. lovaniensis*)	巴西	Magalhães,et al,2010
蒲桃醋杆菌(*A. syzygii*)	巴西	Miguel,et al,2010
东方醋杆菌(*A. orientalis*)	中国	刘芸等,2012
蒲桃醋杆菌(*A. syzygii*)	中国	刘芸等,2012
罗旺醋杆菌(*A. lovaniensis*)	土耳其	Burcu & Alper,2013
芝庇依醋杆菌(*A. cibinongensis*)	中国	钟浩,2016

开菲尔粒的微生物组成较为复杂。有活性的开菲尔粒会在发酵过程中不断增大其体积和数目，但新粒生成必须依赖于原粒才能形成。截至目前，开菲尔粒的形成机制仍不清楚。Wang 等（2012）通过对来自开菲尔粒的乳酸菌和酵母的自聚集和共聚集现象的研究，提出了有关开菲尔粒形成机制的假说（图 5-5）。起始阶段，马乳酒样乳杆菌和图列茨酵母通过自聚集和共聚集形成了小菌团［图 5-5（a）］。随后，可产生物膜的微生物，如开菲尔乳杆菌、马克斯克鲁维酵母 HY1 和发酵毕赤酵母 HY3 等可通过共聚集而黏附在小菌团的表面而形成一层生物膜［图 5-5（b）］。随后，更多的酵母和乳酸菌共聚集并与菌团颗粒表面结合，从而使菌团体积不断增大而形成具有三维结构的颗粒［图 5-5（c）］。随着发酵进行，发酵液中的微生物细胞和牛奶的组分（蛋白质）不断聚集在菌团颗粒表面，从而形成开菲尔粒［图 5-5（d）］。扫描电镜观察开菲尔粒和混合菌株生物膜证实了以上假说。短链的开菲尔乳杆菌在开菲尔粒的表面，而长链的马乳酒样乳杆菌则位于开菲尔粒的中间位置。

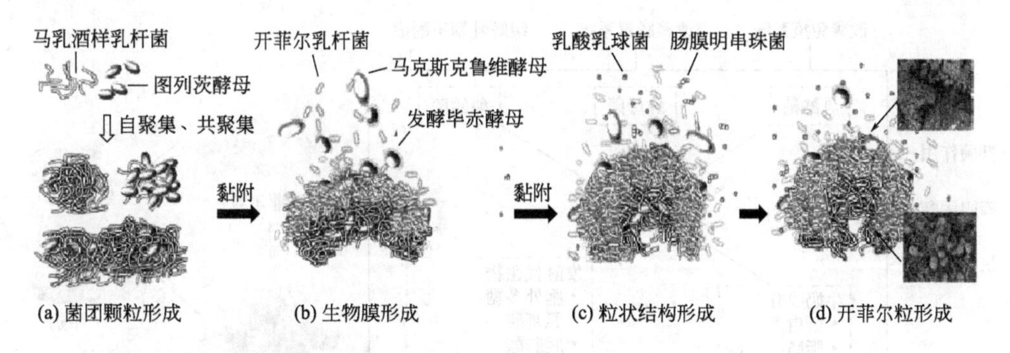

图 5-5　开菲尔粒的形成机制假说（引自 Wang，et al，2012；巩小芬，2018）

5.4.2　开菲尔及其发酵

开菲尔源于土耳其语，取义“幸福的味道”，是一种以奶（牛奶、羊奶、豆奶等)、果汁或糖水为原料通过开菲尔粒发酵产生的乳酒饮料（Arslan，2015)。开菲尔的制作起源于2000多年前的高加索地区，几个世纪以来在俄罗斯和东亚，如哈萨克斯坦、吉尔吉斯斯坦等地广为流传。当地牧民习惯将牛乳注入皮质水袋中，经过一定时间自然发酵可形成一种有微量泡沫的饮料。由于发酵期间会产生乙醇和CO_2，开菲尔具有白酒的感觉，因此开菲尔又被称作“香槟乳品”。近几十年来，开菲尔因独特的营养和益生功能而在欧洲、美国和日本等地盛行。

开菲尔发酵是由多种微生物共同参与的，经过开菲尔粒发酵后，牛乳中的乳糖、蛋白质和脂肪在微生物作用下均发生了不同程度的降解，生成半乳糖、L-乳酸、细菌素、胞外多糖、维生素、游离氨基酸、游离脂肪酸、挥发性脂肪酸等小分子物质，同时也代谢产生挥发性的醇类、醛类、酸类、酮类、酯类等风味化合物，因此开菲尔营养丰富且风味好。同时开菲尔还具有缓解乳糖不耐症、改善便秘、降血压、降胆固醇、提高免疫力、调节循环和呼吸系统功能、防癌抗癌、抗疲劳、抗菌消炎、恢复肝脏功能等益生作用（图5-6)，被称为“21世纪的酸奶”(Arslan，2015；Rosa，et al，2017；巩小芬，2018)。

以奶为原料的开菲尔，一般被称为奶开菲尔（milk kefir)。以水、糖和（干）水果为原料生产的开菲尔，一般被称为水开菲尔（water kefir)。同时，也可用其他原料，如椰子汁、米、花生、核桃、豆奶和可可果浆等来代替牛奶生产牛奶开菲尔，但需要向发酵液中添加葡萄糖、半乳糖或蔗糖以促进微生物生长（Nielsen，et al，2014）。

牛奶开菲尔发酵时，将新鲜活化的开菲尔粒加入装有牛奶的桶中，于室温(25℃左右）静置发酵24～48h，发酵液经过滤收集的开菲尔粒可用于下次牛奶开菲尔制作的发酵剂，滤出的牛奶开菲尔可直接饮用，生产工艺流程见图5-7。

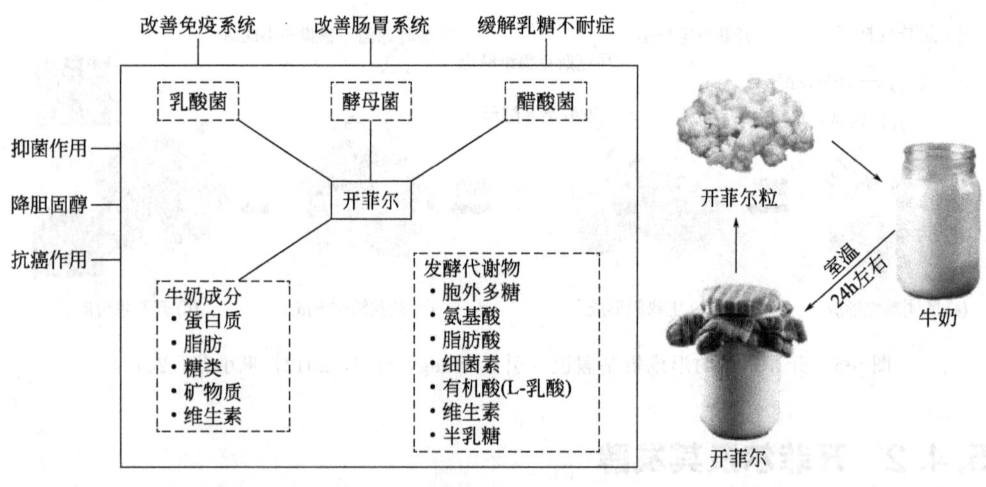

图5-6 开菲尔组成及益生功能（引自巩小芬，2018）

图5-7 牛奶开菲尔的制作工艺

5.5 醋酸菌等微生物在酸啤酒生产中的应用

啤酒（beer）是以麦芽和水为主料，加啤酒花或其制品，经酵母发酵酿制而成的含 CO_2 的低起泡的发酵酒。酸啤酒（sour beer）是经过1～3年自然发酵并在木桶中陈酿而成的最古老的啤酒，其中最为著名的酸啤酒是来自比利时的兰比克啤酒（Lambic beer）。

5.5.1 酸啤酒发酵

传统的兰比克啤酒酿造靠近比利时布鲁塞尔的塞内河谷，酿造时间多选在一年中较冷月份（10月至次年3月）。利用66%发芽大麦和33%未发芽小麦制备麦芽汁并煮沸后，利用当地夜间低温进行冷却，麦芽汁冷却过程中接收了来自塞内河谷空气中的微生物。冷却后的麦芽汁转移到木质发酵桶内，并将发酵桶置于15～25℃的窖中进行发酵和陈酿1～3年。新兰比克啤酒（发酵1年）一般高含可发酵性糖类而低含微生物，而老兰比克啤酒（发酵3年）则高含微生物而低含可发酵性糖类。如果将新兰比克啤酒和老兰比克啤酒混合后进行二次发酵以彻底分解其糖类而得到的啤酒即为贵兹（Gueuze）啤酒。这些啤酒继续装瓶进行二次发酵，以充填 CO_2 并产生风味物质，就可得到传统的兰比克啤酒（Verachtert & Derdelinckx，2014）。

5.5.2 酸啤酒发酵中的醋酸菌

酸、无甜味和果香圆润是兰比克啤酒独特的感官特性，而这些独特的感官特性与参与发酵的微生物代谢活动有关。参与兰比克啤酒发酵的微生物主要包括酵母、乳酸菌和AAB等。根据发酵过程中主要微生物类型及代谢的不同，兰比克啤酒发酵被分为肠杆菌期、主发酵期、酸化期和成熟期。

（1）肠杆菌期　从发酵3～7d开始，直至发酵30～40d。肠杆菌科（Enterobacteriaceae）细菌，如肠杆菌属（*Enterobacter*）、肺炎克雷伯菌（*Klebsiella pneumoniae*）、大肠杆菌（*Escherichia coli*）、蜂窝哈夫尼亚菌（*Hafnia alvei*）等是该阶段的主要微生物，同时伴有葡萄汁有孢汉逊酵母、大连酵母（*Saccharomyces dairensis*）、葡萄汁酵母（*Saccharomyces uvarum*）等酵母的活动。肠杆菌和酵母可消耗糖类，分别有助于2,3-丁二醇和醋酸形成，以及乙醇的积累。这些微生物，尤其是肠杆菌科的微生物主要来自酿造环境，它们在麦芽汁冷却过程中进入发酵液，但随着发酵进行（约1个月），发酵液中葡萄糖逐渐耗尽，乙醇浓度不断增加，pH值不断降低，肠杆菌科的细菌生长将受到抑制。

（2）主发酵期　自发酵的3～4周开始，直至发酵3～4个月。酿酒酵母、巴氏酵母、葡萄汁酵母、有孢汉逊酵母属、假丝酵母属、卡斯特利纳氏酵母菌（*Naumovozyma castellii*）和布鲁塞尔德克酵母（*Dekkara bruxellensis*）是该时期的主要微生物。同时也有少量乳酸菌（如片球菌属和乳杆菌属）等的存在。该时期，酵母将发酵液中的葡萄糖转化为乙醇，而乳酸菌也可将部分葡萄糖转化为乳酸。

（3）酸化期　从发酵的3～4个月开始，直至发酵10个月。该时期以片球菌增加为主要特征，偶尔也能发现乳酸菌的存在。发酵4～8个月，产香酵母，如布鲁塞尔德克酵母则主导发酵。片球菌和乳酸菌利用葡萄糖产生大量乳酸，进而酸化啤酒；而产香酵母发酵产生芳香酯和长链脂肪酸，形成啤酒的果香风味。在后续发酵中，微生物继续分解糖类，使残糖浓度低于1%。正是因为乳酸和酯形成，以及残糖的分解，才形成酸啤酒独特的口感（酸、无甜味和果香圆润）。

（4）成熟期　发酵10个月开始即为成熟期，主要特征是乳酸菌减少，布鲁塞尔德克酵母占主导地位。

AAB参与兰比克啤酒整个发酵过程，兰比克醋杆菌和啤酒醋杆菌是兰比克啤酒发酵过程分离的AAB（Spitaels，et al，2014a；Spitaels，et al，2014b）。然而，AAB在酸啤酒发酵过程中可能只起产酸作用，关于AAB在酸啤酒生产中的其他作用则无研究报道（Pothakos，et al，2016；Spitaels，et al，2014b）。

参考文献

Ahmed Z，Wang Y，Ahmad A，et al. 2013. Kefir and health：a contemporary perspective [J]. Critical Reviews in Food Science and Nutrition，53（5）：422-434.

Arslan S. 2015. A review：chemical，microbiological and nutritional characteristics of kefir [J]. CyTA-Journal of Food，13（3）：340-345.

Boesch C，Trček J，Sievers M，et al. 1998. *Acetobacter intermedius*，sp. nov [J]. Systematic Applied Microbiology，21（2）：220-229.

Burcu Ü Ü，Alper A. 2013. Phylogenetic identification of bacteria within kefir by both culture-dependent and culture-independent methods [J]. African Journal of Microbiology Research，7（36）：4533-4538.

Camu N，De Winter T，Verbrugghe K，et al. 2007. Dynamics and biodiversity of populations of lactic acid bacteria and acetic acid bacteria involved in spontaneous heap fermentation of cocoa beans in Ghana [J]. Appllied and Environmental Microbiology，73（6）：1809-1824.

Camu N，De Winter T，Addo S K，et al. 2008. Fermentation of cocoa beans：influence of microbial activities and polyphenol concentrations on the flavour of chocolate [J]. Journal of the Science of Food and Agriculture，88：2288-2297.

Chakravorty S，Bhattacharya S，Chatzinotas A，et al. 2016. Kombucha tea fermentation：Microbial and biochemical dynamics [J]. International Journal of Food Microbiology，220：63-72.

Chau C F，Yang P，Yu C M，et al. 2008. Investigation on the lipid- and cholesterol-lowering abilities of biocellulose [J]. Journal of Agricultural and Food Chemistry，56（6）：2291-2295.

Chen H L, Cheng H C, Wu W T, et al. 2008. Supplementation of konjac glucomannan into a low-fiber Chinese diet promoted bowel movement and improved colonic ecology in constipated adults: a placebo-controlled, diet-controlled trial [J]. Journal of the American College of Nutrition, 27 (1): 102-108.

Cleenwerck I, Camu N, Engelbeen K, et al. 2007. *Acetobacter ghanensis* sp. nov., a novel acetic acid bacterium isolated from traditional heap fermentations of Ghanaian cocoa beans [J]. International Journal of Systematic and Evolutionary Microbiology, 57 (7): 1647-1652.

Cleenwerck I, Gonzalez A, Camu N, et al. 2008. *Acetobacter fabarum* sp. nov., an acetic acid bacterium from a Ghanaian cocoa bean heap fermentation [J]. International Journal of Systematic and Evolutionary Microbiology, 58 (9): 2180-2185.

Coton M, Pawtowski A, Taminiau B, et al. 2017. Unraveling microbial ecology of industrial-scale kombucha fermentations by metabarcoding and culture-based methods [J]. FEMS Microbiology Ecology, 93 (5): 23.

Crafack M, Mikkelsen M B, Saerens S, et al. 2013. Influencing cocoa flavour using *Pichia kluyveri* and *Kluyveromyces marxianus* in a defined mixed starter culture for cocoa fermentation [J]. International Journal of Food Microbiology, 167 (1): 103-116.

De Vuyst L, Lefeber T, Papalexandratou Z, et al. 2010. The functional role of lactic acid bacteria in cocoa bean fermentation//Mozzi F, Raya R R, Vignolo G M. Biotechnology of lactic acid bacteria: Novel applications [M]. Iowa: Blackwell Publishing.

Dobson A, O′Sullivan O, Cotter P D, et al. 2011. High-throughput sequence-based analysis of the bacterial composition of kefir and an associated kefir grain [J]. FEMS Microbiology Letters, 320 (1): 56-62.

Dutta D, Gachhui R. 2006. Novel nitrogen-fixing *Acetobacter nitrogenifigens* sp. nov., isolated from kombucha tea [J]. International Journal of Systematic and Evolutionary Microbiology, 56 (8): 1899-1903.

Dutta D, Gachhui R. 2007. Nitrogen-fixing and cellulose-producing *Gluconacetobacter kombuchae* sp. nov., isolated from kombucha tea [J]. International Journal of Systematic and Evolutionary Microbiology, 57 (2): 353-357.

Garcia-Armisen T, Papalexandratou Z, Hendryckx H, et al. 2010. Diversity of the total bacterial community associated with Ghanaian and Brazilian cocoa bean fermentation samples as revealed by a 16 S rRNA gene clone library [J]. Applied Microbiology and Biotechnology, 87 (6): 2281-2292.

Greenwalt C, Steinkraus K, Ledford R. 2000. Kombucha, the fermented tea: microbiology, composition, and claimed health effects [J]. Journal of Food Protection, 63 (7): 976-981.

Gupta P, Diwan B. 2017. Bacterial exopolysaccharide mediated heavy metal removal: a review on biosynthesis, mechanism and remediation strategies [J]. Biotechnology Reports, 13: 58-71.

Hamdouche Y, Guehi T, Durand N, et al. 2015. Dynamics of microbial ecology during cocoa fermentation and drying: towards the identification of molecular markers [J]. Food Control, 48: 117-122.

Ho V H T, Fleet G H, Zhao J. 2018. Unravelling the contribution of lactic acid bacteria and acetic acid bacteria to cocoa fermentation using inoculated organisms [J]. International Journal of Food Microbiology, 279: 43-56.

Hong F, Qiu K. 2008. An alternative carbon source from konjac powder for enhancing production of bacterial cellulose in static cultures by a model strain *Acetobacter aceti* subsp. xylinus ATCC 23770 [J]. Carbohydrate polymers, 72 (3): 545-549.

Jayabalan R, Malbaša R V, Lončar E S, et al. 2014. A review on kombucha tea-microbiology, composition, fermentation, beneficial effects, toxicity, and tea fungus [J]. Comprehensive Reviews in Food Science and Food safety, 13 (4): 538-550.

Jipa I M, Stoica-Guzun A, Stroescu M. 2012. Controlled release of sorbic-acid from bacterial cellulose based mono and multilayer antimicrobial films [J]. LWT Food Science and Technology, 47: 400-406.

Lagunes G S, Loiseau G, Paredes J L, et al. 2007. Study on the microflora and biochemistry of cocoa fermentation in the Dominican Republic [J]. International Journal of Food Microbiology, 114 (1): 124-130.

Leal G A Jr, Gomes L H, Efraim P, et al. 2008. Fermentation of cacao (*Theobroma cacao* L.) seeds with a hybrid *Kluyveromyces marxianus* strain improved product quality attributes [J]. FEMS Yeast Research, 8 (5): 788-798.

Lee J W, Deng F, Yeomans W G, et al. 2001. Direct incorporation of glucosamine and *N*-acetylglucosamine into exopolymers by *Gluconacetobacter xylinus* (=*Acetobacter xylinum*) ATCC 10245: production of chitosan-cellulose and chitin-cellulose exopolymers [J]. Applied and Environmental Microbiology, 67 (9): 3970-3975.

Lefeber T, Papalexandratou Z, Gobert W, et al. 2012. On-farm implementation of a starter culture for improved cocoa bean fermentation and its influence on the flavour of chocolates produced thereof [J]. Food Microbiology, 30 (2): 379-392.

Leite A M, Mayo B, Rachid C T, et al. 2012. Assessment of the microbial diversity of Brazilian kefir grains by PCR-DGGE and pyrosequencing analysis [J]. Food Microbiology, 31 (2): 215-221.

Liu C H, Hsu W H, Lee F L, et al. 1996. The isolation and identification of microbes from a fermented tea beverage, Haipao, and their interactions during Haipao fermentation [J]. Food Microbiology, 13 (6): 407-415.

Magalhães K T, Pereira G de M, Dias D R, et al. 2010. Microbial communities and chemical changes during fermentation of sugary Brazilian kefir [J]. World Journal of Microbiology Biotechnology, 26 (7): 1241-1250.

Marsh A J, O'Sullivan O, Hill C, et al. 2013. Sequence-based analysis of the microbial composition of water kefir from multiple sources [J]. FEMS Microbiology Letters, 348 (1): 79-85.

Marsh A J, O'Sullivan O, Hill C, et al. 2014. Sequence-based analysis of the bacterial and fungal compositions of multiple kombucha (tea fungus) samples [J]. Food Microbiology, 38: 171-178.

Meersman E, Steensels J, Struyf N, et al. 2016. Tuning chocolate flavor through development of thermotolerant *Saccharomyces cerevisiae* starter cultures with increased acetate ester production [J]. Applied and Environmental Microbiology, 82 (2): 732-746.

Miguel M G da C P, Cardoso P G, Lago L de A, et al. 2010. Diversity of bacteria present in milk kefir grains using culture-dependent and culture-independent methods [J]. Food Research International, 43 (5): 1523-1528.

Moreira I M D, Miguel M G D, Duarte W F, et al. 2013. Microbial succession and the dynamics of metabolites and sugars during the fermentation of three different cocoa (*Theobroma cacao* L.) hybrids [J]. Food Research International, 54 (1): 9-17.

Motaghi M, Mazaheri M, Moazami N, et al. 1997. Kefir production in Iran [J]. World J Microbiol Biotechnol, 13 (5): 579-581.

Murooka Y. 2016. Acetic acid bacteria in production of vinegars and traditional fermented foods// Matsushita K, Toyama H, Tonouchi N, et al. Acetic acid bacteria [M]. Tokyo: Springer Japan.

Ng C C, Shyu Y T. 2004. Development and production of cholesterol lowering *Monascus*-nata complex [J]. World Journal of Microbiology Biotechnology, 20: 875-879.

Nguyen V T, Gidley M J, Dykes G A. 2008. Potential of a nisin-containing bacterial cellulose film to inhibit *Listeria monocytogenes* on processed meats [J]. Food Microbiology, 25 (3): 471-478.

Nielsen B，Gürakan G C，Ünlü G. 2014. Kefir：a multifaceted fermented dairy product [J]. Probiotics and Antimicrobial Proteins，6 (3-4)：123-135.

Nielsen D S，Teniola O D，Ban-Koffi L，et al. 2007. The microbiology of Ghanaian cocoa fermentations analysed using culture-dependent and culture-independent methods [J]. International Journal of Food Microbiology，114 (2)：168-186.

Osma J F，Toca-Herrera J L，Rodríguez-Couto S. 2010. Uses of laccases in the food industry [J]. Enzyme Research，918761：1-8.

Papalexandratou Z，Camu N，Falony G，et al. 2011a. Comparison of the bacterial species diversity of spontaneous cocoa bean fermentations carried out at selected farms in Ivory Coast and Brazil [J]. Food Microbiology，28 (5)：964-973.

Papalexandratou Z，Falony G，Romanens E，et al. 2011b. Species diversity，community dynamics，and metabolite kinetics of the microbiota associated with traditional Ecuadorian spontaneous cocoa bean fermentations [J]. Applied and Environmental Microbiology，77 (21)：7698-7714.

Papalexandratou Z，Lefeber T，Bahrim B，et al. 2013. *Hanseniaspora opuntiae*，*Saccharomyces cerevisiae*，*Lactobacillus fermentum*，*and Acetobacter pasteurianus* predominate during well-performed Malaysian cocoa bean box fermentations，underlining the importance of these microbial species for a successful cocoa bean fermentation process [J]. Food Microbiology，35 (2)：73-85.

Papalexandratou Z，Vrancken G，De Bruyne K，et al. 2011c. Spontaneous organic cocoa bean box fermentations in Brazil are characterized by a restricted species diversity of lactic acid bacteria and acetic acid bacteria [J]. Food Microbiology，28 (7)：1326-1338.

Pereira G V D，Guedes K T M，Schwan R F. 2013. rDNA-based DGGE analysis and electron microscopic observation of cocoa beans to monitor microbial diversity and distribution during the fermentation process [J]. Food Research International，53 (1)：482-486.

Pereira G V D，Miguel M G D，Ramos C，et al. 2012. Microbiological and physicochemical characterization of small-scale cocoa fermentations and screening of yeast and bacterial strains to develop a defined starter culture [J]. Applied and Environmental Microbiology，78 (15)：5395-5405.

Pothakos V，Illeghems K，Laureys D，et al. 2016. Acetic acid bacteria in fermented food and beverage ecosystems//Matsushita K，Toyama H，Tonouchi N，et al. Acetic acid bacteria [M]. Tokyo：Springer Japan.

Romero-Cortes T，Robles-Olvera V，Rodriguez-Jimenes G，et al. 2012. Isolation and characterization of acetic acid bacteria in cocoa fermentation [J]. African Journal of Microbiology Research，6 (2)：339-347.

Rosa D D，Dias M M，Grześkowiak Ł M，et al. 2017. Milk kefir：nutritional，microbiological and health benefits [J]. Nutrition Research Reviews，30 (1)：82-96.

Saltini R，Akkerman R，Frosch S. 2013. Optimizing chocolate production through traceability：A review of the influence of farming practices on cocoa bean quality [J]. Food Control，29 (1)：167-187.

Schwan R F，Wheals A E. 2004. The microbiology of cocoa fermentation and its role in chocolate quality [J]. Critical Review of Food Science Nutrition，44 (4)：205-221.

Sievers M，Lanini C，Weber A，et al. 1995. Microbiology and fermentation balance in a kombucha beverage obtained from a tea fungus fermentation [J]. Systematic and Applied Microbiology，18 (4)：590-594.

Spitaels F，Li L，Wieme A，et al. 2014a. *Acetobacter lambici* sp. nov.，isolated from fermenting lambic beer [J]. International Journal of Systematic Evolutionary Microbiology，64 (Pt 4)：1083-1089.

Spitaels F，Wieme A D，Janssens M，et al. 2014b. The microbial diversity of traditional spontaneously fermented lambic beer [J]. PLoS One, 9 (4): e95384.

Verachtert H, Derdelinckx G. 2014. Belgian acidic beers daily reminiscences of the past [J]. Cerevisia, 38 (4): 121-128.

Visintin S, Alessandria V, Valente A, et al. 2016. Molecular identification and physiological characterization of yeasts, lactic acid bacteria and acetic acid bacteria isolated from heap and box cocoa bean fermentations in West Africa [J]. The International Journal of Food Microbiology, 216: 69-78.

Vitas J S, Malbaša R V, Grahovac J A, et al. 2013. The antioxidant activity of kombucha fermented milk products with stinging nettle and winter savory [J]. Chemical Industry and Chemical Engineering Quarterly, 19 (1): 129-139.

Wang S Y, Chen K N, Lo Y M, et al. 2012. Investigation of microorganisms involved in biosynthesis of the kefir grain [J]. Food Microbiology, 32 (2): 274-285.

Wang Y, Ji B, Wu W, et al. 2014. Hepatoprotective effects of kombucha tea: identification of functional strains and quantification of functional components [J]. Journal of the Science of Food and Agriculture, 94 (2): 265-272.

Yamada Y, Yukphan P, Vu H T L, et al. 2012. Description of *Komagataeibacter* gen. nov., with proposals of new combinations (*Acetobacteraceae*) [J]. The Journal of General and Applied Microbiology, 58 (5): 397-404.

Zeng M, Laromaine A, Roig A. 2014. Bacterial cellulose films: influence of bacterial strain and drying route on film properties [J]. Cellulose, 21 (6): 4455-4469.

巩小芬. 2018. 开菲尔粒中优质乳酸菌、酵母菌的分离鉴定与开菲尔复合发酵剂的研制 [D]. 镇江：江苏大学.

刘四新，李从发. 2007. 细菌纤维素 [M]. 北京：中国农业大学出版社.

刘芸，曹宜，刘波，等. 2012. 开菲尔粒中醋酸菌的分离鉴定 [J]. 福建农业学报，27 (5)：544-549.

明月. 2008. 开菲尔中菌种资源的分离培养与部分功能菌株 [D]. 广州：华南农业大学.

宋清鹏，胡卓炎，刘丹. 2013. 红茶菌饮料的研究进展 [J]. 包装与食品机械，31 (3)：44-48.

钟浩. 2016. 开菲尔 (Kefir) 粒中菌种的分离鉴定及优良菌株的复合发酵乳研究 [D]. 镇江：江苏大学.

第6章

醋酸菌在细菌纤维素生产中的应用

随着全球化石能源日益紧缺，人类对可再生资源的关注程度越来越高。纤维素是地球上最为丰富的天然高聚物，其开发应用已成为当今研究的热点之一。目前，纤维素可通过天然合成获得，如通过绿色植物的光合作用合成纤维素和微生物合成纤维素，也可通过人工合成来获得。因人工合成纤维素的聚合度较低，难以达到天然纤维素的高结晶度和高规则的形态结构，且合成过程需消耗大量的化学原料，所以目前工业应用中的纤维素多来自天然合成。

绿色植物的光合作用合成的纤维素被称为植物纤维素（plant cellulose，PC），而由微生物（细菌）合成的纤维素则被称为微生物纤维素（microbial cellulose）或细菌纤维素（bacterial cellulose，BC）。不同植物细胞壁组成和结构差异较大，但其纤维素含量一般占植物干重的35%～50%。植物纤维素的一个显著特征就是被半纤维素（干物质含量占20%～35%）和木质素（干物质含量占5%～30%）包裹，因而在工业应用前需对其进行繁杂的预处理（Park，et al，2003），这也是限制和影响植物纤维素利用的一个重要原因。细菌纤维素具有显著区别于植物纤维素的特征。①细菌纤维素呈独立的丝状纤维形态，由单纯的葡萄糖缩聚而成，其纤维素含量极高，且不掺杂木质素和半纤维素等其他多糖类杂质，因此无需预处理。②弹性模量为一般植物纤维素的数倍至十倍以上，并且拉伸强度高。③具有很强的持水能力。④具有较高的生物相容性和良好的生物可降解性。⑤生物合成可被调控。如采用不同的培养方法（如静态培养或动态培养）可以得到不同高级结构的纤维素，可添加不同的物质对纤维素的结构进行修饰。因此，细菌纤维素作为另一种生物可降解的天然纤维素，在食品、医疗卫生、造纸、纺织等领域有着越来越广泛的应用。以下将就有关细菌纤维素及合成机制、细菌纤维素发酵和纯化、细菌纤维素的应用等进行阐述（Keshk，2014；Shah，et al，2013）。

6.1 细菌纤维素及其合成机制

1886年，英国学者Brown首次报道了细菌纤维素的合成。目前已知能产生纤维素的细菌有醋杆菌属、驹形杆菌属、根瘤菌属（*Rhizobium*）、八叠球菌属（*Sarcina*）、假单胞菌属（*Pseudomonas*）、无色杆菌属（*Achromobacter*）、产碱菌属（*Alcaligenes*）、气杆菌属（*Aerobacter*）、固氮菌属（*Azotobacter*）、农杆菌属（*Agrobacterium*）、伯克霍尔德菌属（*Burkholderia*）、欧文氏菌属（*Erwinia*）等的某些种，这些细菌产生纤维素的质量和类型都有所不同（Chawla，et al，2009；Jahn，et al，2011；Gullo，et al，2018）。以下仅对产纤维素的AAB进行阐述。

6.1.1 合成细菌纤维素的醋酸菌

在 AAB 中，木醋杆菌可以利用合成和非合成液体培养基中的糖高效合成纤维素，木醋杆菌合成的纤维素产品及产生的纤维丝带如图 6-1 所示。木醋杆菌及合成的纤维素的电子显微镜扫描图谱如图 6-2 所示。随着研究的深入，发现木醋杆菌、斯温驹形杆菌（曾用名为斯温葡糖醋杆菌）、莱蒂亚驹形杆菌（曾用名为莱蒂亚葡糖醋杆菌）、氧化葡糖杆菌、茂物朝井杆菌和麦德林驹形杆菌（曾用名为麦德林葡糖醋杆菌）等 AAB 也可产生纤维素，具体见表 6-1。截至目前，合成纤维素能力最强的微生物为木醋杆菌，近些年利用木醋杆菌来产细菌纤维素的研究很多，木醋杆菌在基础性研究和工业应用中常被用作模型菌株（Li，et al，2015；Hong，et al，2008；Zeng，et al，2014）。

(a) 培养基表面的纤维素膜

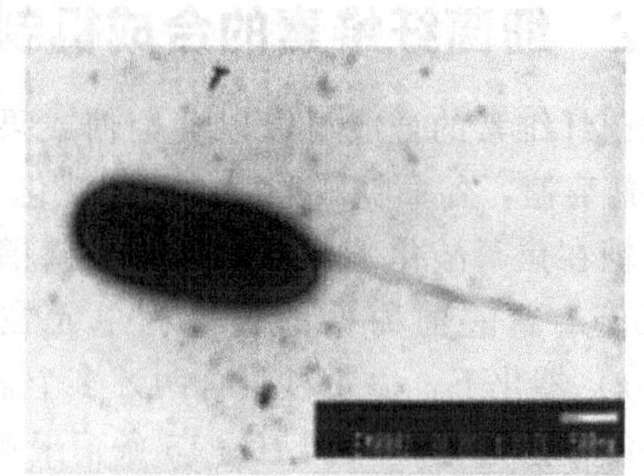

(b) 细菌细胞产生的纤维丝带

图 6-1 AAB 产生的细菌纤维素（引自 Matsushita，et al，2016）

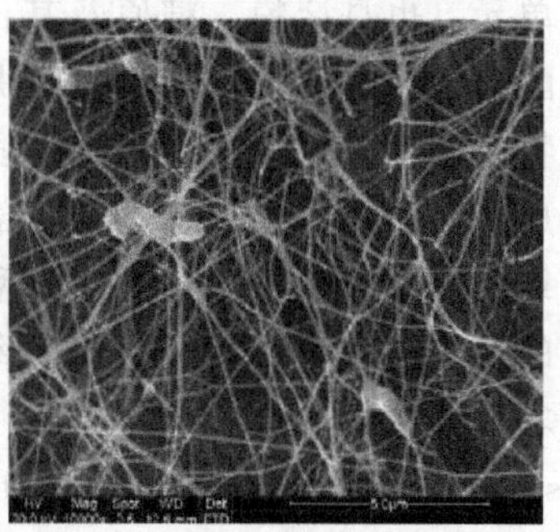

图 6-2 电镜下的木醋杆菌及其产生的细菌纤维素（引自程峥，2019）

表 6-1 产纤维素的 AAB

菌种	国家	文献
木醋杆菌(*A. xylinum*)[①]	英国	Brown,1886
木醋杆菌亚种(*A. xylinum* subsp.)	日本	Toyosaki,et al,1995

续表

菌种	国家	文献
斯温驹形杆菌(*K. swingsii*)	意大利,比利时	Dellaglio,et al,2005
莱蒂亚驹形杆菌(*K. rhaeticus*)	意大利,比利时	Dellaglio,et al,2005;Corrêa dos Santos,et al,2014
氧化葡糖杆菌(*G. oxydans*)	德国	Deppenmeier & Ehrenreich,2009
茂物朝井杆菌(*A. bogorensis*)	日本,美国	Kumagai,et al,2011
麦德林驹形杆菌(*K. medellinensis*)	哥伦比亚	Castro,et al,2012
温驯驹形杆菌(*K. oboediens*)	美国	Saxena & Jahan,2018
欧洲驹形杆菌(*K. europaeus*)	西班牙,德国	Valera,et al,2015

①*A. xylinum* 后被依次改名为*A. xylinus*，*Ga. xylinus* 和 *K. xylinus*（Lee et al，2001；Yamada，et al，2012）。

6.1.2 细菌纤维素的合成机制

细菌纤维素的合成可以以葡萄糖或果糖为原料，葡萄糖激酶催化葡萄糖生成6-磷酸葡萄糖，葡萄糖磷酸变位酶则催化6-磷酸葡萄糖生成1-磷酸葡萄糖，而1-磷酸葡萄糖在焦磷酸化酶催化下，与三磷酸尿苷反应而生成尿苷二磷酸葡萄糖。然后，尿苷二磷酸葡萄糖的葡萄糖单元在纤维素合酶复合体（cellulose synthase complex）催化下，以每秒聚合两万多个葡萄糖单元的速度合成葡聚糖链。在细胞膜上的纤维素通道，大概10～15条葡聚糖链通过规律的分子内或分子间氢键连接形成不分支的宽约1.5nm的亚纤维，亚纤维交叉聚合形成微纤维。然后，这些微纤维通过相互聚集形成宽50～80nm、厚3～8nm的纤维素带（ribbon），纤维素带进一步聚合形成纤维素（图6-3）。由葡萄糖生成的尿苷二磷酸葡萄糖既是纤维素的合成单元，也是淀粉、糖原及其他多糖合成中的葡萄糖供体，故从葡萄糖到尿苷二磷酸葡萄糖这一段合成路径不是纤维素合成菌株所特有的，其广泛存在于动物、植物及微生物中，所以AAB是否能产纤维素主要取决于能将尿苷二磷酸葡萄糖转化成β-1,4-葡聚糖链的纤维素合酶复合体（Romling & Galperin，2015）。

纤维素合成过程中，纤维素合酶复合体合成和催化受严格的调控。虽然世界上多数的纤维素来自植物，但产纤维素的AAB一直被用作研究纤维素合成的模型。以木醋杆菌为例，纤维素合酶复合体主要由纤维素合酶（bacterial cellulose synthase，BCS）A、B、C和D组成，分别由*bcsA*、*bcsB*、*bcsC*和*bcsD*基因编码。纤维素合酶A和纤维素合酶B是纤维素葡聚糖链合成的必要条件，二者常形成复合体，甚至有时二者融合成一个多肽（Wong，et al，1990）。纤维素合酶A是纤维素合酶复合体的催化亚单位，位于细胞膜内侧，具有8个跨膜片段、2个大的细胞质结构域和1个糖基转移酶催化结构域，在其羧基末端还有一个和环二鸟苷酸（cyclic di-GMP，c-di-GMP）结合的胞内结构域。纤维素合酶B位于细胞周质空间，由一个跨膜螺旋结构固定在细胞膜上（Morgan，et al，2013）。纤维素合酶

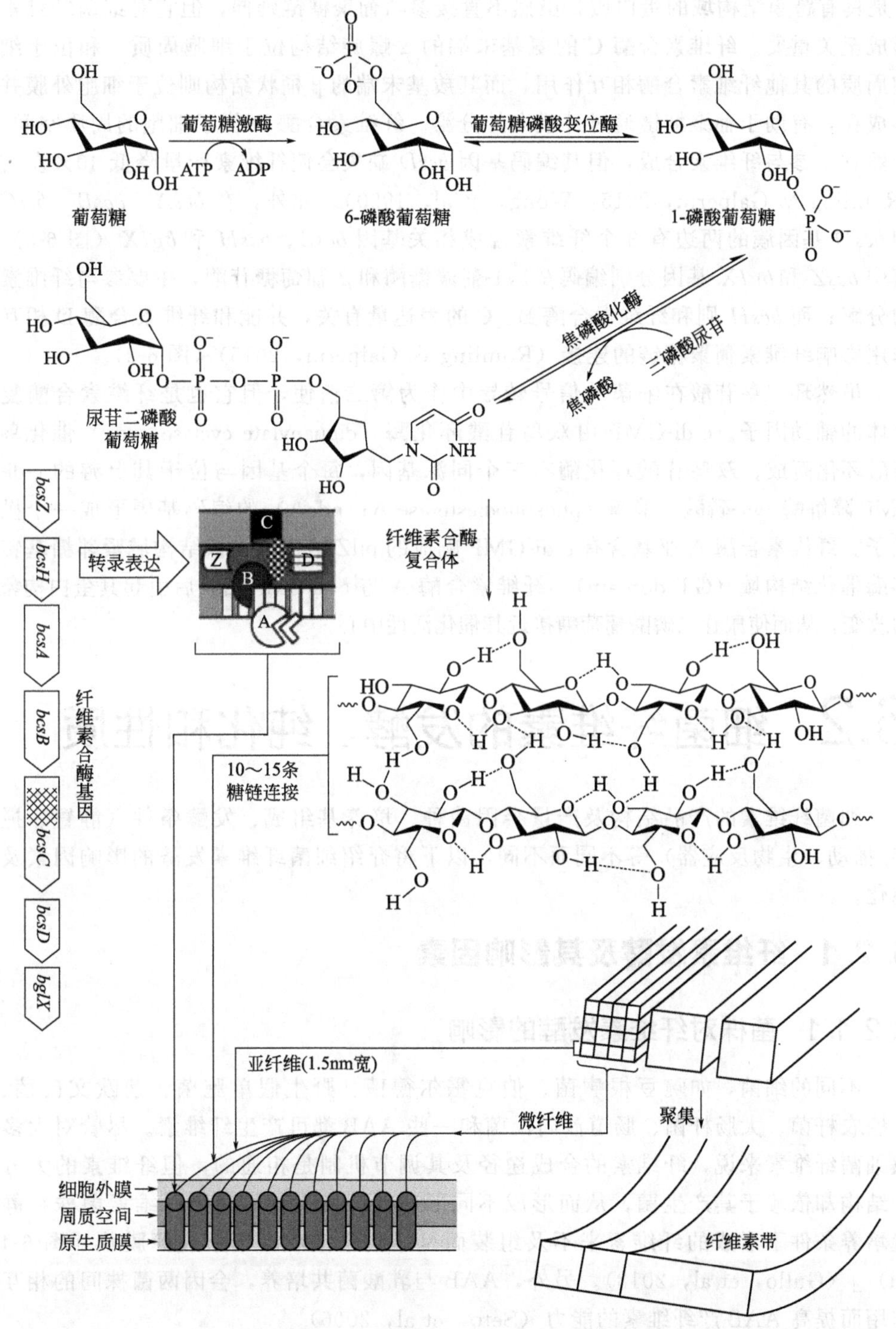

图 6-3　*K. xylinus* 纤维素的合成过程（Ha，et al，2011；Romling & Galperin，2015）

C是具有跨膜结构域的蛋白质，虽然不直接参与葡聚糖链延伸，但它对细菌纤维素形成至关重要。纤维素合酶C的氨基末端的α螺旋结构位于细胞周质，和位于细胞周质的其他纤维素合酶相互作用，而其羧基末端的β桶状结构则位于细胞外膜并形成孔，有助于葡聚糖链通过外膜向外分泌。纤维素合酶D位于细胞的周质空间，虽然它不参与纤维素合成，但其编码基因*bcsD*缺失会使纤维素产量降低40%左右（Romling & Galperin，2015，Wong，et al，1990）。此外，在*bcsA*、*bcsB*、*bcsC*和*bcsD*基因簇的两边有3个纤维素合成相关基因*bcsZ*、*bcsH*和*bglX*（图6-3）。其中*bcsZ*和*bglX*基因分别编码β-1,4-葡聚糖酶和β-葡萄糖苷酶，主要参与纤维素的分解；而*bcsH*则和纤维素合酶B、C的表达量有关，并能和纤维素合酶D相互作用影响纤维素葡聚糖链的连接（Romling & Galperin，2015）（图6-3）。

虽然环二鸟苷酸在细菌的信号转导中作为第二信使，但它也是纤维素合酶复合体的辅助因子。c-di-GMP由双鸟苷酸环化酶（diguanylate cyclase，cdg）催化鸟苷酸环化而成。双鸟苷酸环化酶有三个同源基因，每个基因与位于其上游的c-di-GMP降解酶——磷酸二酯酶（phosphodiesterase A；pdeA）的编码基因形成一个操纵子。纤维素合酶A亚基含有c-di-GMP响应的pilZ结构域，该结构域紧邻糖基转移酶催化结构域（GT domain）。纤维素合酶A与c-di-GMP结合后引起其蛋白构象的改变，从而使尿苷二磷酸葡萄糖接近其催化活性中心。

6.2 细菌纤维素的发酵、纯化和性质

细菌纤维素的产品结构及产量会因菌种、培养基组成、发酵条件（静置、搅拌/摇动、生物反应器）等不同而不同，以下将介绍细菌纤维素发酵的影响因素及纯化。

6.2.1 纤维素发酵及其影响因素

6.2.1.1 菌株对纤维素发酵的影响

不同的细菌，如豌豆根瘤菌、伯克霍尔德菌、野生假单胞菌、菊欧文氏菌、根癌农杆菌、大肠杆菌、肠道沙门氏菌和一些AAB都可产生纤维素。尽管对大多数细菌纤维素来说，纤维素的合成途径及其调节机制是相通的，但纤维素的大分子结构却依赖于其产生菌，从而形成不同形态的纤维素，如高产纤维素菌株在静置培养条件下形成的纤维素来不及组装而呈结构松散状，不形成薄膜状［图6-4(d)］（Gullo，et al，2018）。另外，AAB与乳酸菌共培养，会因两菌株间的相互作用而提高AAB产纤维素的能力（Seto，et al，2006）。

6.2.1.2 培养基对纤维素发酵的影响

培养基组成对细菌纤维素的发酵有很大影响，因此早在20世纪50年代，Hestrin等（1954）就开展了关于发酵条件优化以提高纤维素产量的工作。其培养基组成为：葡萄糖2.0g/100mL，蛋白胨0.5g/100mL，酵母浸出液0.5g/100mL，磷酸氢二钠0.27g/100mL，柠檬酸0.11g/100mL，pH 6.0。该培养基常作为后来研究者的基础培养基。利用AAB生产细菌纤维素，可利用合成或半合成的富含糖和有机酸的培养基（如糖蜜、玉米浆、苹果汁、柑橘汁等）来发酵生产，但因培养基的成本高和纤维素产量低，限制了细菌纤维素的商业应用。实际上，不同菌株本身的差异，使得它们的生长和产纤维素对各种营养物质的需求有差异。

（1）碳源　醋杆菌属的AAB能利用淀粉、糊精、单糖、二糖，糖醇类、醇类，以及一些有机酸等碳源合成纤维素，但除常见的己糖和蔗糖外，其他的碳源合成纤维素的产量都很低，且山梨糖醇、甘露糖醇、纤维二糖、赤藻糖醇、酒精和乙酸盐等作碳源时不能形成膜状纤维素（Hestrin，et al，1947）。Tonouchi等（1996）以葡萄糖和果糖作碳源时发现，果糖可提高木醋杆菌纤维素产量。麦芽糖为唯一碳源时，纤维素产量比葡萄糖作碳源时高10倍，但产生的纤维素长度（聚合度为4000～5000）比葡萄糖为碳源时低（Masaoka，1993）。Jonas&Farah（1998）研究发现葡萄糖、果糖、蔗糖、甘露糖醇和阿拉伯糖醇等都可以作为碳源，但阿拉伯糖醇和甘露糖醇作碳源时，比葡萄糖作碳源时的纤维素产量分别提高了6.2倍和3.8倍，因为这两种碳源在发酵过程中不会转化为葡萄糖酸副产物，使发酵环境的pH稳定，而其他多数碳源的纤维素得率都比葡萄糖的低。木醋杆菌KU-1在1.5% D-甘露糖醇中纤维素产量是葡糖糖为碳源时的3倍多（Oikawa，et al，1995）。另外，木醋杆菌BRC5在搅拌发酵罐中以玉米浆为氮源，以葡萄糖、果糖及其混合物分别作碳源生产纤维素时，不能以葡萄糖为唯一碳源，因葡萄糖首先全部被氧化为葡萄糖酸，在葡萄糖不足时，才利用葡萄糖酸合成少量纤维素。以果糖为碳源时，纤维素的产量则随细菌增加而增加，因为果糖不被氧化。两者混合作碳源，菌株首先氧化葡萄糖为葡萄糖酸，再利用果糖生产纤维素，其产量为0.071～0.086g/(L·h)（Young，et al，1998）。

综上所述，以果糖为碳源纤维素产量最高，蔗糖和葡萄糖的次之，山梨糖醇和甘露糖醇的产量也较高，而其他已糖和戊糖为碳源的纤维素产量则较低。然而，规模化生产时，蔗糖作碳源最普遍和最经济。

（2）氮源　纤维素产生菌株的生长都需要特定氮源，以满足菌体对核苷酸、氨基酸和维生素等的需要。有机氮比无机氮更适合于醋杆菌合成纤维素，由Hestrin和Schramm创建的HS培养基是模式培养基，最佳氮源是酵母提取物和蛋白胨（Hestrin&Sehramm，1954），因此细菌纤维素合成实验中都用HS培养基。然而，实际上培养基中的昂贵组分，如酵母提取物和蛋白胨，可以用玉米浆（corn

steep liquor，CSL）甚至白菜汁替代，且在通气培养时玉米浆是最佳氮源，因为玉米浆不仅可以作为氮源，也可提供乳酸盐、氨基酸、维生素，并调节发酵液的 pH 值（Forng，et al，1989；张凤清等，2005；Noro，et al，2004）。然而，考虑有机氮成本高、产生臭味和胺类化合物等问题，刘四新等（1999）主张在含椰子水的发酵培养基中使用无机氮源（尿素、硫酸铵、氯化铵、硝酸铵等），木醋杆菌 W39 利用无机氮源合成纤维素，以 3～5g/L 的硫酸铵最佳。

（3）有机酸和乙醇　在培养过程中，有机酸的加入有利于提高纤维素产量，因为有机酸能迅速氧化而给菌体生长提供能量，节约底物原料。在醋酸、乳酸和柠檬酸中，以醋酸添加的效果最显著（贾士儒等，2001；马霞等，2003；王瑞明等，2003；Naritomi，et al，1998）。以玉米浆为氮源时可提高纤维素产量可能与玉米浆中富含乳酸有关。鉴于此，将乳酸菌和醋酸菌混合培养为纤维素合成提供乳酸，可获得较高的纤维素产量，培养 14 d 后纤维素产量可达 8.1g/L，无乳酸菌时的纤维素产量仅 6.4g/L（Seto，et al，1997）。在基础培养基中添加乙醇可提高木醋杆菌产纤维素能力，乙醇主要作为能源物质。如在含有果糖的培养基中，对木醋杆菌 BPR3001A 进行连续发酵，当乙醇浓度为 10g/L 时能提高纤维素产量，但浓度超过 15g/L 时会阻碍纤维素合成（Naritomi，et al，1998；Park，et al，2003）。由此可以看出，有机酸和乙醇都可以作为能源物质，适量添加可提高菌株纤维素合成能力。

（4）其他增效因子　除碳源、氮源和能源等主要营养成分外，添加咖啡因（Fontana，et al，1991）、琼脂（Chao，et al，2001a；Bae，et al，2004）、纤维素酶（Tonouchi，et al，1995）等也可提高纤维素产量，但它们提高纤维素合成的机理不清楚。培养基中适当添加维生素（如吡哆醇、烟酸和生物素等）也可提高部分菌种产纤维素能力（Ishikawa，et al，1995）。培养基中补充氮和磷可以增加细菌纤维素的产量（Gomes，et al，2013）。

经过多年深入研究，目前已建立了不同产纤维素 AAB 菌株的发酵条件，具体见表 6-2。

表 6-2　不同发酵条件下细菌纤维素产量

菌株名称	碳源		发酵体系	时间/d	产量/[g/(L·d)]	参考文献
	类型	用量/(g/L)				
木驹形杆菌(*K. xylinus*) AX2-16	葡萄糖	25	静置	8	1.47	Zhong,et al,2013
汉森驹形杆菌(*K. hansenii*) PJK=KCTC 10505BP	葡萄糖 醋酸 琥珀酸盐 乙醇	10 1.5mL/L 2 10	深层	2	0.86	Jung,et al,2005

续表

菌株名称	碳源		发酵体系	时间/d	产量/[g/(L·d)]	参考文献
	类型	用量/(g/L)				
木驹形杆菌(*K. xylinus*) BRC5＝KCCM 10100	玉米浆 葡萄糖 柠檬酸	80 20 1.15	深层	2	7.65	Hwang, et al, 1999
莱蒂亚驹形杆菌(*K. rhaeticus*) P1463	苹果汁： 葡萄糖 果糖 蔗糖	 3 12.4 4.6	静置	14	0.68	Semjonovs, et al, 2017
汉森驹形杆菌(*K. hansenii*) B22	苹果汁： 葡萄糖 果糖 蔗糖	 3 12.4 4.6	静置	14	0.50	Semjonovs, et al, 2017
木驹形杆菌(*K. xylinus*) K2G30＝UMCC 2756	葡萄糖 乙醇	50 14	静置	15	1.31	Gullo, et al, 2017
木驹形杆菌(*K. xylinus*) ATCC 23767^T	玉米浆： 葡萄糖 木糖 甘露糖 醋酸	 3.87 29.61 1.84 18.73	静置	7	0.41	Cheng, et al, 2017
木驹形杆菌(*K. xylinus*) BCRC 12334	葡萄糖	60	静置	14	0.52	Kuo, et al, 2010
木驹形杆菌(*K. xylinus*) ATCC 23770	HFS： 葡萄糖	 14.1	静置	7	1.57	Cavka, et al, 2013
汉森驹形杆菌(*K. hansenii*) M2010332	葡萄糖 柠檬酸 乙醇	55 1 20	静置	7	2.33	Li, et al, 2012
葡糖醋杆菌属(*Gluconacetobacter*) St-60-12 和乳酸杆菌属(*Lactobacillus*) st-20	玉米浆 蔗糖	40 40	深层	3	1.4	Seto, et al, 2006
木驹杆菌属(*K. xylinus*) BPR 2001	玉米浆 果糖 肌醇	 40 0.002	深层	2.5	3.2	Noro, et al, 2004

注：HFS为水解纤维素沉淀物。

实际上，富含果糖、蔗糖、氮源和维生素的农业和工业副产物，如啤酒发酵的酵母泥、压榨油的副产物、酒糟和葡萄皮等也可用来发酵生产细菌纤维素，以降低生产成本。然而，这些物质作为生产原料时存在着下游处理较难、提取成本较高等问题。

6.2.1.3 培养条件对纤维素发酵的影响

培养条件对细菌纤维素发酵产生影响，如培养基的溶解氧，pH 值和发酵温度等。

（1）溶解氧　发酵罐搅拌通气培养条件下，溶解氧对 AAB 产纤维素的影响较大。在发酵过程中，细菌纤维素不断生成，培养液黏度不断增加，氧气传递速率不断降低，导致细菌纤维素生产速率降低，因此通过鼓入富氧空气或提高压力来提高氧气的供给，可提高纤维素产量（Kouda et al，1997）。当果糖浓度为 40g/L 时，富氧空气时的细菌纤维素产量为 2.64g/L，普通空气时的产量仅为 1.65g/L。当果糖浓度为 70g/L 时，富氧空气下细菌纤维素产量达 6.16g/L（Chao et al，2001b）。从理论上讲，提高搅拌转速可增加培养基的溶解氧含量，因此可提高菌体生长和细菌纤维素的产量，但实际上，搅拌和摇动并没有增加纤维素产量，且降低了纤维素的质量，这可能是因为在通氧情况下，出现了不产纤维素的突变体，进而降低了纤维素产量（Yang，et al，2014）。

（2）pH　pH 是细菌纤维素合成中较重要的影响因素。AAB 不同，其最适生长 pH 不同，一般可在 pH 5.5～6.3 生长，但也能在 pH 3.0～4.0 下生长。菌体生长最适 pH 不一定是纤维素合成的最佳 pH，如木醋杆菌 BRC5 在 pH 4.0 时将葡萄糖全部转化为葡萄糖酸，然后在 pH 5.5 时将葡萄糖酸转化为纤维素。因此，相对于恒定 pH 发酵，分段调节 pH 发酵可提高纤维素产量，缩短发酵时间（Hwang，et al，1999）。

（3）温度　温度也会影响菌体生长和纤维素合成。多数 AAB 的最适生长温度为 30℃左右，当温度高于 34℃，其生长和代谢都将受到抑制，当温度高于 37℃则不能生长。纤维素合成最佳温度为 28～30℃（Hirai，et al，1997）。齐香君等（2002）筛选到了可在 20℃高产纤维素的菌株。

6.2.1.4 培养方式对纤维素发酵的影响

不同培养方式对细菌纤维素产量、结构和性质有较大影响。细菌纤维素的培养方式主要有静置培养和摇瓶振荡培养，可根据纤维素的用途选用不同的培养方式。

静置培养条件下，细菌在合适条件下培养 1～14d，产生的纤维素在气液接触面上聚合成胶体膜。刚收获的纤维素膜呈淡黄色［图 6-4（a）］，经大量的热水冲洗而使其 pH 接近中性后呈白色［图 6-4（b）］。该方法简单易行，剪切力小，是实验室规模制备细菌纤维素膜常用的方法，但它的生产成本高、效率低。

搅拌和摇动培养可以增加发酵液的溶解氧含量，但不能提高纤维素的产量。纤维素因搅拌产生的剪切力而聚集成不规则的星状、球状、椭圆状或块状等，而不规则颗粒的形状和大小与摇动速度、培养时间和添加剂类型有关［图 6-4（c）］。

不规则的纤维素颗粒具有较低的结晶度、机械强度和聚合度。由此可以看出，摇动和搅拌并没有增加纤维素的产量，且产品质量下降，生产成本增加，因此不宜规模化生产。

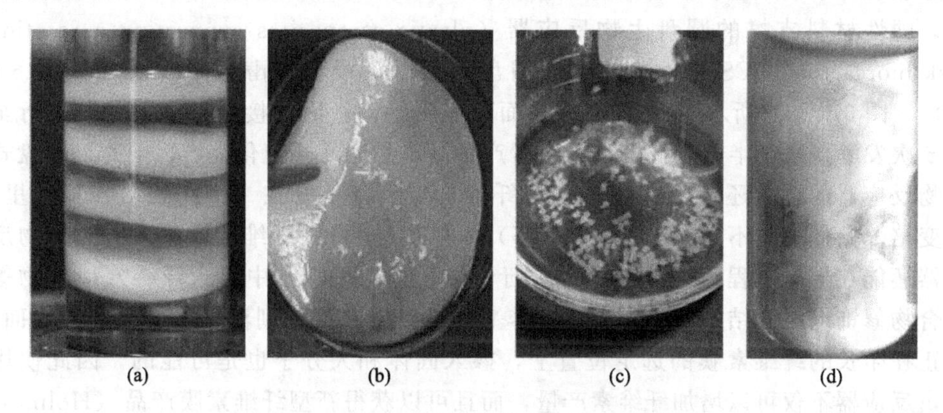

图 6-4　不同培养条件下细菌纤维素的形态

(a) *K. xylinus* 在静置条件下形成的纤维素膜；(b) *K. xylinus* 在静置条件下形成的纤维素膜（漂洗后）；(c) *K. xylinus* 在搅拌条件下形成的球状纤维素；(d) 高产细菌纤维素菌株在静置培养时形成的丝状薄膜

为了规模化生产细菌纤维素，必须解决纤维素产率低、成本高等问题。采用生物反应器发酵生产纤维素可解决上述问题（Çakar，et al，2014；Yan，et al，2008；Hu，et al，2013）。常用的生物反应器有气升式发酵罐、旋转圆盘式发酵罐和改造的静态生物反应器，这些发酵罐的结构及其发酵纤维素产品形态如图 6-5 所示。

气升式发酵罐能够供应足够的空气，且剪切力较小，故纤维素产量高。如在 50L 的外升式发酵罐（装液量 36L）中，30℃培养 67 h，期间不断通入氧气，纤维素产量可达 3.8 g/L（Chao，et al，1997）；在内升式发酵罐中培养，纤维素产量可达 10.4 g/L（Chao，et al，2000）。气升式发酵罐生产的纤维素与搅拌或摇动培养的纤维素形态相似，都呈团块状［图 6-5（a）、图 6-5（b）］。为了减少剪切力，增加溶解氧含量，纤维素生产菌可在 50L 椭圆形鼓泡塔生物反应器（spherical bubble column bioreactor）中发酵，装液量 30L，接种量为 2%（600mL 种子液），通气比为 1.0vvm（即 30L/min），30℃、pH 5.25 条件下培养 3d，纤维素产量为 5.6～6.8g/L。气升式发酵罐虽可提高纤维素的产量，但存在纤维素的力学性能差和聚合度低等缺点（Choi，et al，2009）。

圆盘式生物反应器的圆盘在轴的带动下，不停旋转促使纤维素紧紧缠绕在圆盘上，并增加了其与气液的接触面积，根据转盘和所用槽的大小，对同样体积的培养基，转盘系统比静态培养方式多 5～100 倍的接触面积，单位体积内的高表面积使采用转盘系统工业化生产细菌纤维素膜成为可能。圆盘可以用不锈钢制成，也可用来自农副产品的塑性材料制成。使用时，不锈钢圆盘的一半面积沉浸在发酵液中，另一半面积位于发酵液面之上，发酵结束后取走缠绕在圆盘上的纤维素。该方法的纤维素产量和静置发酵法的相似，且每次发酵都要重新接种新菌种。然而，塑性材料支撑的圆盘生物反应器（plastic composites supporting a rotating disk bioreactor，PCS-RDB）的塑性圆盘则可以沉浸在发酵液中发酵［如图 6-5（c）～图 6-5（f）所示］，它的粗糙表面可吸附细菌，因此接种一次菌种可进行至少 5 次发酵，适于半连续发酵，纤维素产量高，且容易规模化生产。同时，圆盘式生物反应器的魅力还在于使转盘表面纤维素生产菌暴露在一个新的培养环境里，改变培养条件（如不同 pH 和糖浓度等），可以获得最大纤维素产量。新型生物反应器还能在生产过程中对纤维素膜进行修饰，如在培养基中引入纤维素衍生物等聚合物修饰纤维素结构，因为液体培养基可以直接地接触到活细胞所在的膜表面。在正在生长的纤维素膜的选定位置上，掺入固体和大分子也是可能的，因此使用转盘反应器不仅可以增加纤维素产量，而且可以获得新型纤维素膜产品（Holmes，2004）。

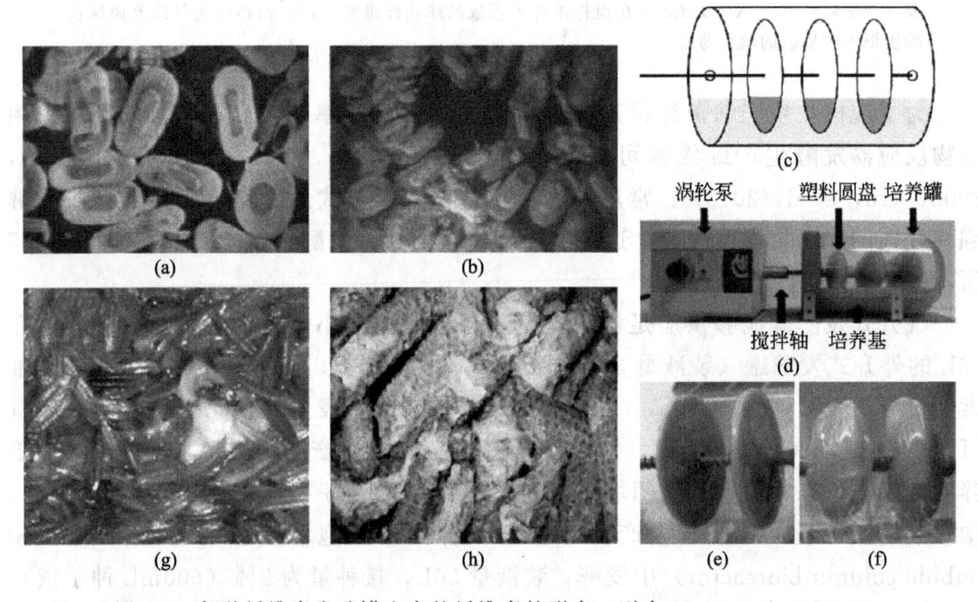

图 6-5　各种纤维素发酵罐生产的纤维素的形态（引自 Yang et al.，2014）

（a）气升式发酵罐生产的纤维素形态（40 g/L 果糖）；（b）搅拌式发酵罐生产的纤维素形态（70 g/L 果糖）；（c）RDB 的结构；（d）PCS-RDB 的结构；（e）不锈钢圆盘发酵罐生产的纤维素；（f）PCS-RDB 发酵罐生产的纤维素；（g），（h）滴流床反应器生产出的纤维素

虽然动态反应容器基本都可提高纤维素的产量，但由于剪切力的作用使不产纤维素的突变体逐渐得到富集，产纤维素的细菌的生产能力逐渐下降，同时生产的纤维素的力学性能差，洁净度低。

由上可以看出，虽然静态发酵合成纤维素的能力低，生产周期长，但它依然因发酵简单、剪切力小而被广泛采用。在静态发酵反应器中，若能有强的氧传递能力，就可促进纤维素的形成，因此可采用食醋快速生产用的滴流床反应器（trickling bed reactor）来静态发酵生产纤维素。滴流床反应器结构是带有假底的10L的发酵设备，装有灭菌的8L发酵液和5kg灭菌（121℃，1h）的玉米棒或稻壳。盖上盖子，用夹套冷却水将其冷却至30℃，按10%接种量（即800mL）接种AAB种子液，28～31℃下静置培养12h后，每隔2h滴流一次，整个滴流时间144h（Lu，et al，2014）。滴流床反应器具有高的生物量、较大的接触面积，因此生产的纤维素具有极好的力学性能，如高的纯度、聚合度、持水性、多孔性和热稳定性等，生产的纤维素呈不规则的薄片状（厚度约1～5mm），在稻壳之间或玉米棒表面进行生长［图6-5（g）、图6-5（h）］。

6.2.2 细菌纤维素的纯化

静置培养或摇瓶振荡培养所得的细菌纤维素常含有木醋杆菌细胞以及残余培养基等杂质。在使用前，必须去除这些杂质，否则会影响细菌纤维素的物理和化学性能。

最常用的纤维素纯化方法之一是用碱溶液（如氢氧化钠）、氯化钠、次氯酸盐、过氧化氢、酸、有机溶剂或热水处理细菌纤维素。在高温（55～65℃）条件下，将细菌纤维素浸泡在上述溶液中14～18h，某些情况下浸泡24h，能够大大降低发酵产物中的细胞数量和着色度。制备纤维素的方法举例：用自来水冲洗去除残留培养基后，在2% NaOH溶液中煮沸2h去除残余物，用自来水清洗除去NaOH后再用5%乙酸溶液中和，用自来水冲洗至pH接近7.0。该方法得到的细菌纤维素的蛋白质含量小于3%（Yamanaka，et al，1989；Krystynowicz，et al，1997）。

药用细菌纤维素需采用一些特殊工艺处理，以除去能够导致热源反应的细菌细胞和毒素。常采用的有效方法是用吸水性垫片轻轻挤压纤维素膜以除去80%以上发酵液，然后将纤维素浸入3% NaOH溶液中浸泡12h，重复该过程3次。然后将纤维素膜浸入3% HCl溶液中，挤压除去液体后，用蒸馏水清洗干净，至pH接近7.0。纯化的纤维素膜经高压灭菌或用^{60}Co照射后就可用作医药材料。该方法纯化的纤维素只含有1～50ng的脂多糖内毒素，而用传统方法纯化的纤维素通常含有30μg甚至更多的脂多糖内毒素（Ring，et al，1986）。

6.2.3 细菌纤维素的性质

细菌纤维素特殊的结构赋予了它一些优良的物理和化学特性，如高纯度、高聚合度、高结晶度、超细的纳米网状结构、高的机械强度和杨氏模量、高持水性和透气性、良好的生物相容性和生物可降解性、生物合成过程可调控等（Campano，et al，2016；Shoda，et al，2005）。

6.2.3.1 高化学纯度、高聚合度和高结晶度

细菌纤维素在合成过程中，木醋杆菌向外分泌的都是纤维素成分，纤维素含量达 99%，不含半纤维素、木质素、果胶及其他的细胞壁组分。

细菌纤维素组成单元是葡萄糖，葡萄糖分子量为 180，其聚合度为 n，纤维素大分子的分子量则用 $162n$ 表示。细菌纤维素的聚合度约为 16000（即由 16000 个葡萄糖聚合而成），高的聚合度是纤维素具有高杨氏模量的主要原因。当纤维素的聚合度低于 700 时，机械强度急剧下降，聚合度低于 200 时则多呈粉末状，不再具有纤维特性。细菌纤维素的聚合度与发酵方法有关，在静态发酵条件下合成的细菌纤维素的聚合度可达 16000，比一些优质的植物纤维素（如木浆纤维素的聚合度为 7000～10000，棉纤维素的聚合度为 13000～14000）还高。然而在动态条件下合成的细菌纤维素聚合度较低（3000～5000）。

纤维素的结构由结晶区和无定形区构成。结晶区占总纤维素的百分比被称为纤维素的结晶度，可通过 X 光衍射图谱确定纤维素的结晶度。一般地，结晶度增加可增加纤维素的拉伸强度、杨氏模量、硬度、相对密度和体积稳定性，降低纤维素的生长率、吸湿率、润胀度、柔软性和化学反应活性等。然而，Yamanaka 等（1989）研究发现，细菌纤维素结晶度达 95%，高于植物纤维素的（65%），但其吸湿率、润胀度、柔软性和化学反应活性比植物纤维素要好（Iguchi，et al，2000）。

6.2.3.2 超精细网状结构（纳米级）

木醋杆菌先以葡萄糖或果糖为原料在细胞内合成葡萄糖链分子，然后在细胞膜上的纤维素通道，大约 10～15 条葡萄糖链通过氢键形成亚纤维，亚纤维聚合形成微纤维。微纤维再相互聚集成纤维素带，纤维素带进一步聚合形成纤维素（Masuda，et al，2003），相互交织形成发达的超精细网络结构。细菌纤维素合成的单根纤维直径一般约 1μm，而植物微纤维直径通常约为 10μm，细菌纤维素是目前为止发现的最细的天然纤维，属于纳米细度。

6.2.3.3 高机械强度和杨氏模量

细菌纤维素分子链中含有许多羟基，因此易于在分子内与分子间形成氢键，大量的氢键对于提高纤维素的杨氏模量及机械强度尤为重要。木醋杆菌发酵产生的细菌纤维素干膜的杨氏模量值高达 15×10^9 Pa，而普通平面定向或非定向有机聚合物膜片的杨氏模量一般在 5×10^9 Pa。经过一定的热压处理，其杨氏模量与铝金属差不多（Yamanaka，et al，1989；杨加志，2011）。细菌纤维素优良的力学性能是由它的高结晶度和纤维间的强氢键带来的（Wang，et al，2017，2018）。

6.2.3.4 高持水性和透气性

细菌纤维素是超细纳米结构且分子内存在大量的亲水基团，因而具有良好透气性、吸水性和持水性，能吸收60～700倍于其干重的水分，并且具有高湿强度。在细菌纤维素培养基中加入一些多聚体（如羧甲基纤维素、甲基纤维素等），可提高细菌纤维素的含水量。细菌纤维素中的水多数是结合水，仅10%为游离水，因此细菌纤维素膜实质是一种特殊的水凝胶，可以加工成各种形状，这些特点决定了其在生物医用行业的独特优势（Mohd Amin，et al，2012；Sannino，et al，2009）。

6.2.3.5 良好的生物相容性和可降解性

细菌纤维素是微生物的代谢产物，几乎不引起异物和炎症反应，被认为具有良好的生物相容性，且在湿态下仍拥有非常好的机械强度及生物相容性，使其成为生物医用敷料和人体组织器官的优质原材料（Hasan，et al，2012；Amnuaikit，et al，2011）。由于细菌纤维素属于纯度高的纳米纤维素，易于被纤维素酶水解为单糖小分子，具有良好的生物可降解性，不会给环境造成不良影响。

6.2.3.6 生物合成过程可调控性

细菌纤维素合成过程可进行有效调控。采用不同的培养方式（静态培养与动态培养）可合成结构和性质不同的纤维素（Shah，et al，2013）。采用不同培养条件可合成不同厚度、形态及性质的纤维素（Tang，et al，2009）。采用不同尺寸的培养基，也可合成产量和结构性能不同的纤维素。此外，改变发酵培养基组成也能调节细菌纤维素的结构与性质。如培养基中加入羧甲基纤维素能提高细菌纤维素含水量（Seifert，et al，2004）；加入抗生素能提高细菌纤维素的弹性模量（Yamanaka & Sugiyama，2000）；加入吐温能在一定程度上改变纤维素的结晶度和结晶结构，以改善纤维素吸水性能；添加的甘露聚糖会附着在微纤维表面而阻碍其进一步组装成纤维丝带，因而能得到尺寸较小的纤维素。此外，纤维素的酶解、酸法水解、超声处理、纤维素表面改性（表面活性剂）等手段也可用于细菌纤维素合成过程调控（程峥，2019）。

6.2.3.7 其他性质

细菌纤维素分子链含有大量的羟基，因而可以进行硝基化、羧甲基化、烷基化、氰乙基化和其他多类型的接枝共聚反应及一些交联反应，且反应比普通植物纤维素强烈。另外，细菌纤维素还具有一定的生理功能，如抗紫外线，可以充当保护层。

6.3 细菌纤维素的应用

细菌纤维素作为一种新型生物材料，因具有独特性质而被用于食品、轻纺、生物医药等行业（Huang，et al，2014；孙东平等，2004；Shi，et al，2014）。细菌纤维素在食品中的应用已在“AAB在椰果发酵中的应用”中有详细的介绍，这里不再赘述。

6.3.1 细菌纤维素在轻纺行业中的应用

细菌纤维素在纯度、吸收性、物理性、机械性等方面具有独特的优良性能，将其作为造纸原料，无需脱木质素。细菌纤维素添加到纸浆中，可使纸张具有很好的湿强度、干强度、耐用性、吸水性等，可广泛应用于各种特种纸。例如，美元纸币中添加细菌纤维素大大提高了其强度和耐用性等。同时，添加细菌纤维素也可使纸张表面印刷性能好，吸墨均匀且附着力好等，从而可提高其品质。细菌纤维素加入用于过滤吸附有毒气体的碳纤维纸板中，可提高碳纤维纸板的吸附容量，减少纸张中填料的泄漏。细菌纤维素也可作为胶黏剂涂布于纸张表面，以改善纸张表面的抗老化能力，用于修复老化的纸张（Hioki，et al，1995）。总之，细菌纤维素作为一种环境友好的生物基材料，在改善纸张性能、特种纸与纸质膜材料的制备、老化纸修复等方面均有很好的应用前景。

细菌纤维素纯度高，且具有高机械强度、高孔隙率和纳米纤维网状结构等独特性质，可用于改善产品或者制备出性能更好的纺织品，如服装、背包、皮鞋、手提袋等服饰。这种材料的纺织品易于被染色，且回收时可100%的自行降解。此外，细菌纤维素作为黏合剂可用于无纺布生产，可改善无纺布的强度、透气性、亲水性及产品的手感等。细菌纤维素用于织物（如亲水涤纶）中可赋予其更好的亲水性。

6.3.2 细菌纤维素在生物医药领域的应用

细菌纤维素具有高纯度、高力学性能、高生物相容性、高持水性和高安全性等特点，因而在医药行业有重要的应用，可用于人造皮肤、人造组织、化妆品和药物递送系统等的生产（Petersen & Gatenholm，2011；Ullah，et al，2016）（表6-3）。

表6-3 AAB纤维素在医药方面的应用

应用	特点	国家	时间/年	文献
伤口临时覆膜	高纯度，高生物相容性	巴西	1990	Fontana，et al，1990

续表

应用	特点	国家	时间/年	文献
人造血管	高力学性能,高生物相容性	德国	2001	Klemm,et al,2001
隐形眼镜	高纯度,高生物相容性	美国	2010	Levinson & Glonek,2010
人造骨组织	高力学性能,高生物相容性	美国	2010	Wang,et al,2010
面膜	高持水性,高生物相容性	泰国	2011	Amnuaikit,et al,2011
药物缓释	高吸附性,高安全性	马来西亚	2012	Amin,et al,2012
面部磨砂膏	高持水性,高生物相容性	马来西亚	2012	Hasan,et al,2012
个人清洁剂	高持水性	美国	2012	Heath,et al,2012
根管治疗给药	高吸附性,高持水性	日本	2013	Yoshino,et al,2013

因细菌纤维素在湿的状态下具有高机械强度和弹性、良好液体和气体透过性，低的皮肤刺激性和可灭菌等特性，被认为是一种天然的创伤敷料，常被用于处理烧伤、烫伤、皮肤移植和慢性皮肤溃疡（图 6-6）。目前，已取得较好应用的是伤口临时覆膜和面膜，已商业化的有美国 Cellulose Solutions 公司生产的 Derma fill 伤口临时覆膜，美国 Medline 公司生产的 X Cell 伤口抗菌覆膜，以及美国 Skinceuticals 公司生产的生物纤维素恢复面膜。临时覆膜的优点：高持水能力使其能吸收伤口渗出物，起到很好的引流效果，从而缩短创面干燥所需时间；材料的

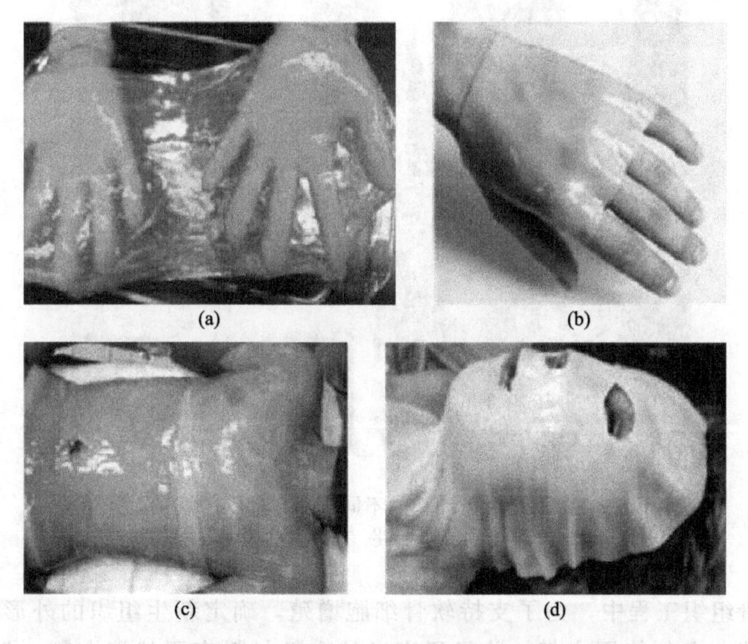

图 6-6 纤维素覆膜（a）用于受伤的手（b）、身体（c）和脸（d）
（引自 Gorgieva & Trček，2019）

三维空间网络结构能有效地阻止微生物侵入，避免伤口感染，保证皮肤创伤治疗过程正常通气；细菌纤维素膜的高柔韧性保证了以其作敷料可根据伤口形状和位置进行任意的形态设计；此膜还可作为缓释药物的载体携带各种药物，利于皮肤表面给药，可促使创伤面的愈合和康复；因透光性好而利于以激光为基础的成像诊断；伤口愈合和皮肤再生后覆膜会自发脱落而不损伤新生皮肤；产物制备过程简便、环保，覆膜成本低。同时细菌纤维素也可用于化妆品，如面部磨砂膏、面膜和个人清洁剂等（Hasan，et al，2012；Amnuaikit，et al，2011）。

细菌纤维素因具有好的力学性能和高的生物相容性而被用作人造血管（图 6-7），该人造血管与目前使用的人造血管材料［如聚丙烯、聚对苯二甲酸乙二醇酯和玻璃纸（俗称赛璐玢）等］相比，更容易保持血管形状，且具有更好的抗撕裂性能，且细菌纤维素人造血管的平滑度接近于天然血管内腔表面，因此细菌纤维素在血管内不会形成血栓，完全符合显微外科人造血管的生物和物理要求。另外，将少量细菌纤维素添加到各向异性的聚乙烯醇中，可生产纳米材料聚乙烯醇细菌纤维素（polyvinyl alcohol-bacterial cellulose，PVA-BC）。

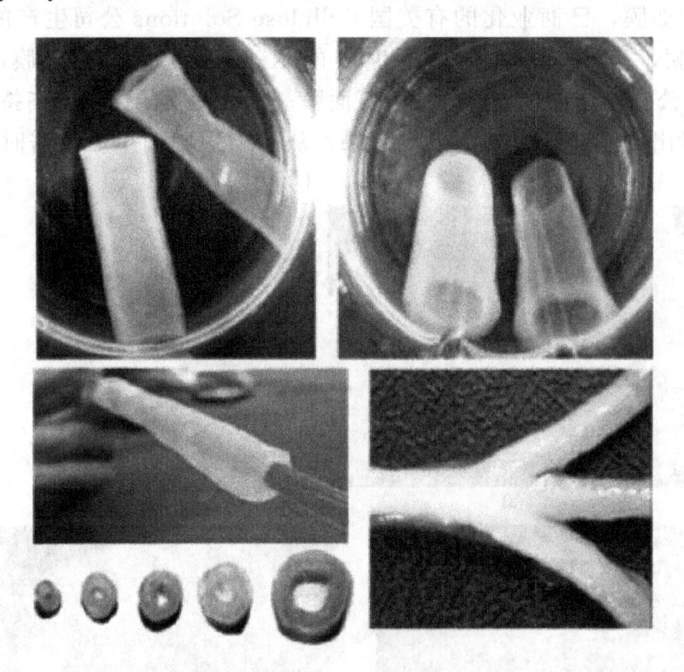

图 6-7　细菌纤维素制作的不同大小和形状的人工血管
（引自 Gorgieva & Trček，2019）

在软骨组织工程中，为了支持软骨细胞增殖，确定新生组织的外形，并维护各自的功能，必须使用支架。曾经研究过的支架材料有天然聚合物（例如胶原、海藻酸盐、壳聚糖）和一些合成聚合物等，但这些材料在模拟软骨天然的力学性能方面效果较差。细菌纤维素具有可控制的力学性能和加工参数，具有可原位成型、生物相容性等特点，也适合软骨组织的加工制造，可作为软骨组织工程的骨架材料——人造骨组织。Svensson 等（2005）将细菌纤维素用于牛软骨细胞生长的支架材料时发现，未经修饰的细菌纤维素替代大约 50%的二型胶原（软骨细胞之间基质的组成成分之一，而基质组成成分主要包括水、二型胶原及蛋白聚糖）时，可支持软骨细胞增殖，且与塑料和海藻酸钙相比，未经修饰的细菌纤维素可促进软骨细胞生长。进一步将未经修饰的细菌纤维素用于人软骨细胞生长的支架时，它不仅可以支持软骨细胞增殖，而且可使软骨细胞在支架内部生长（Wang，et al，2010）。

细菌纤维素因高吸水性和高生物相容性而被用作药物的递送系统。纤维素可吸附具有抗菌活性或抗癌活性的一种或多种药物（浸泡在含药物的溶液中），将其覆于真皮表面或牙齿根管，可以使药物缓慢释放，达到有效治疗皮肤病的目的。纤维素作为口服药物的递送体系时，它常与其他生物聚合材料（如淀粉、羧甲基纤维素或羟丙基甲基纤维素）联合使用，以达到药物的可控缓释作用（纯纤维素壁材易出现药物某时刻的瞬时释放），如用于胰岛素口服递送等。

6.3.3 细菌纤维素在其他方面的应用

细菌纤维素良好的力学性能和纳米结构，使其在扬声器隔膜、空气净化、污水处理和纳米晶体等领域也具有较好的应用前景（Huang，et al，2014；Reiniati，et al，2017；Nguyen，et al，2009）。

细菌纤维素作为纸质膜材料具有强度好、传递声音速度快、音色洪亮清晰等优点，因而被用于扬声器膜材料。1989 年，日本索尼公司生产的耳机 MDR-R10 就采用了细菌纤维素膜作为扬声器隔膜，其售价也从一开始的 2500 美元一直升到 6000 多美元。随后，索尼公司生产的耳机，例如 1991 年的 MDR-CD3000，1995 年的 MDR-E888，1996 年的 MDR-CD1700 和 2000 年的 MDR-CD2000 等，其扬声器隔膜也都采用细菌纤维素膜作为原料（Nishi，et al，1990；Oshima，et al，2011）。

细菌纤维素也可用于细胞和酶的固定化，以及重金属、油脂、有机溶剂等的吸附而进行污水处理（Oshima，et al，2008）。同时，纤维素可与其他超磁性颗粒材料（如 Fe_2O_3，Ni-Fe 和 Fe-Co 等）结合，也可以将碳纳米管、石墨烯、氧化石墨烯等材料掺入纤维素以制备纳米管，增加其孔表面积，促进纤维素对油脂、有机溶剂等的吸附（图 6-8）。由微球 SEM 图［图 6-8（g）～图 6-8（j）］中可以看出，纤维素微球及其衍生物，如纤维素、石墨烯及其炭化颗粒等的表面呈蜂窝状，具有相互交织的孔状结构，且炭化后的纤维素微球的表面具有更多的空隙，这可能会使它们具有更高的吸附能力（Gorgieva & Trček，2019）。

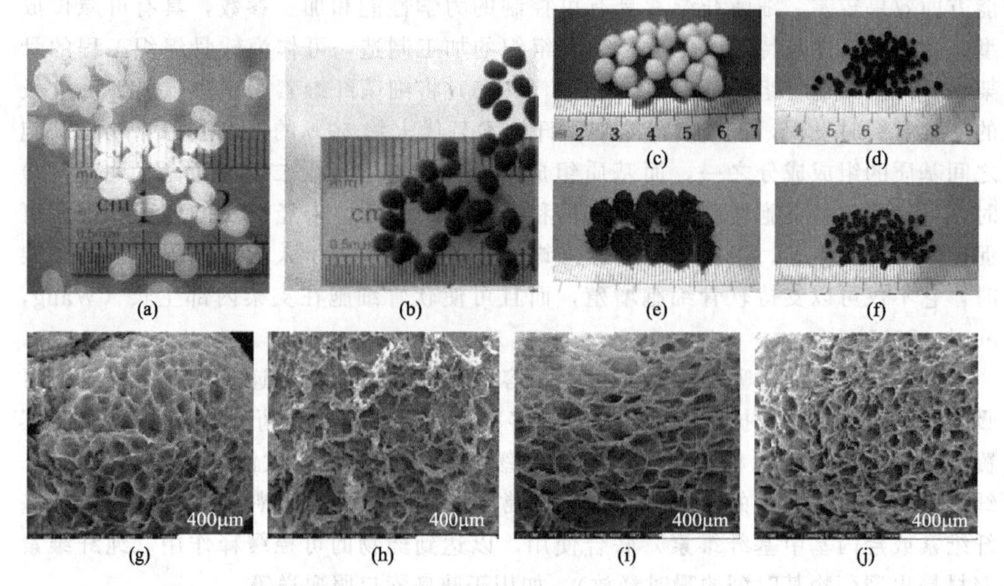

图 6-8 纤维素微球及其衍生材料（引自 Gorgieva & Trček，2019）

（a），（c）纤维素球；（b）纤维素/Fe_3O_4；（d）炭化纤维素微球；（e）石墨烯/纤维素微球；（f）炭化的石墨烯/纤维素微球；（g），（h）纤维素微球表面的 SEM 扫描图；（i），（j）石墨烯/纤维素微球表面的 SEM 扫描图；（g），（i）炭化前的微球表面的 SEM 扫描图；（h），（j）炭化后的微球表面的 SEM 扫描图

参 考 文 献

Amin M，Abadi A G，Ahmad N，et al. 2012. Bacterial cellulose film coating as drug delivery system：physicochemical，thermal and drug release properties [J]. Sains Malays，41（5）：561-568.

Amnuaikit T，Chusuit T，Raknam P，et al. 2011. Effects of a cellulose mask synthesized by a bacterium on facial skin characteristics and user satisfaction [J]. Medical Devices，4：77-81.

Bae S，Sugano Y，Shoda，M. 2004. Improvement of bacterial cellulose production by addition of agar in a jar fermentor [J]. Journal of Bioscience and Bioengineering，97（1）：33-38.

Brown A J，1886. On an acetic ferment which forms cellulose [J]. Journal of the Chemical Society，Transactions，49：432-439.

Campano C，Balea A，Blanco A，et al. 2016. Enhancement of the fermentation process and properties of bacterial cellulose：a review [J]. Cellulose，23（1）：57-91.

Castro C，Zuluaga R，Álvarez C，et al. 2012. Bacterial cellulose produced by a new acid-resistant strain of *Gluconacetobacter genus* [J]. Carbohydrate Polymerns，89（4）：1033-1037.

Cavka A，Guo X，Tang S J，et al. 2013. Production of bacterial cellulose and enzyme from waste fiber sludge [J]. Biotechnology for Biofuels，6（1）：25.

Chao Y，Mitarai M，Sugano Y，et al. 2001a. Effect of addition of water-soluble polysaccharides on bacterial cellulose production in a 50-L airlift reactor [J]. Biotechnology Progress，17（4）：781-785.

Chao Y，Sugano Y，Shoda M. 2001b. Bacterial cellulose production under oxygen-enriched air at different fructose concentrations in a 50-liter，internal-loop airlift reactor [J]. Applied Microbiology and Biotechnology，55：673-679.

Chao Y, Ishida T, Sugano Y, et al. 2000. Bacterial cellulose production by *Acetobacter xylinum* in a 50L internal-loop airlift reactor [J]. Biotechnology and Bioengineering, 68: 345-352.

Chao Y, Sugano Y, Kouda T, et al. 1997. Production of bacterial cellulose by *Acetobacter xylinum* with an air-lift reactor [J]. Biotechnology Techniques, 11 (11): 829-832.

Chawla P R, Bajaj I B, Survase S, et al. 2009. Microbial cellulose: fermentative production and applications [J]. Food Technology Biotechnology, 47: 107-124.

Cheng Z, Yang R, Liu X, et al. 2017. Green synthesis of bacterial cellulose via acetic acid pre-hydrolysis liquor of agricultural corn stalk used as carbon source [J]. Bioresource Technology, 234: 8-14.

Choi C N, Song H J, Kim M J, et al. 2009. Properties of bacterial cellulose produced in a pilot-scale spherical type bubble column bioreactor [J]. Korean Journal Chemical Engineering, 26 (1): 136-140.

Corrêa dos Santos R A, Berretta A A, da Silva Barud H, et al. 2014. Draft genome sequence of *Komagataeibacter rhaeticus* strain AF1, a high producer of cellulose, isolated from Kombucha tea [J]. Genome Announcements, 2 (4): e00731-14.

Dellaglio F, Cleenwerck I, Felis G E, et al. 2005. Description of *Gluconacetobacte swingsii* sp. nov. and *Gluconacetobacter rhaeticus* sp. nov., isolated from Italian apple fruit [J]. International Journal of Systematic and Evolutionary Microbiology, 55 (6): 2365-2370.

Deppenmeier U, Ehrenreich A. 2009. Physiology of acetic acid bacteria in light of the genome sequence of *Gluconobacter oxydans* [J]. Journal of Molecular Microbiology and Biotechnology, 16 (1-2): 69-80.

Fontana J, De Souza A, Fontana C, et al. 1990. *Acetobacter* cellulose pellicle as a temporary skin substitute [J]. Appllied Biochemistry Biotechnology, 24 (1): 253-264.

Forng E R, Anderson S M, Cannon R E. 1989. Synthetic medium for *Acetobacter xylinum* that can be used for isolation of auxotrophic mutants and study of cellulose biosynthesis [J]. Applied and Environmental Microbiology, 55 (5): 1317-1319.

Gomes F P, Silva N H C, Trovatti E, et al. 2013. Production of bacterial cellulose by *Gluconacetobacter sacchari* using dry olive mill residue [J]. Biomass and Bioenergy, 55: 205-211.

Gorgieva S, Trček J. 2019. Bacterial cellulose: production, modification and perspectives in biomedical applications [J]. Nanomaterials, 9 (10): 1352.

Gullo M, La China S, Falcone P M, et al. 2018. Biotechnological production of cellulose by acetic acid bacteria: current state and perspectives [J]. Applied Microbiology and Biotechnology, 102: 6885-6898.

Gullo M, Sola A, Zanichelli G, et al. 2017. Increased production of bacterial cellulose as starting point for scaled-up applications [J]. Applied Microbiology and Biotechnology, 101 (22): 8115-8127.

Ha J H, Shah N, Ul-Islam M, et al. 2011. Bacterial cellulose production from a single sugar α-linked glucuronic acid-based oligosaccharide [J]. Process Biochemistry, 46 (9): 1717-1723.

Hasan N, Biak D R A, Kamarudin S. 2012. Application of bacterial cellulose (BC) in natural facial scrub [J]. International Journal on Advanced Science, Engineering and Information Technology, 2 (4): 272-275.

Heath B P, Coffindaffer T W, Kyte III K E, et al. 2012. Personal cleansing compositions comprising a bacterial cellulose network and cationic polymer [P]: US, 8097574. 2012-01-17.

Hestrin S, Aschner M, Mager J. 1947. Synthesis of cellulose by resting cells of *Acetobacter xylinum* [J]. Nature, 159: 64-65.

Hestrin S, Schramm M. 1954. Synthesis of cellulose by *Acetobacter xylinum* 2. Preparation of freeze-dried cells capable of polymerizing glucose to cellulose [J]. Biochemical Journal, 58 (2): 345-352.

Hioki N, Hori Y, Watanabe K, et al. 1995. Bacterial cellulose; as a new material for papermaking [J]. Japan TAPPI Journal, 49 (4): 718-723.

Hirai A, Tsuji M, Horii F. 1997. Culture conditions producing structure entities composed of cellulose I and II in bacterial cellulose [J]. Cellulose, 4: 239-245.

Holmes D. 2004. Bacterial Cellulose [D]. New Zealand: University of Canterbury, Christchurch.

Hong F, Qiu K. 2008. An alternative carbon source from konjac powder for enhancing production of bacterial cellulose in static cultures by a model strain *Acetobacter aceti* subsp. xylinus ATCC 23770 [J]. Carbohydrate polymers, 72 (3): 545-549.

Hu Y, Catchmark J M, Vogler E A. 2013. Factorsimpacting the formation of sphere-like bacterial cellulose particles and their biocompatibility for human osteoblast growth [J]. Biomacromolecules, 14 (10): 3444-3452.

Huang Y, Zhu C, Yang J, et al. 2014. Recent advances in bacterial cellulose [J]. Cellulose, 21 (1): 1-30.

Hwang J W, Yang Y K, Hwang J K, et al. 1999. Effects of pH and dissolved oxygen on cellulose production by *Acetobacter xylinum* BRC5 in agitated culture [J]. Journal of Bioscience and Bioengineering, 88 (2): 183-188.

Iguchi M, Yamanaka S, Budhiono A. 2000. Bacterial cellulose-a masterpiece of nature's arts [J]. Journal of Materials Science, 35 (2): 261-270.

Ishikawa A, Matsuoka M, Tsuchida T, et al. 1995. Increase in cellulose production by sulfaguanidine-resistant mutants derived from *Acetobacter xylinum* subsp sucrofermentans [J]. Bioscience Biotechnology and Biochemistry, 59 (12): 2259-2262.

Jahn C E, Selimi D A, Barak J D, et al. 2011. The *Dickeya dadantii* biofilm matrix consists of cellulose nanofibres, and is an emergent property dependent upon the type Ⅲ secretion system and the cellulose synthesis operon [J]. Microbiology, 157: 2733-2744.

Jonas R, Farah L F. 1998. Production and application of microbial cellulose [J]. Polymer Degradation and Stability, 59 (1-3): 101-106.

Jung J Y, Park J K, Chang H N. 2005. Bacterial cellulose production by *Gluconacetobacter hansenii* in an agitated culture without living non-cellulose producing cells [J]. Enzyme and Microbial Technology, 37 (3): 347-354.

Keshk S M. 2014. Bacterial cellulose production and its industrial applications [J]. Journal of Bioprocessing & Biotechniques, 4 (2): 1

Klemm D, Schumann D, Udhardt U, et al. 2001. Bacterial synthesized cellulose—artificial blood vessels for microsurgery [J]. Progress in Polymmer Science, 26 (9): 1561-1603.

Kouda T, Yano H, Yoshinaga F. 1997. Effect of agitator configuration on bacterial cellulose productivity in aerated and agitated culture [J]. Journal of Fermentation and Bioengineering, 83 (4): 371-376.

Krystynowicz A, Galas E. Pawlak E, 1997. Method of bacterial cellulose production: Polish, P-299907.

Kumagai A, Mizuno M, Kato N, et al. 2011. Ultrafine cellulose fibers produced by *Asaia bogorensis*, an acetic acid bacterium [J]. Biomacromolecules, 12 (7): 2815-2821.

Kuo C H, Lin P J, Lee C K. 2010. Enzymatic saccharification of dissolution pretreated waste cellulosic fabrics for bacterial cellulose production by *Gluconacetobacter xylinus* [J]. Journal of Chemical Technology & Biotechnology, 85 (10): 1346-1352.

Lee J W, Deng F, Yeomans W G, et al. 2001. Direct incorporation of glucosamine and N-acetylglucosamine into exopolymers by *Gluconacetobacter xylinus* (= *Acetobacter xylinum*) ATCC 10245: production of chitosan-cellulose and chitin-cellulose exopolymers [J]. Applied and Environmental

Microbiology, 67 (9): 3970-3975.

Levinson D J, Glonek T. 2010. Microbial cellulose contact lens [P]: US, 7832857. 2010-11-16.

Li Y, Tian C, Tian H, et al. 2012. Improvement of bacterial cellulose production by manipulating the metabolic pathways in which ethanol and sodium citrate involved [J]. Applied Microbiology Biotechnology, 96: 1479-1487.

Li Z, Wang L, Hua J, et al. 2015. Production of nano bacterial cellulose from waste water of candied jujube-processing industry using *Acetobacter xylinum* [J]. Carbohydrate polymers, 120: 115-119.

Lu H, Jiang X. 2014. Structure and properties of bacterial cellulose produced using a trickling bed reactor [J]. Biotechnology and Applied Biochemistry, 172: 3844-3861.

Masaoka S, Ohe T, Sakota N. 1993. Production of cellulose from glucose by *Acetobacter xylinum* [J]. Journal of Fermentation and Bioengineering, 75: 18-22.

Masuda K, Adachi M, Hirai A, et al. 2003. Solid-state ^{13}C and ^{1}H spin diffusion NMR analyses of the microfibril structure for bacterial cellulose [J]. Solid State Nuclear Magnetic Resonance, 23 (4): 198-212.

Matsushita K, Toyama H, Tonouchi N, et al. 2016. Acetic acid bacteria ecology and physiology [M]. Tokyo: Springer Japan.

Mohd Amin M C I, Ahmad N, Halib N, et al. 2012. Synthesis and characterization of thermo- and pH-responsive bacterial cellulose/acrylic acid hydrogels for drug delivery [J]. Carbohydrate polymers, 88 (2): 465-473.

Morgan J L, Strumillo J, Zimmer J. 2013. Crystallographic snapshot of cellulose synthesis and membrane translocation [J]. Nature, 493 (7431): 181-186.

Naritomi T, Kouda T, Yano H, et al. 1998. Effect of lactate on bacterial cellulose production from fructose in continuous culture [J]. Journal of Fermentation and Bioengineering, 85: 89-95.

Nguyen D, Ton N, Le V. 2009. Optimization of *Saccharomyces cerevisiae* immobilization in bacterial cellulose by 'adsorption-incubation' method [J]. Cell, 1: 0-1.

Nishi Y, Uryu M, Yamanaka S, et al. 1990. The structure and mechanical properties of sheets prepared from bacterial cellulose [J]. Journal of Materials Science, 25 (6): 2997-3001.

Noro N, Sugano Y, Shoda M. 2004. Utilization of the buffering capacity of corn steep liquor in bacterial cellulose production by *Acetobacter xylinum* [J]. Applied Microbiology and Biotechnology, 64 (2): 199-205.

Oikawa T, Ohtori T, Ameyama M. 1995. Production of cellulose from D-mannitol by *Acetobacter xylinum* KU-1 [J]. Bioscience, Biotechnology and Biochemistry, 59 (2): 331-332.

Oshima T, Kondo K, Ohto K, et al. 2008. Preparation of phosphorylated bacterial cellulose as an adsorbent for metal ions [J]. Reactive & Functional Polymers, 68 (1): 376-383.

Oshima T, Taguchi S, Ohe K, et al. 2011. Phosphorylated bacterial cellulose for adsorption of proteins [J]. Carbohydrate Polymers, 83 (2): 953-958.

Park J K, Jung J Y, Park Y H. 2003. Cellulose production by *Gluconacetobacter hansenii* in a medium containing ethanol [J]. Biotechnology letters, 25 (24): 2055-2059.

Petersen N, Gatenholm P. 2011. Bacterial cellulose-based materials and medical devices: current state and perspectives [J]. Applied Microbiology Biotechnology, 91 (5): 1277-1286.

Reiniati I, Hrymak A N, Margaritis A. 2017. Recent developments in the production and applications of bacterial cellulose fibers and nanocrystals [J]. Critical Review of Biotechnology, 37 (4): 510-524.

Ring D F, Nashed W, Dow T. 1986. Liquid loaded pad for medical applications [P]: US, 4588400. 1986-05-13.

Romling U, Galperin M Y. 2015. Bacterial cellulose biosynthesis: diversity of operons, subunits, products, and functions [J]. Trends in Microbiology, 23 (9): 545-557.

Sannino A, Demitri C, Madaghiele M. 2009. Biodegradable cellulose-based hydrogels: design and applications [J]. Materials, 2 (2): 353.

Saxena R K, Jahan F. 2018. Isolated bacterial strain of *Gluconacetobacter oboediens* and an optimized economic process for microbial cellulose production therefrom [P]: US, 10053718. 2018-08-21.

Seifert M, Hesse S, Kabrelian V, et al. 2004. Controlling the water content of never dried and reswollen bacterial cellulose by the addition of water-soluble polymers to the culture medium [J]. Journal of Polymer Science Part A: Polymer Chemistry, 42 (3): 463-470.

Semjonovs P, Ruklisha M, Paegle L, et al. 2017. Cellulose synthesis by *Komagataeibacter rhaeticus* strain P1463 isolated from Kombucha [J]. Applied Microbiology Biotechnology, 101 (3): 1003-1012.

Seto A, Kojima Y, Tonouchi N, et al. 1997. Screening of bacterial cellulose-producing *Acetobacter* strains suitable for sucrose as a carbon source [J]. Bioscience, Biotechnology and Biochemistry, 61 (4): 735-736.

Seto A, Saito Y, Matsushige M, et al. 2006. Effective cellulose production by a coculture of *Gluconacetobacter xylinus* and *Lactobacillus mali* [J]. Applied Microbiology and Biotechnology, 73: 915-921.

Shah N, Ul-Islam M, Khattak W A, et al. 2013. Overview of bacterial cellulose composites: a multipurpose advanced material [J]. Carbohydrate polymers, 98 (2): 1585-1598.

Shi Z, Zhang Y, Phillips G O, et al. 2014. Utilization of bacterial cellulose in food [J]. Food Hydrocolloids, 35: 539-545.

Shoda M, Sugano Y, 2005. Recent advances in bacterial cellulose production [J]. Biotechnology and Bioprocess Engineering, 10 (1): 1-8.

Svensson A, Nicklasson E, Harrah T, et al. 2005. Bacterial cellulose as a potential scaffold for tissue engineering of cartilage. Biomaterials, 26 (4): 419-431.

Tang W, Jia S, Jia Y, et al. 2009. The influence of fermentation conditions and post-treatment methods on porosity of bacterial cellulose membrane [J]. World Journal of Microbiology and Biotechnology, 26 (1): 125.

Tonouchi N, Tsuchida T, Yoshinaga F, et al. 1996. Characterization of the biosynthetic pathway of cellulose from glucose and fructose in *Acetobacter xylinum* [J]. Bioscience, Biotechnology and Biochemistry, 60: 1377-1379.

Toyosaki H, Kojima Y, Tsuchida T, et al. 1995. The characterization of an acetic acid bacterium useful for producing bacterial cellulose in agitation cultures: the proposal of *Acetobacter xylinum* subsp. sucrofermentans subsp. nov [J]. The Journal of General and Applied Microbiology, 41 (4): 307-314.

Ullah H, Santos H A, Khan T. 2016. Applications of bacterial cellulose in food, cosmetics and drug delivery [J]. Cellulose, 23 (4): 2291-2314.

Valera M J, Poehlein A, Torija M J, et al. 2015. Draft genome sequence of *Komagataeibacter europaeus* CECT 8546, a cellulose-producing strain of vinegar elaborated by the traditional method [J]. Genome Announcements, 3 (5): e01231-15.

Wang J, Valmikinathan C M, Liu W, et al. 2010. Spiral-structured, nanofibrous, 3D scaffolds for bone tissue engineering [J]. Journal of Biomedical Materials Research Part A, 93 (2): 753-762.

Wang S, Jiang F, Xu X, et al. 2017. Super-strong, super-stiff macrofibers with aligned, long bacterial cellulose nanofibers [J]. Advanced Materials, 29 (35): 1702498.

Wang S, Li T, Chen C, et al. 2018. Transparent, anisotropic biofilm with aligned bacterial cellulose nanofibers [J]. Advanced Functional Materials, 28 (24): 1707491.

Wong H C, Fear A L, Calhoon R D, et al. 1990. Genetic organization of the cellulose synthase operon in *Acetobacter xylinum* [J]. Proceedings of the National Academy of Sciences of the United States of America, 87 (20): 8130-8134.

Yamada Y, Yukphan P, Vu H T L, et al. 2012. Description of *Komagataeibacter* gen. nov., with proposals of new combinations (Acetobacteraceae) [J]. The Journal of General and Applied Microbiology, 58 (5): 397-404.

Yamanaka S, Sugiyama J. 2000. Structural modification of bacterial cellulose [J]. Cellulose, 7 (3): 213-225.

Yamanaka S, Watanabe K, Kitamura N, et al. 1989. The structure and mechanical properties of sheets prepared from bacterial cellulose [J]. Journal of Materials Science, 24 (9): 3141-3145.

Yan Z, Chen S, Wang H, et al. 2008. Biosynthesis of bacterialcellulose/multi-walled carbon nanotubes in agitated culture [J]. Carbohydrate Polymers, 74: 659-665.

Yang H, Zhu C, Yang J, et al. 2014. Recent advances in bacterial cellulose [J]. Cellulose, 21 (1): 1-30.

Yoshino A, Tabuchi M, Uo M, et al. 2013. Applicability of bacterial cellulose as an alternative to paper points in endodontic treatment [J]. Acta Biomaterialia, 9 (4): 6116-6122.

Young K Y, Sang H P, Jung W H, et al. 1998. Cellulose production by *Acetobacter xylinum* BRC5 under agitated condition [J]. Journal of Fermentation and Bioengineering, 85 (3): 312-317.

Zeng M, Laromaine A, Roig A: 2014. Bacterial cellulose films: influence of bacterial strain and drying route on film properties [J]. Cellulose, 21 (6): 4455-4469.

Zhong C, Zhang G C, Liu M, et al. 2013. Metabolic flux analysis of *Gluconacetobacter xylinus* for bacterial cellulose production [J]. Applied Microbiology and Biotechnology, 97 (14): 6189-6199.

Çakar F, Özer I, Aytekin A Ö, et al. 2014. Improvement production of bacterial cellulose by semi-continuous process in molasses medium [J]. Carbohydrate Polymers, 106: 7-13.

程峥. 2019. 细菌纤维素的合成及其高值化应用研究 [D]. 广州：华南理工大学.

贾士儒，欧宏宇. 2001. 新型生物材料——细菌纤维素 [J]. 食品与发酵工业，27 (1)：54-58.

刘四新，李枚秋，方仲根. 1999. 椰子纳塔发酵条件研究 [J]. 食品与发酵工业，25 (1)：36-39.

马霞，王瑞明，关凤梅，等. 2003. 非碳水化合物对木醋杆菌合成细菌纤维素影响规律的初探 [J]. 中国酿造，(04)：15-17.

齐香君，张美云. 2002. 细菌纤维素发酵条件的研究 [J]. 西北轻工业学院学报，(05)：69-71.

孙东平，徐军，周伶俐，等. 2004. 醋杆菌发酵生产细菌纤维素的研究进展 [J]. 生物学杂志，21 (1)：12-14.

王瑞明，关凤梅，贾士儒，等. 2003. 有机酸对木醋杆菌合成细菌纤维素的影响规律 [J]. 纤维素科学与技术，(1)：56-59.

杨加志. 2011. 细菌纤维素杂化纳米材料的制备及性能研究 [D]. 南京：南京理工大学.

张凤清，张海悦，郑春雨，等. 2005. 玉米浆做 *Acetobacter xylinum* 培养基生产纤维素的发酵条件优化 [J]. 食品工业科技，(02)：107-108，111.

第 7 章

醋酸菌在植物生长促进中的作用

一些醋杆菌科的AAB，如固重氮葡糖醋杆菌、约翰娜葡糖醋杆菌、固氮葡糖醋杆菌、耐盐斯瓦米纳坦杆菌和过氧化醋杆菌常可在多种植物的根和内部组织中存在，其中的一些醋杆菌可通过多种机制而促进植物生长，因此可作为植物生长促进剂，以减少化肥和杀虫剂的使用量。本章将就AAB的生物固氮、植物激素合成、矿物增溶和抗菌等促进植物生长的机制进行阐述。

7.1 醋酸菌的生物固氮

7.1.1 生物固氮

氮是植物生长的必需营养素之一，常以氮肥的形式添加来提高农作物产量。然而，过量使用氮肥不仅增加农作物的生产成本，而且会对土壤和水源等环境造成污染。生物固氮（biological nitrogen fixation，BNF）是对抗土壤和农业生态系统中氮流失的重要方法。所谓生物固氮就是通过生物的固氮酶复合体将空气中氮还原为氨的过程，生物固氮是细菌和古菌独有的。

具有固氮能力的微生物被称为固氮微生物（diazotrophs）。固氮微生物可作为一种经济、环保的农作物氮源的来源。现已发现的固氮微生物主要分布在固氮螺菌属（*Azospirillum*）、固氮菌属（*Azotobacter*）、草螺菌属（*Herbaspirillum*）、芽孢杆菌属、伯克氏菌属（*Burkholderia*）、假单胞菌属、根瘤菌属（*Rhizobium*）和葡糖醋杆菌属等。

7.1.2 固氮的醋酸菌

葡糖醋杆菌属、斯瓦米纳坦杆菌属、醋杆菌属和驹形杆菌属的一些AAB具有固氮作用（Pedraza，2008），分离的可固氮的AAB菌株见表7-1。

最早被发现且被广泛研究的是1988年从巴西的甘蔗根茎中分离到的 *Saccharobacter nitrocaptans*（Cavalcante & Dobereiner，1988），1989年认为 *Saccharobacter nitrocaptans* 分类错误，故被更名为固重氮醋杆菌（Gillis，et al，1989），后又被更名为固重氮葡糖醋杆菌（Yamada，et al，1997）。除甘蔗根茎外，甘薯、咖啡、茶树、菠萝、香蕉、胡萝卜和稻谷等植株的根茎或根部土壤中都可分离到固重氮葡糖醋杆菌（Saravanan，et al，2008）。之后，约翰娜葡糖醋杆菌、固氮葡糖醋杆菌、耐盐斯瓦米纳坦杆菌和过氧化醋杆菌等固氮AAB也陆续从不同的植物根茎和附近的土壤中被分离到（表7-1），但只有固重氮葡糖醋杆菌是作为植物内生菌从其根茎组织中分离到的，其他固氮AAB都分离自植物根部土壤。

表 7-1 固氮 AAB 及来源

菌种	来源	国家	文献
固重氮醋杆菌(*A. diazotrophicus*①)	甘蔗根茎	巴西	Gillis, et al, 1989
约翰娜葡糖醋杆菌(*Ga. johannae*)	咖啡根部土壤	墨西哥	Fuentes-Ramírez, et al, 2001
固氮葡糖醋杆菌(*Ga. azotocaptans*)	咖啡根部土壤	墨西哥	Fuentes-Ramírez, et al, 2001
耐盐斯瓦米纳坦杆菌(*Sw. salitolerans*)	野生稻根茎和根部土壤	印度	Loganathan & Nair, 2004
过氧化醋杆菌(*A. peroxydans*)	野生稻根茎和根部土壤	印度	Muthukumarasamy, et al, 2005
固氮醋杆菌(*A. nitrogenifigens*)	康普茶	印度	Dutta & Gachhui, 2006
红茶葡糖醋杆菌(*Ga. kombuchae*②)	康普茶	印度	Dutta & Gachhui, 2007

①后于 1997 年改名为 *Ga. diazotrophicus*（Yamada, et al, 1997）；

②后于 2012 年改名为 *K. kombuchae*（Yamada, et al, 2012）。

由于固重氮葡糖醋杆菌是最早被分离到的固氮 AAB，它可以在非豆科植物（如甘蔗、草和谷物等）中固定它们生长所需氮源的 80%，这无疑驱动了非豆科植物固氮方法的研究，固氮 AAB 的相关研究也主要集中于固重氮葡糖醋杆菌。Pedraza 等（2016）发现能分离到固重氮葡糖醋杆菌的不同地方的植物组织中，都具有高浓度的天冬酰胺。天冬酰胺是一种既能促进微生物生长，又能抑制固氮酶活性的氨基酸，因此天冬酰胺可能与植物中的内生固重氮葡糖醋杆菌的生长和固氮有关。固重氮葡糖醋杆菌具有高浓度蔗糖（≥10%）耐受性，并能在 pH<5.0 的含 10% 蔗糖的马铃薯琼脂培养基中固氮，且固氮能力不受 NO_3^- 和 NH_4^+ 浓度的影响，这就使其在含氮源的土壤中也能固氮。

7.1.3 醋酸菌固氮机制

固重氮葡糖醋杆菌的固氮作用由固氮酶复合物催化。该固氮酶复合物活性依赖金属钼（molybdenum），由固氮酶还原酶（含 ATP 结合位点的铁蛋白）和固氮酶（含底物结合位点的钼铁蛋白）组成（Fisher, et al, 2005）。固氮酶复合物中的两个酶都会被氧气不可逆钝化，但 AAB 固氮是个耗能过程，需要氧气进行有氧呼吸以产生能量 ATP，这就造成了固氮菌对氧气需求的矛盾（Marchal, et al, 2000）。另外，和固氮相关的部分基因，例如 *nifHDK*、*nifA*、*nifB*、*nifV*、*nifE* 和 *ntrBC* 也已被鉴定（Pedraza, 2016）。

7.2 醋酸菌促进植物生长的其他因素

7.2.1 醋酸菌合成植物激素

植物激素（phytohormone）是由植物自身代谢生成的一类能调控植物生长发

育及分化的有机物，如吲哚乙酸（indole-3-acetic acid，IAA)、赤霉素（gibberellin）等（Davies，2013)。除植物外，部分微生物也能产生植物激素，尤其是固氮菌（如固氮螺菌)、假单胞菌、根瘤菌和葡萄醋杆菌等（Pedraza，et al，2004)。1993 年，首次发现固重氮葡糖醋杆菌可产生吲哚乙酸（Fuentes-Ramírez，et al，1993)，并可在含 10%葡萄糖的培养基中产生赤霉素 A1 和 A3（Bastián，et al，1998)。除固重氮葡糖醋杆菌外，约翰娜葡糖醋杆菌和固氮葡糖醋杆菌也能产生吲哚乙酸（Pedraza，et al，2004）（表 7-2)。然而，截至目前有关产赤霉素的 AAB 只有固重氮葡糖醋杆菌（Bastián，et al，1998)，故后续不再赘述赤霉素的合成。

关于吲哚乙酸的合成，可能是由编码 L-氨基酸氧化酶（L-amino acid oxidase）的基因 *lao*，编码细胞色素 c（cytochrome c）的基因 *cccA* 和编码反应性中间脱氨酶 A（reactive intermediate deaminase A）的基因 *ridA* 等构成的基因簇负责的（Rodrigues，et al，2016)。L-氨基酸氧化酶催化 L-氨基酸立体选择性脱氨而成对应的 α-酮酸，同时释放 NH_4^+ 和 H_2O_2。积累的 H_2O_2 使 α-酮酸脱羧而成对应的羧酸（Yu & Qiao，2012)。细胞色素 c 是电子转运蛋白，常与其他氧化还原蛋白相互作用，因此细胞色素 c 可能与 L-氨基酸氧化酶的功能发挥有关，但具体功能有待进一步研究。反应性中间脱氨酶催化水解来自氨基酸氧化酶的反应中间物——亚胺/烯氨而生成 α-酮酸，以防止其浓度增加而对细胞造成损伤（Niehaus，et al，2015)，但这些基因在固重氮葡糖醋杆菌等 AAB 中的功能需进一步研究。

表 7-2　产植物激素的 AAB

菌种	植物激素	国家	文献
固重氮醋杆菌(*A. diazotrophicus*①)	吲哚乙酸	墨西哥	Fuentes-Ramírez,et al,1993
固重氮醋杆菌(*A. diazotrophicus*①)	赤霉素 A1 和 A3	意大利	Bastián,et al,1998
约翰娜葡糖醋杆菌(*Ga. johannae*)	吲哚乙酸	墨西哥	Pedraza,et al,2004
固氮葡糖醋杆菌(*Ga. azotocaptans*)	吲哚乙酸	墨西哥	Pedraza,et al,2004

①后于 1997 年改名为 *Gluconacetobacter diazotrophicus*（Yamada，et al，1997)。

7.2.2　醋酸菌促进矿物溶解

磷是植物生长必需的元素，固重氮葡糖醋杆菌和耐盐斯瓦米纳坦杆菌可使不溶性的磷酸盐（例如磷酸三钙、羟磷灰石和磷酸铁）转换为可溶性物质，为植物生长提供磷。从图 7-1 中可以看出，固重氮葡糖醋杆菌对磷酸三钙溶解度最大，形成最大的透明圈［图 7-1（a)］，对其他磷酸盐的溶解度从高到低依次是羟磷灰石［图 7-1（b)］和磷酸铁［图 7-1（c)］（Saravanan，et al，2008)。

锌作为多种酶的辅因子或激活剂，是农作物生长必需的微量元素，锌常以化肥形式（如硫酸锌）供应给植物，之后被转化成各种不溶形式。在贫瘠土壤或碱性土壤中，锌元素缺乏较为常见。固重氮葡糖醋杆菌在体外实验中，可有效溶解

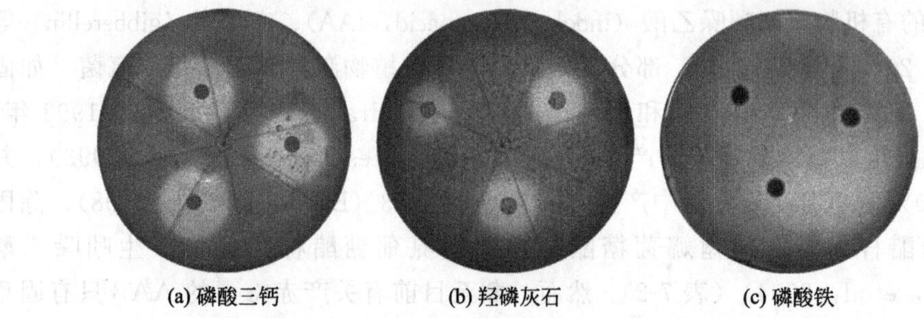

图 7-1　固重氮葡糖醋杆菌溶解不同磷酸盐情况（引自 Matsushita，et al，2016）

不溶性的锌化合物（ZnO、$ZnCO_3$、$ZnSO_4$），将其转变为可溶性的 5-酮葡萄糖酸锌以供植物生长利用（Natheer & Muthukkaruppan，2012）。

铁元素也是植物生长必需的微量元素。为了维持生长，细菌具有不同的从铁限制环境中获得铁的策略，但含铁细胞介导的铁吸收可能是通用途径。固重氮葡糖醋杆菌产生异羟肟酸型含铁细胞，但在细菌和植物之间的功能不清楚（Matsushita，et al，2016）。

7.2.3　醋酸菌拮抗植物病原菌

固重氮葡糖醋杆菌可通过分泌细菌素或裂解酶等而拮抗多种植物病原菌［如白纹黄单胞菌（*Xanthomonas albilineans*）和镰刀菌等］，从而提高植物在压力环境下的生存能力和适应能力（Saravanan，et al，2008）。

参 考 文 献

Bastián F，Cohen A，Piccoli P，et al. 1998. Production of indole-3-acetic acid and gibberellins A1 and A3 by *Acetobacter diazotrophicus* and *Herbaspirillum seropedicae* in chemically-defined culture media [J]. Plant Growth Regulation，24 (1)：7-11.

Cavalcante V A，Dobereiner J. 1988. A new acid-tolerant nitrogen-fixing bacterium associated with sugarcane [J]. Plant Soil，108 (1)：23-31.

Davies P. 2013. Plant hormones：physiology，biochemistry and molecular biology [M]. Dordrecht：Springer Netherlands.

Dutta D，Gachhui R. 2006. Novel nitrogen-fixing *Acetobacter nitrogenifigens* sp. nov.，isolated from Kombucha tea [J]. International Journal of Systematic and Evolutionary Microbiology，56 (8)：1899-1903.

Dutta D，Gachhui R. 2007. Nitrogen-fixing and cellulose-producing *Gluconacetobacter kombuchae* sp. nov.，isolated from Kombucha tea [J]. International Journal of Systematic and Evolutionary Microbiology，57 (2)：353-357.

Fisher K，Newton W E. 2005. Nitrogenase proteins from *Gluconacetobacter diazotrophicus*，a sugarcane-colonizing bacterium [J]. Biochimical et Biophysica Acta，1750 (2)：154-165.

Fuentes-Ramírez L E，Bustillos-Cristales R，Tapia-Hernández A，et al. 2001. Novel nitrogen-fixing acetic acid bacteria，*Gluconacetobacter johannae* sp. nov. and *Gluconacetobacter azotocaptans* sp. nov.，associated with coffee plants [J]. International Journal of Systematic and Evolutionary Microbiology，51 (4)：

1305-1314.

Fuentes-Ramírez L E, Jimenez-Salgado T, Abarca-Ocampo I, et al. 1993. *Acetobacter diazotrophicus*, an indoleacetic acid producing bacterium isolated from sugarcane cultivars of Mexico [J]. Plant Soil, 154 (2): 145-150.

Gillis M, Kersters K, Hoste B, et al. 1989. *Acetobacter diazotrophicus* sp. nov., a nitrogen-fixing acetic acid bacterium associated with sugarcane [J]. International Journal of Systematic and Evolutionary Microbiology, 39 (3): 361-364.

Loganathan P, Nair S. 2004. *Swaminathania salitolerans* gen. nov., sp. nov., a salt-tolerant, nitrogen-fixing and phosphate-solubilizing bacterium from wild rice (*Porteresia coarctata* Tateoka) [J]. International Journal of Systematic and Evolutionary Microbiology, 54 (4): 1185-1190.

Marchal K, Vanderleyden J. 2000. The "oxygen paradox" of dinitrogen-fxing bacteria [J]. Biology and Fertility of Soils, 30: 363-373.

Matsushita K, Toyama H, Tonouchi N, et al. 2016. Acetic acid bacteria ecology and physiology [M]. Tokyo: Springer Japan.

Muthukumarasamy R, Cleenwerck I, Revathi G, et al. 2005. Natural association of *Gluconacetobacter diazotrophicus* and diazotrophic *Acetobacter peroxydans* with wetland rice [J]. Systematic and Applied Microbiology, 28 (3): 277-286.

Natheer SE, Muthukkaruppan S. 2012. Assessing the in vitro zinc solubilization potential and improving sugarcane growth by inoculating *Gluconacetobacter diazotrophicus* [J]. Annual Microbiology, 62: 435-441.

Niehaus T D, Gerdes S, Hodge-Hanson K, et al. 2015. Genomic and experimental evidence for multiple metabolic functions in the RidA/YjgF/YER057c/UK114 (Rid) protein family [J]. BMC Genomics, 16: 382.

Pedraza R O. 2008. Recent advances in nitrogen-fixing acetic acid bacteria [J]. The International Journal of Food Microbiology, 125 (1): 25-35.

Pedraza R O. 2016. Acetic acid bacteria as plant growth promoters//Matsushita K, Toyama H, Tonouchi N, et al. Acetic acid bacteria [M]. Tokyo: Springer Japan.

Pedraza R O, Ramirez-Mata A, Xiqui M L, et al. 2004. Aromatic amino acid aminotransferase activity and indole-3-acetic acid production by associative nitrogen-fixing bacteria [J]. FEMS Microbiology Letters, 233 (1): 15-21.

Rodrigues E P, Soares C dP, Galvão P G, et al. 2016. Identification of genes involved in indole-3-acetic acid biosynthesis by *Gluconacetobacter diazotrophicus* PAL5 strain using transposon mutagenesis [J]. Frontier in Microbiology, 7: 1572.

Saravanan V, Madhaiyan M, Osborne J, et al. 2008. Ecological occurrence of *Gluconacetobacter diazotrophicus* and nitrogen-fixing *Acetobacteraceae* members: their possible role in plant growth promotion [J]. Microbial Ecology, 55 (1): 130-140.

Yamada Y, Hoshino K-I, Ishikawa T. 1997. The phylogeny of acetic acid bacteria based on the partial sequences of 16S ribosomal RNA: the elevation of the subgenus *Gluconoacetobacter* to the generic level [J]. Bioscience, Biotechnology, Biochemistry, 61 (8): 1244-1251.

Yamada Y, Yukphan P, Vu H T L, et al. 2012. Description of *Komagataeibacter* gen. nov., with proposals of new combinations (Acetobacteraceae) [J]. The Journal of General and Applied Microbiology, 58 (5): 397-404.

Yu Z, Qiao H. 2012. Advances in non-snake venom L-amino acid oxidase [J]. Applied Biochemistry Biotechnology, 167: 1-13.

第8章

醋酸菌在其他方面的应用

AAB除可用于生产食醋及其他发酵食品、纤维素、促进植物生长等，也可在生物转化、生物传感和生物燃料电池等其他方面发挥作用。以下就AAB在其他方面的应用进行简要介绍。

8.1 醋酸菌在生物转化中的应用

生物转化（biotransformation）是指底物在全细胞或酶的催化下转化成目标化合物的过程。与化学合成相比，生物转化具有低成本、无污染、高特异性等优点。葡糖杆菌属可不完全氧化糖和糖醇而生成中间代谢产物（如维生素C合成的底物2-酮-L-古洛糖酸），以及高附加值产品（如二羟基丙酮、山梨糖、核酮糖和苯乙酮等）（Saichana，et al，2015）。以下以维生素C合成为例阐述AAB在生物转化中的应用。

8.1.1 维生素C及其发酵

维生素C又名L-抗坏血酸，广泛存在于水果、蔬菜及动物肝脏等食物中，由于人类和部分动物缺少维生素C合成过程中所需的古洛糖酸内酯氧化酶，因此无法自己合成维生素C，只能从外界摄取，即维生素C是他们的必需营养素（仪宏等，2003）。在20世纪30年代前，维生素C产品主要从柠檬和辣椒等中提取，直到1934年合成维生素C的方法——莱氏法（Reichstein process）被发明后，才开始利用葡萄糖合成维生素C（Reichstein &Grussner，1934）。

莱氏法是一种含一步微生物发酵的化学合成维生素C的方法，首先葡萄糖在高压下加氢被还原成山梨糖醇，山梨糖醇再经AAB中山梨糖醇脱氢酶（D-sorbitol dehydrogenase，PQQ-GLDH）催化而生成山梨糖，山梨糖经一系列化学反应生成维生素C（图8-1）。实际上，葡萄糖高压加氢生成山梨糖醇的方法是法国学者Gabriel Bertrand于1898年建立的，后于1934年被用于莱氏法生产维生素C的第一步。自1960年开始，对用于维生素C生产过程的AAB菌种开展选育研究。可参与一步法发酵生产维生素C的AAB主要有木驹形杆菌和氧化葡糖杆菌（Shinjoh&Toyama，2016）。其中，木驹形杆菌是莱氏法一步法发酵最早使用的菌种，随后因氧化葡糖杆菌具有较高的氧化能力而一

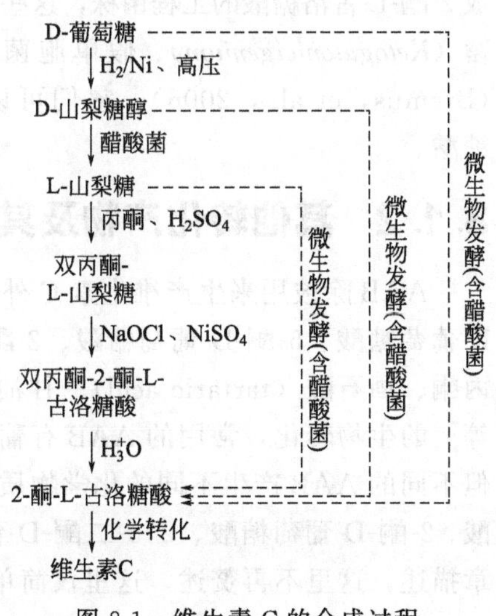

图8-1 维生素C的合成过程

直被用于一步法发酵，这些AAB菌株可将山梨糖醇氧化为山梨糖，从而参与维生素C合成的发酵步骤。可以通过接种纯种AAB或醋母（发酵旺盛的醋）进行发酵。因莱氏法生产维生素C的产率高且质量好，所以仍是维生素C生产的主要方法。然而，莱氏法生产维生素C的工序复杂，劳动强度大且对环境污染较严重，故许多学者致力于维生素C合成方法的改进和开发。

中国学者建立的二步法发酵生产维生素C取得了较大技术突破（尹光琳等，1980）。1967年，中国北京制药厂等多家采用莱氏法生产维生素C的工厂都因噬菌体污染而造成停产。因此，1969年中国科学院微生物研究所和北京制药厂组成技术攻关小组来改进莱氏法生产工艺，并于1971年在以L-山梨糖为碳源的培养基中筛选到一株高产2-酮-L-古洛糖酸的菌株。该菌株是由大小两种菌落组成的混合菌株，其中的大菌为条纹假单胞菌（*Pseudomonas striata*）、巨大芽孢杆菌（*Bacillus megaterium*）或蜡样芽孢杆菌，而小菌为氧化葡糖杆菌。小菌是2-酮-L-古洛糖酸合成的主体，大菌参与2-酮-L-古洛糖酸的合成并能促进小菌的生长（尹光琳等，1980）。为了便于区分大小菌，大菌均采用*B*. spp.表示。二步发酵法合成维生素C的过程如图8-1所示，以葡萄糖高压加氢生成的D-山梨糖醇为发酵主要原料，首先由生黑葡糖杆菌或弱氧化葡糖杆菌中的山梨糖醇脱氢酶催化转化D-山梨糖醇为山梨糖，然后由大小菌混合发酵，经山梨糖脱氢酶催化而产生2-酮-L-古洛糖酸，2-酮-L-古洛糖酸再经化学转化生成维生素C。该工艺流程大大降低了原料成本，大大减少了有毒化学品的使用，改善了劳动条件，深受国内外维生素C生产厂商的欢迎，并于1985年9月转让给维生素C生产商——瑞士罗氏公司（仪宏等，2003）。

此后，又构建了许多可以以D-葡萄糖、D-山梨糖醇或L-山梨糖为原料直接合成2-酮-L-古洛糖酸的工程菌株，这些工程菌株主要属于葡糖杆菌、醋杆菌、酮古龙酸菌（*Ketogulonicigenium*）、假单胞菌、欧文氏菌和棒状杆菌（*Corynebacterium*）等（Bremus，et al.，2006），它们可以直接合成维生素C的前体物质2-酮-L-古洛糖酸。

8.1.2 其他转化产物及其发酵

AAB除被用来生产维生素C外，还被广泛用于各种酮、醛、酸类化合物［如D-葡萄糖酸、5-酮-D-葡萄糖酸、2-酮-D-葡萄糖酸、2,5-二酮-D-葡萄糖酸、二羟基丙酮、酒石酸（tartaric acid）、甘油酸（glyceric acid）、乳糖酸（lactobionic acid）等］的生物转化，常用的AAB有葡糖杆菌和醋杆菌，其中以氧化葡糖杆菌为主，但不同的AAB产生不同的化学物质。关于AAB合成D-葡萄糖酸、5-酮-D-葡萄糖酸、2-酮-D-葡萄糖酸、2,5-二酮-D-葡萄糖酸和二羟基丙酮等的分子机制已在第1章描述，这里不再赘述。这里仅简单介绍酒石酸和甘油酸的生物合成。

8.1.2.1 酒石酸及其发酵

酒石酸是酸性水果中的主要有机酸。它有三个异构体，即L-酒石酸、D-酒石酸和内消旋酒石酸。自然界中的主要异构体是L型。内消旋DL-酒石酸是以苹果酸或富马酸为原料，通过多步化学反应而生产的。L-酒石酸来自葡萄酒中的酒石（葡萄酒发酵过程中在陈酿桶内壁上形成的沉淀，主要由酒石酸氢钾组成），可用作食品和饮料的添加剂，如用于调节红葡萄酒的酸度，用于意大利香醋生产等，但因酒石酸的缺乏而导致其价格较高。葡糖杆菌属的AAB可以以葡萄糖为原料发酵生产L-酒石酸，添加钒酸铵（ammonium vanadate）可增加L-酒石酸产量（Kotera，et al，1972），但因钒是重金属，所以生产的L-酒石酸无法用于食品。Salusjärvi等（2004）采用转酮酶（transketolase）转化5-酮-D-葡萄糖酸（5-KGA）为L-酒石酸，其催化反应如图8-2所示。5-酮-D-葡萄糖酸在转酮酶催化下将二碳单元转移给硫胺素焦磷酸（thiamine pyrophosphate，TPP），余下的四碳化合物就是酒石酸半醛（tartaric semialdehyde），而酒石酸半醛在葡糖杆菌细胞内经脱氢酶（dehydrogenase）催化而生成酒石酸。二碳单元可能转移到其他底物或以羟乙醛（glycolaldehyde）释放，羟乙醛被葡糖杆菌细胞内的脱氢酶催化而生成羟基乙酸（glycolic acid）。

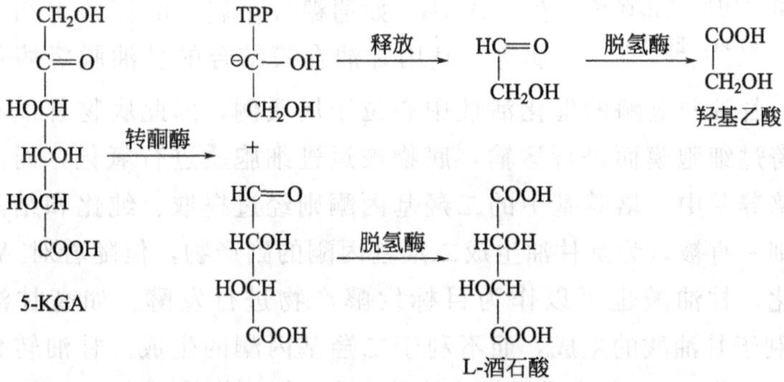

CH_2OH–C=O–HOCH–HCOH–HOCH–COOH (5-KGA) —转酮酶→ TPP–$^{\ominus}$C(OH)–CH_2OH + HC=O–HCOH–HOCH–COOH

TPP–$^{\ominus}$C(OH)–CH_2OH —释放→ HC=O–CH_2OH —脱氢酶→ COOH–CH_2OH（羟基乙酸）

HC=O–HCOH–HOCH–COOH —脱氢酶→ COOH–HCOH–HOCH–COOH（L-酒石酸）

图8-2　5-KGA的转酮反应生成酒石酸的过程

8.1.2.2 甘油酸及其发酵

甘油（glycerol），又称为丙三醇，是脂肪酸、表面活性剂、肥皂和生物柴油等油化产品的加工副产物。如生物柴油加工中，甘油副产物产量约占生物柴油产量的10%。随着生物柴油等油化产品市场的逐步扩大，甘油产量也逐渐增加，大大超过了市场对甘油的需求量。因此，可将甘油转化为其他高附加值的副产物，如二羟基丙酮和甘油酸（glyceric acid，GLA），不仅可减少甘油浪费，而且可提高生物柴油等油化产品的附加值。二羟基丙酮是有机化合物合成的前体物质，也是防晒产品中的防晒成分，它的价格是粗甘油价格的250倍。甘油酸具有多种生物活性，价格是二羟基丙酮价格的1000倍，可被广泛地用于化工、医药和化妆品的原材料，但由于其产量较低，所以并未得到广泛的推广应用。

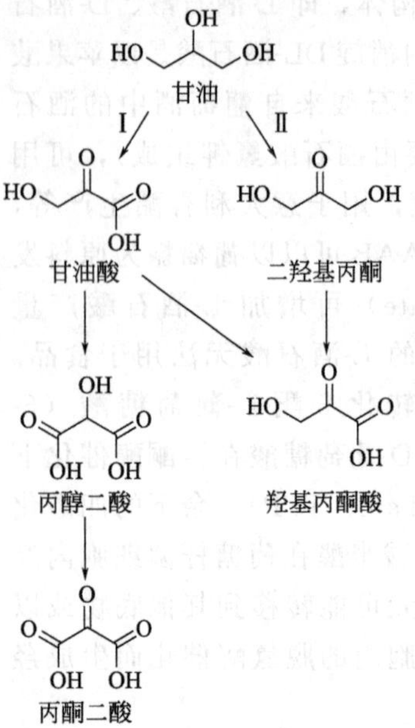

甘油的氧化可产生多种新产品，如甘油酸、二羟基丙酮、丙醇二酸（tartronic acid）、羟基丙酮酸（hydroxypyruvic acid）、丙酮二酸（mesoxalic acid）、表氯醇（epichlorohydrin）、1,2-丙二醇（propylene glycol、1,2-propanediol）、1,3-丙二醇（1,3-propanediol）和3-羟基丙酸（3-hydroxypropionic acid）等。部分化合物的氧化途径见图8-3，部分化合物的结构式如图8-4所示。为了更高效地得到某一种甘油的氧化产物，甘油的选择性催化氧化具有重要的意义。甘油通过选择性金属催化反应可以转化为甘油酸，如金和铅比铂更有利于催化甘油为甘油酸，且在碱性条件下，金可催化甘油转化为甘油酸，转化率为100%。然而，化学催化反应生成的甘油酸是D型和L型的混合物，且会产生少量酸的污染。

图8-3　甘油衍生物的氧化途径
（引自Habe，et al，2009）

甘油酸也可以通过细菌在好氧条件下发酵而产生。AAB，如葡糖杆菌属、醋杆菌属和葡糖醋杆菌属等可利用甘油在膜结合的甘油脱氢酶催化下生成二羟基丙酮。甘油脱氢酶的催化活性中心位于周质侧，因此底物甘油和产物二羟基丙酮都要跨过细胞膜而进行运输，底物被运进细胞质进行氧化，而产物被运输到细胞外的培养基中，培养基中的二羟基丙酮则经过提取、纯化和结晶而得到纯品。甘油酸则一直被认为是甘油生成二羟基丙酮的副产物，但随着对AAB发酵条件的不断优化，甘油酸也可以作为目标发酵产物进行发酵。如高甘油浓度（>200g/L）有利于甘油酸的生成，而不利于二羟基丙酮的生成。甘油转化为甘油酸的途径中的关键酶是乙醇脱氢酶，因为编码乙醇脱氢酶的基因被敲除后，甘油酸就不再产生（Habe，et al，2009）。

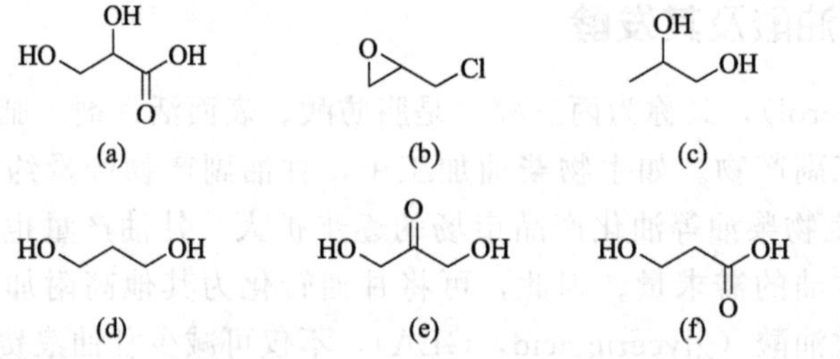

图8-4　甘油衍生出的高附加值产品的结构式（引自Habe，et al，2009）
（a）甘油酸；（b）表氯醇；（c）1,2-丙二醇；（d）1,3-丙二醇；（e）二羟基丙酮；（f）3-羟基丙酸

8.2 醋酸菌在生物传感和生物燃料电池中的应用

因AAB能氧化底物葡萄糖、醇、醛和酮等底物，产生中间代谢产物，并释放H^+和电子，所以可将其用于生物传感器和生物燃料电池的生产（Schenkmayerova，et al，2015）。

8.2.1 醋酸菌在生物传感中的应用

8.2.1.1 生物传感器

生物传感器（biosensor）是以传感器为基础，由生物学、电化学、光学、热力学及计算机等学科相互渗透和融合的产物，是一个典型的多学科的交叉产物。有关生物传感器定义的表述不完全一致，但关于生物传感器的基本组成单元得到一致认可。生物传感器共包括三部分。一是生物敏感元件（biological sensing element），又称生物识别元件（biological recognition element），它是酶、抗原（体）和微生物细胞等具有分子识别能力的生物敏感材料经固定化后形成的一种膜结构，对被测定的物质有选择性的分子识别能力。二是换能器（transducer），又称为转换器，它能将识别元件上进行的生化反应中消耗或生成的化学物质，或产生的光或热等转换为电信号，并且在一定条件下，产生的电信号强度和反应中物质的变化量或（和）光、热等的强度呈现一定的比例关系，从本质讲它就是一种化学传感器。三是信号处理放大装置（signal amplification system），它能将换能器产生的电信号进行处理、放大和输出。也有学者认为生物传感器的基本构件仅包括生物识别元件和换能器两部分，而将信号处理放大装置作为生物传感器的附属设备。虽然生物敏感元件和换能器是决定生物传感器选择性和灵敏度等特性的核心部分，但是从整体上讲生物传感器的好坏和信号处理装置的好坏也密不可分。其结构见图8-5。

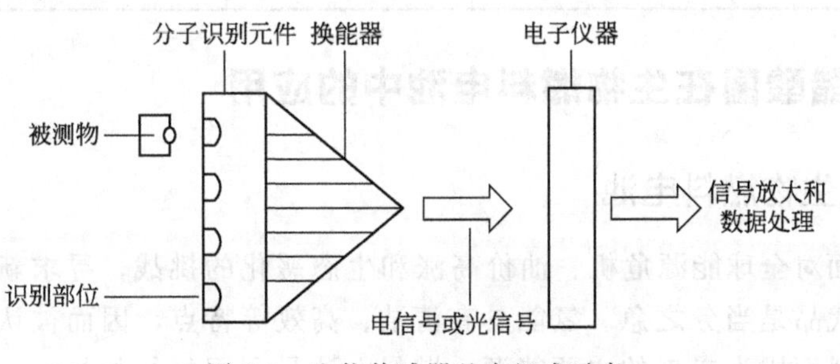

图8-5 生物传感器基本组成示意

8.2.1.2 醋酸菌在生物传感器中的应用

醋杆菌属和葡糖杆菌属的AAB细胞或其酶（如脱氢酶）已广泛被用于生物传感器的制作。它们适合制备生物传感器的主要优势有：在简单培养基中生长速度快，酶活力高，固定化后稳定，脱氢酶不需要辅因子等。然而，因为AAB包含多种脱氢酶，所以以细胞为生物敏感材料的传感器的底物特异性差，一般需要和选择性部件（如选择性透过膜）联合使用或仅应用于较单一的检测环境（Schenkmayerova, et al, 2015; Švitel, et al, 2006）。以来自AAB的酶为生物敏感材料的生物传感器具有良好的选择性，首次报道的利用脱氢酶制备生物传感器的酶分子是来自弱氧化葡糖杆菌的D-葡萄糖脱氢酶（Ameyama, et al, 1981），随后又出现了以D-果糖脱氢酶、2-酮-D-葡萄糖酸脱氢酶、D-山梨糖醇脱氢酶和甘油脱氢酶等为生物敏感材料的生物传感器，可以检测葡萄糖、果糖、一元醇、多元醇、醛糖、酮糖、二糖、甘油三酯等化合物（表8-1）。

表8-1 AAB在生物传感器中的应用

AAB菌株	生物敏感材料	待测底物	国家	文献
氧化葡糖杆菌(*G. oxydans*)	细胞	葡萄糖、蔗糖、乳糖	斯洛伐克	Švitel, et al, 1998
氧化葡糖杆菌(*G. oxydans*)	细胞	总糖	斯洛伐克	Tkáč, et al, 2000
葡糖杆菌(*Gluconobacter*)	乙醇脱氢酶、葡萄糖脱氢酶	乙醇、葡萄糖	拉脱维亚、俄罗斯	Razumiene, et al, 2000
氧化葡糖杆菌(*G. oxydans*)	细胞	葡萄糖、乙醇	俄罗斯、美国	Lobanov, et al, 2001
葡糖杆菌(*Gluconobacter*)	果糖脱氢酶	果糖	斯洛伐克	Tkáč, et al, 2002
氧化葡糖杆菌(*G. oxydans*)	乙醇脱氢酶	乙醇(空气中)	拉脱维亚	Šetkus, et al, 2003
氧化葡糖杆菌(*G. oxydans*)	细胞	乙醇	斯洛伐克	Tkáč, et al, 2003
氧化葡糖杆菌(*G. oxydans*)	细胞	葡萄糖、乙醇、甘油	瑞典	Vostiar, et al, 2004
氧化葡糖杆菌(*G. oxydans*)	细胞	苯乙醇	斯洛伐克	Schenkmayerova, et al, 2015

8.2.2 醋酸菌在生物燃料电池中的应用

8.2.2.1 生物燃料电池

当今，面对全球能源危机、油价高涨和生态恶化的挑战，寻求新能源作为化石燃料的替代品是当务之急。氢能具有清洁、高效等特点，因而被认为能替代当前的化石燃料而成为未来的主要能源，燃料电池是利用氢能的最好方式。所谓的燃料电池是一种把燃料所具有的化学能直接转换成电能的化学装置，又称电化学发电器。它由阳极、阴极和电解质溶液三部分组成，燃料在阳极氧化释放质子和电子，质子通过电解质溶液到达阴极，电子通过外电路流向阴极，形成一个闭合回路（程旋，2016）。

生物燃料电池（biofuel Cell，BFC）被认为是具有发展潜力的新一代能源产品，受到学术界的广泛关注。所谓生物燃料电池是指利用酶、微生物或纳米材料为催化剂，将燃料的化学能转化为电能的一类装置。根据电子传递转移方式的不同可将生物燃料电池分为直接生物燃料电池（底物和电极间直接进行电子转移）和间接生物燃料电池（需电子中介体将电子传递到电极）。根据电化学催化剂类型的不同，生物燃料电池可分为微生物燃料电池、酶生物燃料电池、模拟酶生物燃料电池。按照电池构造的不同，生物燃料电池又可分为双室生物燃料电池和单室生物燃料电池。双室生物燃料电池利用质子交换膜（proton exchange membrane，PEM）将电池阴阳极隔开（Winter &Brodd，2004）。双室生物燃料电池装置如图8-6所示，置于溶液中的阳极室和阴极室被质子交换膜隔开，微生物或酶位于阳极室的溶液中或被固定在阳性电极上，底物在阳极上被完全或不完全氧化并释放 H^+ 和电子，H^+ 通过质子交换膜到达阴极室，电子通过外部电路传递到阴极，位于阴极的氧化剂得到电子而被还原。近年来，生物燃料电池主要应用于发电、生物制氢、废水处理，以及生物传感器等方面。

8.2.2.2 在生物燃料电池中的应用

AAB在生物燃料电池中的应用可从两方面来考虑，即AAB或其产生的酶直接作为生物燃料电池的氧化剂而氧化底物，或用AAB产生的纤维素作为生物燃料电池的质子交换膜材料。

AAB，尤其是氧化葡糖杆菌具有高效氧化能力，因此可用于生物燃料电池的制作（Davis&Higson，2007），制作的生物燃料电池结构如图8-6所示。醋酸菌或其产生的脱氢酶被置于阳极溶液或固定化到阳极电极上，可氧化葡萄糖、醇、醛和酮等底物而释放 H^+ 和电子。H^+ 通过质子交换膜到达阴极室，电子通过外部电路传递到阴极，位于阴极的氧化剂（如铁氰化合物）得到电子而被还原。

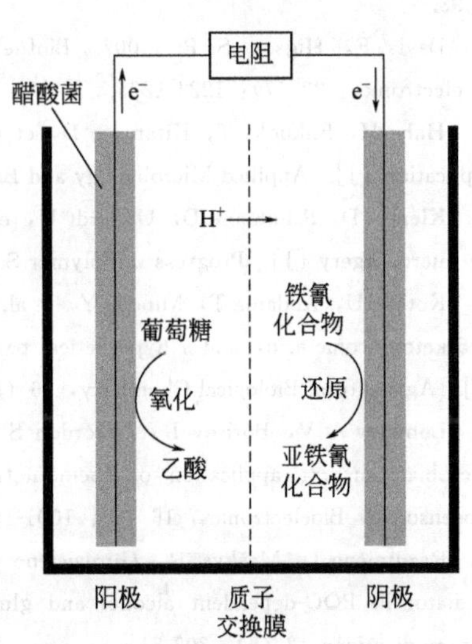

图8-6 双室生物燃料电池体系装置

质子交换膜隔开的燃料电池（称为质子交换膜燃料电池）具有工作温度低、启动快、结构简单和操作方便等优点（衣宝廉，2003），在电站、电动车、军用特种电源、可移动电源等方面有广阔的应用前景，但因制造成本较高而没有得到真正的商业化，其中的质子交换膜成本较高。质子交换膜是质子交换膜燃料电池的核心部件，既可以作为电解质以提供氢离子通道，又可以用来隔离两极反应气体以防止它们直接发生反应，所以质子交换膜的性能优劣直接影响燃料电池的工作性能。鉴于此，选用低成本、性能优良的质子交换膜成为重要的研究方向（Cho，et al，2007）。

碳氢聚合物型质子交换膜成本低，性能优良，且环境污染小，是新型质子交换膜的发展趋势（Zhang，et al，2007）。细菌纤维素膜材料具有超细（纳米级）、高纯度、高强度、高杨氏模量、强的保湿能力、热稳定性好、气体透过率低等特点，优于其他传统膜材料而被用于质子交换膜（Klemm，et al，2001；Svensson，et al，2005）。纤维素膜对甲醇通透性很低，可用甲醇直接作为燃料，废糖蜜可作为碳源来发酵生产细菌纤维素，从而降低质子交换膜的成本，从而大大降低生物燃料电池的生产成本（Bae & Shoda，2004）。

参考文献

Ameyama M I N，Shinagawa E M I，Matsushita K A Z，et al. 1981. D-fructose dehydrogenase of *Gluconobacter industrius*：purification，characterization，and application to enzymatic microdetermination of D-fructose [J]. Journal of Bacteriology，145 (2)：814-823.

Bae S，Shoda M. 2004. Bacterial cellulose production by fed-batch fermentation in molasses medium [J]. Biotechnology Progress，20 (5)：1366-1371.

Bremus C，Herrmann U，Bringer-Meyer S，et al. 2006. The use of microorganisms in L-ascorbic acid production [J]. Journal of Biotechnology，124 (1)：196-205.

Cho Y H，Park H S，Jung D S，et al. 2007. Effect of platinum amount in carbon supported platinum catalyst on performance of polymer electrolyte membrane fuel cell [J]. Journal of Power Sources，172 (1)：89-93.

Davis F，Higson S P. 2007. Biofuel cells — recent advances and applications [J]. Biosensors Bioelectronics，22 (7)：1224-1235.

Habe H，Fukuoka T，Kitamoto D，et al. 2009. Biotechnological production of D-glyceric acid and its application [J]. Appllied Microbiology and Biotechnology，84 (3)：445-452.

Klemm D，Schumann D，Udhardt U，et al. 2001. Bacterial synthesized cellulose artificial blood vessels for microsurgery [J]. Progress in Polymer Science，26 (9)：1561-1603.

Kotera U，Kodama T，Minoda Y，et al. 1972. Isolation and chemical structure of new oxidation product of 5-ketogluconic acid，and a hypothetical pathway from glucose to tartaric acid through this new compound [J]. Agricultural Biological Chemistry，36 (8)：1315-1325.

Lobanov A V，Borisov I A，Gordon S H，et al. 2001. Analysis of ethanol-glucose mixtures by two microbial sensors：application of chemometrics and artificial neural networks for data processing [J]. Biosensors & Bioelectronics，16 (9)：1001-1007.

Razumiene J，Meškys R，Gureviciene V，et al. 2000. 4-Ferrocenylphenol as an electron transfer mediator in PQQ-dependent alcohol and glucose dehydrogenase-catalyzed reactions [J]. Electrochemistry Communications，2 (5)：307-311.

Reichstein T，Grussner A. 1934. Productive synthesis of L-ascorbic acid，vitamin C [J]. Helvtical

Chimica Acta，17：311-328.

Saichana N，Matsushita K，Adachi O，et al. 2015. Acetic acid bacteria：A group of bacteria with versatile biotechnological applications [J]. Biotechnology Advances，33 (6 Pt 2)：1260-1271.

Salusjärvi T，Povelainen M，Hvorslev N，et al. 2004. Cloning of a gluconate/polyol dehydrogenase gene from *Gluconobacter suboxydans* IFO 12528，characterisation of the enzyme and its use for the production of 5-ketogluconate in a recombinant *Escherichia coli* strain [J]. Applied Microbiology Biotechnology，65 (3)：306-314.

Schenkmayerova A，Bertokova A，Sefcovicova J，et al. 2015. Whole-cell *Gluconobacter oxydans* biosensor for 2-phenylethanol biooxidation monitoring [J]. Analytica Chimica Acta，854：140-144.

Šetkus A，Razumien J，Galdikas A，et al. 2003. Electrically induced gas sensitive state of enzyme-metal contact in ADH-dry-layer based planar structure [J]. Sensors Actuators B：Chemical，95 (1)：344-351.

Shinjoh M，Toyama H. 2016. Industrial application of acetic acid bacteria (Vitamin C and Others) // Matsushita K，Toyama H，Tonouchi N，et al. Acetic acid bacteria [M]. Tokyo：Springer Japan.

Svensson A，Nicklasson E，Harrah T，et al. 2005. Bacterial cellulose as a potential scaffold for tissue engineering of cartilage [J]. Biomaterials，26 (4)：419-431.

Švitel J，Curilla O，Tkăč J. 1998. Microbial cell-based biosensor for sensing glucose，sucrose or lactose [J]. Biotechnology Applied Biochemistry，27：153-158.

Švitel J，Tkáč J，Voštiar I，et al. 2006. *Gluconobacter* in biosensors：applications of whole cells and enzymes isolated from *Gluconobacter* and *Acetobacter* to biosensor construction [J]. Biotechnology Letters，28 (24)：2003-2010.

Tkáč J，Gemeiner P，Švitel J，et al. 2000. Determination of total sugars in lignocellulose hydrolysate by a mediated *Gluconobacter oxydans* biosensor [J]. Analytica Chimica Acta，420 (1)：1-7.

Tkáč J，Voštiar I，Gemeiner P，et al. 2002. Stabilization of ferrocene leakage by physical retention in a cellulose acetate membrane. The fructose biosensor [J]. Bioelectrochemistry，55 (1)：149-151.

Tkáč J，Voštiar I，Gorton L，et al. 2003. Improved selectivity of microbial biosensor using membrane coating. Application to the analysis of ethanol during fermentation [J]. Biosensors Bioelectronics，18 (9)：1125-1134.

Vostiar I，Ferapontova E，Gorton L. 2004. Electrical "wiring" of viable *Gluconobacter oxydans* cells with a flexible osmium-redox polyelectrolyte [J]. Electrochemistry Communications，6 (7)：621-626.

Winter M，Brodd R J. 2004. What are batteries，fuel cells，and super capacitors [J]. Chemical Review，104：4245-4269.

Zhang J L，Tang Y H，Song C J，et al. 2007. Polybenzimidazole-membrane-based PEM fuel cell in the temperature range of 120-200℃ [J]. Journal of Power Sources，172 (1)：163-171

程旋. 2016. 燃料电池电催化 [M]. 北京：化学工业出版社.

衣宝廉. 2003. 燃料电池-原理、技术、应用 [M]. 北京：化学工业出版社.

仪宏，张华峰，朱文众，等. 2003. 维生素 C 生产技术 [J]. 中国食品添加剂，6：76-81.

尹光琳，陶增鑫，于龙华，等. 1980. L-山梨糖发酵产生维生素 C 前体——2-酮基-L-古龙酸的研究 Ⅰ. 菌种的分离筛选和鉴定 [J]. 微生物学报，20 (3)：246-251.